大学物理（下）

主　编◎魏英智　赵树军　程静思
副主编◎孙　佳　蔡　雨

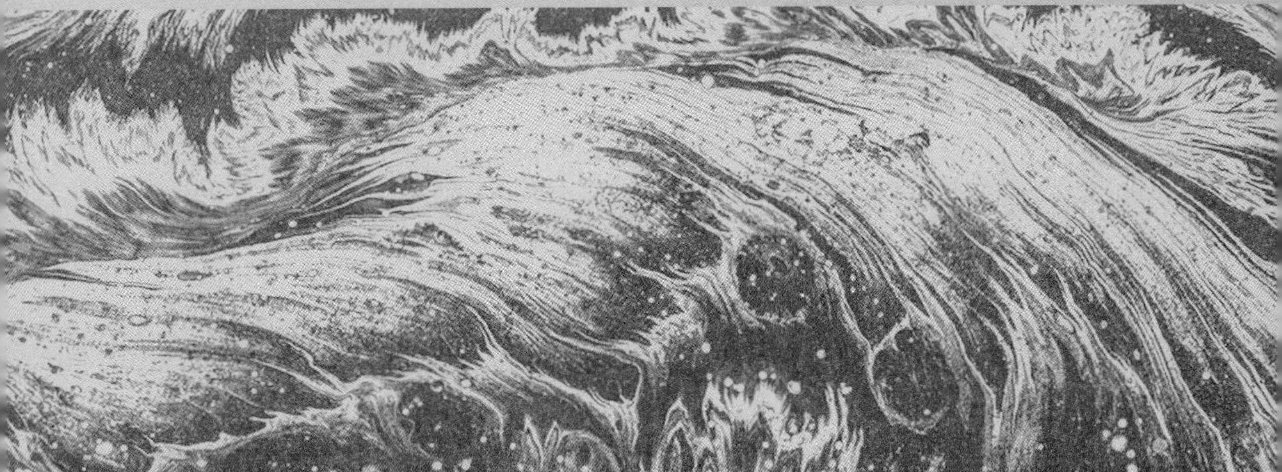

哈尔滨工程大学出版社
Harbin Engineering University Press

内容简介

本书在选材上突出物理图像、物理思维和知识细节。全书分两册,上册包括力学、振动与波、波动光学、热学;下册包括电磁学和近代物理。本册内容包括电磁学、相对论和量子物理。在保留经典物理基本框架的同时,对近代物理(相对论和量子物理)核心技术的基本原理的讲授有所加强和拓展。在内容的选择上,本书除了讲解经典基础内容外,还通过渗透式教学方法,注重物理思想、物理方法的融入,着重对运用数学工具求解物理问题的思维能力的培养;为适应 CDIO 教学模式的教学改革需要,书中积极渗透和融入与教学内容紧密结合的工程教育素材,适时插入现代物理概念与物理思想,安排了许多与现代实际应用密切联系的例题。同时,为便于学生学习,本书在每章末尾还编排了本章小结、思考题及习题,并在全书最后附上物理量的名称、符号及单位和计算常用物理恒量。

本书既可作为高等院校理工科各专业大学物理基础课程的教材,也可供其他有关专业师生选用或作为读者自学的参考书。

图书在版编目(CIP)数据

大学物理. 下 / 魏英智, 赵树军, 程静思主编. —哈尔滨 : 哈尔滨工程大学出版社, 2022.10
ISBN 978-7-5661-3653-4

Ⅰ. ①大… Ⅱ. ①魏… ②赵… ③程… Ⅲ. ①物理学-高等学校-教材 Ⅳ. ①O4

中国版本图书馆 CIP 数据核字(2022)第 187747 号

选题策划 石 岭
责任编辑 张 彦 关 鑫
封面设计 李海波

出版发行 哈尔滨工程大学出版社
社　　址 哈尔滨市南岗区南通大街 145 号
邮政编码 150001
发行电话 0451-82519328
传　　真 0451-82519699
经　　销 新华书店
印　　刷 黑龙江天宇印务有限公司
开　　本 787 mm×1 092 mm 1/16
印　　张 18.75
字　　数 452 千字
版　　次 2022 年 10 月第 1 版
印　　次 2022 年 10 月第 1 次印刷
定　　价 48.80 元

http://www.hrbeupress.com
E-mail:heupress@hrbeu.edu.cn

前　言

“大学物理”是理工科大学生必修的基础理论课。随着时代的飞速发展，科技日新月异，作为一切自然科学和工程技术的基础，物理学有着突飞猛进的发展。为适应现代化建设的需要，大学物理教学必须适时更新教学内容、教学手段和方法，不仅要培养学生的思维能力、主动学习能力，以及应用物理知识解决问题的能力，还要培养学生将物理知识应用于交叉领域的能力和创新能力。因此，本书设置了许多应用方面的内容，并简要介绍了某些前沿问题。为保持教材内容与形式的和谐性，同时也考虑到教学工作的实际情况，本套教材分为两册，上册包括力学、振动与波、波动光学、热学；下册包括电磁学和近代物理。本书在编写过程中，既吸收了经典的物理理论精华，尽可能系统、完整、准确地讲解有关的物理学知识，又注入了科技发展的新观点和方法，注重对运用数学工具求解物理问题的思维能力的培养，介绍了近代物理以及高新技术的现代发展，注重物理思想的渗透和工程教育素材的开发与融入，使本书的学习内容具有鲜明的时代特色和工程气息。

此外，本书还注重对方法论的教授，如归纳和演绎、分析和综合、类比和等效、对称和守恒、决定性和概然性等。在能力培养方面，本书注重培养学生把握本质、提出问题和分析、解决问题的能力。本书包含一定的自学内容，以及一些半定量的延伸性、扩展性知识，学生可以在教师的指导下通过自学来获取，借以培养自学能力，确立“终生学习”的习惯。

本书在知识体系上力求完整、全面，对部分难点内容力求从多种角度加以分析归纳，以满足不同层次读者的需求。为了让读者更好地掌握本书内容，书中在每章末尾给出了本章小结、思考题及习题，并在全书最后附上物理量的名称、符号及单位和计算常用物理恒量。

本书由程静思负责编写第 9 章，蔡雨、孙佳负责编写附录及第 10 章，赵树军负责编写第 11 章，魏英智负责编写第 12 章和第 13 章。每章小结、思考题及习题也由以上人员编写完成。本书在编写过程中还得到了其他院校教师的指导和帮助，在此一并表示衷心的感谢！

由于编者学识和教学经验有限，疏漏之处在所难免，望读者批评指正，编者不胜感谢。

编　者

2022 年 3 月于哈尔滨

目　录

第4篇　电磁学

第4篇 电 磁 学

电磁作用是自然界四种基本作用之一,电磁相互作用力是原子得以存在的基础。公元前6~前7世纪人类就发现了磁石吸铁、磁石指南现象。人类系统地对电现象和磁现象进行观察研究始于16世纪,而对电磁现象进行定量研究则始于18世纪,最初是从观察摩擦起电、光电、电火这样一些实验和自然现象开始的。1600年,英国医生吉尔伯特出版的《论磁、磁体和地球作为一个巨大的磁体》一书中总结了前人对磁的研究,周密地讨论了地磁的性质,记载了大量实验,使磁学从经验转变为科学。该书也记载了电学方面的研究。对静电现象的研究要困难得多,因为人们一直没有找到恰当的方式来产生稳定的静电和对静电进行测量,直到1660年盖里克发明了摩擦起电机,才使对电现象进行详细的观察和系统的研究成为可能。1720年,格雷研究了电的传导现象以及导体与绝缘体的区别。随后,他又发现了导体的静电感应现象。1731年,法国人杜菲经过实验首次区分出两种电荷,将二者分别称为松脂电(即负电)和玻璃电(即正电),并提出了"同电相斥,异电相吸"的概念。1745—1746年,分别由克莱斯特和马森布洛克独立做出的莱顿瓶使电现象得到更深入的研究。美国物理学家富兰克林从1746年开始研究电的性质,发现了尖端放电,研究了雷电现象,发明了避雷针,使电学理论首次获得了实际应用,并于1747年提出了电荷守恒定律。1754年,康顿用电流体假说解释了静电感应现象。至此,静电学的三条基本原理:静电力的基本特性、电荷守恒和静电感应原理都已建立,人们对电的认识有了初步的成果。然而,不建立定量的规律,电学还不能算作一门严密的学科。1785年,法国物理学家库仑用扭秤测量了静电力和磁力,导出了库仑定律。库仑定律使电磁学的研究从定性阶段进入定量阶段,是电磁学史上一块重要的里程碑。对于电和磁之间的联系人们一直未能确定。1820年,丹麦物理学家奥斯特首次发现通电导线能使小磁针发生偏转的电流的磁效应现象。此后，法国物理学家安培提出了分子电流假说，将所有磁性的根源归结于电荷的运动。1831 年，英国物理学家法拉第发现了电磁感应定律并制成了世界上第一台发电机，由此打开了人类进入电气化时代的大门。英国物理学家麦克斯韦创造性地提出了涡旋电场和位移电流假说，揭示了电磁场相互激发的基本规律。1864 年，麦克斯韦高度概括了电磁场的基本规律，总结出被后人称为麦克斯韦方程组的一组方程。麦克斯韦不仅建立了完整的电磁场理论，更重要的是，他从这一理论出发，预言了电磁波的存在，为人类进入电信时代奠定了理论基础。

本篇探究的是电磁运动及其引起的各种现象的最基本的规律，从场的角度阐述了静电场与稳恒磁场的基本概念、基本规律和基本定理，揭示了电磁感应现象的物理本质，介绍了电磁场理论的初步知识。在学习时，大家要关注电学和磁学规律在形式上的相似性，通过类比的方法，加强对相关内容的理解和记忆。另外，大家要注重培养运用数学工具求解物理问题的思维能力。本篇主要内容有：静电场与稳恒磁场的基本规律和理论，静电场中的导体的基本规律，电解质的极化和磁介质的磁化的基本规律，变化的电磁场的基本理论（包括电磁感应、宏观电磁场理论及麦克斯韦方程组），等等。

第9章　静　电　场

相对于观察者静止的电荷称为静电荷,静电荷所激发的电场称为静电场。静电荷对电荷的作用是通过静电场来传递的。本章主要介绍真空中静电场的基本性质与规律、带电粒子在静电场中的受力与运动及电场与导体、电介质之间的相互作用。本章分别从电场对电荷施加力和电荷在电场中移动时电场力对电荷做功这两个方面进行讨论,引入电场强度和电势这两个重要物理量来描述电场的特点;介绍了反映静电场基本性质的高斯定理及环路定理;介绍了电场强度和电势这两个量之间的关系。其中涉及的对称性分析是现代物理学的一种基本分析方法。在电场作用下,导体和电介质中的电荷分布会发生变化,这种变化的电荷分布又会反过来影响电场分布,最后达到平衡。本章还讨论了电场与物质的相互作用规律及电容器和电场能量。

本章介绍的一些概念、规律、研究和处理问题的方法贯穿于整个电磁学研究,是学习电磁学的入门知识,大家在学习过程中应注意积累相关知识和培养、提高相关能力。

9.1　电场　电场强度

9.1.1　电荷及其性质

物体能够产生电磁现象,归根结底是因为这些物体带上了电荷及这些电荷存在运动。通过对电荷的各种相互作用和效应的研究,人们逐渐认识到电荷的基本性质。

1. 电荷的种类

电荷分为两种,同种电荷相斥,异种电荷相吸。美国物理学家富兰克林首先提出以正电荷、负电荷来区分两种电荷。通常将用绸子摩擦过的玻璃棒所带的电荷叫作正电荷,将用毛皮摩擦过的橡胶棒所带的电荷叫作负电荷。按照原子理论,原子由原子核和核外电子组成,原子核又由中子和质子组成,中子不带电,质子和电子分别带正电和负电。在正常情况下,因为原子中的电子总数与质子总数相等,所以原子呈电中性。当原子失去或得到电子时,物体就带正电或负电。现代物理实验证实,电子的电荷集中在小于 1.0×10^{-18} m 的线度内,因此电子被当成一个无内部结构且带电荷的质点。

带电体所带电荷的多少称为电量,通常用 Q 或 q 表示,在国际单位制中,电量的单位为库仑,符号为 C。正电荷电量取正值,负电荷电量取负值,一个带电体所带的总电量为其正、负电量的代数和。日常生活中,我们所说的不带电物体是指物体所带正、负电荷的代数和为零。

2. 电荷的量子化

迄今为止,所有实验表明,自然界中任何带电体所带的电量总是以一个基本单元的整数倍出现，这种电量只能取分立的、不连续的量值的性质称为**电荷的量子化**。电荷的基本单元就是一个电子（质子）所带电量的绝对值，通常用 e 表示。1913 年，密立根设计了著名的油滴实验，直接测定了此单元的量值 $e = 1.602 \times 10^{-19}$ C。现在知道的自然界中的微观粒子（包括电子、质子、中子在内）已有几百种，其中带电粒子所具有的电量都是 $-e$、$+e$ 或者是它们的整数倍。近代物理从理论上预言，基本粒子是由若干电量为 $\pm\frac{1}{3}e$、$\pm\frac{2}{3}e$ 的夸克和反夸克组成，基元电荷也只是变为 $\pm\frac{1}{3}e$、$\pm\frac{2}{3}e$ 而已，不影响电荷的量子化特性。对于宏观带电体，其所带电量都远远大于 e，以至于电荷的量子化特性在研究宏观现象的绝大多数实验中未能表现出来，因此可认为其电荷是连续的，常可以将其当成电荷连续分布的带电体来处理。

3. 电荷守恒定律

实验证明，对于一个系统，如果没有净电荷的流入与流出，则该系统的正、负电荷的代数和保持不变，这就是**电荷守恒定律**。如果一个系统中有两个电中性的物体，由于某种原因，一些电子从一个物体转移到另一个物体上，则它们分别带正电、负电，不过两者所带电量的代数和仍为零。电荷守恒定律的另一种表达形式为**单位时间内从闭合曲面流出的电荷量等于单位时间内该曲面内电荷的减少量**，即

$$\oint\!\!\!\oint_S \boldsymbol{j}_0 \cdot \mathrm{d}\boldsymbol{S} = -\frac{\mathrm{d}q_0}{\mathrm{d}t} \tag{9.1}$$

电荷守恒定律就像能量守恒定律、动量守恒定律一样，也是自然界的基本守恒定律，无论在宏观领域还是在微观领域，电荷守恒定律都是成立的。现代物理研究表明，在粒子的相互作用过程中，电荷是可以产生和消失的，但电荷守恒定律并未因此遭到破坏。例如，一个高能光子与一个重原子核作用时，该光子可以转化为一个正电子和一个负电子（电子对的产生），而一个正电子与一个负电子在一定条件下相遇，又会同时消失而产生两个或三个光子（电子对的湮灭）。在已观察到的各种过程中，正、负电荷总是成对出现或消失的。由于光子不带电，正、负电子又各带有等量异号电荷，因此这种电荷的产生与湮灭并不改变系统中电荷的代数和，因而电荷守恒定律仍然成立。

4. 电荷的相对不变性

实验还表明，一个电荷的电量与它的运动状态无关。在不同的参考系中，对同一个电荷的电量的描述是完全一样的，即同一带电粒子的电量不变。电荷的这一性质叫作**电荷的相对不变性**。例如，加速器将电子或质子加速时，随着粒子速度的变化，其电量没有任何变化。再如，氢分子和氦原子都有两个电子，它们在核外的运动状态差别不大，电子电量应该相同。但是，氢分子的两个质子是作为两个原子核在保持相对距离约为 0.07 nm 的情况下转动的；氦原子的两个质子却紧密地束缚在一起运动。氦原子的两个质子的能量比氢分子的两个质子的能量大百万倍的数量级，因而两者的运动状态有显著差别。如果电荷的电量与运动状态有关，氢分子中质子的电量就应该和氦原子中质子的电量不同，但两者的电子电量是相同的，因此两者就不可能都是电中性的。但是实验证实，氢分子和氦原子都精确地是电中性的。这就说明，质子的电量也是与其运动状态无关的。

9.1.2 库仑定律

观察表明，两个静止的带电体之间的作用力（静电力）除与电量及相对位置有关外，还依赖于带电体的大小、形状以及电荷的分布情况。要用实验直接确立所有这些因素对静电力的影响是困难的。但是，如果带电体的线度比带电体之间的距离小得多，那么静电力就基本上只取决于它们的电量和距离，问题就会大为简化。满足这样的条件的带电体称为**点电荷**。在以后的讨论中，我们会经常用到"点电荷"这一概念。

在发现电现象后的 2 000 多年的时期内，人们对电现象的研究一直停留在定性阶段。1785 年，法国物理学家库仑用扭秤实验测定了两个带电球体间相互作用的静电力，在此实验的基础上总结出了两个点电荷间相互作用的规律，即**库仑定律**，具体表述如下：**在真空中，两个静止的点电荷间的作用力，其大小与它们所带电量的乘积成正比，与它们间距离的平方成反比；两个点电荷间的静电力的大小相等、方向相反，并且沿着它们的连线，同号电荷相排斥，异号电荷相吸引。**

如图 9.1 所示，两个静止的点电荷的带电量分别为 q_1 和 q_2，距离为 r，令 $\boldsymbol{F}_{12}$代表施力电荷 q_1 对受力电荷 q_2 的作用力，$\boldsymbol{r}_0$ 代表由施力电荷 q_1 指向受力电荷 q_2 的矢径方向的单位矢量，则

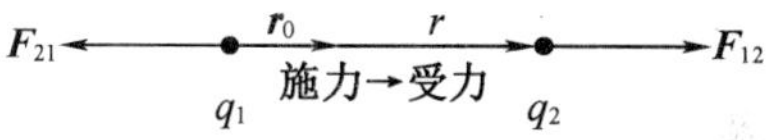

图 9.1 库仑力

$$\boldsymbol{F}_{12} = \frac{1}{4\pi\varepsilon_0}\frac{q_1 q_2}{r^2}\boldsymbol{r}_0 \tag{9.2}$$

式中，$\varepsilon_0 = 8.85\times10^{-12}\ \mathrm{C^2\cdot N^{-1}\cdot m^{-2}}$，称为真空介电常数（真空电容率）。

从式(9.2)可以看出，若 q_1、q_2 同号（即 $q_1q_2>0$），则 $\boldsymbol{F}_{12}$与 $\boldsymbol{r}_0$ 同向，为排斥力；若 q_1、q_2 异号（即 $q_1q_2<0$），则 $\boldsymbol{F}_{12}$与 $\boldsymbol{r}_0$ 反向，为吸引力。同理，当下标 1、2 对调时，表示 q_2 为施力电荷，q_1 为受力电荷，则 $\boldsymbol{F}_{12} = -\boldsymbol{F}_{21}$，即静止电荷之间的库仑力满足牛顿第三定律。如果用 $\boldsymbol{F}$ 表示施力电荷对受力电荷的作用力，$\boldsymbol{r} = r\boldsymbol{r}_0$，方向由施力电荷指向受力电荷，则库仑力的数学表述为

$$\boldsymbol{F} = \frac{1}{4\pi\varepsilon_0}\frac{q_1 q_2}{r^3}\boldsymbol{r} \tag{9.3}$$

这里强调指出，库仑定律适用于真空中的点电荷。进一步放宽条件：施力电荷须静止，受力电荷静止或运动均可。实验证明，电荷受到的库仑力（电场力）与受力电荷的速度无关；电荷之间距离在 $10^{-17}\sim10^{7}$ m 范围内库仑定律均有效。虽然库仑定律是通过宏观带电体的实验研究总结出来的规律，但物理学进一步的研究表明：原子、分子结构，固体、液体结构，以及化学作用等问题的微观本质都和库仑力有关。而在这些问题中，距离相同的两个带电粒子间库仑力远远大于万有引力（见例 9.1）。

例 9.1 氢原子中，电子和质子的距离为 5.3×10^{-11} m。求该氢原子中电子和质子之间的库仑力和万有引力各为多大？

解 由于电子和质子的电量的绝对值都是 e，电子的质量 $m_e = 9.1\times10^{-31}$ kg，质子的质量为 $m_p = 1.7\times10^{-27}$ kg，因此由库仑定律可得静电力大小为

$$F_e=\frac{1}{4\pi\varepsilon_0}\frac{q_1q_2}{r^2}=\frac{e^2}{4\pi\varepsilon_0 r^2}=8.2\times10^{-8}\ \text{N}$$

由万有引力定律得万有引力大小为

$$F_g=G\frac{m_1m_2}{r^2}=G\frac{m_e m_p}{r^2}=3.7\times10^{-47}\ \text{N}$$

由此可以看出，氢原子中，电子和质子相互作用的静电力远远大于万有引力，所以在微观粒子的相互作用中经常不考虑它们之间的万有引力。

上面我们只讨论了两个静止电荷间的作用力，在考虑两个或两个以上的点电荷对一个点电荷的作用时，实验表明，库仑力满足线性叠加原理，即不因第三者的存在而改变两者之间的相互作用力，也即作用于受力电荷上的总库仑力等于所有施力点电荷单独存在时对该电荷作用力的矢量和，这就是库仑力（静电力）的**叠加原理**。

图9.2画出了两个点电荷 q_1 和 q_2 对第三个点电荷 q_0 的作用力的叠加情况。点电荷 q_1 和 q_2 单独作用在 q_0 上的作用力分别为 $\boldsymbol{F}_{01}$ 和 $\boldsymbol{F}_{02}$，它们共同作用在 q_0 上的力 $\boldsymbol{F}$ 就是这两个力的合力，即

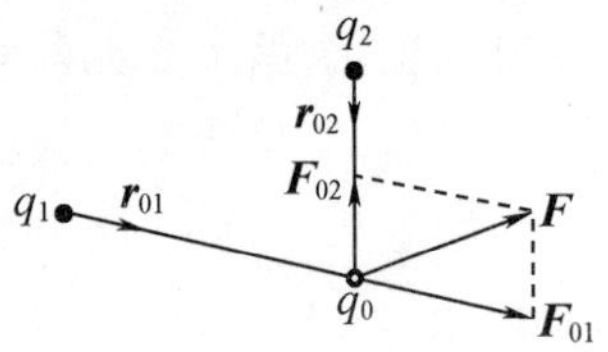

图9.2 静电力的叠加

$$\boldsymbol{F}=\boldsymbol{F}_{01}+\boldsymbol{F}_{02} \tag{9.4}$$

对于由 n 个点电荷 $q_1,q_2,\cdots,q_n$ 组成的点电荷系，其对一个点电荷 q_0 的作用力则为

$$\begin{aligned}\boldsymbol{F}&=\boldsymbol{F}_{01}+\boldsymbol{F}_{02}+\cdots+\boldsymbol{F}_{0n}\\&=\frac{1}{4\pi\varepsilon_0}\frac{q_1q_0}{r^2}\boldsymbol{r}_{01}+\frac{1}{4\pi\varepsilon_0}\frac{q_2q_0}{r^2}\boldsymbol{r}_{02}+\cdots+\frac{1}{4\pi\varepsilon_0}\frac{q_nq_0}{r^2}\boldsymbol{r}_{0n}\\&=\sum_{i=1}^{n}\frac{q_iq_0}{4\pi\varepsilon_0 r_i^2}\boldsymbol{r}_{0i}\\&=\sum_{i=1}^{n}\boldsymbol{F}_i\end{aligned} \tag{9.5}$$

式中，r_i 为 q_i 与 q_0 间的距离；$\boldsymbol{r}_{0i}$ 为从 q_i 指向 q_0 的单位矢量。

9.1.3 电场强度

1. 电场

任何电荷在其周围都会激发电场，相对于观察者静止的带电体周围激发的电场称为静电场。电荷间的相互作用是通过电场对电荷的作用来实现的。这种相互作用可表示为

电荷⇆电场⇆电荷

电场是一种特殊形态的物质，和我们常见的实物一样。静电场存在于静止电荷的周围并分布在一定的空间中。与实物一样，电场也以有限的速度运动或传播，具有能量、动量和质量等重要性质。但电场与其他实物的区别在于：实物集中在有限范围内，具有集中性，而电场的分布范围广泛且具有分散性，几个电场可以同时占据同一空间。所以，电场是一种特殊形态的物质。电场的外在宏观表现主要有：

(1)处于电场中的任何带电体都要受到电场力的作用。

(2)当带电体在电场中移动时,电场力做功,这表明电场具有能量。

(3)变化的电场以光速在空间传播,这表明电场具有动量、质量、能量,体现了它的物质性。

现将从施力和做功两个方面研究静电场的性质,并引入两个描述静电场性质的物理量:电场强度(矢量)和电势(标量)。

2. 电场强度

为了描述电场中任一点处电场的性质,可先从点电荷在电场中受力的特点来进行定量描述。为此,把一个试验电荷放在电场中的不同位置,观察其受力情况。试验电荷必须满足以下要求:(1)是体积足够小的点电荷,以便可以把它放在电场中某一点,并根据受力情况测出该点的性质;(2)所带电量足够小,不会影响原电场的分布(即场源电荷的分布),否则测出的就不是原来的电场了。为方便叙述,常取**试验电荷**为正点电荷 q_0。

实验表明,试验电荷在不同位置受到的电场力的大小和方向一般是不同的,如图 9.3 所示。

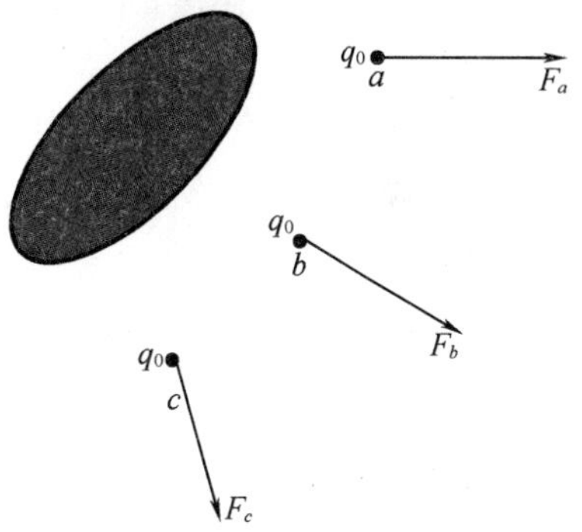

图 9.3 试验电荷在电场中的受力

但就电场中的某点而言,试验电荷 q_0 在该处所受的电场力的大小和方向是一定的,$\boldsymbol{F}$ 随 q_0 的变化而变化;但 $\boldsymbol{F}$ 与 q_0 的比值 $\dfrac{\boldsymbol{F}}{q_0}$ 为一恒矢量,与 q_0 无关。当将场源带电体拿走后,发现试验电荷不再受到力的作用。显然,$\dfrac{\boldsymbol{F}}{q_0}$ 反映了 q_0 所在点处电场的性质,因此定义该矢量为**电场强度**,用符号 $\boldsymbol{E}$ 表示,则有

$$\boldsymbol{E} = \frac{\boldsymbol{F}}{q_0} \tag{9.6}$$

式(9.6)为电场强度的定义式。它表明:当 q_0 为一个单位正电荷时,$\boldsymbol{E} = \boldsymbol{F}$,即**电场中某点的电场强度 $\boldsymbol{E}$ 等于单位试验正电荷在该点所受的电场力**。通常情况下,电场中的不同点的电场强度的大小和方向各不相同,所以电场强度为空间坐标的函数 $\boldsymbol{E} = \boldsymbol{E}(x, y, z)$。

在国际单位制中,电场强度的单位为 $\mathrm{V \cdot m^{-1}}$,也可用 $\mathrm{N \cdot C^{-1}}$,在后面的内容中将会说明它们是等价的。

由前文可知,在已知电场强度的分布的电场中,置于电场中某一处的点电荷 q 受到的电场力可由下式求得:

$$\boldsymbol{F} = q\boldsymbol{E} \tag{9.7}$$

并且,式(9.7)对于计算运动点电荷在电场中某一点处所受的电场力也适用,即电场力与受力点电荷的速度无关。

9.1.4 电场强度的叠加原理

将试验电荷 q_0 放在点电荷系 $q_1, q_2, \cdots, q_n$ 所产生的电场中时,q_0 将受到各点电荷电场

力的作用，由电场力的叠加原理可知，q_0 受到的总电场力为

$$\boldsymbol{F}=\boldsymbol{F}_1+\boldsymbol{F}_2+\cdots+\boldsymbol{F}_n \tag{9.8}$$

根据电场强度定义 $\boldsymbol{E}=\dfrac{\boldsymbol{F}}{q_0}$，有

$$\boldsymbol{E}=\frac{\boldsymbol{F}}{q_0}=\frac{\boldsymbol{F}_1}{q_0}+\frac{\boldsymbol{F}_2}{q_0}+\cdots+\frac{\boldsymbol{F}_n}{q_0} \tag{9.9}$$

即

$$\boldsymbol{E}=\boldsymbol{E}_1+\boldsymbol{E}_2+\cdots+\boldsymbol{E}_n=\sum_{i=1}^{n}\boldsymbol{E}_i \tag{9.10}$$

式(9.10)表明，**电场中任一点处的总电场强度等于各个点电荷单独存在时在该点所产生的电场强度的矢量和**。这就是**电场强度的叠加原理**。任何带电体都可以看作许多点电荷的集合，由电场强度的叠加原理可以计算任意带电体产生的电场强度。

9.1.5 电场强度的计算

1. 点电荷的电场

由库仑定律和电场强度的定义式，我们可以求得真空中点电荷在其周围激发的电场的电场强度。

如图9.4所示，真空中的点电荷 q 位于原点 O，由原点 O 指向场点 P 的位矢为 $\boldsymbol{r}$，把试验电荷 q_0 置于 P 点，由库仑定律和电场强度的定义式可得 P 点的电场强度为

$$\boldsymbol{E}=\frac{\boldsymbol{F}}{q_0}=\frac{1}{4\pi\varepsilon_0}\frac{q}{r^2}\boldsymbol{r}_0=\frac{1}{4\pi\varepsilon_0}\frac{q}{r^3}\boldsymbol{r} \tag{9.11}$$

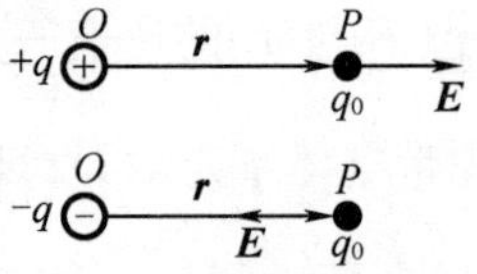

图9.4 点电荷的电场

式中，$\boldsymbol{r}_0$ 为位矢 $\boldsymbol{r}$ 的单位矢量，这是点电荷 q 在真空中所激发的电场中任意处电场强度的表达式。并且可以看出，如果 $q>0$（正电荷），$\boldsymbol{E}$ 的方向和 $\boldsymbol{r}_0$ 相同；如果 $q<0$（负电荷），$\boldsymbol{E}$ 的方向和 $\boldsymbol{r}_0$ 相反。从图9.4中还可以看出，点电荷的电场具有球对称性。

2. 点电荷系的电场

设真空中有点电荷系 $q_1,q_2,\cdots,q_n$，用 $\boldsymbol{r}_{i0}$ 表示第 i 个点电荷 q_i 到任意场点 P 的矢径 $\boldsymbol{r}_i$ 的单位矢量，$\boldsymbol{E}_i$ 为 q_i 单独存在时在 P 点产生的电场强度，则

$$\boldsymbol{E}_i=\frac{1}{4\pi\varepsilon_0}\frac{q_i}{r_i^2}\boldsymbol{r}_{i0} \tag{9.12}$$

根据电场强度的叠加原理，可得 P 点的总电场强度为

$$\boldsymbol{E}=\sum_{i=1}^{n}\boldsymbol{E}_i=\sum_{i=1}^{n}\frac{1}{4\pi\varepsilon_0}\frac{q_i}{r_i^2}\boldsymbol{r}_{i0} \tag{9.13}$$

在直角坐标系中，$\boldsymbol{E}=E_x\boldsymbol{i}+E_y\boldsymbol{j}+E_z\boldsymbol{k}$ 中的各分量式分别为

$$\begin{cases} E_x = \sum_{i=1}^{n} E_{ix} \\ E_y = \sum_{i=1}^{n} E_{iy} \\ E_z = \sum_{i=1}^{n} E_{iz} \end{cases} \tag{9.14}$$

例 9.2 求电偶极子中垂线上任一点的电场强度。

解 两个相距很近的等量异号点电荷组成的系统也可以看作电偶极子系统，如图 9.5 所示，设 $+q$ 和 $-q$ 到电偶极子中垂线上 P 点处的位矢分别为 $\boldsymbol{r}_+$ 和 $\boldsymbol{r}_-$，两电荷在 P 点激发的电场强度分别为 $\boldsymbol{E}_+$ 和 $\boldsymbol{E}_-$，则

$$\boldsymbol{E}_+ = \frac{q\boldsymbol{r}_+}{4\pi\varepsilon_0 r_+^3}$$

$$\boldsymbol{E}_- = -\frac{q\boldsymbol{r}_-}{4\pi\varepsilon_0 r_-^3}$$

以 r 表示电偶极子中心到 P 点的距离，则

$$\boldsymbol{E} = \boldsymbol{E}_+ + \boldsymbol{E}_- = \frac{q}{4\pi\varepsilon_0}\left(\frac{\boldsymbol{r}_+}{\boldsymbol{r}_+^3} - \frac{\boldsymbol{r}_-}{\boldsymbol{r}_-^3}\right) \tag{9.15}$$

$$r_+ = r_- = \sqrt{r^2 + \left(\frac{l}{2}\right)^2} = r\sqrt{1 + \left(\frac{l}{2r}\right)^2} = r\left(1 + \frac{l^2}{8r^2} + \cdots\right)$$

当 $r \gg l$ 时，即距电偶极子很远时，取一级近似有

$$r \approx r_+ = r_-$$

$$r_+ - r_- = -l$$

此时，式(9.15)可简化为

$$\boldsymbol{E} = \frac{-q\boldsymbol{l}}{4\pi\varepsilon_0 r^3} = \frac{-\boldsymbol{p}}{4\pi\varepsilon_0 r^3}$$

式中，$\boldsymbol{p} = q\boldsymbol{l}$，称为电偶极矩（电矩），方向由 $-q$ 指向 $+q$。

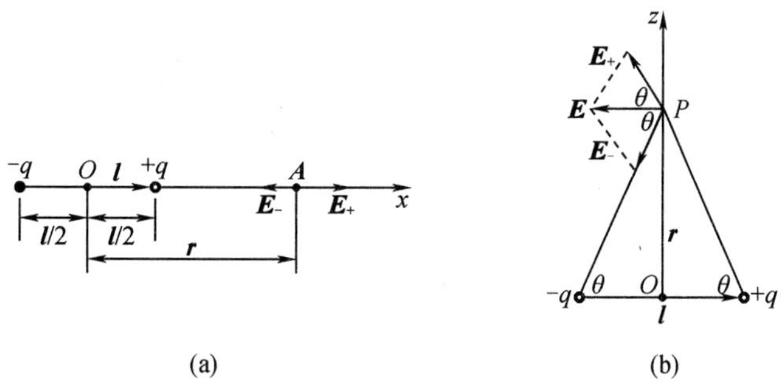

图 9.5 例 9.2 图

上述结果表明，电偶极子中垂线上距离电偶极子中心较远的地方的电场强度与电偶极子的电偶极矩成正比，与该点离电偶极子中心的距离的三次方成反比，方向与电偶极矩相反。

电偶极子是很重要的模型。在研究电介质的极化、电磁波的发射和吸收以及中性分子之间的相互作用等问题时，都要用到电偶极子的模型。

3. 电荷连续分布的带电体的电场

根据点电荷电场强度的叠加原理，可以计算如图 9.6所示的连续分布的带电体所激发的电场强度。

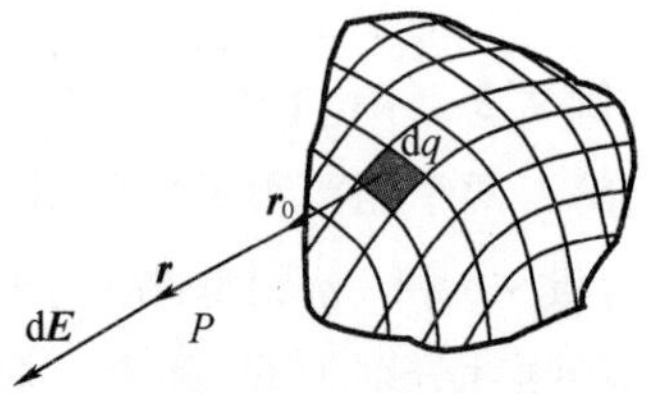

图 9.6　电荷连续分布的带电体的电场的求解

该带电体看作由许多无限小的电荷元 dq 组成，可将每个电荷元都作为一个点电荷来处理。设电荷元 dq 在 P 点激发的电场为 d$\boldsymbol{E}$，则由式(9.11)可得

$$\mathrm{d}\boldsymbol{E}=\frac{1}{4\pi\varepsilon_0}\frac{\mathrm{d}q}{r^2}\boldsymbol{r}_0 \tag{9.16}$$

式中，r 是电荷元 dq 到场点 P 的距离；$\boldsymbol{r}_0$ 是由电荷元 dq 指向所求场点方向上的单位矢量。式中的电荷元 dq 可以是线分布、面分布或体分布的，则相应地引入“**电荷密度**”的概念，线电荷密度、面电荷密度和体电荷密度分别为

$$\begin{cases}\lambda=\dfrac{\mathrm{d}q}{\mathrm{d}l}(\mathrm{d}q\ 为线元\ \mathrm{d}l\ 所带的电量)\\ \sigma=\dfrac{\mathrm{d}q}{\mathrm{d}S}(\mathrm{d}q\ 为面元\ \mathrm{d}S\ 所带的电量)\\ \rho=\dfrac{\mathrm{d}q}{\mathrm{d}V}(\mathrm{d}q\ 为体积元\ \mathrm{d}V\ 所带的电量)\end{cases} \tag{9.17}$$

则有

$$\mathrm{d}q=\begin{cases}\lambda\mathrm{d}l\ (线分布)\\ \sigma\mathrm{d}S(面分布)\\ \rho\mathrm{d}V(体分布)\end{cases} \tag{9.18}$$

则带电体在 P 点产生的总电场强度可以用积分计算，即

$$\boldsymbol{E}=\int\mathrm{d}\boldsymbol{E}=\int\frac{1}{4\pi\varepsilon_0}\frac{\mathrm{d}q}{r^2}\boldsymbol{r}_0 \tag{9.19}$$

一般情况下，各个电荷元产生的 d$\boldsymbol{E}$ 的方向往往不同，可先分解成分量式，再积分，即

$$\begin{cases}E_x=\int\mathrm{d}E_x\\ E_y=\int\mathrm{d}E_y\\ E_z=\int\mathrm{d}E_z\end{cases} \tag{9.20}$$

则在直角坐标系中，有

$$\boldsymbol{E}=E_x\boldsymbol{i}+E_y\boldsymbol{j}+E_z\boldsymbol{k} \tag{9.21}$$

下面举几个例子来说明计算连续分布电荷所激发的电场强度的方法。

例9.3 如图9.7所示,真空中有一长为 L 的均匀带电细直杆,总电荷为 q,试求在直杆延长线上距杆的一端距离为 d 的 P 点的电场强度。

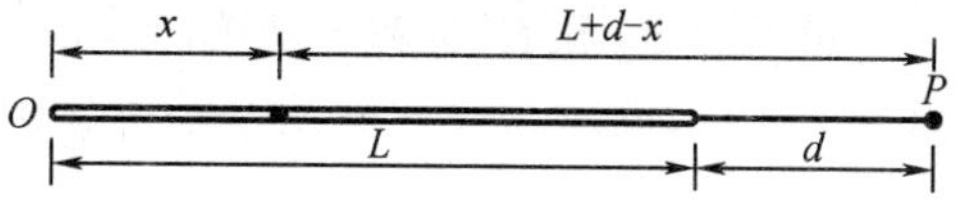

图9.7 例9.3图

解 设杆的左端为坐标原点 O,x 轴沿直杆方向。带电直杆的线电荷密度为 $\lambda=q/L$,在 x 处取一电荷元 $\mathrm{d}q=\lambda\mathrm{d}x=q\mathrm{d}x/L$,则它在 P 点的电场强度为

$$\mathrm{d}E=\frac{\mathrm{d}q}{4\pi\varepsilon_0(L+d-x)^2}=\frac{q\mathrm{d}x}{4\pi\varepsilon_0 L(L+d-x)^2}$$

P 点的合电场强度为

$$E=\frac{q}{4\pi\varepsilon_0 L}\int_0^L\frac{\mathrm{d}x}{(L+d-x)^2}=\frac{q}{4\pi\varepsilon_0 d(L+d)}$$

方向沿 x 轴,即杆的延长线方向。

例9.4 设有一段均匀带电直线,长为 L,带电量为 q,如图9.8所示,线外一点 P 到直线的垂直距离为 a,P 点与直线段两端的连线与直线的夹角分别为 θ_1、θ_2。试计算 P 点的电场强度。

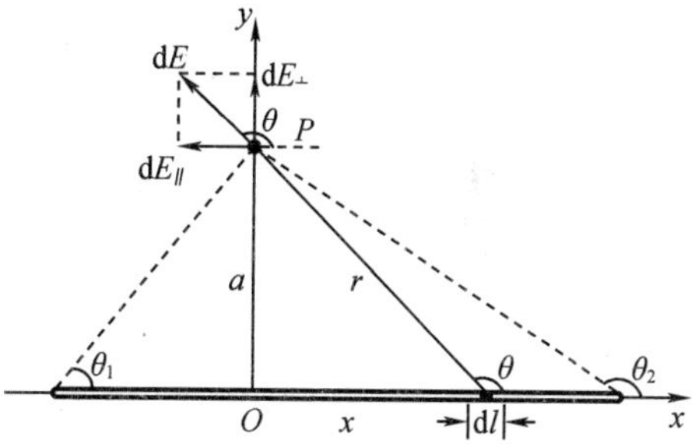

图9.8 例9.4图

解 建立如图9.8所示的坐标系,取电荷元 $\mathrm{d}q$,$\mathrm{d}E=\frac{1}{4\pi\varepsilon_0}\frac{\mathrm{d}q}{r^2}$,式中,$\mathrm{d}q=\lambda\mathrm{d}l=\lambda\mathrm{d}x=\frac{q}{L}\mathrm{d}x$,$r$ 为电荷元到 P 点的距离,把电场强度分解为平行于带电直线的 $E_{/\!/}$ 和垂直于带电直线的 $E_{\perp}$,则

$$\mathrm{d}E_{/\!/}=\mathrm{d}E\cos\theta$$

$$\mathrm{d}E_{\perp}=\mathrm{d}E\sin\theta$$

由图上的几何关系可知

$$x=a\tan\left(\theta-\frac{\pi}{2}\right)=-a\cot\theta$$

$$\mathrm{d}x=a\csc^2\theta\mathrm{d}\theta$$

$$r^2=a^2+x^2=a^2\csc^2\theta$$

则

$$\mathrm{d}E_{/\!/}=\frac{\lambda}{4\pi\varepsilon_0 a}\cos\theta\mathrm{d}\theta \tag{1}$$

$$\mathrm{d}E_{\perp}=\frac{\lambda}{4\pi\varepsilon_0 a}\sin\theta\mathrm{d}\theta \tag{2}$$

将式(1)和式(2)积分,得

$$E_{/\!/}=\int\mathrm{d}E_{/\!/}=\int_{\theta_1}^{\theta_2}\frac{\lambda}{4\pi\varepsilon_0 a}\cos\theta\mathrm{d}\theta=\frac{\lambda}{4\pi\varepsilon_0 a}(\sin\theta_2-\sin\theta_1)$$

$$E_{\perp}=\int\mathrm{d}E_{\perp}=\int_{\theta_1}^{\theta_2}\frac{\lambda}{4\pi\varepsilon_0 a}\sin\theta\mathrm{d}\theta=\frac{\lambda}{4\pi\varepsilon_0 a}(\cos\theta_1-\cos\theta_2)$$

最后由 $E_{/\!/}$ 和 $E_{\perp}$ 来确定 $\boldsymbol{E}$ 的大小。当带电直线为无限长时，$\theta_1=0,\theta_2=\pi$，有

$$E_{/\!/}=\int \mathrm{d}E_{/\!/}=0$$

$$E_{\perp}=\int \mathrm{d}E_{\perp}=\frac{\lambda}{2\pi\varepsilon_0 a}$$

则

$$E=\frac{\lambda}{2\pi\varepsilon_0 a}$$

即

$$\boldsymbol{E}=\frac{\lambda}{2\pi\varepsilon_0 a}\boldsymbol{j}$$

由上述结论可以看出，对于无限长的均匀带电直线，线外任一点 P 的电场强度与线电荷密度成正比，与该点到直线的垂直距离成反比，方向垂直于带电直线，指向由 λ 的正负确定。

例 9.5 半径为 R 的均匀带电细圆环，带电量为 Q。求圆环轴线上任一点 P 的电场强度。

解 如图 9.9 所示，取圆环轴线为 x 轴，把圆环分成多个电荷元，任取一长度为 $\mathrm{d}l$ 的电荷元 $\mathrm{d}q$，它在 P 点激发的电场强度 $\mathrm{d}\boldsymbol{E}$ 为

$$\mathrm{d}\boldsymbol{E}=\frac{1}{4\pi\varepsilon_0}\frac{\mathrm{d}q}{r^2}\boldsymbol{r}_0$$

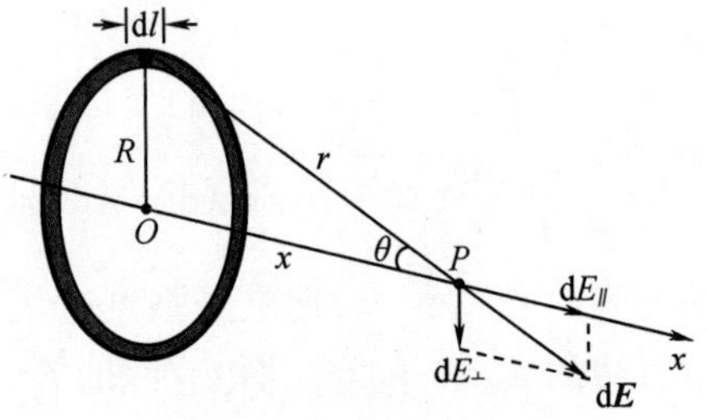

图 9.9 例 9.5 图

由于圆环电荷分布关于轴线对称，因此 $\mathrm{d}\boldsymbol{E}$ 相对于轴线可分解为 $\mathrm{d}E_{/\!/}$ 和 $\mathrm{d}E_{\perp}$，根据对称性分析得 $E_{\perp}=\int \mathrm{d}E_{\perp}=0$，因此只需要计算 $E=E_{/\!/}=\int \mathrm{d}E_{/\!/}$。

因为

$$\mathrm{d}E_{/\!/}=\mathrm{d}E\cos\theta=\frac{1}{4\pi\varepsilon_0}\frac{\mathrm{d}q}{r^2}\cos\theta$$

则

$$E=\int_q \mathrm{d}E_{/\!/}=\int_q \mathrm{d}E\cos\theta=\frac{\cos\theta}{4\pi\varepsilon_0 r^2}\int_q \mathrm{d}q=\frac{Q\cos\theta}{4\pi\varepsilon_0 r^2} \tag{1}$$

考虑到 $\cos\theta=\dfrac{x}{r}$，$r=\sqrt{R^2+x^2}$，则式(1)可写简化为

$$E=\frac{Qx}{4\pi\varepsilon_0(R^2+x^2)^{3/2}} \tag{2}$$

$\boldsymbol{E}$ 的方向沿轴向。若 Q 为正，则方向沿轴向指向远方；若 Q 为负，则方向沿轴向指向圆环。

当 $x\gg R$ 时，$(R^2+x^2)^{3/2}\approx x^3$，则 $\boldsymbol{E}$ 的大小为

$$E=\frac{Q}{4\pi\varepsilon_0 x^2}$$

式(2)说明,远离环心处的电场也相当于一个点电荷激发的电场。

例9.6 今有一均匀带电圆面,半径为 R,面电荷密度为 σ,求圆面轴线上任一点的电场强度。

解 如图9.10所示,带电圆面可以看作由许多细圆环组成。取一半径为 r、宽度为 $\mathrm{d}r$ 的细圆环,此带电圆环在 P 点激发的电场强度为

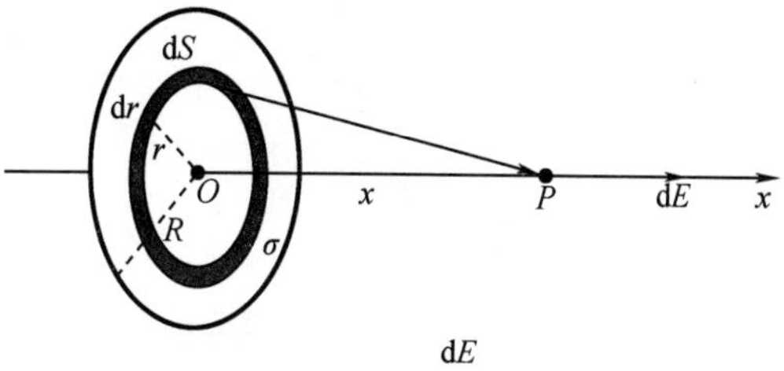

图9.10 例9.6图

$$\mathrm{d}E=\frac{\sigma\mathrm{d}S\cdot x}{4\pi\varepsilon_0(r^2+x^2)^{3/2}}$$

式中,$\mathrm{d}S=2\pi r\mathrm{d}r$,方向沿轴线。由于组成圆面的各圆环的电场方向都相同,因此 P 点的电场强度为

$$E=\int\mathrm{d}E=\int_0^R\frac{\sigma 2\pi r\mathrm{d}r\cdot x}{4\pi\varepsilon_0(r^2+x^2)^{3/2}}=\frac{\sigma}{2\varepsilon_0}\left[1-\frac{x}{(R^2+x^2)^{1/2}}\right]$$

其方向沿轴向。若 σ 为正,则方向沿轴向指向远方;若 σ 为负,则方向沿轴向指向圆面环。

当 $x\ll R$ 时,$\frac{x}{(R^2+x^2)^{1/2}}\approx 0$,有

$$E=\frac{\sigma}{2\varepsilon_0}\tag{1}$$

只要 P 点与任意带电平面间的距离小于该点到带电平面边缘各点的距离,即对均匀带电平面中部附近的各点来说,该平面都可看作无限大,其电场场强大小都可由式(1)近似表示,写成矢量式为

$$\boldsymbol{E}=\frac{\sigma}{2\varepsilon_0}\boldsymbol{n}_0$$

式中,$\boldsymbol{n}_0$ 为平面的法向方向的单位矢量。

9.1.6 电场对带电体的作用

将点电荷 q 放在电场强度为 $\boldsymbol{E}$ 的外电场中的某一点时,电荷受静电力 $\boldsymbol{F}=q\boldsymbol{E}$。要计算一个带电体在电场中受的力的作用,一般要把带电体划分为许多电荷元,先计算每个电荷元所受的力,然后用积分求解带电体所受的合力和合力矩。

例9.7 计算电偶极子 $\boldsymbol{p}=q\boldsymbol{l}$ 在均匀电场 $\boldsymbol{E}$ 中所受的合力和合力矩。

解 如图9.11所示,电矩 $\boldsymbol{p}$ 的方向与电场 $\boldsymbol{E}$ 的方向之间的夹角为 θ,则正负电荷受力分别为

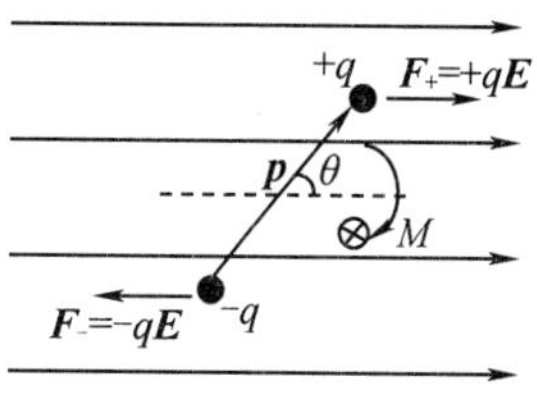

图9.11 例9.7图

$$\boldsymbol{F}_+=+q\boldsymbol{E}$$
$$\boldsymbol{F}_-=-q\boldsymbol{E}$$

所以合力 $\boldsymbol{F}=\boldsymbol{F}_-+\boldsymbol{F}_+=0$。

但 $\boldsymbol{F}_+$ 和 $\boldsymbol{F}_-$ 不在一直线上，合力矩的大小为

$$M = F_+\frac{l}{2}\sin\theta + F_-\frac{l}{2}\sin\theta = qlE\sin\theta = pE\sin\theta \tag{1}$$

考虑到力矩 $\boldsymbol{M}$ 的方向，式(1)可写成矢量式 $\boldsymbol{M}=\boldsymbol{p}\times\boldsymbol{E}$。

所以，电偶极子在电场作用下总要使电矩 $\boldsymbol{p}$ 的方向转向场强 $\boldsymbol{E}$ 的方向以达到稳定平衡状态。这也是电介质的极化原理。

9.2 静电场的高斯定理及其应用

9.2.1 电场线

为了更形象地描述电场的性质及空间分布，可以引入"电场线"的概念。电场线是按下述规定在电场中画出的一系列假想的曲线：电场线上任一点的切向表示该点电场强度 $\boldsymbol{E}$ 的方向，疏密程度表示电场强度的大小。

图 9.12 为几种常见的电场线，给出了几种静止电荷的电场线图，从图中不难看出，静电场的电场线有以下特点：(1)电场线总是起始于正电荷(或者无限远处)，终止于负电荷(或者无限远处)，不会形成闭合曲线；(2)任何两条电场线都不能相交，也不能相切，这是由于电场中每点的电场强度只能有一个确定的方向。

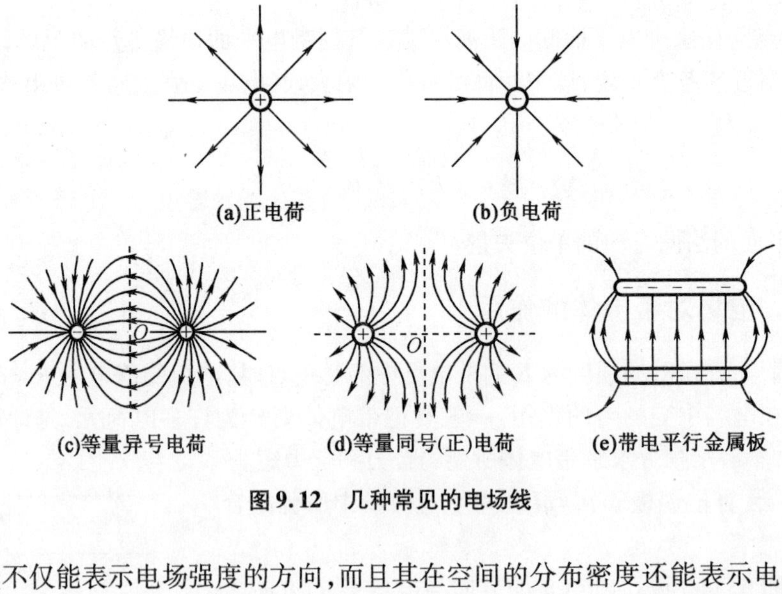

图 9.12 几种常见的电场线

电场线不仅能表示电场强度的方向，而且其在空间的分布密度还能表示电场强度的大小。在某区域内，电场线的密度较大，该处电场强度也较强；电场线的密度较小，该处电场强度也较小。为了定量地描述某点电场强度的大小，对电场线的密度做如下规定：设想通过该点画一个垂直于电场方向的面元 $\mathrm{d}S_\perp$，通过此面元的电场线条数为 $\mathrm{d}\Phi_e$，则

$$E = \frac{\mathrm{d}\Phi_e}{\mathrm{d}S_\perp} \tag{9.22}$$

这就是说，通过电场中某点且垂直于电场方向的单位面积所穿过的电场线条数等于该点处电场强度 $\boldsymbol{E}$ 的大小，即电场中某点的电场强度的大小$\frac{\mathrm{d}\Phi_e}{\mathrm{d}S_\perp}$也叫作**电场线数密度**。

9.2.2 电场强度通量

通过电场中任一给定面 S 的电场线的条数称为通过该面的电场强度通量(图 9.13)，简称**电通量**，用符号 Φ_e 表示。

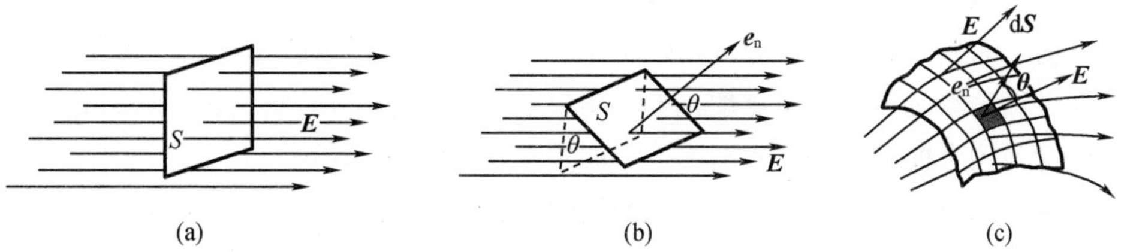

图 9.13 电场强度通量

如图 9.13(a)所示，若均匀电场 $\boldsymbol{E}$ 与平面 S 垂直，即 $\boldsymbol{E}$ 与平面 S 的法线 n 的方向的夹角为 0°，则根据电场线数密度的定义可知，穿过平面 S 的电通量 Φ_e 为

$$\Phi_e = ES \tag{9.23}$$

若 $\boldsymbol{E}$ 与平面 S 的法线 n 的方向的夹角为 θ，则 S 在垂直于 $\boldsymbol{E}$ 的方向上的投影面积 $S' = S\cos\theta$，通过平面 S 的电通量等于通过平面 S'的电通量，即

$$\Phi_e = ES' = ES\cos\theta = \boldsymbol{E}\cdot\boldsymbol{S} \tag{9.24}$$

式中，面积矢量 $\boldsymbol{S}=S\boldsymbol{e}_n$，$\boldsymbol{e}_n$ 为 $\boldsymbol{S}$ 法线方向的单位矢量，如图 9.13(b)所示。

一般情况下，电场是不均匀的，而且 S 也可以是一个任意的曲面。在曲面上，电场强度的大小和方向是逐点变化的，在计算通过该曲面的电通量时，要把该曲面分割成无限多个无限小的面元 $\mathrm{d}\boldsymbol{S}$，一个无限小的面元 $\mathrm{d}\boldsymbol{S}$ 的 $\boldsymbol{e}_n$ 与该面元上 $\boldsymbol{E}$ 的方向的夹角为 θ，如图 9.13(c)所示，可以把 $\mathrm{d}\boldsymbol{S}$ 上的电场强度 $\boldsymbol{E}$ 视为均匀电场，则穿过面元 $\mathrm{d}\boldsymbol{S}$ 的电通量为

$$\mathrm{d}\Phi_e = \boldsymbol{E}\cdot\mathrm{d}\boldsymbol{S} = E\cos\theta\,\mathrm{d}S \tag{9.25}$$

电通量是标量，当 $0\leqslant\theta\leqslant\frac{\pi}{2}$ 时，$\mathrm{d}\Phi_e$ 为正；当$\frac{\pi}{2}\leqslant\theta\leqslant\pi$ 时，$\mathrm{d}\Phi_e$ 为负。通过整个平面 $\boldsymbol{S}$ 的电通量等于通过所有 $\mathrm{d}\boldsymbol{S}$ 的电通量的代数和，因为平面 $\boldsymbol{S}$ 连续分布，所以有

$$\Phi_e = \iint_S \mathrm{d}\Phi_e = \iint_S \boldsymbol{E}\cdot\mathrm{d}\boldsymbol{S} \tag{9.26}$$

对于闭合曲面，则有

$$\Phi_e = \oiint_S \boldsymbol{E}\cdot\mathrm{d}\boldsymbol{S} \tag{9.27}$$

一般来说，通过闭合曲面的电场线有“穿进”“穿出”之分，也就是说，通过曲面上各个面元的电通量有正有负。为此规定：

(1)对于闭合曲面，其把空间分成两部分，即闭合曲面内和闭合曲面外。规定由内向外

为各面元法线的正方向，因此，如图 9.13（c）所示，当电场线从内部穿出时，$0\leqslant\theta\leqslant\frac{\pi}{2}$，$\mathrm{d}\Phi_e$ 为正；当电场线从外部穿入时，$\frac{\pi}{2}\leqslant\theta\leqslant\pi$，$\mathrm{d}\Phi_e$ 为负。通过整个曲面的电通量 Φ_e 就等于穿出与穿入曲面的电场线条数之差，也就是净穿出曲面的电场线的总条数。

（2）对于没有闭合的曲面，曲面上各处的法线的正方向可以任意选取。

9.2.3 静电场的高斯定理

既然电场是由电荷激发的，那么通过电场空间某一给定闭合曲面的电通量与激发电场的场源电荷必有确定的关系。德国物理学家和数学家高斯通过缜密运算论证了这一关系，这就是著名的**高斯定理**。**高斯定理**是电磁学中的一条基本定理，它给出了通过任一闭合曲面的电通量与闭合曲面内部所包围的电荷的关系，具体表述如下：

在真空中的静电场中，穿过任一闭合曲面的电通量 Φ_e 等于该闭合曲面内包围的电量的代数和 $\sum q_i$ 除以真空中的介电常数 ε_0，与闭合曲面外的电荷无关，即

$$\Phi_e = \oiint_S \boldsymbol{E}\cdot\mathrm{d}\boldsymbol{S} = \frac{1}{\varepsilon_0}\sum q_i \tag{9.28}$$

$$\Phi_e = \oiint_S \boldsymbol{E}\cdot\mathrm{d}\boldsymbol{S} = \frac{1}{\varepsilon_0}\int_V \rho\,\mathrm{d}V \tag{9.29}$$

式中，ρ 为连续分布的源电荷的体电荷密度；V 为包围在闭合曲面内的源电荷分布的体积。高斯定理中的闭合曲面通常称为**高斯面**。

为方便我们对高斯定理的理解，下面对该定理进行简明论证，如图 9.14 所示。

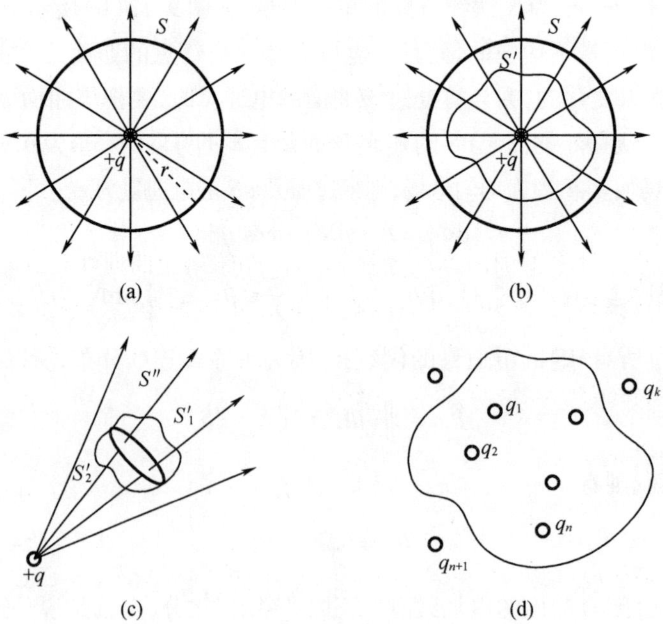

图 9.14　推导高斯定理图

1. 通过包围点电荷 q 的任一同心球面的电通量都等于$\frac{q}{\varepsilon_0}$

如图9.14(a)所示,由点电荷的电场强度的分布具有球对称性可知,半径为 r 的球面上任一点的电场强度的大小都是$\frac{q}{4\pi\varepsilon_0 r^2}$,方向都是沿着矢径 $\boldsymbol{r}$ 的方向,且处处与球面垂直,则穿过这个球面的电通量为

$$\Phi_e = \oint\!\!\!\oint_S \boldsymbol{E}\cdot \mathrm{d}\boldsymbol{S} = \oint\!\!\!\oint_S E\cos 0\mathrm{d}S = E\oint\!\!\!\oint_S \mathrm{d}S = \frac{q}{4\pi\varepsilon_0 r^2}\cdot 4\pi r^2 = \frac{q}{\varepsilon_0} \tag{9.30}$$

此结果表明,通过包围点电荷 q 的任一同心球面的电通量都等于$\frac{q}{\varepsilon_0}$,与球面的半径 r 无关,只与它所包围的电荷的电量有关。用电场线的图像来说,其表示穿过各任一包围点电荷 q 的闭合球面电场线的总条数相等。当 q 是正电荷时,$\Phi_e>0$,表示电场线从正电荷出发且穿出球面,故 $+q$ 为静电场的源头;当 q 是负电荷时,$\Phi_e<0$,表示电场线穿入球面且止于负电荷,故 $-q$ 为静电场的“尾闾(汇)”。这说明静电场是有源场,同时也证明了电场线的连续性。

2. 包围点电荷 q 的任一闭合曲面 S'的电通量都等于$\frac{q}{\varepsilon_0}$

如图9.14(b)所示,点电荷所在点为球心,在 S'外做球面 S,由前文可知穿过 S 的电通量等于$\frac{q}{\varepsilon_0}$。由于 S 与 S'之间没有其他电荷,从电荷 q 发出的电场线具有连续性,通过 S 的电场线必然全部通过 S',且延伸到无限远处,因此通过 S'的电通量也等于$\frac{q}{\varepsilon_0}$。

3. 通过不包围点电荷的任意曲面 S''的电通量恒为零

如图9.14(c)所示,闭合曲面在点电荷外。把曲面分为两部分——S''_1和 S''_2。通过 S''_1的电通量 Φ_e 和通过 S''_2的电通量 Φ_e 大小相等,但符号相反,它们的代数和 $\Phi_e+\Phi'_e=0$,即每一条电场线只要从某处穿入必定从另一处穿出,一进一出正负抵消。

4. 对于多个点电荷或任一带电体形成的电场,通过任一闭合曲面 S 的电通量等于 $\frac{1}{\varepsilon_0}\sum\limits_{S内} q_i$

如图9.14(d)所示,闭合曲面内有点电荷 $q_1,q_2,\cdots,q_n$,闭合曲面外有点电荷 $q_{n+1},q_{n+2},\cdots,q_k$。由场强的叠加原理可知,在闭合曲面的某个面元 d$S$ 处所激发的总电场强度为

$$\boldsymbol{E} = (\boldsymbol{E}_1+\boldsymbol{E}_2+\cdots+\boldsymbol{E}_n)+(\boldsymbol{E}_{n+1}+\boldsymbol{E}_{n+2}+\cdots+\boldsymbol{E}_k) \tag{9.31}$$

因此,该点电荷系的总电场在 dS 处的电通量为

$$\begin{aligned} \mathrm{d}\Phi_e &= \boldsymbol{E}\cdot\mathrm{d}\boldsymbol{S} \\ &= (\boldsymbol{E}_1\cdot\mathrm{d}\boldsymbol{S}+\boldsymbol{E}_2\cdot\mathrm{d}\boldsymbol{S}+\cdots+\boldsymbol{E}_n\cdot\mathrm{d}S)+(\boldsymbol{E}_{n+1}\cdot\mathrm{d}\boldsymbol{S}+\boldsymbol{E}_{n+2}\cdot\mathrm{d}\boldsymbol{S}+\cdots+\boldsymbol{E}_k\cdot\mathrm{d}\boldsymbol{S}) \\ &= (\mathrm{d}\Phi_{e1}+\mathrm{d}\Phi_{e2}+\cdots+\mathrm{d}\Phi_{en})+(\mathrm{d}\Phi_{en+1}+\mathrm{d}\Phi_{en+2}+\cdots+\mathrm{d}\Phi_{ek}) \end{aligned} \tag{9.32}$$

闭合曲面外的点电荷所产生的电场通过闭合曲面的电通量为零。闭合曲面内的点电荷所产生的电场穿过闭合曲面的电通量为

$$\Phi_e = \oint\!\!\!\oint \mathrm{d}\Phi_e$$

$$= \Phi_{e1} + \Phi_{e2} \cdots + \Phi_{en}$$

$$= \frac{q_1}{\varepsilon_0} + \frac{q_2}{\varepsilon_0} + \cdots + \frac{q_n}{\varepsilon_0}$$

$$= \frac{1}{\varepsilon_0}\sum_{i=1}^{n} q_i \tag{9.33}$$

应当指出，高斯定理说明穿过闭合曲面的电通量只与该闭合曲面内所包含的电荷有关，与电荷分布无关，但并没有说明闭合曲面上任一点的电场强度只与该闭合曲面内所包含的电荷有关。电场中涉及的电场强度是由所有场源电荷即闭合曲面内、外所有电荷共同产生的总的电场强度。虽然高斯定理是在库仑定律的基础上得出的，但库仑定律是从电荷间的作用反映静电场的性质，而高斯定理则是从场和场源电荷间的关系反映静电场的性质。从场的研究方面来看，高斯定理比库仑定律更基本，应用范围更广。库仑定律只适用于静电场，而高斯定理不但适用于静电场，而且对变化的电场也适用，它是电磁场理论的基本方程之一，由矢量场的高斯公式 $\oint_S \boldsymbol{E}\cdot \mathrm{d}\boldsymbol{S} = \iiint_V (\nabla\cdot \boldsymbol{E})\,\mathrm{d}V = \frac{1}{\varepsilon_0}\iiint_V \rho\cdot \mathrm{d}V$ 可得

$$\nabla\cdot \boldsymbol{E} = \rho \neq 0 \tag{9.34}$$

它反映了“静电场是有源场”这一基本性质。

9.2.4 高斯定理的应用

高斯定理不仅反映了静电场的性质，而且还可用于简洁方便地求解某些特殊情况下的电通量和电场强度。如果已知带电体的电荷分布，根据高斯定理很容易求得任意闭合曲面的电通量，但很难直接确定场中各点的电场强度。只有当电荷分布具有某种对称性时，取合适的高斯面，才可以用高斯定理很方便地计算电场强度，其计算过程比前面介绍的电场叠加原理要简单得多。这些特殊情况在实际应用中是很常见的。下面我们就举例说明应用高斯定理求解电场强度的方法。

当场源电荷分布具有某种对称性时，应用高斯定理，选取适当的高斯面，使面积分 $\oint_S \boldsymbol{E}\cdot \mathrm{d}\boldsymbol{S}$ 中的 $\boldsymbol{E}$ 能以标量的形式提出来，使之成为 $E\oint_S \mathrm{d}S = ES = \frac{1}{\varepsilon_0}\sum_{S内} q_i$，即可求出电场强度。

具体的思路：第一，分析 $\boldsymbol{E}$ 的对称性；第二，选取合适的高斯面 S 的原则是通过待求 $\boldsymbol{E}$ 的区域，让 S 上待求 $\boldsymbol{E}$ 处的 $\boldsymbol{E}/\!/\mathrm{d}\boldsymbol{S}$，使得 $\iint \boldsymbol{E}\cdot \mathrm{d}\boldsymbol{S} = E\iint \mathrm{d}S$，其余处必须有 $\boldsymbol{E}\cdot \mathrm{d}\boldsymbol{S} = 0$（$E = 0$ 或 $\boldsymbol{E}\perp \mathrm{d}\boldsymbol{S}$）；第三，根据高斯定理列方程求解。

下面举例说明如何应用高斯定理来计算对称分布的电场的电场强度。

1. 具有轴对称性的电场（轴对称）

例 9.7 求无限长、均匀带电直线周围电场的电场强度分布（线电荷密度为 $\lambda > 0$）。

解 如图 9.15(a)所示，由于电荷分布的轴对称性，其产生的电场也具有轴对称性，即与导线轴线垂直距离相等的各点的电场强度的大小相等，方向一定垂直于带电直线且沿径向，此外，和 P 点在同一圆柱面（以带电直线为轴）上的各点的电场强度的大小也都相等，且都沿径向。轴对称的电场分布还有无限长电荷均匀分布的圆柱面、圆柱体以及体电荷密度

按照"与轴距离相等的地方密度相等"分布的圆柱体等带电体。轴线就是圆柱空间的对称中心,对于具有轴对称性的电场分布,通常选取的高斯面为一系列具有不同高度、不同半径的有限圆柱面。

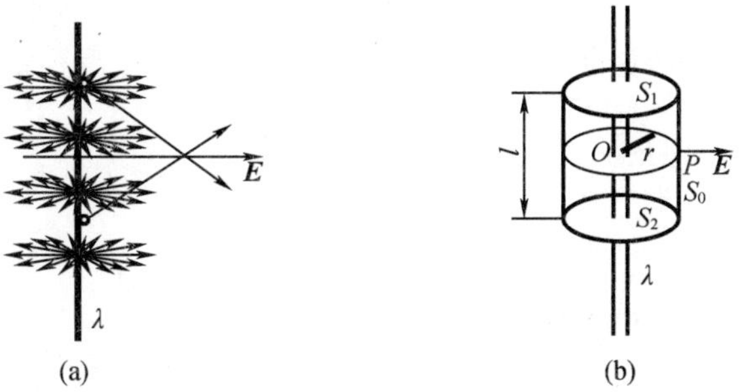

图9.15 例9.7图

通过所求场点 P 作一半径为 r、高度为 l 的圆柱面,其上、下底面面积分别为 S_1、S_2,侧表面积为 S_0,如图9.15(b)所示,由于 $\boldsymbol{E}$ 与上、下底面的法线垂直,因此通过两个底面的电通量为零,而在侧面上,$\boldsymbol{E}$ 的大小相等、方向与其法线平行,则通过侧面的电通量为 $E\cdot 2\pi rl$,具体计算过程如下:

$$\begin{aligned}\oint_S \boldsymbol{E}\cdot \mathrm{d}\boldsymbol{S} &= \iint_{S_0}\boldsymbol{E}\cdot \mathrm{d}\boldsymbol{S} + \iint_{S_1}\boldsymbol{E}\cdot \mathrm{d}\boldsymbol{S} + \iint_{S_2}\boldsymbol{E}\cdot \mathrm{d}\boldsymbol{S}\\ &= \iint_{S_0}\boldsymbol{E}\cdot \mathrm{d}\boldsymbol{S}\\ &= E\cdot 2\pi rl\\ &= \frac{1}{\varepsilon_0}\sum_{i=1}^{n} q_i\\ &= \frac{\lambda l}{\varepsilon_0}\end{aligned}$$

所以,无限长均匀带电直线周围电场的电场强度的大小为

$$E = \frac{\lambda}{2\pi\varepsilon_0 r} \tag{1}$$

方向:当 $\lambda>0$ 时,垂直于轴线向外;当 $\lambda<0$ 时,垂直于轴线向内。

如果用 $\boldsymbol{r}_0$ 表示沿径向 $\boldsymbol{r}$ 的单位矢量,则式(1)可写成矢量式 $\boldsymbol{E} = \frac{\lambda}{2\pi\varepsilon_0 r}\boldsymbol{r}_0$。

例9.8 求无限长、均匀带电圆柱面(面电荷密度为 σ)和圆柱体内外的电场强度分布(体电荷密度为 ρ)。

解 物理学上的无限长是指圆柱面、圆柱体的长度比其横截面半径大得多的情况,如图9.16所示。通过对称分析可知,电场具有轴对称性,选与带电体同轴的圆柱面作为高斯面,分别过带电体内、外所求场点 P_1、P_2 作一高度为 l 的高斯面 S_1、S_2,同一圆柱面上的各点电场强度的大小都相等,方向垂直于带电轴线且沿径向,由高斯定理 $\Phi_e = \oint_S \boldsymbol{E}\cdot \mathrm{d}\boldsymbol{S} =$

$\frac{1}{\varepsilon_0}\sum_{S内} q_i$ 得

$$\oiint_S \boldsymbol{E} \cdot \mathrm{d}\boldsymbol{S} = E \cdot 2\pi r l$$

对于圆柱面：

(1)$r<R$：$\sum_{S内} q_i = 0, E_{内} = 0$；

(2)$r>R$：$\sum_{S内} q_i = 2\pi R l\sigma, \boldsymbol{E}_{外} = \frac{R\sigma}{r\varepsilon_0}\boldsymbol{r}_0$。

对于圆柱体：

(1)$r\leqslant R$：$\sum_{S内} q_i = \frac{1}{\varepsilon_0}\rho\pi r^2 l, \boldsymbol{E}_{内} = \frac{\rho R^2}{2\varepsilon_0 r}\boldsymbol{r}_0$；

(2)$r\geqslant R$：$\sum_{S内} q_i = \frac{1}{\varepsilon_0}\rho\pi R^2 l, \boldsymbol{E}_{外} = \frac{\rho r}{2\varepsilon_0}\boldsymbol{r}_0$。

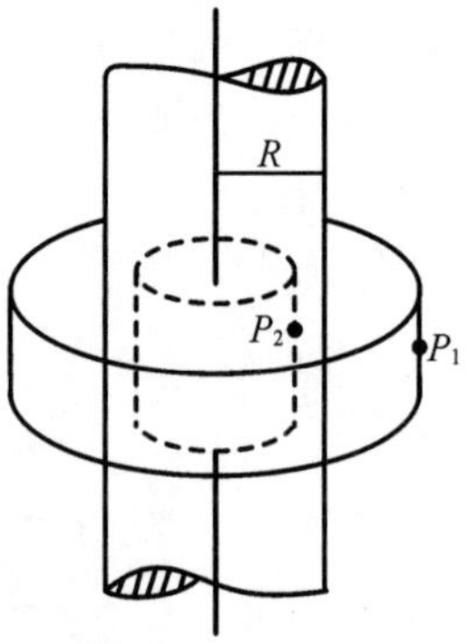

图9.16　例9.8图

注意：对于圆柱面，电场强度在面上不连续分布；对于圆柱体，电场强度在面上连续分布。

2. 具有球对称性的电场（中心对称）

例9.9　试计算均匀带电球面内外电场强度分布（设球面带电总量为 q、半径为 R）。

解　由于电荷均匀分布在球面上，因此电荷分布是球对称的，定性分析可知 $\boldsymbol{E}$ 的分布也呈球对称性，即与球心距离相等的球面上各点的电场强度的大小相等，方向沿着半径呈辐射状。在球内、球外通过所求场点作均为同心球面的高斯面 S_1 和 S_2，如图9.17所示，它们都以带电体球心为球心。由对称性可知，高斯面上电场强度的大小处处相等，方向与所穿过的高斯面面元的法线的夹角为0。根据高斯定理 $\oiint_S \boldsymbol{E}\cdot\mathrm{d}\boldsymbol{S} = \frac{1}{\varepsilon_0}\sum_{S内} q_i$，有

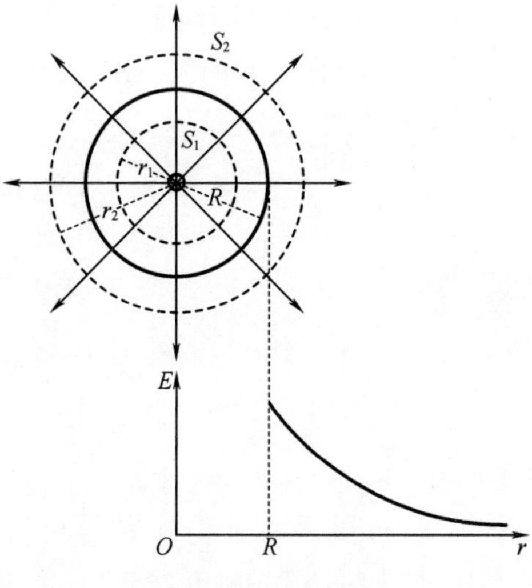

图9.17　例9.9图

$$\oiint_{S_1} \boldsymbol{E}_1 \cdot \mathrm{d}\boldsymbol{S} = E_1 \cdot 4\pi r^2 = \frac{q}{\varepsilon_0}(r>R)$$

$$\oiint_{S_2} \boldsymbol{E}_2 \cdot \mathrm{d}\boldsymbol{S} = E_2 \cdot 4\pi r^2 = \frac{0}{\varepsilon_0}(r<R)$$

解得

$$E_1 = \frac{q}{4\pi\varepsilon_0 r^2}$$

$$E_2 = 0$$

写成矢量式为

$$\boldsymbol{E}_1 = \frac{1}{4\pi\varepsilon_0}\frac{q}{r^2}\boldsymbol{r}_0(r>R)$$

$q>0$ 时，$\boldsymbol{E}$ 与 $\boldsymbol{r}_0$ 同向；$q<0$ 时，$\boldsymbol{E}$ 与 $\boldsymbol{r}_0$ 反向。式中，$\boldsymbol{r}_0$ 表示沿径向 $\boldsymbol{r}$ 的单位矢量。

由前面的计算结果可知，电场强度在 $r=R$ 处间断，属于第二类间断点，因此球面上的电场强度为

$$E(R) = \frac{1}{2}(\text{左极限}+\text{右极限}) = \frac{1}{2}\frac{q}{4\pi\varepsilon_0 R^2} = \frac{q}{8\pi\varepsilon_0 R^2} = \frac{\sigma}{2\varepsilon_0}$$

式中，σ 为带电球壳的面电荷密度。

例 9.10 求均匀带电球体内外电场强度分布（设均匀带电球体的带电量总为 q、半径为 R，如图 9.18所示）。

解 由于电荷分布具有球对称性，因此电场分布也具有球对称性。在球内、球外过所求场点作均为同心球面的高斯面 S，球心在带电体球心处，通过任一点 P_1，做高斯面 S_1、S_2，根据高斯定理有

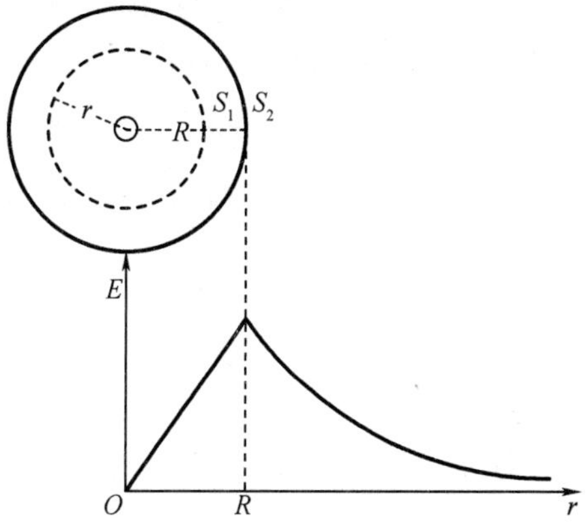

图 9.18 例 9.10 图

$$\oiint_{S_1}\boldsymbol{E}\cdot d\boldsymbol{S} = E_1\cdot 4\pi r^2 = \frac{q}{\varepsilon_0}(r>R)$$

$$\oiint_{S_2}\boldsymbol{E}\cdot d\boldsymbol{S} = E_2\cdot 4\pi r^2 = \frac{\frac{4}{3}\pi r^3 q}{\varepsilon_0 \frac{4}{3}\pi R^3}(r<R)$$

所以有

$$E_1 = \frac{q}{4\pi\varepsilon_0 r^2}(r\geqslant R)$$

$$E_2 = \frac{qr}{4\pi\varepsilon_0 R^2}(r\leqslant R)$$

可见，对于均匀带电球面电场强度在球面上不连续分布；对于均匀带电球体，电场强度在球面上连续分布。

3. 具有面对称性的电场

例 9.11 求无限大、均匀带电平面周围的电场强度分布。

解 设带电体的面密度为 $+\sigma$，由于均匀带电平面是无限大的，因此带电平面两侧附近的电场分布具有面对称性，即与带电平面距离相等的两侧的 $\boldsymbol{E}$ 的大小相等，方向垂直于带电平面，带电平面就是对称中心。所求 $\boldsymbol{E}$ 的高斯面如图 9.19(a)所示。高斯面是一个圆柱面，垂直穿过带电平面，且相对于带电平面是对称的，其侧面的法线与 $\boldsymbol{E}$ 的方向垂直，所以通过侧面的电通量为零；两底面的外法线的方向与 $\boldsymbol{E}$ 的方向的夹角为 0°，且两底面上 $\boldsymbol{E}$ 的大小相等，所以通过两底面的电通量为 ES，根据高斯定理有

$$\oint_S \boldsymbol{E}\cdot \mathrm{d}\boldsymbol{S} = \frac{1}{\varepsilon_0}\sum_{i=1}^{n} q_i = \frac{S\sigma}{\varepsilon_0}$$

又因为

$$\oint_S \boldsymbol{E}\cdot \mathrm{d}\boldsymbol{S} = 2\iint_S \boldsymbol{E}\cdot \mathrm{d}\boldsymbol{S} = 2ES$$

解得

$$E = \frac{\sigma}{2\varepsilon_0} \tag{1}$$

式(1)表明,无限大、均匀带电平面周围的 $\boldsymbol{E}$ 与场点到平面的距离无关,而且 $\boldsymbol{E}$ 的方向与带电平面垂直,这又为获得匀强电场提供了思路。可利用电场强度的叠加原理求得两无限大、均匀带电平面之间的电场是均匀电场,可进一步求得两带等量异号电荷的无限大、均匀带电平面之间的电场强度大小为 $E = \dfrac{\sigma}{\varepsilon_0}$,方向由带正电的平面指向带负电的平面,$\sigma$ 为平面的面电荷密度。两个无限大、均匀带电平面之外的电场强度为零,如图 9.19(b)所示。

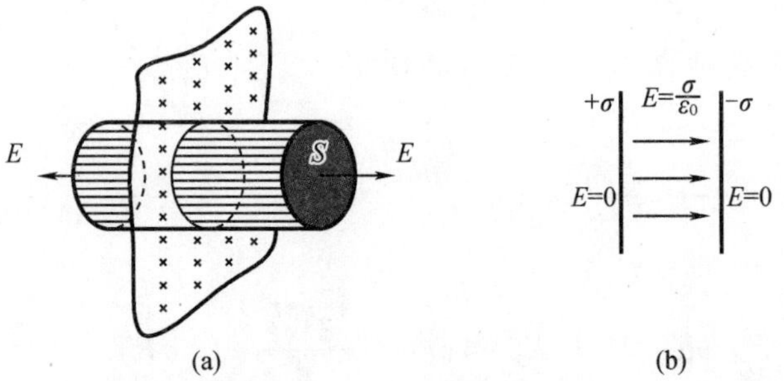

图 9.19　例 9.11 图

由以上典型例子可以看出,应用高斯定理求解电场强度分布问题非常简单,其关键是寻找合适的高斯面,只有那些具有简单几何形状且具有空间对称性的带电体才能找到简单的高斯面。此外,还可以巧用高斯定理构造闭合曲面以便求解通过某一非闭合曲面的电通量。

9.3　静电场的环路定理　电势能　电势

前文从"电场对电荷有作用力"这一角度出发研究了静电场的性质,下面我们将从电场力做功即功和能的角度出发来研究静电场的性质。

9.3.1　静电力的功

如图 9.20 所示,在点电荷 Q 所激发的静电场中,将试验电荷 q_0 从 a 点沿任意路径移至 b 点,设在此过程中,试验电荷 q_0 受到的电场力为 $\boldsymbol{F}$,则电场力 $\boldsymbol{F}$ 在元位移 $\mathrm{d}\boldsymbol{l}$ 的过程中对 q_0 所做的元功为

$$dA = \boldsymbol{F} \cdot d\boldsymbol{l} = q_0 \boldsymbol{E} \cdot d\boldsymbol{l} = \frac{q_0 Q dl\cos\theta}{4\pi\varepsilon_0 r^2} = \frac{q_0 Q dr}{4\pi\varepsilon_0 r^2} \quad (9.35)$$

所以在试验电荷从 a 点沿任意路径移至 b 点的过程中，电场力做的总功为

$$A = \int_{r_a}^{r_b} \frac{q_0 Q dr}{4\pi\varepsilon_0 r^2} = \frac{q_0 Q}{4\pi\varepsilon_0}\left(\frac{1}{r_a} - \frac{1}{r_b}\right) \quad (9.36)$$

式中，r_a、r_b 分别是路径的起点和终点离点电荷 Q 的距离。可见，在点电荷 Q 激发的电场中，电场力做功仅与所移动电荷的电量大小及其始末位置有关，而与其所经过的路径无关，因此点电荷的电场是个保守场。

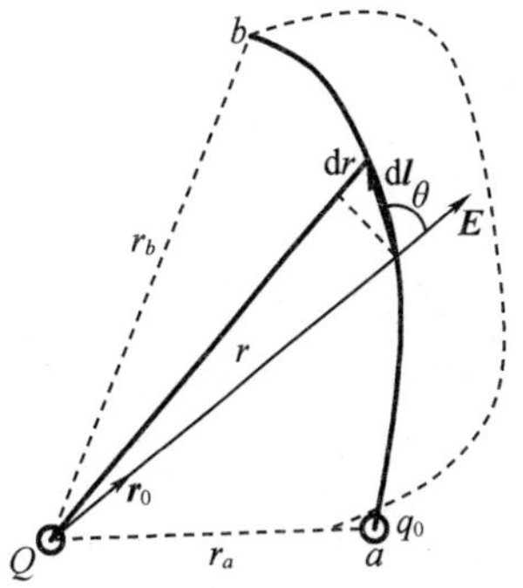

图 9.20　电场力做功

利用电场强度的叠加原理很容易将上述结论推广到任意带电体产生的静电场。任意带电体可以看作许多点电荷的集合，某场点总电场强度 $\boldsymbol{E}$ 等于各点电荷在该场点产生的电场强度的矢量和，即

$$\boldsymbol{E} = \boldsymbol{E}_1 + \boldsymbol{E}_2 + \cdots + \boldsymbol{E}_n$$

在电场 $\boldsymbol{E}$ 中，将试验电荷 q_0 从 a 点沿任意路径移动到 b 点时，电场力做功为

$$\begin{aligned} A &= \int_{r_a}^{r_b} q_0 \boldsymbol{E} \cdot d\boldsymbol{l} \\ &= \int_{r_a}^{r_b} q_0 (\boldsymbol{E}_1 + \boldsymbol{E}_2 + \cdots + \boldsymbol{E}_n) \cdot d\boldsymbol{l} \\ &= \int_{r_a}^{r_b} q_0 \boldsymbol{E}_1 \cdot d\boldsymbol{l} + \int_{r_a}^{r_b} q_0 \boldsymbol{E}_2 \cdot d\boldsymbol{l} + \cdots + \int_{r_a}^{r_b} q_0 \boldsymbol{E}_n \cdot d\boldsymbol{l} \\ &= \frac{q_0 q_1}{4\pi\varepsilon_0}\left(\frac{1}{r_{1a}} - \frac{1}{r_{1b}}\right) + \frac{q_0 q_2}{4\pi\varepsilon_0}\left(\frac{1}{r_{2a}} - \frac{1}{r_{2b}}\right) + \cdots + \frac{q_0 q_n}{4\pi\varepsilon_0}\left(\frac{1}{r_{na}} - \frac{1}{r_{nb}}\right) \\ &= \sum_{i=1}^{n} \frac{q_0 q_i}{4\pi\varepsilon_0}\left(\frac{1}{r_{ia}} - \frac{1}{r_{ib}}\right) \end{aligned} \quad (9.37)$$

式中，r_{ia}、r_{ib} 分别是试验电荷 q_0 在路径的起点和终点离第 i 个点电荷的距离。式(9.37)表明，电场力做功仍只是取决于所移动电荷的始末位置，而与其所经过的路径无关，因此可以得出结论：试验电荷在任何静电场中移动时，电场力做功只与电场的性质、试验电荷的电量及其路径的始末位置有关，而与其路径无关。这说明静电力是保守力，静电场是保守力场。

9.3.2　静电场的环路定理

如图 9.21 所示，在静电场中，若将试验电荷 q_0 从电场中 a 点沿任意闭合路径 $acbda$ 移动一周，电场力做功可表示为

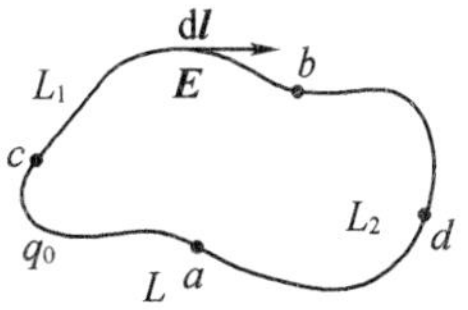

图 9.21　电场强度的环流

$$\begin{aligned} A &= \oint_L q_0 \boldsymbol{E} \cdot d\boldsymbol{l} \\ &= q_0 \int_{acb} \boldsymbol{E} \cdot d\boldsymbol{l} + q_0 \int_{bda} \boldsymbol{E} \cdot d\boldsymbol{l} \end{aligned}$$

$$= q_0\int_{acb}\boldsymbol{E}\cdot \mathrm{d}\boldsymbol{l} - q_0\int_{adb}\boldsymbol{E}\cdot \mathrm{d}\boldsymbol{l}$$

$$= 0 \tag{9.38}$$

由于 $q_0 \neq 0$,因此

$$\oint_L \boldsymbol{E}\cdot \mathrm{d}\boldsymbol{l} = 0 \tag{9.39}$$

式(9.39)表明,对任意静电场,静电场力移动试验电荷并做功(电场强度的线积分)均与试验电荷的移动路径无关,仅与其始末位置有关。称电场强度 $\boldsymbol{E}$ 沿任意闭合路径的积分为 **$\boldsymbol{E}$ 的环流**。它表明,**在静电场中,电场强度 $\boldsymbol{E}$ 的环流恒等于零**,这称为**静电场的安培环路定理**。它是静电场为保守力场的数学表示。根据矢量场的斯托克斯公式 $\oint_L \boldsymbol{E}\cdot \mathrm{d}\boldsymbol{l} = \iint_S (\nabla\times \boldsymbol{E})\cdot \mathrm{d}\boldsymbol{S}$ 可得其微分表达式为

$$\nabla\times \boldsymbol{E} = 0 \tag{9.40}$$

它表示静电场是一个无旋场。总体来说,静电场是一种有源无旋场。式(9.39)说明了静电场力与重力、万有引力、弹性力一样,也是保守力,静电场是保守场。

9.3.3 电势能 电势 电势差

1. 电势能

在力学中,由于重力、万有引力、弹性力等保守力做功具有与路径无关的特点,因此我们曾引入势能的概念。从前文的讨论中我们知道静电力是保守力,并且做功的特点也与路径无关,因此引入电势能的概念,即电荷在电场中的一定位置上具有一定的电势能,它是电荷与电场系统所共有的。这样,静电力对电荷所做的功就等于电荷电势能的改变量。若以 E_{pa} 和 E_{pb} 分别表示点电荷 q_0 在电场中 a、b 两点处的电势能,则试验电荷从 a 移动到 b,静电场力对它做的功为

$$A_{ab} = q_0\int_a^b \boldsymbol{E}\cdot \mathrm{d}\boldsymbol{l} = E_{pa} - E_{pb} = -(E_{pb} - E_{pa}) \tag{9.41}$$

由式(9.41)可以看出,电场力做正功时,$A_{ab}>0$,则 $E_{pa}>E_{pb}$,电势能减少;电场力做负功时,$A_{ab}<0$,则 $E_{pa}<E_{pb}$,电势能增加。或者说,保守力所做的功等于系统势能增量的负值。

电势能和重力势能、弹性势能一样,是个相对的量,即试验电荷在电场中的电势能与选择的零势能参考点有关。对于这个参考点的选择可以是任意的,视解决问题方便而定。若选择 q_0 在 b 处的电势能为零,即 $E_{pb}=0$,则有

$$E_{pa} = q_0\int_a^b \boldsymbol{E}\cdot \mathrm{d}\boldsymbol{l} \tag{9.42}$$

这表示,电荷 q_0 在电场中 a 点的电势能在数值上就等于在把它移动到势能零点的过程中静电场力所做的功。在国际单位制中,电势能的单位是焦耳(J)。当场源电荷局限在有限大小的空间里时,为了方便,通常把电势零点选在无限远处,即规定 $E_{p\infty}=0$,则电荷 q_0 在 a 点的电势能为

$$E_{pa} = q_0\int_a^{\infty}\boldsymbol{E}\cdot \mathrm{d}\boldsymbol{l} \tag{9.43}$$

若场源电荷为点电荷,电量为 Q,则电荷 q_0 在 a 点的电势能为

$$E_{pa} = \int_a^{\infty}\frac{Qq_0}{4\pi\varepsilon_0 r^2}\boldsymbol{r}_0\cdot \mathrm{d}\boldsymbol{r} = \int_{r_a}^{\infty}\frac{Qq_0}{4\pi\varepsilon_0 r^2}\cdot \mathrm{d}r = \frac{Qq_0}{4\pi\varepsilon_0 r_a} \tag{9.44}$$

应该指出,与其他形式的势能一样,电势能是带电体与电场的相互作用能,属于带电体与电场组成的系统。

2. 电势

系统的电势能既与试验电荷有关,也与场源电荷有关。但根据式(9.43)可得$\frac{E_{pa}}{q_0}$与试验电荷 q_0 无关,仅由电场的性质和 a 点的位置决定,因此,$\frac{E_{pa}}{q_0}$是描述电场中任一点 a 处电场性质的另一个基本物理量,称为 a 点的电势,用 U_a 表示。

若规定无限远处为电势零点,静电场中某 a 点的电势 U_a 被定义为在将单位正试验电荷从电场 a 点沿任意路径移至无限远处的过程中,静电场力所做的功,即

$$U_a = \frac{E_{pa}}{q_0} = \frac{A_{a\to\infty}}{q_0} = \frac{q_0\int_a^{\infty}\boldsymbol{E}\cdot \mathrm{d}\boldsymbol{l}}{q_0} = \int_a^{\infty}\boldsymbol{E}\cdot \mathrm{d}\boldsymbol{l} \tag{9.45}$$

电势是标量,在国际单位制中,电势的单位为伏特,符号为 V。

由式(9.44)可得点电荷 q 的电势公式为

$$U = \frac{q}{4\pi\varepsilon_0 r} \tag{9.46}$$

电势也是个相对量,其零点选在了无限远处。对于点电荷系来说,有

$$\begin{aligned} U &= \frac{A_{a\to\infty}}{q_0} \\ &= \frac{q_0\int_a^{\infty}\boldsymbol{E}\cdot \mathrm{d}\boldsymbol{l}}{q_0} \\ &= \int_a^{\infty}(\boldsymbol{E}_1 + \boldsymbol{E}_2 + \cdots + \boldsymbol{E}_n)\cdot \mathrm{d}\boldsymbol{l} \\ &= U_1 + U_2 + \cdots + U_n \\ &= \sum_{i=1}^{n} U_i \\ &= \frac{1}{4\pi\varepsilon_0}\sum_{i=1}^{n}\frac{q_i}{r_i} \end{aligned} \tag{9.47}$$

式(9.47)称为**电势的叠加原理**。它表示一个电荷系的电场中任意点的电势等于每一个带电体单独存在时在该点所产生的电势的代数和。

对于连续带电体来说,只要将它分割成无数多个电荷元 dq,就可求得电场中任一处的

电势：

$$U = \iiint_V \frac{1}{4\pi\varepsilon_0}\frac{dq}{r} = \iiint_V \frac{1}{4\pi\varepsilon_0}\frac{\rho}{r}dV \tag{9.48}$$

式中，V 是整个带电体的体积；ρ 是带电体的体电荷密度。

电场中任意两点 a 和 b 的电势之差称为 a、b 两点的**电势差**，也称为**电压**，用 U_{ab} 表示，即

$$U_{ab} = U_a - U_b = \int_a^{\infty}\boldsymbol{E}\cdot d\boldsymbol{l} - \int_b^{\infty}\boldsymbol{E}\cdot d\boldsymbol{l} = \int_b^{a}\boldsymbol{E}\cdot d\boldsymbol{l} \tag{9.49}$$

式(9.49)表明，静电场中，a、b 两点的电势差等于单位正电荷从 a 点沿任意路径移至 b 点的过程中，静电场力所做的功。据此，当任一电荷 q_0 从 a 点沿任意路径移至 b 点时，电场力做功可用 a、b 两点的电势差表示，即

$$A_{ab} = q_0 U_{ab} = q_0(U_a - U_b) \tag{9.50}$$

对于电势零点的选择也是任意的，一般情况下，场源电荷分布在有限空间中时，选择无限远处为电势的零点；但当场源电荷的分布广延到无限大时，不能再取无限远处为电势的零点，因为会因遇到积分不收敛的困难而无法确定电势。这时通常另选一合适的某一点作为电势参考零点，在工程实践中要视具体情况而定，也常常选取地球为电势零点。

3. 电势的计算

电势的计算一般有两种方法，第一种是求出空间电场强度分布，根据定义进行计算，此方法普遍适用；第二种是利用点电荷的电势公式和电势的叠加原理进行计算，通常是选无限远处为电势的零点时才适用。下面举例说明，在真空中的静止电荷分布已知时如何计算电势的分布。需要指出的是，进行计算时首先明确电势的零点，其次求出电场的分布，最后选择一条路径进行积分。

例 9.12 如图 9.22 所示为由四个点电荷组成的电荷系，四个点电荷的电量均为 $q = 2.0\times10^{-8}$ C，并且位于矩形的四个顶点上，$\angle ACB = 60°$，$|BC| = 6.0\times10^{-2}$ m，求：(1) AC 中点 O 的电势；(2) 把放在 O 点的一电量为 $q_0 = 3.0\times10^{-8}$ C 的点电荷移至无限远处的过程中，电场力所做的功。

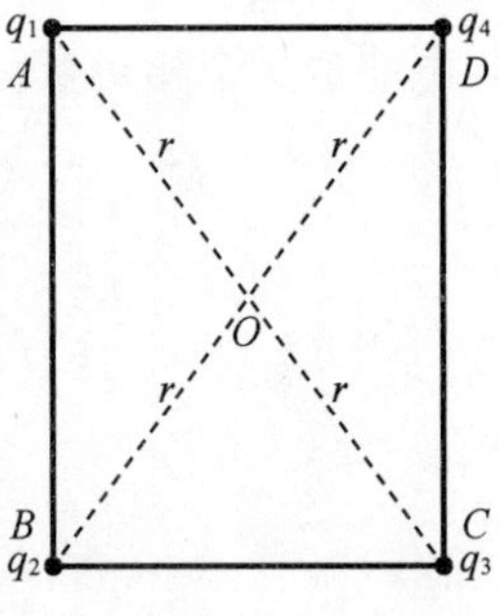

图 9.22　例 9.12 图

解 由几何关系可知，$|CO| = |BC| = 6.0\times10^{-2}$ m，$\triangle BCO$ 为等边三角形，所以

$$U_O = 4\left(\frac{1}{4\pi\varepsilon_0}\frac{q}{|BC|}\right) = 1.2\times10^4 \text{ V}$$

将 q_0 移动到无限远处的过程中，电场力所做的功等于 q_0 在 O 点具有的电势能，即

$$A_O = \frac{q}{4\pi\varepsilon_0}\sum_{i=1}^{4}\frac{q_i}{r_i} = q_0 U_O = 3.6\times10^{-4} \text{ J}$$

很明显，O 点的电场强度为零，但电势不为零，反之亦然。

例 9.13 求均匀带电圆环轴线上电势的分布（设圆环的带电量为 Q、半径为 R）。

解 方法一：用定义式求解。由例 9.5 可知圆环轴线上任一点 P 处的场强为

$$E=\frac{Qx}{4\pi\varepsilon_0(R^2+x^2)^{3/2}}$$

$$U_P=\int_x^{\infty}\boldsymbol{E}\cdot\mathrm{d}\boldsymbol{l}$$

$$=\int_x^{\infty}\frac{Qx}{4\pi\varepsilon_0(R^2+x^2)^{3/2}}\cdot\mathrm{d}l$$

$$=\frac{Q}{4\pi\varepsilon_0(R^2+x^2)^{1/2}}$$

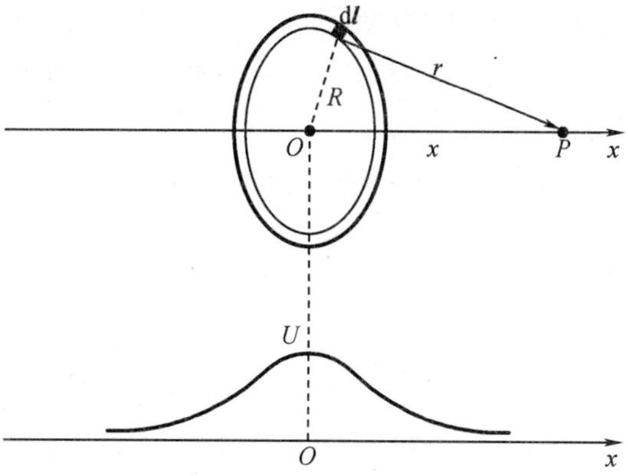

图9.23 例9.13图

方法二:用电势的叠加原理求解。如图9.23所示,由题意得圆环上的线电荷密度为 $\lambda=Q/(2\pi R)$,在圆环上取电荷元 $\mathrm{d}q=\lambda\mathrm{d}l$,它到 P 点的距离 $r=\sqrt{R^2+x^2}$,则 $\mathrm{d}q$ 在 P 点激发的电势为

$$\mathrm{d}U_P=\frac{1}{4\pi\varepsilon_0}\frac{\mathrm{d}q}{r}=\frac{\lambda\mathrm{d}l}{4\pi\varepsilon_0(R^2+x^2)^{1/2}}$$

$$U_P=\frac{\lambda\mathrm{d}l}{4\pi\varepsilon_0(R^2+x^2)^{1/2}}\oint_C\mathrm{d}l=\frac{Q}{4\pi\varepsilon_0(R^2+x^2)^{1/2}}$$

例9.14 求均匀带电球面内外的电势分布(设球面半径为 R、带电量为 Q)。

解 如图9.24所示,球面外任一点 P 处的电场强度为 $E_P=\frac{1}{4\pi\varepsilon_0}\frac{Q}{r^2}$,球面内任一点 P 处的电场强度为 $E_{内}=0$,该点的电势为

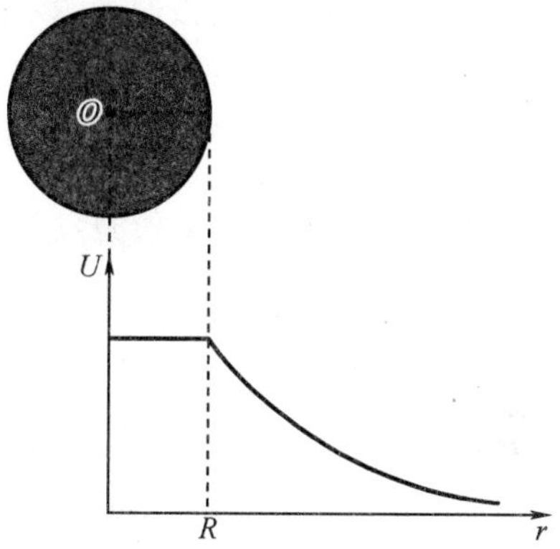

图9.24 例9.14图

$$U_P=\int_r^{\infty}\boldsymbol{E}\cdot\mathrm{d}\boldsymbol{l}=\int_r^{\infty}\frac{1}{4\pi\varepsilon_0}\frac{Q}{r^2}\cdot\mathrm{d}l=\frac{Q}{4\pi\varepsilon_0 r}\ (r\geqslant R)$$

$$U_P=\int_r^{\infty}\boldsymbol{E}_P\cdot\mathrm{d}\boldsymbol{l}=\int_r^{\infty}(\boldsymbol{E}_{内}+\boldsymbol{E}_P)\cdot\mathrm{d}\boldsymbol{l}$$

$$=\int_r^{\infty}\frac{1}{4\pi\varepsilon_0}\frac{Q}{r^2}\cdot\mathrm{d}l=\frac{Q}{4\pi\varepsilon_0 R}\ (r\leqslant R)$$

由此可知,均匀带电球面所包围的球体是一个等势体,其电势是球面处的电势。

需要注意的是,以无限远处为电势的零点是有条件的,它需要带电体所占的空间是有限的。那么对于无限的带电体呢?如果我们仍规定无限远处为电势的零点,那么电场强度的线积分就会发散,也就是会出现无限大而失去意义。为避免出现这种情况,下面应用更一般的方法来定义电场中的电势。

由前面的讨论可知,场中 a、b 两点间的电势差如式(9.49)所示,由于现在已经不能再把无限远处作为电势的零点,即使式(9.49)仍然能够使用,因此我们常将有限远处作为电势的零点,并且根据需要可任意规定。于是式(9.49)可写为

$$U_a-U_b=\int_a^c\boldsymbol{E}\cdot\mathrm{d}\boldsymbol{l}-\int_b^c\boldsymbol{E}\cdot\mathrm{d}\boldsymbol{l}$$

式中，c 点为电势的零点。

例 9.15 求无限长、均匀带电直线周围电势的分布（设线电荷密度为 λ）。

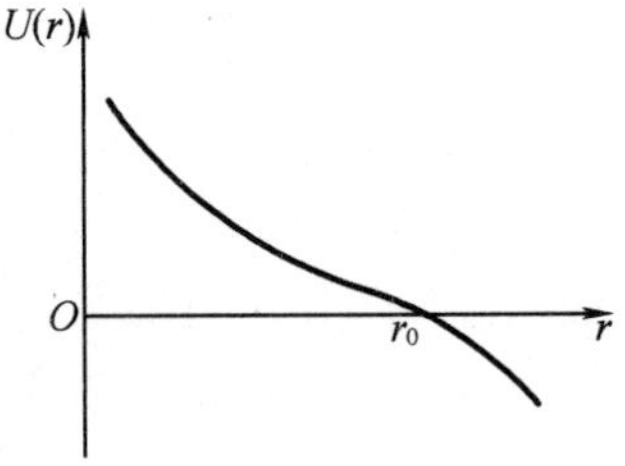

图 9.25 例 9.15 图

解 由前面的例题可知，无限长、均匀带电直线周围电场的分布为 $E=\dfrac{\lambda}{2\pi\varepsilon_0 r}$，则该处的电势为

$$U_a - U_b = \int_r^{r_0} \boldsymbol{E}\cdot \mathrm{d}\boldsymbol{l} = \frac{\lambda}{2\pi\varepsilon_0}\ln\frac{r_0}{r}$$

式中，r_0 点为电势的零点。电势分布如图 9.25 所示。当我们选取不同的电势的零点时，电势分布函数不同。场中任一点的电势被定义为电场力将单位正电荷从该点移动到电势的零点的过程中，电场力所做的功。

9.3.4 等势面 电势梯度

1. 等势面

在讨论电场强度的分布时，我们引入了电场线，它可以形象地描述电场强度的分布情况。与此类似，我们可以通过图示的形式来描述电场中电势的分布。

电势是标量。一般来说，电场中的电势是逐点变化的，但场中有很多点的电势是相同的。由电场分布的连续性可知，这些电势相同的点组合而成的必是一个面，这个面就叫作**等势面**。例如，点电荷 q 所激发的电场中，电势 $U=\dfrac{q}{4\pi\varepsilon_0 r}$ 只与距离 r 有关，所以点电荷电场中的等势面为一系列以 q 为球心的同心球面。不同的电荷分布具有不同形状的等势面，为了直观地比较场中各点的电势，在画等势面时，使相邻等势面的电势差都相等，如图 9.26 所示，虚线表示等势面，实线为电场线。为了使等势面能反映电场的强弱，在画等势面时，规定电场中任意两相邻等势面间的电势差都相等，以此根据等势面的定义可知它和电场有如下关系。

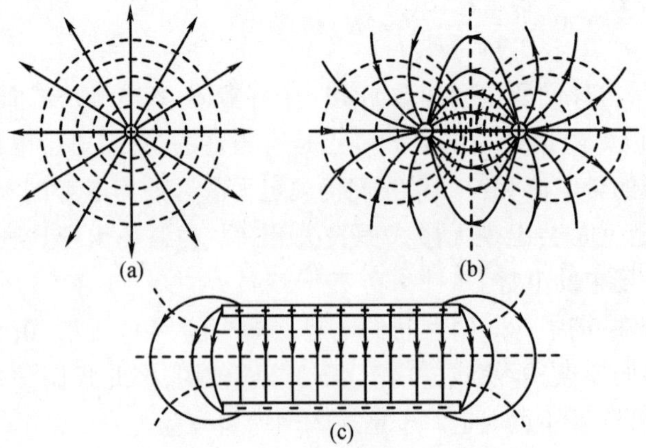

图 9.26 几种典型的电场线与等势面

(1)等势面与电场线处处正交。

(2)等势面较密集的地方,电场强度大;等势面较稀疏的地方,电场强度小。

(3)电场强度指向电势降落的方向。

根据等势面的以上性质,我们可由电场线的分布来估计等势面的分布,同样也可由等势面的分布来估计电场线的分布。在许多实际问题的解决过程中,往往可以预先通过实验条件把等势面的分布画出来,并由此分析电场的分布。

2. 电势梯度

在静电场中引入了两个物理量来描述它的性质——电场强度 $\boldsymbol{E}$ 和电势 U。其中,电场强度 $\boldsymbol{E}$ 表示电场对电荷有力的作用,是矢量;电势 U 表示电场力对电荷做功的能力,是标量。它们从不同的角度描述了同一个电场,因此它们之间必然有内在的联系。现在用数学公式来表示它们之间的关系。

(1)电势差是电场强度的线积分

电场中任意两点 a、b 间的电势差为

$$U_a - U_b = \int_a^c \boldsymbol{E}\cdot \mathrm{d}\boldsymbol{l} - \int_b^c \boldsymbol{E}\cdot \mathrm{d}\boldsymbol{l} = \int_a^b \boldsymbol{E}\cdot \mathrm{d}\boldsymbol{l} \tag{9.51}$$

微分形式为

$$-\mathrm{d}U = \boldsymbol{E}\cdot \mathrm{d}\boldsymbol{l} \tag{9.52}$$

(2)电场强度是电势梯度的负值

电势和电场均为空间坐标的函数,用 $U(x,y,z)$ 及 $\boldsymbol{E}(x,y,z)$ 表示,则

$$\left.\begin{aligned} -\mathrm{d}U(x,y,z) &= -\left(\frac{\partial U}{\partial x}\mathrm{d}x + \frac{\partial U}{\partial y}\mathrm{d}y + \frac{\partial U}{\partial z}\mathrm{d}z\right) \\ \boldsymbol{E}\cdot \mathrm{d}\boldsymbol{l} &= \boldsymbol{i}E_x\mathrm{d}x + \boldsymbol{j}E_y\mathrm{d}y + \boldsymbol{k}E_z\mathrm{d}z \end{aligned}\right\} \tag{9.53}$$

由式(9.53)可得

$$\boldsymbol{E}(x,y,z) = -\left(\boldsymbol{i}\frac{\partial U}{\partial x} + \boldsymbol{j}\frac{\partial U}{\partial y} + \boldsymbol{k}\frac{\partial U}{\partial z}\right) = -\boldsymbol{\nabla} U(x,y,z)$$

$$E_x = -\frac{\partial U}{\partial x}, E_y = -\frac{\partial U}{\partial y}, E_z = -\frac{\partial U}{\partial z} \tag{9.54}$$

即

$$\boldsymbol{E} = -\mathbf{grad}\ U = -\boldsymbol{\nabla} U \tag{9.55}$$

式中,微分算符 $\boldsymbol{\nabla} = \boldsymbol{i}\frac{\partial}{\partial x} + \boldsymbol{j}\frac{\partial}{\partial y} + \boldsymbol{k}\frac{\partial}{\partial z}$。

式(9.55)表明,电场强度(矢量)等于电势梯度的负值,而电势梯度的物理意义为:**电势梯度是一个矢量,它的大小为电势沿等势面法线方向的变化率,它的方向沿等势面法线方向且指向电势增大的方向。**

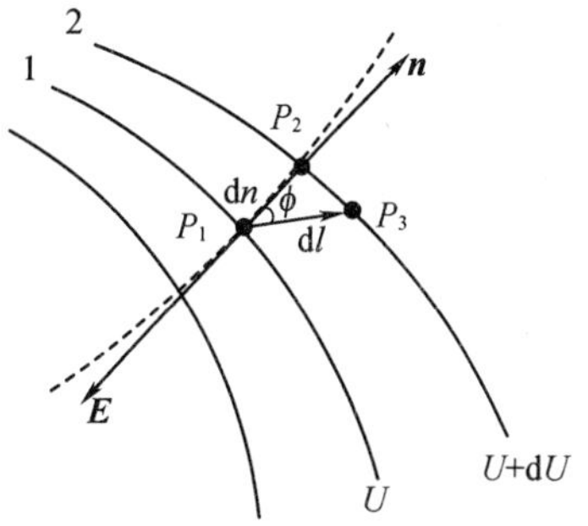

图 9.27 电场强度与电势的关系

电场中某电场强度沿某方向的分量等于电势沿此方向的空间变化率的负值。而与电势本身无直接关系。如图9.27所示,电势沿不同方向降落的速度不一样,定义某

点电场强度的大小为等势面上电势变化最大方向上势函数对距离的导数($\partial U/\partial n$)，其中，n 为电势降落最快的方向。

在求解电场强度分布问题时可以先求出电势分布，然后再求导以求出电场强度。

例 9.16 均匀带电圆环轴线上的电势分布函数为 $U_P = \dfrac{Q}{4\pi\varepsilon_0(R^2+x^2)^{1/2}}$，求圆环轴线上的电场强度分布($R$ 为圆环的半径，Q 为圆环所带的电量)。

解 如图 9.23 所示，利用电场强度与电势的关系可得电场强度为

$$\boldsymbol{E} = -\nabla U = \boldsymbol{i}\frac{\partial U}{\partial x} + \boldsymbol{j}\frac{\partial U}{\partial y} + \boldsymbol{k}\frac{\partial U}{\partial z} = \frac{Qx}{4\pi\varepsilon_0(R^2+x^2)^{3/2}}\boldsymbol{i}$$

9.4 静电场中的导体

前面我们研究了真空中静电场的基本性质和规律。本节将讨论在静电场中引入导体后的情况，即讨论导体与静电场的相互作用、相互影响和相互制约。

9.4.1 导体的静电平衡

金属导体最基本的电结构特征是在它内部有可以自由移动的负电子。将金属导体放入电场时，其内部的自由电子将在电场的作用下产生定向移动，从而引起导体内部电荷的重新分布，这一现象称为**静电感应**。由静电感应引起的导体内电荷的重新分布，反过来又会影响导体内部及其周围电场的分布，最后，这种电荷和电场的分布将一直改变直到导体达到新的平衡状态为止。

如图 9.28 所示，在均匀电场 $\boldsymbol{E}_0$ 中放入一块不带电的金属板。在电场力的作用下，金属板中的自由电子将逆着电场的方向移动，如图 9.28(a)所示；随着电荷的移动，金属板的两侧各积累一定量的正、负电荷，如图 9.28(b)所示；随着金属板两侧电荷的增多，金属板的两侧出现等量异号电荷，如图 9.28(c)所示。这样，在金属板内部形成一个附加电场 $\boldsymbol{E}'$。很明显，在金属板内部，$\boldsymbol{E}'$ 起到削弱 $\boldsymbol{E}_0$ 的作用。当 $\boldsymbol{E}_0 > \boldsymbol{E}'$ 时，将一直会有自由电子的定向移动；当它们处处相等，即导体内部的电场强度处处为零时，在宏观上将不再有自由电子的定向移动，即电荷的分布达到了一个新的平衡状态，把这种**导体内部及表面再也没有电荷做定向移动的平衡状态**称为导体的**静电平衡**状态。

显然，导体达到静电平衡时，导体内部的电场强度处处为零。通过前文的学习，我们知道导体内部的电势差也为零，即达到静电平衡的导体是一个等势体，导体内部及表面都没有电荷做定向称动，这就要求导体表面上任一点处电场的电场强度方向均垂直于该点的表面，否则电场强度沿导体表面有切向分量，自由电荷受到该切向分量相应电场力的作用将沿导体表面运动，这样就不是静电平衡状态了。由于电场强度垂直于导体表面，因此根据电势差的定义可知导体表面上任意两点间的电势差也为零，即静电平衡的导体表面是等势面。总之，达到静电平衡时的导体将会有以下特征，或者说导体要达到静电平衡必须满足以下条件。

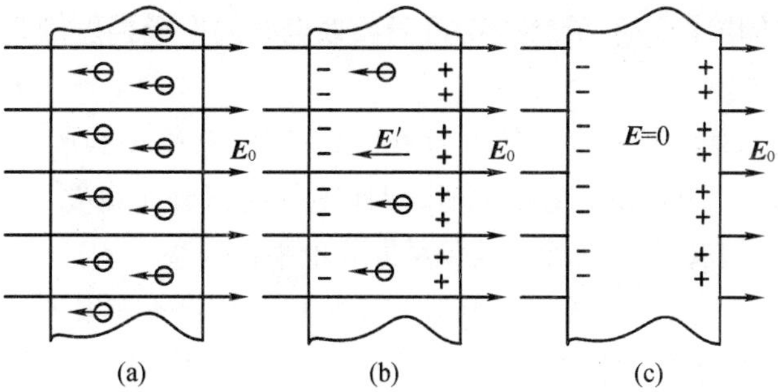

图 9.28 导体的静电平衡

(1)导体内部任一点处电场的电场强度为零。

(2)导体表面上任一点处电场的电场强度的方向与导体表面垂直。

(3)导体是一个等势体,其表面是一个等势面。

9.4.2 静电平衡时导体上电荷的分布

处于静电平衡的导体上的电荷分布有以下特征。

1. 处于静电平衡时,导体内部净电荷处处为零,电荷只能分布在表面上(实心导体)

这一规律可以应用高斯定理进行证明。如图 9.29 所示,过导体内部任一点 P 作一个小的闭合曲面 S,由于静电平衡时导体内部电场强度处处为零,因此通过该闭合曲面的电通量也为零。由高斯定理可知,此曲面内电荷的代数和为零。由于这个闭合曲面 S 很小,且 P 是导体内任意一点,因此可知整个导体内没有净电荷,电荷只能分布在导体表面上。

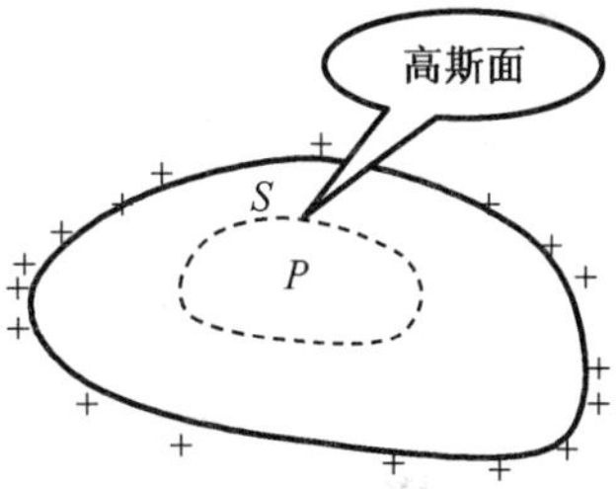

图 9.29 实心导体上电荷分布

2. 处于静电平衡时,导体外部近表面处电场的电场强度方向与表面垂直,大小与该处的面电荷密度成正比。

这一特征仍然可以用高斯定理证明。如图 9.30 所示,在导体外部近表面处取一点 P,以 $\boldsymbol{E}$ 表示该处的电场强度,过 P 点作一个平行于导体表面的小面元 ΔS,并以 ΔS 为底,以过 P 点的导体表面法线为轴作一个圆筒,圆筒的另一底面 $\Delta S'$ 在导体的内部。以 σ 表示导体表面 P 点附近的面电荷密度,根据高斯定理有

$$E \cdot \Delta S = \frac{\sigma \Delta S}{\varepsilon_0}$$

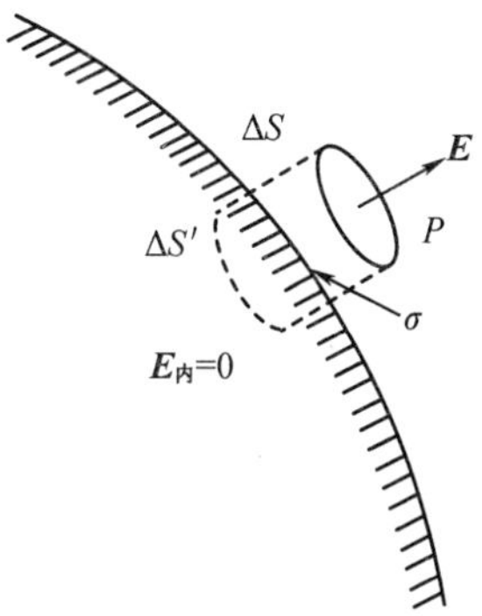

图 9.30 导体外部近表面处电场的电场强度

因此有

$$E = \frac{\sigma}{\varepsilon_0} \tag{9.56}$$

式(9.56)说明处于静电平衡时,导体外部近表面处电场的电场强度的大小与该处的面电荷密度成正比。

需要指出的是,此处电场是由导体上所有电荷产生的,电场强度 E 是这些电荷的合电场强度。当导体外的电荷位置发生变化时,导体上的电荷分布也要发生相应的变化,这一变化将一直延续到它们满足式(9.56)的关系即静电平衡为止。

3. 孤立的导体处于静电平衡时,其表面上各处的面电荷密度与各处表面的曲率半径成反比,曲率半径越小、曲率越大的地方,面电荷密度越小

由前面的讨论可知,带电导体在静电平衡的情况下,其电荷分布在表面上,那么这些电荷在表面上又是如何分布的呢?下面用一个特例(图9.31)对此做一个简略估计。

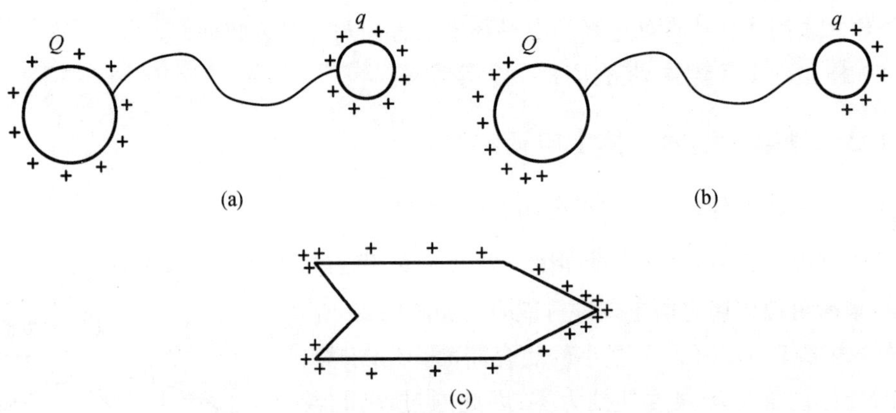

图9.31　导体面电荷密度与各处表面的曲率关系

如图9.31(a)所示,设有两个相距很远的导体球,半径分别为 R_1、$R_2$$\left(\dfrac{R_2}{R_1}=\dfrac{\rho_1}{\rho_2}\right.$,$\rho_1$、$\rho_2$ 为两导体球表面曲率$\left.\right)$,用一根导线将其连接起来。在静电平衡时,两球所带电量分别为 q_1、q_2,面电荷密度分别为 σ_1、σ_2。由于两球相距很远,因此可以近似地认为它们是相互孤立的导体,又由于二者由导线连接,因此它们的电势相等,则有

$$U=\frac{1}{4\pi\varepsilon_0}\frac{q_1}{R_1}=\frac{1}{4\pi\varepsilon_0}\frac{q_2}{R_2} \tag{9.57}$$

显然

$$\frac{q_1}{R_1}=\frac{q_2}{R_2} \tag{9.58}$$

即导体球所带电量与它们的半径成正比。再根据 $q_1=4\pi\varepsilon_0R_1^2\sigma$、$q_2=4\pi\varepsilon_0R_2^2\sigma$,于是得

$$\frac{\sigma_1}{\sigma_2}=\frac{R_2}{R_1}=\frac{\rho_1}{\rho_2} \tag{9.59}$$

式(9.59)表示导体球上面电荷密度与曲率半径成反比。需要指出的是,导体表面凸出的地方曲率大,曲率为正;导体表面凹进去的地方,曲率为负,如图9.31(c)所示。

如果将两球相互靠近,如图9.31(b)所示,因静电感应,电荷向两球相背的区域移动并

重新分布。达到平衡后,每个球面上曲率半径相同,但面电荷密度不同。这说明对于非孤立导体来说,面电荷密度与曲率半径的反比关系不再成立。

总之,电荷在导体表面上的具体分布,不仅与导体形状有关,而且与外界条件有关。实际上,在曲率大的电荷密集区,有时电场强度可以大到使尖端附近的空气发生电离,形成导体尖端放电现象。如图9.32所示,空气电离产生了大量的新离子,与导体尖端电荷异号的离子受到吸引而趋向尖端,与导体尖端电荷同号的离子因受到排斥而加速离开尖端,形成高速离子流,即通常所说的“电风”。导体尖端附近的空气电离时,在黑暗中可以看到尖端附近隐隐地笼罩着一层光晕,称为“电晕”。高压输电线附近的电晕效应会浪费大量电能,为防止尖端放电,避免出现电晕效应,高压设备的电极都被加工成圆滑的球面。而避雷针则是利用尖端放电的原理来防止雷击对建筑物的破坏。切记,避雷针要保证接地良好,否则会适得其反。

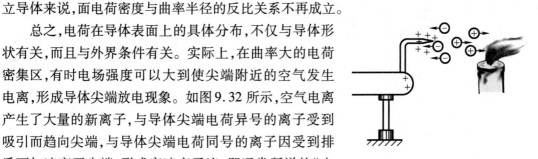

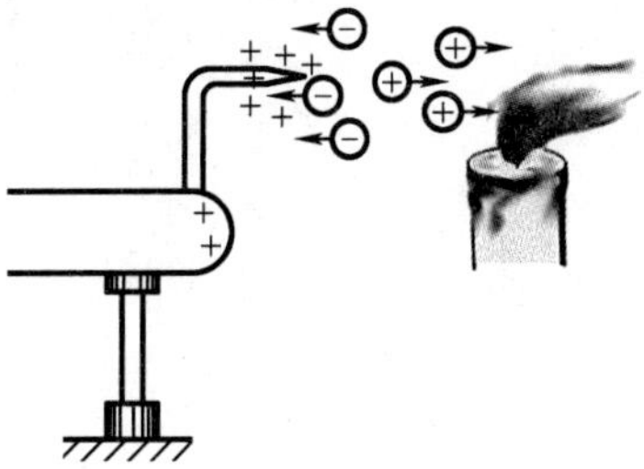

图9.32 尖端放电

4. 导体壳(空心导体)上的电荷分布

(1)腔内无带电体的情况

当导体腔内没有其他带电体时,静电平衡条件下,导体壳的内表面处处没有电荷,电荷只分布在导体壳的外表面,而且空腔内没有电场,或者说空腔内的电势处处相等。

为了证明上述结论,如图9.33(a)所示,在导体壳的内、外表面之间取一闭合曲面S,将空腔包围起来。由于闭合曲面S完全处于导体的内部,根据静电平衡条件,闭合曲面S上的电场强度处处为零。由高斯定理可知,在闭合曲面S内,电荷的代数和为零,因为腔内没有带电体,所以空腔内表面的电荷的代数和也为零。进一步利用反证法可证明,达到静电平衡时,导体壳内表面上的面电荷密度σ必定处处为零,否则,如果有一处的$\sigma<0$,则必有另一处的$\sigma>0$,两处之间必有电场线相连,必有电势差,这与“静电平衡时导体是等势体”相矛盾。

由于导体壳内表面上的面电荷密度σ处处为零,因此内表面附近$\boldsymbol{E}$处处为零,电场线不可能起于(或止于)内表面。同时,腔内无带电体,在腔内不可能有另外的电场线的端点。由于静电场的电场线不能闭合,因此腔内没有电场线,即腔内没有电场,腔内为等势区。

(2)腔内有带电体的情况

当导体腔内有其他带电体时,如图9.33(b)所示,在腔内放一带电体q。可以同样在导体壳的内、外表面之间取一闭合曲面S,由静电平衡条件和高斯定理可求得闭合曲面S内电荷的代数和为零。因为腔内有带电体q,所以空腔内表面应有感应电荷$-q$,即导体内表面所带电荷与腔内带电体的电荷等量异号。根据电荷守恒定律,导体的外表面也感应出等量同号电荷q。如果空腔导体本身不带电,此时,导体壳的外表面只有感应电荷q;如果空腔导体本身带电量为Q,则导体壳的外表面所带电荷为$Q+q$。而且空腔内有电场,导体壳与腔内带电体之间有电势差。

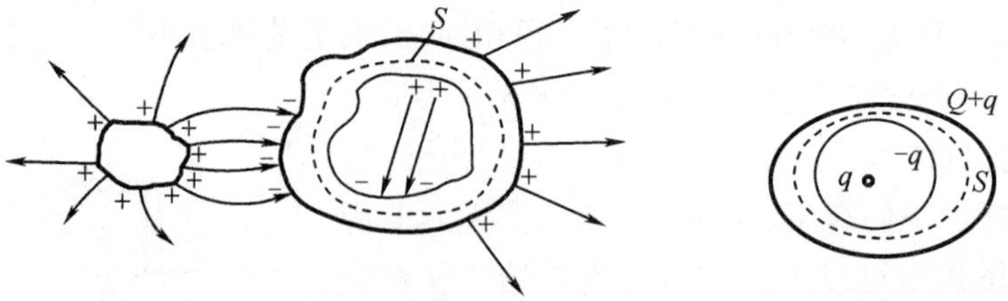

(a)腔内无带电体的情况　　(b)腔内有带电体的情况

图 9.33　导体壳上的电荷分布

9.4.3　有导体存在时对静电场的分析与计算

由上面的讨论可知，处于静电场中的导体上的电荷将重新分布并达到静电平衡状态，反过来，重新分布的电荷又会影响原来的电场分布。为此，在计算有导体存在时的静电场分布时，首先，根据静电平衡条件和电荷守恒定律确定导体上新的电荷分布，其次，根据静电场的基本规律及静电场的叠加原理进一步分析和计算电场强度及电势。

例 9.17　有两块平行且面积相等的导体板，其面积 S 比两板间距离 d 大很多，两块导体板所带电量分别为 q_A、q_B，求静电平衡时两板各表面上的面电荷密度。

解　如图 9.34 所示，若 A 板单独存在，q_A 分布在两个表面上。静电平衡时，导体内电场强度处处为零，将 B 板移近 A 板时，它们都将受到对方产生的电场的作用，最后重新达到平衡。此时导体板内部电场强度为零，电荷分布在四个表面上。设静电平衡后两导体板的电荷分布为 σ_1、σ_2、σ_3、σ_4，根据电荷守恒定律有

$$\sigma_1 S + \sigma_2 S = q_A \tag{1}$$

$$\sigma_3 S + \sigma_4 S = q_B \tag{2}$$

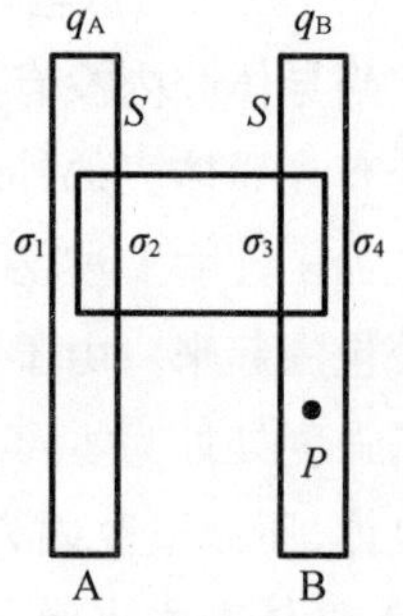

图 9.34　例 9.17 图

在两导体板内分别任取一点 P，导体内电场强度为零，由于导体板面积 S 比两板间距离 d 大很多，因此可以把导体板作为无限大、均匀带电平板处理，于是有

$$E_P = \frac{\sigma_1}{2\varepsilon_0} + \frac{\sigma_2}{2\varepsilon_0} + \frac{\sigma_3}{2\varepsilon_0} - \frac{\sigma_4}{2\varepsilon_0} = 0 \tag{3}$$

作如图 9.34 所示的高斯面，根据高斯定理可得

$$\oint_S \boldsymbol{E} \cdot \mathrm{d}\boldsymbol{S} = \frac{(\sigma_2 + \sigma_3)\Delta S}{\varepsilon_0} = 0 \tag{4}$$

通过式(1)～式(4)求得

$$\sigma_1 = \sigma_4 = \frac{q_A + q_B}{2S}$$

$$\sigma_2 = -\sigma_3 = \frac{q_A - q_B}{2S}$$

可见，相对的两面总是带等量异号电荷；外侧带等量同号电荷。

例 9.18 有一带电量为 Q 的球壳，其内、外半径分别为 R_1、R_2，将一电荷 q 放在球心 O 处，如图 9.35 所示，求：

(1)球壳的电荷分布。

(2)球壳内、外的电场强度分布。

(3)球壳内、外的电势分布。

(4)与壳内没有电荷时进行比较。

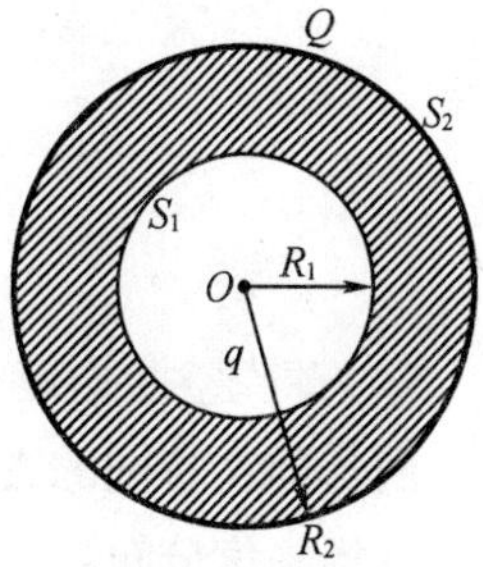

图 9.35 例 9.18 图

解 (1)根据高斯定理和静电平衡条件可知，球壳内表面 S_1 上所带电量为 $-q$，再根据电荷守恒定律可知，外表面 S_2 上所带电量为 $Q+q$，它们都均匀分布。

(2)根据高斯定理可得

球壳空腔内部($0<r<R_1$)：

$$E_1=\frac{1}{4\pi\varepsilon_0}\frac{q}{r^2}\text{(方向沿径向)}$$

导体内($R_1<r<R_2$)：

$$E_2=0$$

球壳外($r>R_2$)：

$$E_3=\frac{1}{4\pi\varepsilon_0}\frac{q+Q}{r^2}\text{(方向沿径向)}$$

(3)根据电势的定义，则有

球壳外($r\geqslant R_2$)：

$$U_3=\int_r^{\infty}\boldsymbol{E}_3\cdot\mathrm{d}\boldsymbol{r}=\int_r^{\infty}\frac{1}{4\pi\varepsilon_0}\frac{q+Q}{r^2}\cdot\mathrm{d}\boldsymbol{r}=\frac{q+Q}{4\pi\varepsilon_0 r}$$

球壳内($R_1<r<R_2$)：

$$\begin{aligned}U_2&=\int_r^{\infty}\boldsymbol{E}\cdot\mathrm{d}\boldsymbol{r}\\&=\int_r^{R_2}\boldsymbol{E}_2\cdot\mathrm{d}\boldsymbol{r}+\int_{R_2}^{\infty}\boldsymbol{E}_3\cdot\mathrm{d}\boldsymbol{r}\\&=0+\int_{R_2}^{\infty}\frac{1}{4\pi\varepsilon_0}\frac{q+Q}{r^2}\mathrm{d}r\\&=\frac{q+Q}{4\pi\varepsilon_0 R_2}\end{aligned}$$

球壳空腔内部($0<r<R_1$)：

$$\begin{aligned}U_1&=\int_r^{\infty}\boldsymbol{E}\cdot\mathrm{d}\boldsymbol{r}\\&=\int_r^{R_1}\boldsymbol{E}_1\cdot\mathrm{d}\boldsymbol{r}+\int_{R_1}^{R_2}\boldsymbol{E}_2\cdot\mathrm{d}\boldsymbol{r}+\int_{R_2}^{\infty}\boldsymbol{E}_3\cdot\mathrm{d}\boldsymbol{r}\end{aligned}$$

$$= \int_r^{R_1} \frac{1}{4\pi\varepsilon_0} \frac{q}{r^2} dr + 0 + \int_{R_2}^{\infty} \frac{1}{4\pi\varepsilon_0} \frac{q+Q}{r^2} dr$$

$$= \frac{q}{4\pi\varepsilon_0 r} - \frac{q}{4\pi\varepsilon_0 R_1} + \frac{q+Q}{4\pi\varepsilon_0 R_2}$$

(4)球壳空腔内没有电荷 q 的情况

用与前文相同的方法可得，球壳内表面及导体中均无净电荷，Q 均匀分布在外表面上。

电场强度分布：

$$\begin{cases} E_1 = E_2 = 0(0 < r < R_2) \\ E_3 = \dfrac{1}{4\pi\varepsilon_0} \dfrac{Q}{r^2}(r > R_2) \end{cases}$$

电势分布：

$$\begin{cases} U_1 = U_2 = \dfrac{1}{4\pi\varepsilon_0} \dfrac{Q}{R_2}(0 \leqslant r \leqslant R_2) \\ U_3 = \dfrac{1}{4\pi\varepsilon_0} \dfrac{Q}{r}(r \geqslant R_2) \end{cases}$$

可见，在导体球壳中放入 q，不仅改变了球壳内的电荷、电场和电势的分布，而且改变了球壳外部的电荷、电场和电势的分布。

9.4.4 静电屏蔽及其应用

“静电平衡时，导体内部电场强度为零”这一规律在技术上常用于静电屏蔽。在静电场中，导体的存在使得某些特定的区域不受电场的影响的现象称为**静电屏蔽**。下面就来说明其中的原理。

如图 9.36(a)所示，试验电荷 q_0 受到 Q 形成的外电场的作用；当 q_0 被一空腔导体[金属网(壳)]罩住时，如图 9.36(b)所示，试验电荷 q_0 不受 Q 形成的外电场的作用。这说明金属网(壳)处于外电场中，当静电平衡时，由静电感应产生的电荷只分布在导体的外表面上，导体内和空腔内的电场强度处处为零，起到了屏蔽外面电荷的电场的作用。此时，导体和空腔内的电势处处相等，构成一个等势体，即**空腔导体屏蔽外电场**。

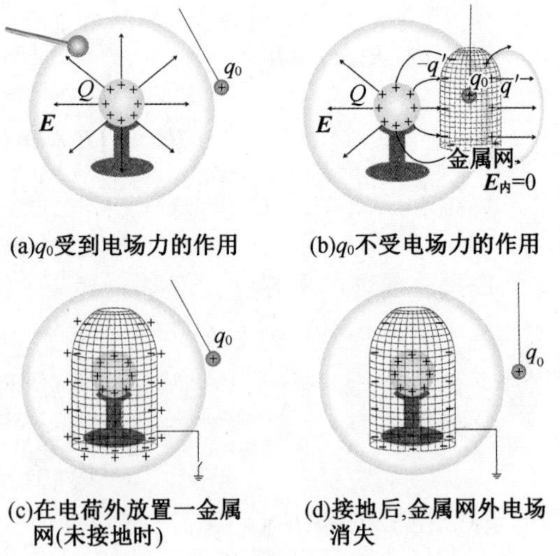

(a)q_0受到电场力的作用　(b)q_0不受电场力的作用

(c)在电荷外放置一金属网(未接地时)　(d)接地后,金属网外电场消失

图 9.36　导体的静电屏蔽

此外，有时还需要屏蔽电荷激发的电场对外界的影响。分析如图 9.36(c)(d)所示的实验可知，可以采用在电荷外放置一个外表面接地的空腔导体[金属网(壳)]，使得导体外表面的感应电荷与大地的电荷中和，进而使空腔导体外表面不带电，这样，接地的空腔导体内的电荷激发的电场对导体外就不会产生任何影响了，即**接地的空腔导体屏蔽内、**

外电场。

在实际工作中，常用编织得相当紧密的金属网来代替金属壳。在电子仪器中，为了使电路不受外界带电体的影响，常把电路封闭在金属壳内，技术上常用金属网来代替全封闭的金属壳。传输微弱电信号的导线，其外表面就是用金属丝编成的网包起来的，这样的线叫作屏蔽线。静电屏蔽的应用有测量用的屏蔽室[图 9.37(a)]，还有无线电设备中的屏蔽罩、屏蔽线，变压器中的屏蔽层，高压作业中的均压服等。如图 9.37(b)所示，在高数十米、几百千伏的高压铁塔上进行带电维修和检测时，工作人员的人体通过铁塔与大地相连，人体与高压线间有非常大的电势差，从而危及工作人员的安全。利用空腔导体屏蔽外电场的原理是：工作人员穿上用细铜丝（或导电纤维）编织成的导电性能良好的工作服（通常也叫屏蔽服、均压服），该工作服构成一导体网壳，这就相当于把人体置于空腔导体内部，使电场不能深入到人体，人体处于等势区，保证了工作人员的人身安全。同时，虽然输电线通过的是交流电，在输电线周围存在着很强的交变电磁场，但这个电磁场产生的感应电流也只在工作服上流过，从而避免了感应电流对人体的伤害。即使是在工作人员接触电线的瞬间，放电也只在手套和电线之间发生，之后人体与电线有了相同的电势，工作人员就可以在不断电的情况下，安全、自由地在高压输电线上工作了。

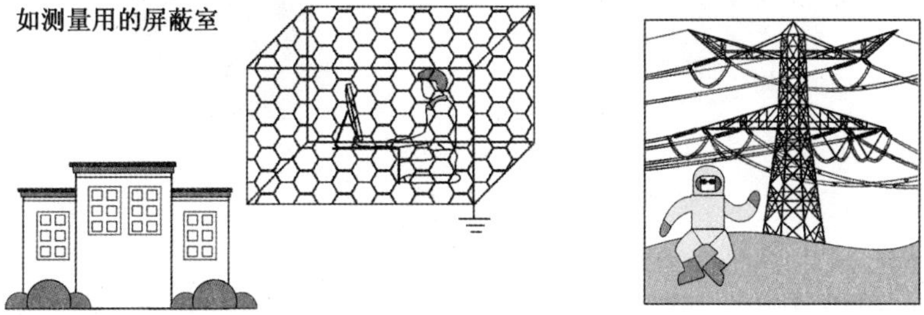

(a) (b)

图 9.37 静电屏蔽的应用

9.4.5 电容 电容器

1. 孤立导体的电容

一个带电量为 q 的导体，在静电平衡时具有一定的电势 U，理论和实验都已经证明了当增加导体所带的电量时，其电势也增加，两者成正比，数学表达式为

$$C = \frac{q}{U} \tag{9.60}$$

式中，C 为 q 与 U 之比，但却与 q 和 U 无关，其值取决于导体的大小、形状等因素。C 被定义为该孤立导体的**电容**，其物理意义是：孤立导体每升高单位电势所需的电量，反映了导体储存电荷和电能的能力。电容没有负值，因为以无限远处为电势的零点时，若导体带正电，则电势为正；若导体带负电，则电势为负。在国际单位制中，电容的单位是法拉，符号为 F。工程技术中常用的是微法（μF）、皮法（pF），它们之间的关系为 $1\ \mathrm{F} = 10^6\ \mu\mathrm{F} = 10^{12}\ \mathrm{pF}$。

例 9.19 求半径为 R 的孤立导体球的电容。

解 设该导体球所带电量为 q，则该球的电势为

$$U=\frac{1}{4\pi\varepsilon_0}\frac{q}{R}$$

根据电容的定义有

$$C=\frac{q}{U}=4\pi\varepsilon_0 R \tag{1}$$

由式(1)可以看出，导体的电容确实仅与导体的形状及大小有关，而与导体是否带电无关。电容是描述导体在单位电势下容纳电荷和电能的能力，就像水杯在升高单位高度时所需装入的水量一样，与水杯的容量和是否装水无关。

2. 电容器及其电容

实际上，孤立导体用作储能元件存在着一些问题：能量分布在整个空间中，不集中；很难孤立，电容值受到周围导体或带电体影响等。这些问题会影响该电子元件的正常工作，那么如何解决这些问题呢？可以利用静电屏蔽原理，用一个封闭的导体壳 B 把导体 A 屏蔽起来，如图 9.38(a)所示。

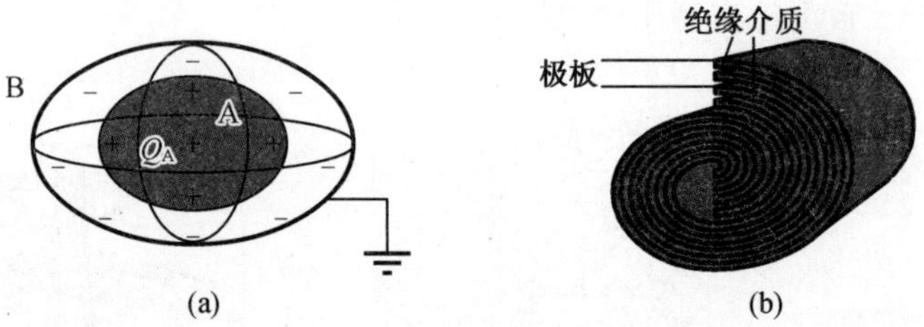

图 9.38 电容器

可以证明，导体 A、B 之间的电势差 $U_{AB}=U_A-U_B$ 与 A 所带的电量成正比，不受外界影响。把彼此绝缘的导体和包围它的导体壳所组成的导体系叫作电容器，其电容为

$$C=\frac{q}{U_{AB}} \tag{9.61}$$

电容器的电容 C 与两导体的大小、形状、相对位置及两导体之间的绝缘介质有关。组成电容器的两导体称为电容器的极板。在实际应用中，对电容器的屏蔽性的要求并不很高，只要求从一个极板发出的电场线都终止于另一个极板上即可，如图 9.38(b)所示。

理论上计算电容器的电容的方法如下：设电容器的两极板分别带有等量异号电荷，通过计算两极板间的电场强度和电势差，根据式(9.61)可以很方便地计算各种类型电容器的电容。下面列举几种典型的电容器的电容的求解过程。

(1)平行板电容器

由两块导体平板 A、B 平行放置组成的导体系统称为平行板电容器。实验已经证明，当两板面积 S 比两板间距离 d 大很多时，其电容基本不受外界导体或者带电体的影响。

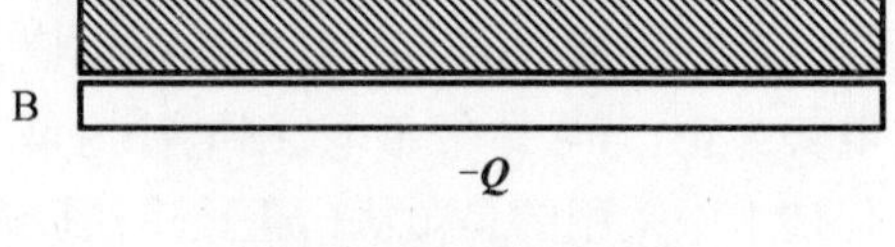

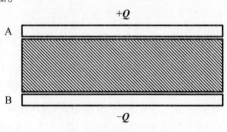

图 9.39 平行板电容器

如图 9.39 所示，令导体板 A、B 所带电量分别为 $+Q$、$-Q$，则两板间的电势差为

$$U_{AB}=U_A-U_B=\int_A^B \boldsymbol{E}\cdot d\boldsymbol{l}=\frac{\sigma}{\varepsilon_0}d=\frac{Qd}{\varepsilon_0 S} \tag{9.62}$$

所以

$$C=\frac{Q}{U_{AB}}=\frac{\varepsilon_0 S}{d} \tag{9.63}$$

这说明平行板电容器的电容在两平行板间间距 d 不变的情况下,与其面积 S 成正比;同理在 S 不变的条件下,与 d 成反比。这是制作平行板电容器时必须遵循的两条基本规律。这个结论同时也说明,电容确实只与导体的形状和大小有关,而与导体是否带电无关。

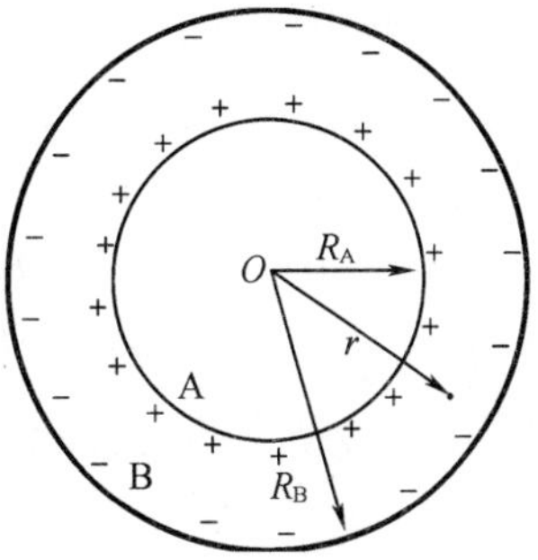

图 9.40 同心球电容器

(2)球形电容器

如图 9.40 所示,由一个半径为 R_A 的导体球 A 和一个与其同心且半径为 R_B 的导体球壳 B 组成的导体系称为球形电容器。令 A 带电量为 q,B 带电量为 $-q$,则两球间的电势差为

$$U_{AB}=U_A-U_B=\frac{q}{4\pi\varepsilon_0}\left(\frac{1}{R_A}-\frac{1}{R_B}\right) \tag{9.64}$$

(3)同轴圆柱形电容器

实验和理论都已经证明,带电量 q 与电势差 U_{AB} 的比值是一个常数,根据前面我们对电容器的电容的定义,球形电容器的电容为

$$C=\frac{q}{U_{AB}}=4\pi\varepsilon_0\left(\frac{R_A R_B}{R_B-R_A}\right) \tag{9.65}$$

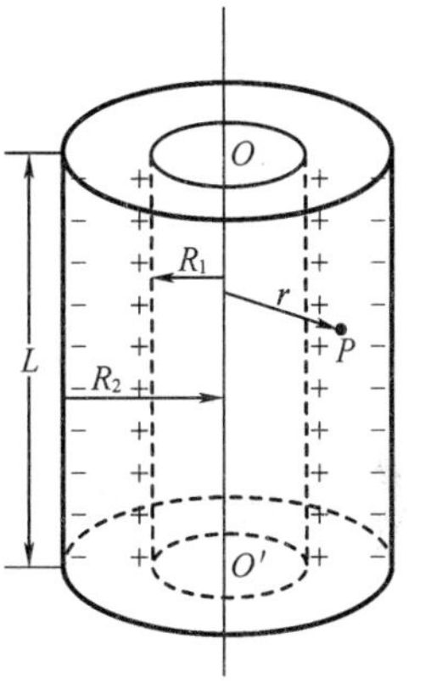

图 9.41 同轴圆柱形电容器

同轴圆柱形电容器由内、外半径分别为 R_A、R_B 的同轴圆柱形导体薄壳组成,如图 9.41 所示,显然其轴向长度 $L\gg(R_B-R_A)$,这是一个理想的屏蔽系统。忽略边缘效应时,空腔部分的电场呈辐射状,由于球壳是封闭的,因此外部的导体或者带电体对空腔中的电场没有影响。

假设圆柱导体线电荷密度为 λ,根据高斯定理可知空腔内的电场强度方向沿垂直于轴向的矢径方向,大小为 $E=\lambda/(2\pi\varepsilon_0 r)$,则两导体间的电势差为

$$U_{AB}=U_A-U_B=\int_A^B \boldsymbol{E}\cdot d\boldsymbol{l}=\frac{Q}{2\pi\varepsilon_0 L}\ln\frac{R_B}{R_A} \tag{9.66}$$

则该电容器的电容为

$$C=\frac{Q}{U_{AB}}=\frac{2\pi\varepsilon_0 L}{\ln\dfrac{R_B}{R_A}} \tag{9.67}$$

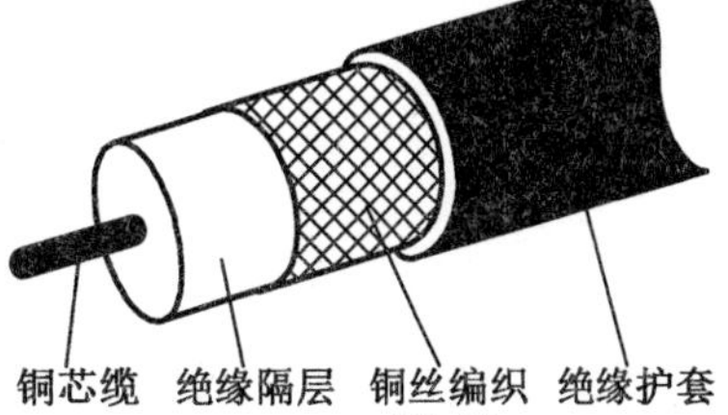

图 9.42 同轴电缆

同轴圆柱形电容器在实际工程中应用非常广泛,同轴电缆就是最典型的一例,如图 9.42 所示。同轴电缆的中心有一根圆柱形的金属芯线(铜芯缆),外面有

一层由金属丝（如铜丝）编织的网状同轴柱套（外皮），在芯线与外皮间用绝缘介质（绝缘隔层）隔开。这样电缆除了能输送电能外，还能输送高频电信号。单位长度的电缆的电容为

$$C_0 = \frac{C}{L} = \frac{2\pi\varepsilon_0}{\ln\frac{R_B}{R_A}} \tag{9.68}$$

C_0 在高频电路中是一个非常重要的参数，叫作分布电容。为了减少由分布电容引起的电信号损失，就要通过提高 R_B/R_A 的值来降低 C。

总之，电容器是由两个导体构成的。对于孤立导体来说，可以认为它和无限远处的另一个导体构成了电容器，这样的电容器的电容就是前面我们讲述的孤立导体的电容。一个电容器的性能的衡量指标主要有两个：一个是其电容的大小，另一个是其耐压能力的强弱。使用电容器时不能超过规定的耐压值，否则在电解质中就会产生过大的电场，从而使电容器有被击穿的危险。

在实际电路中，当一个电容器的电容或耐压能力不能满足需求时，就把几个电容器连接起来使用。电容器的连接方式有两种：并联和串联。

并联电容器如图 9.43(a)所示，这时各电容器的电压相等，即 $U_1 = U_2 = \cdots = U$，而总电量 Q 是各电容器所带电量之和。根据电容的定义可知

$$\begin{aligned} C &= \frac{Q}{U} \\ &= \frac{q_1 + q_2 + \cdots + q_n}{U} \\ &= C_1 + C_2 + \cdots + C_n \\ &= \sum_{i=1}^{n} C_i \end{aligned} \tag{9.69}$$

串联电容器如图 9.43(b)所示，这时各电容器所带电量相等，$Q_1 = Q_2 = \cdots = Q$，总电压 U 为各电容器的电压之和。根据电容的定义可知

$$\begin{aligned} \frac{1}{C} &= \frac{U}{Q} \\ &= \frac{U_1 + U_2 + \cdots + U_n}{Q} \\ &= \frac{1}{C_1} + \frac{1}{C_2} + \cdots + \frac{1}{C_n} \\ &= \sum_{i=1}^{n} \frac{1}{C_i} \end{aligned} \tag{9.70}$$

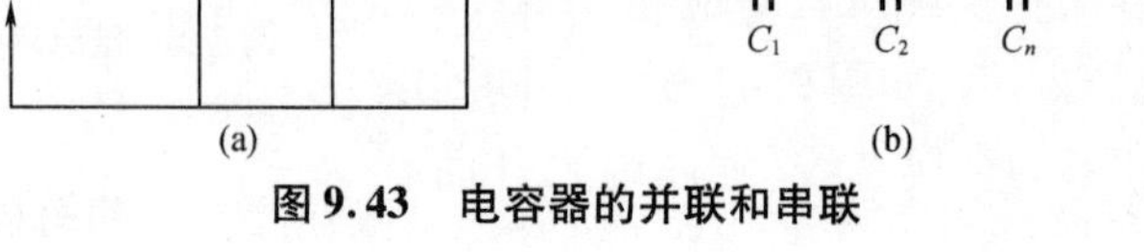

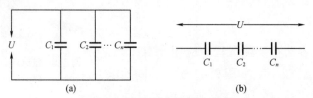

图 9.43　电容器的并联和串联

比较电容器的两种连接方式可得到以下结论：

第一，并联时，总电容增大，但因为每个电容器都是直接连接到电源上的，所以电容器组的耐压能力受到耐压能力最低的那个电容器的限制。

第二，串联时，总电容比每个电容器的电容都要小，但因为总电压是分配到各电容器上的，所以电容器组的耐压能力得到了提高。

9.5 电 介 质

电介质是指在通常条件下导电性能极差的物质，也就是平时我们所说的绝缘体，其内部可自由移动的正负电荷极少。把电介质置于静电场中，该电介质就会发生极化现象，极化后的电介质会反过来影响电场的分布。下面就先从实验出发建立一套宏观理论，然后对电极化的微观机理加以说明，建立求解电介质中电场强度的原理。

9.5.1 电介质对电场的影响

如图 9.44 所示，在平行板电容器的两个极板（可以看作无限大平板）上分别充有正负电荷量 $+Q$、$-Q$（面电荷密度分别为 $+\sigma$、$-\sigma$）。

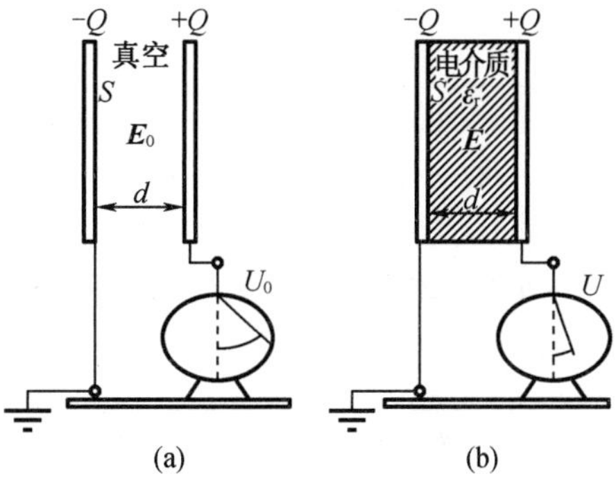

图 9.44 电介质对电场的影响实验装置图

实验表明，$U = U_0/\varepsilon_r < U_0$，当平行板电容器极板间充满均匀电介质后，两极板间的电压减小了。

当平行板电容器极板间为真空时，电场强度的大小、两极板间的电势差及电容分别为

$$\begin{cases} E_0 = \dfrac{\sigma}{\varepsilon_0} \\ U_0 = E_0 d = \dfrac{\sigma}{\varepsilon_0} d \\ C_0 = \dfrac{Q}{U_0} = \dfrac{\varepsilon_0 S}{d} \end{cases} \tag{9.71}$$

当平行板电容器极板间充满均匀电介质后，电场强度的大小、两极板间的电势差及电

容分别为

$$
\begin{cases}
E = \dfrac{E_0}{\varepsilon_r} = \dfrac{\sigma}{\varepsilon_0 \varepsilon_r} \\
U = \dfrac{U_0}{\varepsilon_r} = \dfrac{E_0}{\varepsilon_r} d = \dfrac{\sigma}{\varepsilon_0 \varepsilon_r} d \\
C = \dfrac{Q}{U} = \varepsilon_r C_0
\end{cases}
\tag{9.72}
$$

进一步得出

$$
\begin{cases}
\dfrac{U_0}{U} = \varepsilon_r \\
\dfrac{E_0}{E} = \varepsilon_r \\
\dfrac{C}{C_0} = \varepsilon_r
\end{cases}
\tag{9.73}
$$

式中，ε_r 为介质的**相对介电常数**（**相对电容率**），是一个无量纲的量，反映的是介质的某种电学性质，每种介质的 ε_r 都不同，通常情况下，$\varepsilon_r > 1$，空气的 ε_r 近似为 1。表 9.1 列出了部分电介质的相对介电常数。

表 9.1　部分电介质的相对介电常数

电介质	相对介电常数（ε_r）	电介质	相对介电常数（ε_r）
真空	1.000 00	石蜡	2.100 00
空气	1.000 54	云母	6.000 00～7.000 00
水	78.000 00	玻璃	5.500 00～7.000 00
纸	3.500 00	瓷	5.700 00～6.300 00
硫黄	4.000 00	硬橡胶	2.600 00
蜡	7.800 00	煤油	2.000 00

可见，电介质对电场有削弱的作用。虽然上述结果是由平行板电容器得出的，但理论和实验都已经证明：只要放入的是各向同性的电介质，这些结果对于其他类型的电容器也同样适用。为什么加入电介质会使电场减弱、电容增加呢？显然，电介质在电场的作用下发生了某种极化，极化了的电介质又反过来影响了电场。下面就进一步讨论电场对电介质的影响。

9.5.2　电介质极化的微观机理

电介质内部的自由电荷很少，即电荷不能够自由移动，这类电荷称为**束缚电荷**。在电场的作用下，电荷有微小的移动，部分电介质表面会出现过剩电荷，这种现象称为电介质的极化（电极化），这部分电荷称为**极化电荷**。

根据分子结构的不同，可把电介质分为两类：一类是无极分子，另一类是有极分子。如

图 9.45(a)所示,无极分子是指在没有外电场时,正、负电荷的中心重合,即由无极分子构成的电介质对外不显示电性,如 CH_4、He 等;有极分子[图 9.45(b)]是指在没有外电场时,分子的正、负电荷的中心不重合,如 HCl、H_2O 等,等量的正、负电荷形成电偶极子,具有电偶极矩 $\boldsymbol{p}$,由于分子不规则的热运动,电偶极矩取向杂乱无章,因此由该分子组成的电介质宏观上对外也不显示电性。

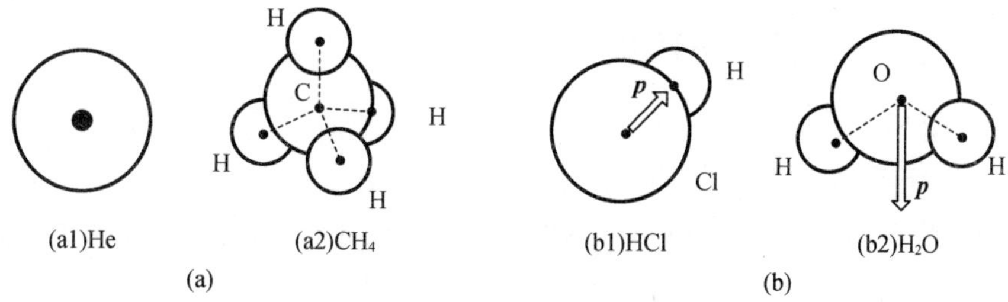

图 9.45　两种电介质的微观结构

由于两种电介质的微观结构不同,因此二者的极化过程也不相同。无极分子在外电场的作用下,正、负电荷的中心发生相对位移,形成电偶极子,电偶极矩指向外电场方向,称为**位移极化**(图 9.46)。有极分子在外电场的作用下,相对于外电场方向的正、负电荷的位置变化主要是转动,因而称为**转向极化**(图 9.47)。电介质与外电场垂直的两表面分别出现正、负极化电荷。外电场的电场强度越大,分子电偶极矩越大,极化电荷越多,电极化程度越高;撤去外电场时,分子的热运动又重新使分子电偶极矩变得杂乱无章,整个电介质的电性也随之消失。

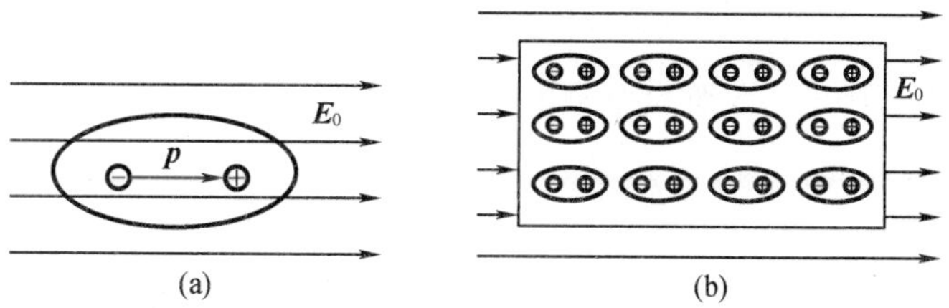

图 9.46　无极分子的位移极化

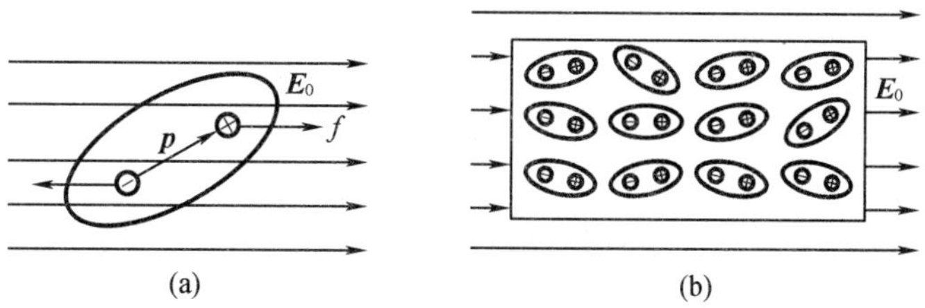

f—电荷受到的电场力。

图 9.47　有极分子的转向极化

需要指出的是,对于由有极分子构成的电介质,位移极化同样存在,但转向极化比位移极化要大得多(约一个数量级),所以有极分子介质的极化主要是转向极化。当外电场是高频场时,由于分子的惯性,转向极化跟不上电场的变化,因此主要极化机制便成为位移极化。尽管两种电介质极化的微观机理不尽相同,但宏观现象是一样的,因此进行宏观描述时对两者没有区分的必要。综上所述,不管是位移极化还是转向极化,其最后的宏观效果都是在电介质与外电场垂直的表面上产生了极化电荷;两种极化都是外电场越强,极化越厉害,所产生的分子电偶极矩的矢量和也越大;电偶极矩排列越有序说明极化越强。

9.5.3 电介质内的电场强度

电场对电介质有极化的作用,反过来,被极化的电介质势必要对电场产生影响。

如图 9.48 所示,平行板电容器两极板 A、B 分别带有电量 $+Q_0$、$-Q_0$,面电荷密度分别为 $+\sigma_0$、$-\sigma_0$,激发的电场强度为 $\boldsymbol{E}_0$;在两极板间充满电介质后,电介质的两个表面出现极化电荷,面电荷密度分别为 $+\sigma'$、$-\sigma'$,相应激发的极化电场为 $\boldsymbol{E}'$。因此电介质中的电场 $\boldsymbol{E}$ 是两者的叠加,即 $\boldsymbol{E}=\boldsymbol{E}_0+\boldsymbol{E}'$,则有

$$E=E_0+E'=\frac{\sigma_0}{\varepsilon_0}-\frac{\sigma'}{\varepsilon_0}=\frac{1}{\varepsilon_0}(\sigma_0-\sigma') \tag{9.74}$$

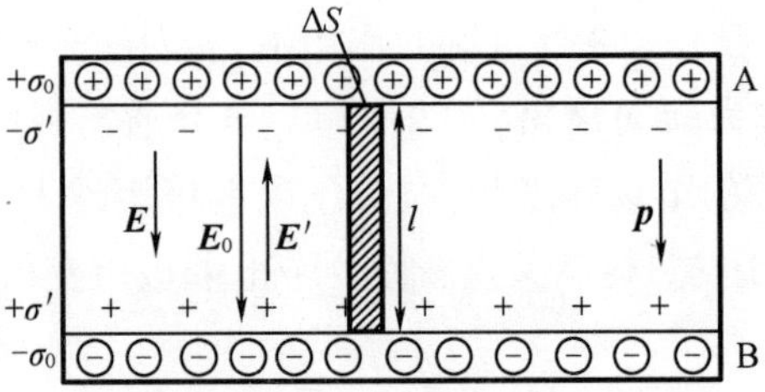

图 9.48　电介质内的电场强度

由实验可知,电介质中的电场强度是原电场强度的 $1/\varepsilon_r$ 倍,即

$$E=\frac{E_0}{\varepsilon_r}=\frac{\sigma_0}{\varepsilon_0\varepsilon_r}=\frac{\sigma_0}{\varepsilon} \tag{9.75}$$

式中,$\varepsilon=\varepsilon_0\varepsilon_r$,为电介质的介电常数,其量纲与 ε_0 相同,由此可得电介质表面极化电荷的面电荷密度为

$$\sigma'=\left(1-\frac{1}{\varepsilon_r}\right)\sigma_0 \tag{9.76}$$

$$Q'=\frac{\varepsilon_r-1}{\varepsilon_r}Q_0 \tag{9.77}$$

例 9.20　求球形电容器充满电介质后的极化电荷的面电荷密度。已知电容器带电量为 Q,内、外半径分别为 R_A、R_B,电介质的相对介电常数为 ε_r。

解　设电介质表面的极化电荷为 Q',则电介质中的电场强度为

$$\begin{aligned}E&=E_0+E'\\&=\frac{Q}{4\pi\varepsilon_0r^2}-\frac{Q'}{4\pi\varepsilon_0r^2}\end{aligned}$$

$$=\frac{4\pi R_A^2(\sigma_{0A}-\sigma'_A)}{4\pi\varepsilon_0 r^2}$$

$$=\frac{R_A^2(\sigma_{0A}-\sigma'_A)}{\varepsilon_0 r^2}$$

$$=\frac{E_0}{\varepsilon_r}$$

所以
$$\begin{cases}\sigma'_A=\left(1-\dfrac{1}{\varepsilon_r}\right)\sigma_{0A}\text{（介质内表面极化电荷面密度）}\\ \sigma'_B=\left(\dfrac{R_A}{R_B}\right)^2\left(1-\dfrac{1}{\varepsilon_r}\right)\sigma_{0A}\text{（介质外表面极化电荷面密度）}\end{cases}$$

9.5.4 电极化强度

为了描述电介质在电场中被极化的程度，引入电极化强度这一物理量。在电介质中任取一宏观小体积 ΔV，由上可知，在没有外电场时，电介质未被极化，此小体积中所有分子的电偶极矩的矢量和为零，即 $\sum \boldsymbol{p}_i = 0$。当存在外电场时，电介质被极化，此小体积中所有分子的电偶极矩的矢量和不为零，即 $\sum \boldsymbol{p}_i \neq 0$。外电场越强，分子电偶极矩的矢量和越大，因此，用单位体积中分子电偶极矩的矢量和来定义电极化强度 $\boldsymbol{P}$，即

$$\boldsymbol{P}=\frac{\sum \boldsymbol{p}_i}{\Delta V} \tag{9.78}$$

电极化强度的单位是 $\mathrm{C\cdot m^{-2}}$，如电介质中各点的电极化强度相同，则称电介质是均匀极化的。

电介质极化时，极化程度越高（$\boldsymbol{P}$ 越大），电介质表面的极化电荷的面电荷密度 σ' 也越大，它们之间的定量关系又如何呢？下面仍以自由电荷的面电荷密度为 $+\sigma_0$ 和 $-\sigma_0$ 的两平行板间充满均匀电介质为例进行讨论，如图 9.48 所示，在介质中取一长为 l，底面积为 ΔS 的柱体，柱体两底面的极化电荷的面电荷密度分别为 $-\sigma'$ 和 $+\sigma'$。柱体内所有分子的电偶极矩的矢量和的大小为 $\sum p_i = \sigma'\Delta Sl$，因此电极化强度的大小为

$$P=\frac{\sum p_i}{\Delta V}=\frac{\sigma'\Delta Sl}{\Delta Sl}=\sigma' \tag{9.79}$$

式(9.79)表明，**两极板间均匀电介质的电极化强度的大小等于极化电荷的面电荷密度**。

将 $E_0=\sigma_0/\varepsilon_0$、$E=E_0/\varepsilon_r$ 以及 $P=\sigma'$ 代入式(9.76)可得，电介质中电极化强度 $\boldsymbol{P}$ 与电场强度 $\boldsymbol{E}$ 之间的关系为

$$\boldsymbol{P}=(\varepsilon_r-1)\varepsilon_0\boldsymbol{E}=\chi\varepsilon_0\boldsymbol{E} \tag{9.80}$$

式中，$\chi=\varepsilon_r-1$，称为电介质的电极化率。所谓的各向同性电介质就是 $\boldsymbol{P}$ 与 $\boldsymbol{E}$ 的关系和 $\boldsymbol{E}$ 的方向无关。如果电介质中各点的 χ 值相同，则称该电介质为均匀电介质。理论和实验表明，在各向同性电介质中的任一点，电极化强度 $\boldsymbol{P}$ 与电场强度 $\boldsymbol{E}$ 的方向相同且大小成正比。

应当指出，在交变电场中，以有极分子的极化为例，由于电偶极子的转向需要时间，在

外电场变化频率较低时，电偶极子还来得及跟上电场的变化而不断转向，故 ε_r 的值和在静电场中极化的值差别不大。但当外电场变化频率大到某一程度时，电偶极子就来不及跟随电场方向的改变而转向，这时的相对介电常数 ε_r 就要下降。所以，在高频条件下，电介质的相对电容率 ε_r 是和外电场的频率有关的。

9.5.5 电位移　电介质中的高斯定理

前面讨论的高斯定理只给出了自由电荷在真空中的情形，现在简要讨论均匀电场中充满各向同性的均匀电介质的情况（对于各向异性电介质的情况，本书不做讨论）。

下面还是以平行板电容器为例，如图 9.49 所示，平行板电容器中电介质的相对介电常数为 ε_r，若极板上有自由电荷，极板的表面会有极化电荷出现。设极板上自由电荷的面电荷密度为 σ_0，极化电荷的面电荷密度为 σ'。作一个表面积为 S 的圆柱形高斯面，底面面积为 S_1 且与极板平行，其中一个底面在介质中，高斯面所包围的电荷为自由电荷与极化电荷的代数和，则有

$$\begin{cases} Q_0 = \sigma_0 S_1 \\ Q' = \sigma' S_1 \end{cases} \tag{9.81}$$

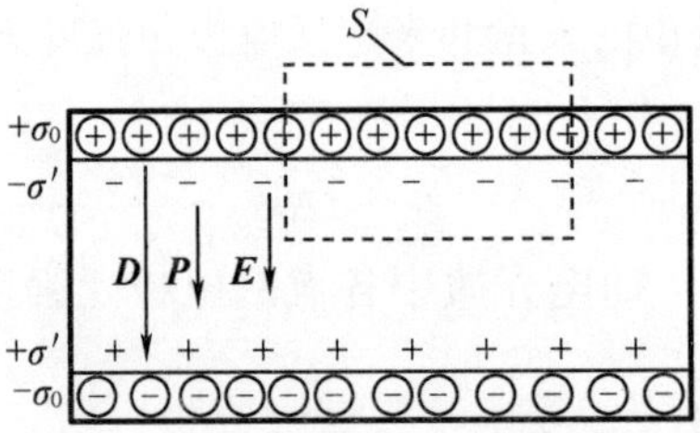

图 9.49　电介质中的高斯定理

根据高斯定理，介质中的电场强度应满足

$$\oiint_S \boldsymbol{E} \cdot \mathrm{d}\boldsymbol{S} = \frac{1}{\varepsilon_0}(Q_0 - Q') \tag{9.82}$$

又因为 $\sigma' = \left(1 - \dfrac{1}{\varepsilon_r}\right)\sigma$，代入式(9.82)可得

$$\oiint_S \boldsymbol{E} \cdot \mathrm{d}\boldsymbol{S} = \frac{Q_0}{\varepsilon_0 \varepsilon_r} = \frac{Q_0}{\varepsilon} \tag{9.83}$$

对于一般电介质来说，其介电常数 ε 是一个常数，所以式(9.83)可改写为

$$\oiint_S \varepsilon \boldsymbol{E} \cdot \mathrm{d}\boldsymbol{S} = Q_0 = \oiint_S \boldsymbol{D} \cdot \mathrm{d}\boldsymbol{S} \tag{9.84}$$

其中，在各向同性均匀介质中有

$$\boldsymbol{D} = \varepsilon_0 \varepsilon_r \boldsymbol{E} = \varepsilon \boldsymbol{E} \tag{9.85}$$

$\boldsymbol{D}$ 称为电位移（矢量），单位为 $\mathrm{C \cdot m^{-2}}$；$\oiint_S \boldsymbol{D} \cdot \mathrm{d}\boldsymbol{S}$ 称为电位移通量。在各向异性电介质（如某些晶体）中，同一点的 $\boldsymbol{D}$ 与 $\boldsymbol{E}$ 的方向可能不同，它们的关系不能用式(9.85)表示。

虽然式(9.84)是从平行板电容器的特例中得到的,但是可以证明,在一般情况下它也是成立的。因此一般情况下有介质时的高斯定理的数学表达式为

$$\oint_S \boldsymbol{D} \cdot \mathrm{d}\boldsymbol{S} = \sum_{i=1}^{n} Q_{i0} \tag{9.86}$$

式(9.86)就是有介质时的电场的高斯定理:**在静电场中通过任一闭合曲面的电位移通量等于闭合曲面内自由电荷的代数和,与极化电荷及高斯面外电荷无关。**

在电场中放入电介质后,电介质中电场强度的分布既和自由电荷的分布有关,又和极化电荷的分布有关,而极化电荷的分布是很复杂的。现在引入电位移这一物理量后,电介质中的高斯定理就只与自由电荷有关了,所以利用介质中的高斯定理来处理电介质中的电场问题就比较简单了,可以先利用介质中的高斯定理求出电位移 $\boldsymbol{D}$,再利用电位移 $\boldsymbol{D}$ 与电场强度 $\boldsymbol{E}$ 的关系即可求出电场强度 $\boldsymbol{E}$。

需要注意的是,电场线是从正电荷出发而止于负电荷的,这里说的电荷既包括自由电荷又包括极化电荷。电场强度 $\boldsymbol{E}$ 的物理意义是作用在单位正电荷上的电场力,而电位移 $\boldsymbol{D}$ 却没有明确的物理意义,只是一个辅助计算的矢量,描写电场性质的物理量仍是电场强度 $\boldsymbol{E}$ 和电势 U。若把带电体放在电场中,决定它受力的是电场强度 $\boldsymbol{E}$,而不是电位移 $\boldsymbol{D}$。

例 9.21 如图 9.50 所示,一平行板电容器中有两层厚度分别为 d_1、d_2,相对介电常数分别为 ε_{r1}、ε_{r2} 的电介质,极板面积为 S,求该电容器的电容。

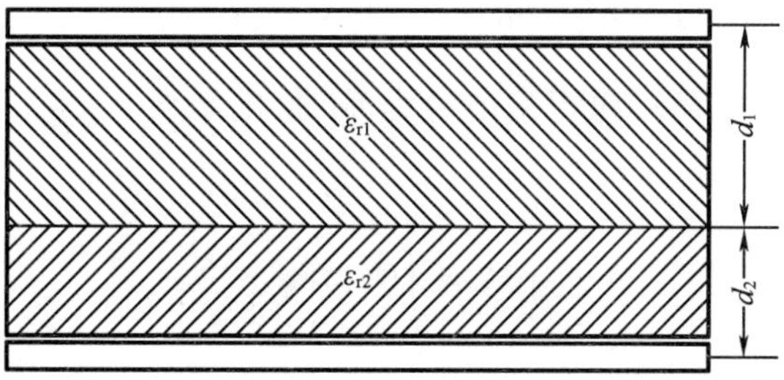

图 9.50 例 9.21 图

解 设两极板的带电量分别为 $+q$、$-q$,自由电荷的面电荷密度分别为 $+\sigma$、$-\sigma$,介质中的电场强度分别为 E_1、E_2,作圆柱形高斯面,上底面在导体中,下底面在相对介电常数为 ε_{r1} 的电介质中,底面积为 S_1,轴线与 E_1 平行。根据高斯定理有

$$\oint_S \boldsymbol{D} \cdot \mathrm{d}\boldsymbol{S} = S_1\sigma \Rightarrow D = \sigma \Rightarrow E_1 = \frac{\sigma}{\varepsilon_0 \varepsilon_{r1}}$$

同理

$$E_2 = \frac{\sigma}{\varepsilon_0 \varepsilon_{r2}}$$

两极板间的电势差为

$$U = \int_l \boldsymbol{E} \cdot \mathrm{d}\boldsymbol{l} = E_1 d_1 + E_2 d_2 = \frac{\sigma}{\varepsilon_0}\left(\frac{d_1}{\varepsilon_{r1}} + \frac{d_2}{\varepsilon_{r2}}\right)$$

所以

$$C=\frac{q}{U}=\frac{\varepsilon_0 S}{\dfrac{d_1}{\varepsilon_{r1}}+\dfrac{d_2}{\varepsilon_{r2}}}$$

9.6 静电场的能量

9.6.1 电容器储存的电能

下面讨论静电场能量。先以平行板电容器的带电过程为例，讨论电源通过消耗其他形式的能量并做功，把其他形式的能量转变为电能的机理。在带电过程中，平行板电容器内建立起电场，从而得到电场能量的概念及电场能量的计算公式。

电容器在充电时，在电源的作用下不断地把正电荷元 dq 从 B 板移动到 A 板，如图 9.51 所示。若在时间 t 内，从 B 板向 A 板移动了电荷 $q(t)$，这时两极板间的电势差为

$$U(t)=\frac{q(t)}{C} \tag{9.87}$$

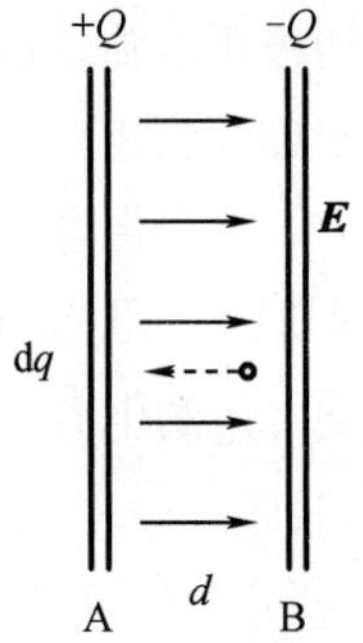

图 9.51 电容器储存的电能

此时，若继续从 B 板向 A 板移动电荷 dq，则需做功为

$$\mathrm{d}A=U(t)\mathrm{d}q=\frac{q(t)}{C}\mathrm{d}q \tag{9.88}$$

这样，从开始极板上没有电荷到极板带电量为 Q 时，电源所做的功为

$$A=\int \mathrm{d}A=\int_0^Q U(t)\mathrm{d}q=\frac{Q^2}{2C} \tag{9.89}$$

由于 $Q=CU$，因此式(9.89)又可以写作

$$A=\frac{1}{2}\frac{Q^2}{C}=\frac{1}{2}CU^2=\frac{1}{2}QU \tag{9.90}$$

式中，U 为极板带电量为 Q 时两极板间的电势差。根据能量守恒定律可得，此时电容器的电场中储存的能量 W 的数值就等于这个功的数值，即

$$W=A=\frac{1}{2}\frac{Q^2}{C}=\frac{1}{2}CU^2=\frac{1}{2}QU \tag{9.91}$$

由此可见，在电容器的带电过程中，外力通过克服静电力做功，就可以把非静电能转换为电容器的电能了。

9.6.2 静电场的能量 能量密度

电容器的能量储存在哪里呢？仍以上面的平行板电容器为例进行进一步讨论。对于极板面积为 S、间距为 d 的平行板电容器，如果忽略电容器的边缘效应，那么两极板间的电场是均匀的，电场所占的空间体积 $V=Sd$，代入 $U=Ed$、$C=\dfrac{\varepsilon_0 S}{d}$ 可得

$$W_e = \frac{1}{2}\varepsilon_0 E^2 Sd = \frac{1}{2}\varepsilon_0 E^2 V \tag{9.92}$$

仔细看来，式(9.91)和式(9.92)的物理意义不同。式(9.91)表明，电容器所储存的能量是因为外力的作用将电荷 q 从一个极板移到另一个极板而产生的，所以电容器能量的携带者是电荷。而式(9.92)却表明，外力做功使原来没有电场的电容器的两极板间建立了有确定电场强度的静电场，因此，电容器能量的携带者应当是电场。我们已经知道，静电场总是伴随着静止的电荷而产生的，两者形影不离，所以在静电学范围内，上述两种观点是等效的，没有区别。但对于变化的电磁场来说，情况就不一样了。后面会讨论电磁波是变化的电场和磁场在空间中的传播。电磁波不仅含有电场能量 W_e，而且还含有磁场能量 W_m。理论和实验均已证明，电磁波的传播过程并没有伴随着电荷传播，所以不能说电磁波能量的携带者是电荷，而只能说电磁波能量的携带者是电场和磁场。因此，如果某一空间具有电场，那么该空间就具有电场能量。因此可以说，式(9.92)比式(9.91)更具有普遍意义。

单位体积电场内所具有的电场能量叫作**电场能量密度**，用 w_e 表示，即

$$w_e = \frac{W_e}{V} = \frac{1}{2}\varepsilon_0 E^2 = \frac{1}{2}DE \tag{9.93}$$

这个结果虽然是从平行板电容器的均匀电场这个特例中推导出来的，但可以证明它是普遍成立的。我们知道，物质与运动是不可分的，凡是物质都在运动，都具有能量。电场具有能量，表明电场也是一种物质存在。

可以看出，只要空间 V 存在着均匀电场 $\boldsymbol{E}$，则该处电场就储存着电场能量$\frac{1}{2}\varepsilon_0 E^2 V$。

在不均匀电场中，可任取一体积元 $\mathrm{d}V$，设该处的能量密度为 w_e，则体积元 $\mathrm{d}V$ 中储存的静电能为

$$\mathrm{d}W_e = w_e \mathrm{d}V \tag{9.94}$$

整个电场储存的静电能为

$$W_e = \int \mathrm{d}W_e = \int_V \frac{1}{2}\varepsilon_0 E^2 \mathrm{d}V \tag{9.95}$$

式中，V 是整个电场分布的空间体积。

例 9.22 有一半径为 a、带电量为 q 的导体球。求它所产生的电场中储存的静电能。

解 该导体球所产生的静电场具有球对称性，大小为 $E = \frac{1}{4\pi\varepsilon_0}\frac{q}{r^2}$。由于电场的球对称性，我们可以取体积元 $\mathrm{d}V$ 为一球壳，则 $\mathrm{d}V = 4\pi r^2 \mathrm{d}r$，该球壳中储存的静电能为

$$\begin{aligned}
\mathrm{d}W_e &= w_e \mathrm{d}V \\
&= \frac{1}{2}\varepsilon_0 E^2 4\pi r^2 \mathrm{d}r \\
&= \frac{1}{2}\varepsilon_0 \left(\frac{q}{4\pi\varepsilon_0 r^2}\right)^2 4\pi r^2 \mathrm{d}r \\
&= \frac{q^2}{8\pi\varepsilon_0 r^2}\mathrm{d}r
\end{aligned}$$

整个电场中储存的静电能为

$$W_e = \int dW_e = \int_a^{\infty} \frac{q^2}{8\pi\varepsilon_0 r^2} dr = \frac{q^2}{8\pi\varepsilon_0 a}$$

9.6.3 电荷系统的静电能

由于静电场是保守场，电荷在其中移动时，静电场力做功与电荷的移动路径无关，所以任一电荷在电场中都具有势能，叫作静电势能，简称电势能。由于电场中任一点电势 U 等于单位正电荷自该点移动到势能的零点处电场力所做的功，也就等于单位正电荷在该点时的电势能（以电势零点为电势能零点），因此电荷 q 在外电场中任一点具有的电势能为

$$W = qU \tag{9.96}$$

式(9.96)表示一个电荷在外电场中具有的电势能等于它的电量与该点电势的乘积。应当指出，该电势能为电荷 q 与场源电荷所共有，是一种相互作用能。

在国际单位制中，电势能的单位是能量的单位——焦耳，符号为 J。还有一种常用的能量单位是电子伏，符号为 eV，1 eV 表示 1 个电子通过 1 V 电势差时电场力做的功。

由 n 个点电荷组成的电荷系所具有的电势能等于将各电荷从现有位置彼此分散到无限远处时，它们之间静电力所做的功，也称为相互作用能，简称互能。

下面推导点电荷系的互能公式。

我们先求相距 r 的两个点电荷 q_1、q_2 的互能。令 q_1 不动，将 q_2 移动到无限远处时，q_2 受到的电场力 $\boldsymbol{F}$ 所做的功为

$$A_{r\to\infty} = \int_r^{\infty} \boldsymbol{F} \cdot d\boldsymbol{r} \tag{9.97}$$

由于 $F = \dfrac{q_1 q_2}{4\pi\varepsilon_0 r^2}$，因此式(9.97)可化为

$$A_{r\to\infty} = -\int_r^{\infty} \frac{q_1 q_2}{4\pi\varepsilon_0 r^2} \cdot dr = \frac{q_1 q_2}{4\pi\varepsilon_0 r} \tag{9.98}$$

这说明相距 r 的两个点电荷 q_1、q_2 的互能为

$$W_{12} = \frac{q_1 q_2}{4\pi\varepsilon_0 r} \tag{9.99}$$

由于 $U_2 = q_1/(4\pi\varepsilon_0 r)$，表示在 q_2 所在点由 q_1 产生的电势，因此式(9.99)可以写为

$$W_{12} = q_2 U_2 \tag{9.100}$$

根据相同的原理有

$$W_{12} = q_2 U_2 = W_{21} = q_1 U_1 \tag{9.101}$$

将 W_{12} 写成对称的形式为

$$W_{12} = \frac{1}{2}(q_1 U_1 + q_2 U_2) \tag{9.102}$$

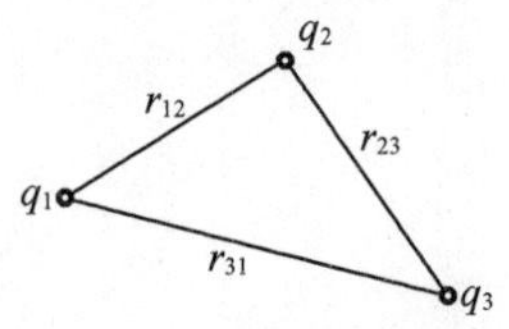

图 9.52 点电荷系的互能

再求由三个点电荷组成的点电荷系的互能。如图 9.52 所示，它们所带电量分别为 q_1、q_2、q_3，两两之间的距离分别为 r_{12}、r_{23}、r_{31}，令 q_1、q_2 不动，将 q_3 移动到无限远处，在这一过程

中，q_3 受到 q_1、q_2 的电场力 $\boldsymbol{F}_{31}$、$\boldsymbol{F}_{32}$所做的功为

$$\begin{aligned} A_3 &= \int \boldsymbol{F}_3 \cdot \mathrm{d}\boldsymbol{r} \\ &= \int (\boldsymbol{F}_{31} + \boldsymbol{F}_{32}) \cdot \mathrm{d}\boldsymbol{r} \\ &= \int \boldsymbol{F}_{31} \cdot \mathrm{d}\boldsymbol{r} + \int \boldsymbol{F}_{32} \cdot \mathrm{d}\boldsymbol{r} \end{aligned} \tag{9.103}$$

依据库仑力公式有

$$A_3 = -\int \frac{q_1 q_3}{4\pi\varepsilon_0 r_{31}^2} \cdot \mathrm{d}r - \int \frac{q_1 q_3}{4\pi\varepsilon_0 r_{32}^2} \cdot \mathrm{d}r = \frac{q_1 q_3}{4\pi\varepsilon_0 r_{31}} + \frac{q_2 q_3}{4\pi\varepsilon_0 r_{32}} \tag{9.104}$$

再令 q_1 不动，将 q_2 移动到无限远处，这一过程中的电场力做功为

$$A_2 = \frac{q_1 q_2}{4\pi\varepsilon_0 r_{21}} \tag{9.105}$$

将这三个电荷由最初状态分散到无限远处，电场力做的总功就是电荷系在最初状态时具有的互能，即

$$\begin{aligned} W &= A_2 + A_3 \\ &= \frac{q_1 q_2}{4\pi\varepsilon_0 r_{21}} + \frac{q_1 q_3}{4\pi\varepsilon_0 r_{31}} + \frac{q_2 q_3}{4\pi\varepsilon_0 r_{32}} \\ &= \frac{1}{2}\left[q_1\left(\frac{q_2}{4\pi\varepsilon_0 r_{21}} + \frac{q_3}{4\pi\varepsilon_0 r_{31}}\right) + q_2\left(\frac{q_3}{4\pi\varepsilon_0 r_{32}} + \frac{q_1}{4\pi\varepsilon_0 r_{12}}\right) + q_3\left(\frac{q_1}{4\pi\varepsilon_0 r_{13}} + \frac{q_2}{4\pi\varepsilon_0 r_{23}}\right)\right] \\ &= \frac{1}{2}(q_1 U_1 + q_2 U_2 + q_3 U_3) \end{aligned} \tag{9.106}$$

式中，U_1、U_2、U_3 分别为 q_1、q_2、q_3 所在处由其他电荷产生的电势。我们把这一结果推广到由 n 个点电荷组成的电荷系，则该电荷系具有的互能为

$$W = \frac{1}{2}\sum_{i=1}^{n} q_i U_i \tag{9.107}$$

若只考虑一个带电体，则它的静电能的定义为：设想把该带电体分割成无限多个电荷元，把所有的电荷元从最初状态彼此分散到无限远处时，电场力做的功称为该带电体的静电能，也称为自能。

由式(9.107)可知，一个带电体自能为

$$W = \frac{1}{2}\int_q U\mathrm{d}q \tag{9.108}$$

由于电荷元 $\mathrm{d}q$ 无限小，因此 U 为带电体上所有电荷在电荷元 $\mathrm{d}q$ 所在处的电势。

在很多实际情况中，往往因需要单独考虑电荷系中某一电荷的行为而将该电荷从电荷系中分离出来，电荷系中其他电荷所产生的电场对该电荷来说就是外电场了。

例 9.23 求均匀带电球面的静电能(设球体半径为 R、总电量为 Q)。

解 带电球面是一个等势面，若以无限远处为电势的零点，则该球面电势 $U = \dfrac{Q}{4\pi\varepsilon_0 R}$，静电能为

$$W = \frac{1}{2}\int_q U\mathrm{d}q = \frac{1}{2}\int \frac{Q}{4\pi\varepsilon_0 R}\mathrm{d}q = \frac{Q}{8\pi\varepsilon_0 R}\int \mathrm{d}q = \frac{Q^2}{8\pi\varepsilon_0 R}$$

这就是均匀带电球面的静电能。

本章小结

1. 电荷守恒定律

电荷守恒定律是物理学中普遍的基本定律，对于一个系统，如果没有净电荷的流入与流出，则该系统的正、负电荷的代数和保持不变，这就是**电荷守恒定律**。

$$\oint\!\!\!\oint_S \boldsymbol{j}_0 \cdot \mathrm{d}\boldsymbol{S} = -\frac{\mathrm{d}q_0}{\mathrm{d}t}$$

单位时间内从闭合曲面流出的电荷量等于单位时间内该曲面内电荷的减少量。

2. 库仑定律

在真空中，两个静止的点电荷的作用力为

$$\boldsymbol{F} = \frac{1}{4\pi\varepsilon_0}\frac{q_1 q_2}{r^2}\boldsymbol{r}_0 = \frac{1}{4\pi\varepsilon_0}\frac{q_1 q_2}{r^3}\boldsymbol{r} \quad \text{（与受力电荷的速度无关）}$$

式中，$\boldsymbol{r} = r\boldsymbol{r}_0$，方向由施力电荷指向受力电荷。

$\varepsilon_0 = 8.85\times10^{-12}\ \mathrm{C^2\cdot N^{-1}\cdot m^{-2}}$，称为真空介电常数（真空电容率）。

3. 电场力的叠加原理

$$\boldsymbol{F} = \sum_{i=1}^{n}\boldsymbol{F}_i$$

4. 电场强度的定义式

$$\boldsymbol{E} = \frac{\boldsymbol{F}}{q_0}$$

式中，q_0 为静止电荷。$\boldsymbol{E}$ 的单位为 $\mathrm{V\cdot m^{-1}}$，也可用 $\mathrm{N\cdot C^{-1}}$。

5. 电场强度的叠加原理

$$\boldsymbol{E} = \sum_{i=1}^{n}\boldsymbol{E}_i$$

6. 点电荷的电场的电场强度

$$\boldsymbol{E} = \frac{1}{4\pi\varepsilon_0}\frac{q}{r^2}\boldsymbol{r}_0$$

7. 已知电场 $\boldsymbol{E}$ 的分布时求受力

(1) 点电荷 q 在电场 $\boldsymbol{E}$ 中的受力 $\boldsymbol{F} = q\boldsymbol{E}$，$q$ 可以是静止的也可以是运动的。

(2) 任意带电体在电场 $\boldsymbol{E}$ 中的受力 $\boldsymbol{F} = \int \mathrm{d}q\boldsymbol{E}$。式中，$\mathrm{d}q$ 是带电体上的微元所带电量。

$$\mathrm{d}q = \begin{cases}\lambda\mathrm{d}l\\ \sigma\mathrm{d}S\\ \rho\mathrm{d}V\end{cases}$$

(3)电偶极子($\boldsymbol{p}=q\boldsymbol{l}$)在电场 $\boldsymbol{E}$ 中受到的力矩为

$$\boldsymbol{M}=\boldsymbol{p}\times\boldsymbol{E}$$

8. 电通量

$$\Phi_{\mathrm{e}}=\iint_S \boldsymbol{E}\cdot\mathrm{d}\boldsymbol{S}$$

9. 静电场中的高斯定理

$$\Phi_{\mathrm{e}}=\oiint_S \boldsymbol{E}\cdot\mathrm{d}\boldsymbol{S}=\frac{1}{\varepsilon_0}\sum q_i=\frac{1}{\varepsilon_0}\int_V \rho\mathrm{d}V$$

说明静电场是有源场。

10. 静电场的环路定理

$$\oint_{L(\text{任意})}\boldsymbol{E}\cdot\mathrm{d}\boldsymbol{l}=0$$

说明静电场是有源无旋场和保守力场。

11. 电势能、电势、电势差和电场力做功

电势能

$$E_{\mathrm{p}a}=q_0\int_a^{\infty}\boldsymbol{E}\cdot\mathrm{d}\boldsymbol{l}$$

电势

$$U_a=\frac{E_{\mathrm{p}a}}{q_0}=\int_a^{\infty}\boldsymbol{E}\cdot\mathrm{d}\boldsymbol{l}$$

电势差

$$U_{ab}=U_a-U_b=\int_a^{b}\boldsymbol{E}\cdot\mathrm{d}\boldsymbol{l}$$

电场力做功

$$A_{ab}=q_0U_{ab}=q_0(U_a-U_b)$$

12. 点电荷的电势

$$U=\frac{q}{4\pi\varepsilon_0 r}$$

13. 电势的叠加原理

$$U=\sum_{i=1}^{n}U_i$$

14. 电势的计算

(1)定义式(普遍适用)

$$U_P=\int_P^{0}\boldsymbol{E}\cdot\mathrm{d}\boldsymbol{l}=\int_P^{P_1}\boldsymbol{E}\cdot\mathrm{d}\boldsymbol{l}+\int_{P_1}^{0}\boldsymbol{E}\cdot\mathrm{d}\boldsymbol{l}$$

选择一简洁的路径。

(2)点电荷电势叠加法

(a) $$U = \sum_{i=1}^{n} U_i = \sum_{i=1}^{n} \frac{q_i}{4\pi\varepsilon_0 r_i}$$

(b) $$U_p = \int \mathrm{d}U_p = \int \frac{\mathrm{d}q}{4\pi\varepsilon_0 r}$$ （无限远处电势为零时才适用）

15. 电场强度的计算方法

(1)点电荷系的电场

$$\boldsymbol{E} = \sum_{i=1}^{n} \frac{1}{4\pi\varepsilon_0} \frac{q_i}{r_i^2} \boldsymbol{r}_{i0}$$

(2)电荷连续分布的带电体的电场

$$\boldsymbol{E} = \int \mathrm{d}\boldsymbol{E} = \int \frac{\mathrm{d}q}{4\pi\varepsilon_0 r^2} \boldsymbol{r}_0$$

(3)当场源电荷分布具有某种对称性时，应用高斯定律，经过所求场点选取适当的高斯面，使面积分 $\oint\!\!\oint_S \boldsymbol{E} \cdot \mathrm{d}\boldsymbol{S}$ 中的所求场点的 $\boldsymbol{E}$ 能以标量的形式提出来，即可利用

$$E = \frac{\frac{1}{\varepsilon_0} \sum_{S内} q_i}{\oint\!\!\oint_S \mathrm{d}S} = \frac{\frac{1}{\varepsilon_0} \sum_{S内} q_i}{S}$$

求出电场强度 E。

(4)利用电场强度 $\boldsymbol{E}$ 与电势 U 的微分关系式

$$\boldsymbol{E}(x,y,z) = -\left(\boldsymbol{i} \frac{\partial U}{\partial x} + \boldsymbol{j} \frac{\partial U}{\partial y} + \boldsymbol{k} \frac{\partial U}{\partial z} \right) = -\nabla U(x,y,z)$$

16. 导体的静电平衡

(1)导体内部和表面无电荷的定向移动。

(2)导体内部任一点处电场的电场强度为零。

(3)导体表面上任一点处电场的电场强度的方向与导体表面垂直。

(4)导体是一个等势体，其表面是一个等势面。

(5)静电平衡时导体上电荷的分布：

实心导体的电荷只能分布在导体表面，导体内部净电荷处处为零。空心导体（原来带有电量 Q）电荷的分布与腔内有无带电体 q 有关，其结果为 $\begin{cases} q_{内表} = -q_{腔内} \\ q_{外表} = Q_{原} + q_{腔内} \end{cases}$。

导体外部近表面处电场的电场强度方向与表面垂直，大小与该处的面电荷密度成正比，即

$$E = \frac{\sigma}{\varepsilon_0}$$

孤立的导体的表面的面电荷密度与各处表面的曲率（曲率半径）有关，即

$$\frac{\sigma_1}{\sigma_2} = \frac{R_2}{R_1} = \frac{\rho_2}{\rho_1}$$

17. 有导体存在时对静电场的分析与计算

首先,根据静电平衡条件和电荷守恒定律确定导体上新的电荷分布;其次,根据静电场的基本规律及静电场的叠加原理进一步分析和计算电场强度及电势。

18. 电场对电介质的影响

电介质的极化使介质的表面出现极化电荷。

19. 电介质对电场的影响

$$U=\frac{U_0}{\varepsilon_r}\text{降低},\boldsymbol{E}=\frac{\boldsymbol{E}_0}{\varepsilon_r}\text{降低},C=\varepsilon_r C_0\ \text{升高},\boldsymbol{E}=\boldsymbol{E}_0+\boldsymbol{E}'$$

其中,$\varepsilon_r>1$,称为相对介电常数(相对电容率),介电常数 $\varepsilon=\varepsilon_0\varepsilon_r$。

20. 电介质中的高斯定理

$$\oiint_S \boldsymbol{D}\cdot \mathrm{d}\boldsymbol{S}=\sum_{i=1}^{n}Q_i$$

电位移 $\boldsymbol{D}=\varepsilon_0\varepsilon_r\boldsymbol{E}=\varepsilon\boldsymbol{E}$,是一个辅助矢量,无直接的物理意义。

21. 电容器的能量

$$W=\frac{1}{2}\frac{Q^2}{C}=\frac{1}{2}CU^2=\frac{1}{2}QU$$

22. 电场能量密度及电场能量

$$w_e=\frac{1}{2}\varepsilon_0E^2=\frac{1}{2}DE$$

$$W_e=\int w_e\mathrm{d}V=\int_V\frac{1}{2}\varepsilon_0E^2\mathrm{d}V$$

思 考 题

9.1 为什么引入电场中的试验电荷的体积必须很小,电荷量也必须很小?

9.2 以地球的电势作为量度电势的参考时,是否可以规定它的电势是 +100 V 而不是 0 V?这样规定对确定其他带电体的电势和电势差会有什么影响?是否可以选定其他物体作为电势的零点?

9.3 举例说明在选无限远处为电势的零点的条件下,带正电的物体的电势是否一定为正?电势为零的物体是否一定不带电?

9.4 静电场中计算电势差的公式如下:

$$U_A-U_B=\frac{W_A-W_B}{q}\tag{1}$$

$$U_A-U_B=Ed\tag{2}$$

$$U_A-U_B=\int_A^B\boldsymbol{E}\cdot\mathrm{d}\boldsymbol{l}\tag{3}$$

试说明各式的适用条件。

9.5　静电力做功有何特点？这表明静电场是什么力场？

9.6　为什么静电场中的电场线不可能是闭合曲线？

9.7　在一个带有正电荷的大导体球附近的一点 P 处，放置一个电荷为 $+q$ 的点电荷，测得点电荷受力为 F。若考虑到电荷 q 不是足够小，由 $E=F/q$ 得出的值比原来 P 点的电场强度大还是小？若大导体球上带有负电荷，情况又如何？

9.8　有一个带有电荷的导体球，在它的旁边有一块不带电的物体（可能是导体，也可能是电介质），在这样的情况下，能不能用高斯定理来求周围空间的电场强度分布，为什么？

9.9　将一带正电的绝缘空腔导体 A 的内部用一根长导线通过一小孔与原先不带电的验电器的小球 B 相连，如图所示。那么，验电器的金箔是否会张开，为什么？

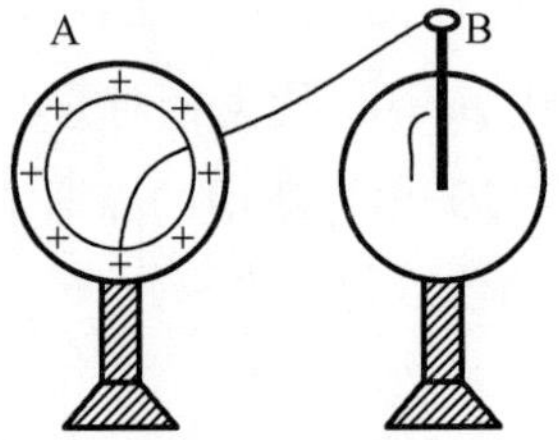

思考题 9.9 图

9.10　有人认为电势不为零的导体上不可能同时带有异号面电荷分布。这种说法对不对？如有错误请指出并举例说明。

9.11　关于带电导体的电势与其所带电荷的关系，下列说法是否正确？如有错误请指出并举例说明。

(1)接地的导体不可能带有电荷；

(2)任一带负电的导体，其电势不可能为正值。

9.12　普通电介质在外电场中极化后，两端出现等量异号电荷，若把它截成两半后分开，再撤去外电场，则这两个半截的电介质上是否带电，为什么？

9.13　有人认为在电场中有电介质存在的情况下，电介质内外任一点的电场强度 E 都比自由电荷分布相同而无介质时的电场强度 E_0 要小。请指出这一认识是否正确，并举例说明。

9.14　有一均匀带电球面和一均匀带电球体，如果它们的半径相同且总电荷相等，那么哪一种情况的电场能量大，为什么？

9.15　吹一个带有电荷的肥皂泡。试分析电荷的存在对吹泡有帮助还是有妨碍（分别考虑带正电荷和带负电荷的情况），请从静电能量的角度加以说明。

习　题

9.1　如图所示，在坐标原点放一正电荷 Q，它在 $P(1,0)$ 点产生的电场强度为 $\boldsymbol{E}$。现在，另外有一个负电荷 $-2Q$，那么应将它放在什么位置才能使 P 点的电场强度等于零？（　　）

(A) x 轴上，$x>1$　　(B) x 轴上，$0<x<1$

(C) x 轴上，$x<0$　　(D) y 轴上，$y>0$

(E) y 轴上，$y<0$

9.2　有一电场强度为 $\boldsymbol{E}$ 的均匀电场，$\boldsymbol{E}$ 的方向为沿 x 轴正向，如图所示。通过图中一

半径为 R 的半球面的电场强度通量为 ( )

(A) $\pi R^2 E$ (B) $\frac{\pi R^2 E}{2}$

(C) $2\pi R^2 E$ (D) 0

9.3 如图所示，在点电荷 q 的电场中，若选取以 q 为中心、R 为半径的球面上一点 P 处作为电势的零点，则与点电荷 q 距离为 r 的 P' 点的电势为( )

(A) $\frac{q}{4\pi\varepsilon_0 r}$ (B) $\frac{q}{4\pi\varepsilon_0}\left(\frac{1}{r}-\frac{1}{R}\right)$

(C) $\frac{q}{4\pi\varepsilon_0 (r-R)}$ (D) $\frac{q}{4\pi\varepsilon_0}\left(\frac{1}{R}-\frac{1}{r}\right)$

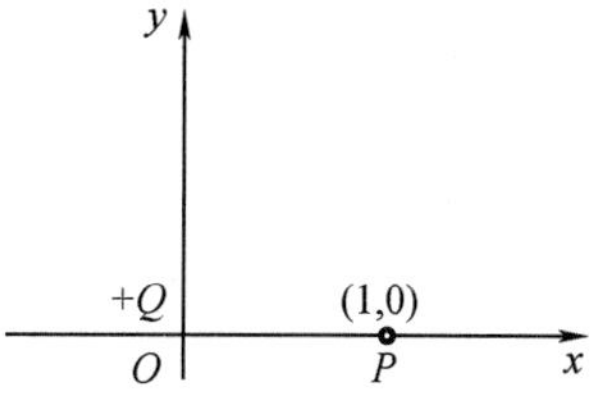

习题 9.1 图

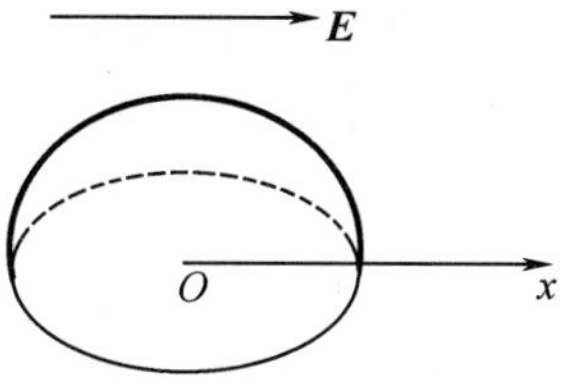

习题 9.2 图

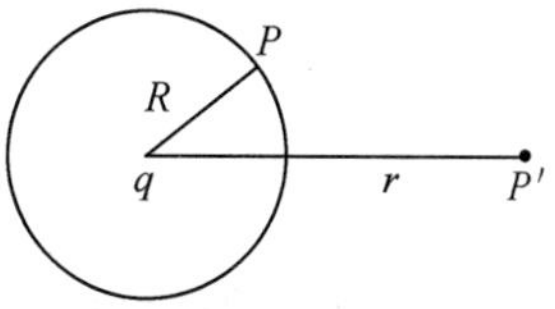

习题 9.3 图

9.4 点电荷 $-q$ 位于圆心 O 处，A、B、C、D 为同一圆周上的四点，如图所示。现将一试验电荷从 A 点分别移动到 B、C、D 各点，则 ( )

(A) 从 A 到 B，电场力做功最大 (B) 从 A 到 C，电场力做功最大

(C) 从 A 到 D，电场力做功最大 (D) 从 A 到各点，电场力做功相等

9.5 如图所示，边长为 a 的等边三角形的三个顶点上分别放置着三个正的点电荷 q、$2q$、$3q$。若将另一正点电荷 Q 从无限远处移到三角形的中心 O 处，外力所做的功为 ( )

(A) $\frac{\sqrt{3}qQ}{2\pi\varepsilon_0 a}$ (B) $\frac{\sqrt{3}qQ}{\pi\varepsilon_0 a}$

(C) $\frac{3\sqrt{3}qQ}{2\pi\varepsilon_0 a}$ (D) $\frac{2\sqrt{3}qQ}{\pi\varepsilon_0 a}$

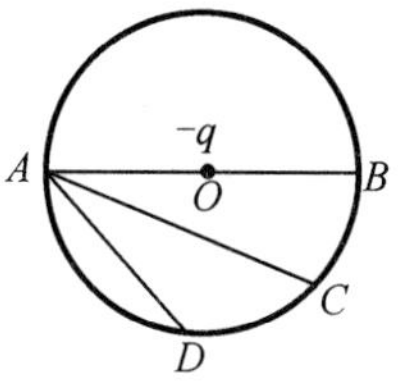

习题 9.4 图

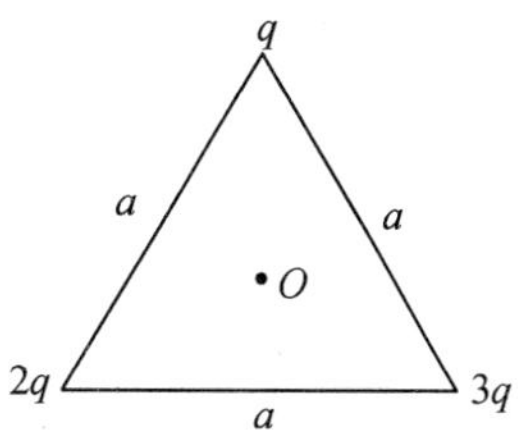

习题 9.5 图

9.6 下列几个说法中，哪一个是正确的? ( )

(A) 电场中某点电场强度的方向就是将点电荷放在该点所受电场力的方向

(B)在以点电荷为中心的球面上，由该点电荷所产生的电场的电场强度处处相同

(C)电场强度可由 $\boldsymbol{E}=\boldsymbol{F}/q$ 定出，其中 q 为试验电荷(可正、可负)，$\boldsymbol{F}$ 为试验电荷所受的电场力

(D)以上说法都不正确

9.7 有一带正电荷的大导体，欲测其附近 P 点处的场强，将一电荷量为 q_0($q_0>0$)的点电荷放在 P 点，如图所示，测得它所受的电场力为 F。若电荷量 q_0 不是足够小，则 ( )

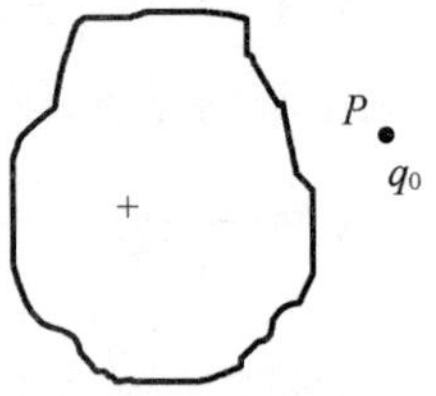

习题 9.7 图

(A) F/q_0 比 P 点处电场强度的数值大

(B) F/q_0 比 P 点处电场强度的数值小

(C) F/q_0 与 P 点处电场强度的数值相等

(D) F/q_0 与 P 点处电场强度的数值哪个大无法确定

9.8 半径分别为 R 和 r 的两个金属球相距很远，用一根细长导线将两球连接在一起并使它们带电。在忽略导线的影响下，两球表面的面电荷密度之比 σ_R/σ_r 为 ( )

(A) R/r (B) R^2/r^2

(C) r^2/R^2 (D) r/R

9.9 关于高斯定理，下列说法中哪一个是正确的？ ( )

(A)高斯面内不包围自由电荷，则面上各点 $\boldsymbol{D}$ 为零

(B)高斯面上处处 $\boldsymbol{D}$ 为零，则面内必不存在自由电荷

(C)高斯面的电位移通量仅与面内自由电荷有关

(D)以上说法都不正确

9.10 如图所示，一带电量为 q 的点电荷处在半径为 R、介电常数为 ε_1 的各向同性、均匀的电介质球体的中心处，球外空间充满介电常数为 ε_2 的各向同性、均匀的电介质，则在距离点电荷 r ($r<R$)处的电场强度和电势 (选 $U_\infty=0$)分别为 ( )

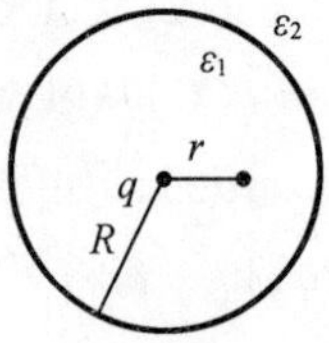

习题 9.10 图

(A) $E=0,U=\dfrac{q}{4\pi\varepsilon_1 r}$

(B) $E=\dfrac{q}{4\pi\varepsilon_1 r^2},U=\dfrac{q}{4\pi\varepsilon_1 r}$

(C) $E=\dfrac{q}{4\pi\varepsilon_1 r^2},U=\dfrac{q}{4\pi\varepsilon_1}\left(\dfrac{1}{r}-\dfrac{1}{R}\right)+\dfrac{q}{4\pi\varepsilon_2 R}$

(D) $E=\dfrac{q}{4\varepsilon_1 r^2}+\dfrac{q}{4\pi\varepsilon_2 r^2},U=\dfrac{q}{4\varepsilon_1}\left(\dfrac{1}{r}-\dfrac{1}{R}\right)+\dfrac{q}{4\pi\varepsilon_2 R}$

9.11 两个半径相同的金属球，一为空心，一为实心，对两者各自孤立时的电容值加以比较，则 ( )

(A)空心球的电容值大 (B)实心球的电容值大

(C)两球的电容值相等 (D)大小关系无法确定

9.12 一个平行板电容器充电后与电源断开，若用绝缘手柄将电容器两极板间距离拉大，则两极板间的电势差 U_{12}、电场强度的大小 E、电场能量 W 将发生如下变化 ( )

(A) U_{12}减小,E减小,W减小

(B) U_{12}增大,E增大,W增大

(C) U_{12}增大,E不变,W增大

(D) U_{12}减小,E不变,W不变

9.13 C_1和C_2两空气电容器并联以后接电源充电,在电源保持连接的情况下,在C_1中插入一电介质板,如图所示,则 ( )

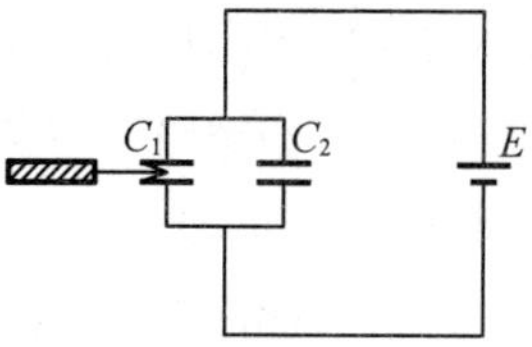

习题9.13图

(A) C_1极板上电荷增加,C_2极板上电荷减少

(B) C_1极板上电荷减少,C_2极板上电荷增加

(C) C_1极板上电荷增加,C_2极板上电荷不变

(D) C_1极板上电荷减少,C_2极板上电荷不变

9.14 一空气平行板电容器充电后与电源断开,然后在两极板间充满某种各向同性、均匀的电介质,则电场强度的大小E、电容C、电压U、电场能量W四个量各自与充入电介质前相比较,变化[增大(↑)或减小(↓)]为 ( )

(A) $E\uparrow,C\uparrow,U\uparrow,W\uparrow$ (B) $E\downarrow,C\uparrow,U\downarrow,W\downarrow$

(C) $E\downarrow,C\uparrow,U\uparrow,W\downarrow$ (D) $E\uparrow,C\downarrow,U\downarrow,W\uparrow$

9.15 如图所示,一空气平行板电容器,极板间距为d,电容为C。若在两板中间平行地插入一块厚度为$d/3$的金属板,则其电容变为 ( )

习题9.15图

(A) C (B) $2C/3$

(C) $3C/2$ (D) $2C$

9.16 将电量为-5.0×10^{-9} C的试验电荷放在电场中某点,若其受到2.0×10^{-8} N的向下的力,则该点的电场强度的大小为________,方向________。

9.17 如图所示,在边长为a的正方形平面的中垂线上距中心O点$a/2$处有一电量为q的正点电荷,通过该平面的电通量为________。

9.18 静电场中某点的电势的数值等于________或________。

9.19 如图所示,试验电荷q在点电荷$+Q$产生的电场中沿半径为R的整个圆弧的3/4圆弧轨道由a点移到d点,在此过程中,电场力做功为________;从d点移到无限远处的过程中,电场力做功为________。

9.20 图中所示为静电场的等势(位)线图,已知$U_1>U_2>U_3$。请在图上画出a、b两点的电场强度方向,并比较它们的大小:E_a________E_b(填"<""="或">")。

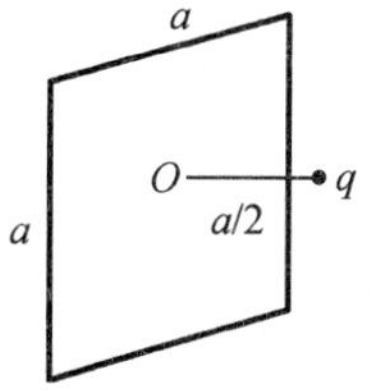

习题9.17图

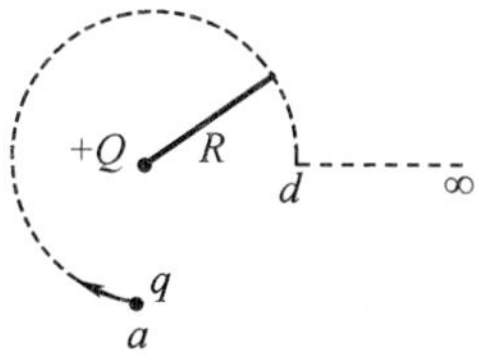

习题9.19图

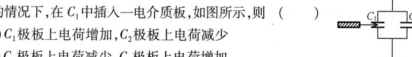

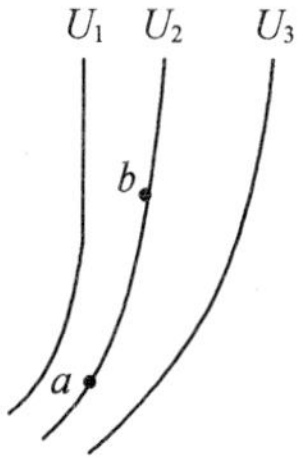

习题9.20图

9.21　图中所示的以 O 为圆心的各圆弧为静电场的等势(位)线，已知 $U_1 < U_2 < U_3$，请在图上画出 a、b 两点的电场强度的方向，并比较它们的大小：E_a________ E_b(填“<”“=”或“>”)。

9.22　一空气平行板电容器的两极板间距为 d，充电后板间电压为 U。若将电源断开，在两板间平行地插入一厚度为 $d/3$ 的金属板，则板间电压 U' = ________。

9.23　如图所示有两同心导体球壳，内球壳带电荷 $+q$，外球壳带电荷 $-2q$。静电平衡时，外球壳的电荷分布为：内表面________；外表面________。

9.24　如图所示，电容 C_1、C_2、C_3 已知，电容 C 可调，当调节到 A、B 两点电势相等时，电容 C = ________。

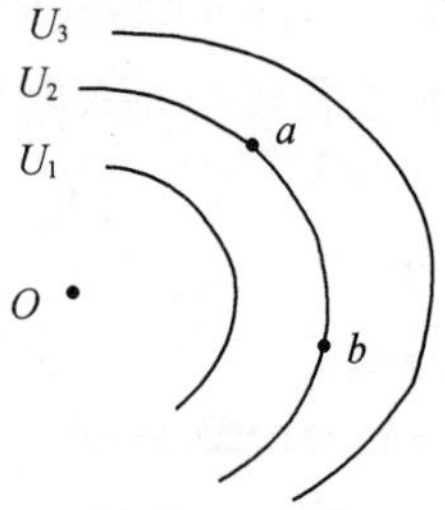

习题 9.21 图

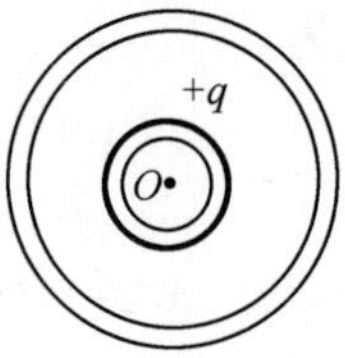

习题 9.23 图

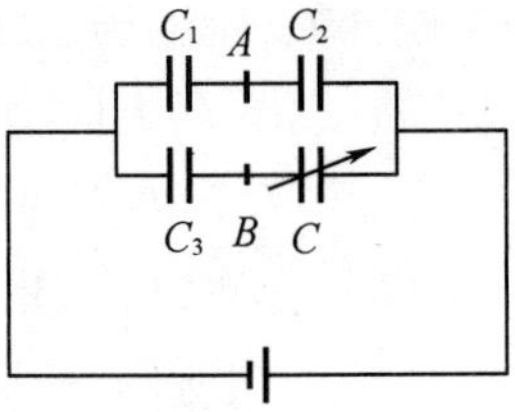

习题 9.24 图

9.25　设雷雨云位于地面以上 500 m 的高度，面积为 $1.0\times10^7\ \mathrm{m}^2$，为便于估算，把它与地面看作一个平行板电容器，此雷雨云与地面间的电场强度为 $1.0\times10^4\ \mathrm{V\cdot m^{-1}}$，若一次闪电即可把雷雨云的电能全部释放完，则此能量相当于质量为________ kg 的物体从 500 m 高空落到地面所释放的能量。(真空介电常数 $\varepsilon_0 = 8.85\times10^{-12}\ \mathrm{C^2\cdot N^{-1}\cdot m^{-2}}$)

9.26　一个细玻璃棒被弯成半径为 R 的半圆形，沿其上半部分均匀分布有电荷 $+Q$，沿其下半部分均匀分布有电荷 $-Q$，如图所示。试求圆心 O 处的电场强度。

9.27　真空中有一半径为 R 的圆平面。在通过圆心 O 与平面垂直的轴线上一点 P 处，有一电量为 q 的点电荷。O、P 间距离为 h，如图所示。试求通过该圆平面的电场强度通量。

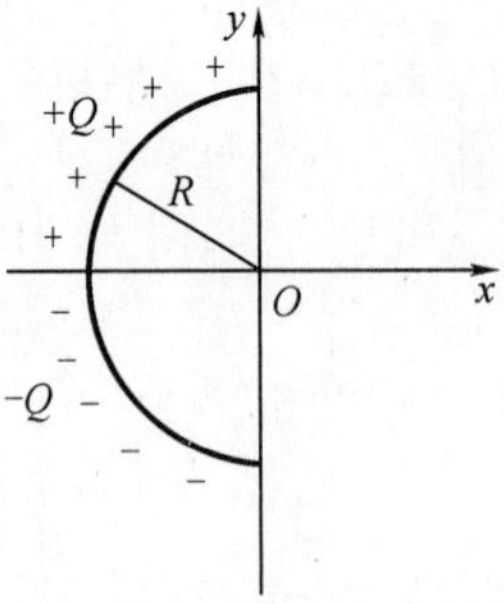

习题 9.26 图

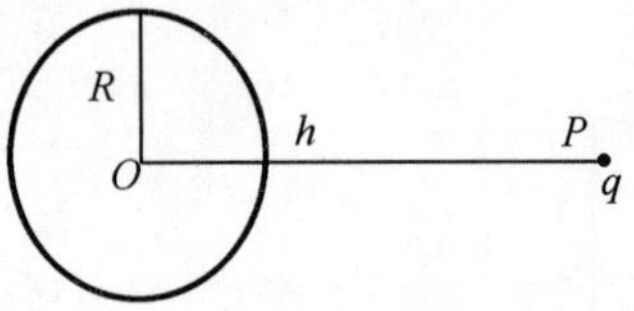

习题 9.27 图

9.28 如图所示为两个点电荷 $+q$ 和 $-3q$，相距为 d。试求：

(1)在它们的连线上，电场强度 $\boldsymbol{E}=0$ 的点与电荷为 $+q$ 的点电荷之间的距离。

(2)若选无限远处电势为零，两点电荷之间电势 $U=0$ 的点与电荷为 $+q$ 的点电荷之间的距离。

9.29 一带有电荷 $q=3.0\times10^{-9}$ C 的粒子位于均匀电场中，电场方向如图所示。当该粒子沿水平方向向右方运动 5 cm 时，外力做功 6.0×10^{-5} J，粒子动能的增量为 4.5×10^{-5} J。求：

(1)粒子运动过程中电场力做功。

(2)该电场的电场强度。

9.30 在真空中一长为 $l=10$ cm 的细杆上均匀分布着电荷，线电荷密度 $l=1.0\times10^{-5}\ \mathrm{C\cdot m^{-1}}$。在杆的延长线上，与杆的一端距离 $d=10$ cm 的一点上有一点电荷($q_0=2.0\times10^{-5}$ C)，如图所示。试求该点电荷所受的电场力。(真空介电常数 $\varepsilon_0=8.85\times10^{-12}\ \mathrm{C^2\cdot N^{-1}\cdot m^{-2}}$)

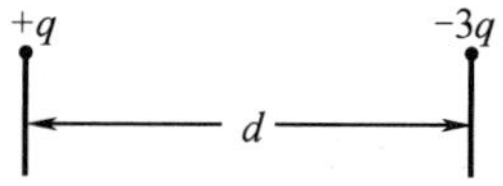

习题 9.28 图

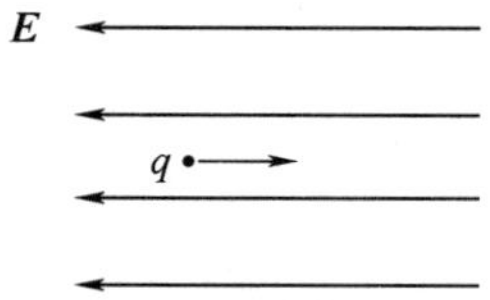

习题 9.29 图

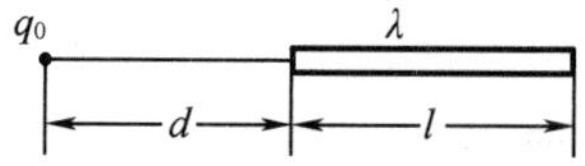

习题 9.30 图

9.31 一质子从 O 点沿 Ox 轴正向射出，初速度 $v_0=1.0\times10^{6}\ \mathrm{m\cdot s^{-1}}$。在质子运动范围内有一匀强静电场，电场强度大小为 $E=3\ 000\ \mathrm{V\cdot m^{-1}}$，方向沿 Ox 轴负向。试求该质子能离开 O 点的最大距离。(质子质量 $m=1.67\times10^{-27}$ kg，基本电荷 $e=1.6\times10^{-19}$ C)

9.32 电量为 q_1 的一个点电荷处在一高斯球面的中心处，在下列三种情况下，穿过此高斯面的电通量是否会改变？电通量各是多少？

(1)将电量为 q_2 的第二个点电荷放在高斯面外的附近处。

(2)将上述的 q_2 放在高斯面内的任意处。

(3)将原来的点电荷移离高斯面的球心，但仍在高斯面内。

9.33 一电偶极子的电偶极矩为 $\boldsymbol{p}$，将其放在电场强度为 $\boldsymbol{E}$ 的匀强电场中，$\boldsymbol{p}$ 与 $\boldsymbol{E}$ 之间的夹角为 θ，如图所示。若将此电偶极子绕通过其中心垂直于 $\boldsymbol{p}$、$\boldsymbol{E}$ 平面的轴转 180°，外力需做多少功？

9.34 两根相同的均匀带电细棒，长为 l，线电荷密度为 λ，沿同一条直线放置。两细棒间最小距离也为 l，如图所示。假设棒上的电荷是不能自由移动的，试求两棒间的静电相互作用力。

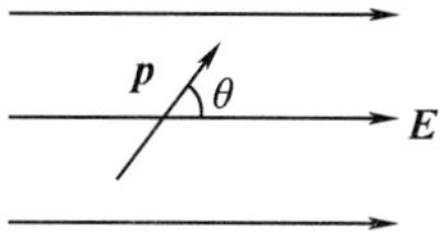

习题 9.33 图

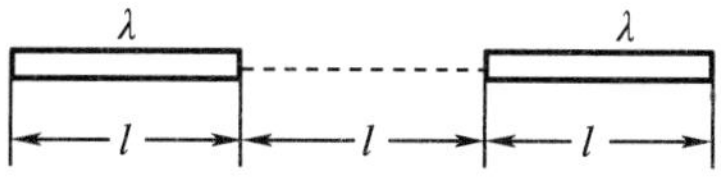

习题 9.34 图

9.35　实验表明，在靠近地面处有相当强的电场，电场强度 $\boldsymbol{E}$ 垂直于地面向下，大小约为 100 $N \cdot C^{-1}$；在离地面 1.5 km 高的地方，$\boldsymbol{E}$ 也是垂直于地面向下的，大小约为 25 $N \cdot C^{-1}$。

（1）假设地面上各处 $\boldsymbol{E}$ 都是垂直于地面向下的，试计算从地面到此高度大气中电荷的平均体电荷密度。

（2）假设地表面内电场强度为零，且地球表面处的电场强度完全由均匀分布在地表面的电荷产生，求地面上的面电荷密度。（真空介电常数 $\varepsilon_0 = 8.85 \times 10^{-12}\ C^2 \cdot N^{-1} \cdot m^{-2}$）

9.36　边长为 b 的立方盒子的六个面分别平行于 xOy、yOz 和 xOz 平面，盒子的一角在坐标原点处。在此区域有一静电场，电场强度 $\boldsymbol{E} = 200\boldsymbol{i} + 300\boldsymbol{j}$。试求穿过各面的电通量。

9.37　如图所示为一厚度为 d、无限大的均匀带电平板，体电荷密度为 ρ。试求平板内外的电场强度分布，并画出电场强度随坐标 x 变化的曲线，即 $E-x$ 曲线（设原点在带电平板的中央平面上，Ox 轴垂直于平板）。

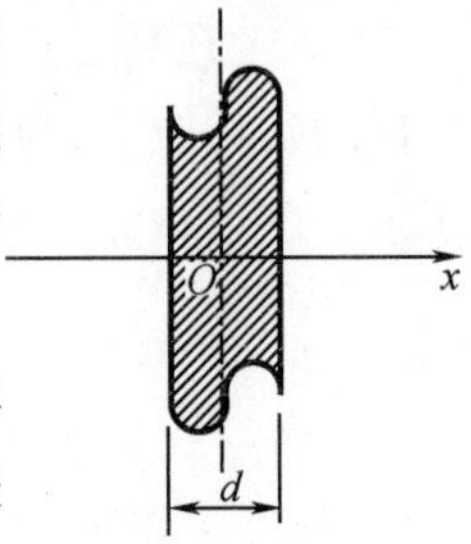

习题 9.37 图

9.38　如图所示为一球形电容器，在外球壳的半径 b 及内外导体间的电势差 U 维持恒定的条件下，内球半径 a 为多大时才能使内球表面附近的电场强度最小？求这个最小电场强度的大小。

9.39　一半径为 R 的带电球体的体电荷密度分布为

$$\rho = \frac{qr}{\pi R^4}\ (r \leqslant R, q\ 为正常量)$$

$$\rho = 0,\ (r > R)$$

试求：

（1）带电球体的总电荷。

（2）球内、外各点的电场强度。

（3）球内、外各点的电势。

9.40　一半径为 R、无限长的圆柱形带电体的体电荷密度 $\rho = Ar\ (r \leqslant R)$，式中，$A$ 为常量。试求：

（1）圆柱体内、外各点的电场强度分布。

（2）选与圆柱轴线的距离为 $l\ (l > R)$ 处为电势的零点，计算圆柱体内、外各点的电势分布。

9.41　一空气平行板电容器的极板 A、B 的面积都是 S，极板间距离为 d。接上电源后，A 板电势 $U_A = V$，B 板电势 $U_B = 0$。现将一带有电荷 q、面积也是 S 而厚度可忽略的导体片 C 平行插在两极板的中间位置，如图所示，试求导体片 C 的电势。

9.42　如图所示为两个平行共轴放置的均匀带电圆环，它们的半径均为 R，线电荷密度分别是 $+\lambda$ 和 $-\lambda$，相距 l。试求以两环的对称中心 O 为坐标原点且垂直于环面的 x 轴上任一点的电势。（以无限远处为电势的零点）

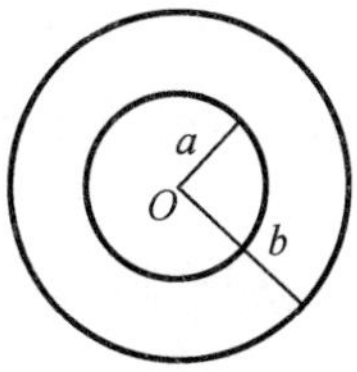

习题 9.38 图

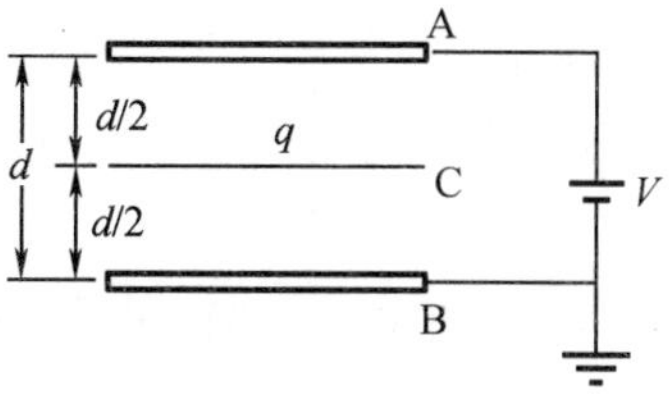

习题 9.41 图

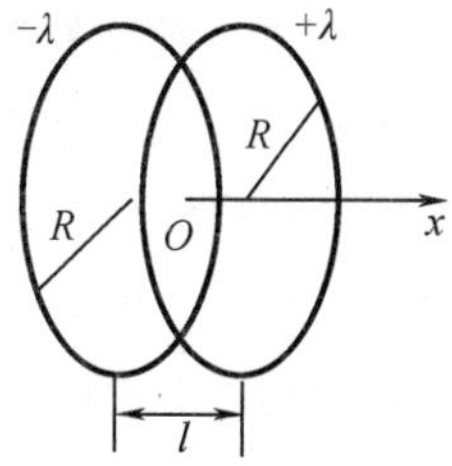

习题 9.42 图

9.43 若电荷以相同的面电荷密度 σ 均匀分布在半径分别为 $r_1=10$ cm 和 $r_2=20$ cm 的两个同心球面上，设无限远处电势为零，已知球心电势为 300 V，试求两球面的面电荷密度 σ。($\varepsilon_0=8.85\times10^{-12}\ \mathrm{C^2\cdot N^{-1}\cdot m^{-2}}$)

9.45 如图所示为一个均匀带电的球层，其体电荷密度为 ρ，球层内表面半径为 R_1，外表面半径为 R_2。设无限远处为电势的零点，求空腔内任一点的电势。

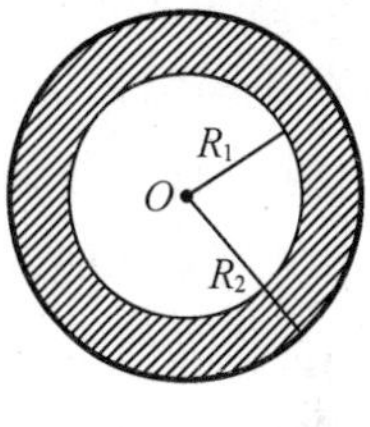

习题 9.44 图

9.45 若将 27 个具有相同半径并带相同电荷的球状小水滴聚集成一个球状的大水滴，此大水滴的电势将为小水滴电势的多少倍？(设电荷分布在水滴表面上，水滴聚集时总电荷无损失)

9.46 电荷 q 均匀分布在长为 $2l$ 的细杆上，求在杆外延长线上与杆端距离为 a 的 P 点的电势。(设无限远处为电势的零点)

9.47 电荷以相同的面电荷密度 σ 分布在半径为 $r_1=10$ cm 和 $r_2=20$ cm 的两个同心球面上。设无限远处电势为零，球心处的电势为 $U_0=300$ V。要使球心处的电势也为零，外球面上应放掉多少电荷？($\varepsilon_0=8.85\times10^{-12}\ \mathrm{C^2\cdot N^{-1}\cdot m^{-2}}$)

9.48 一真空二极管，其主要构件是一个半径 $R_1=5.0\times10^{-4}$ m 的圆柱形阴极 A 和一个套在阴极外的半径 $R_2=4.5\times10^{-3}$ m 的同轴圆筒形阳极 B，如图所示。阳极电势比阴极高300 V，忽略边缘效应。求电子刚从阴极射出时所受的电场力。(基本电荷 $e=1.6\times10^{-19}$ C)

9.49 两块无限大的平行导体板，相距 $2d$，都与地连接，如图所示。在板间均匀充满正离子气体(与导体板绝缘)，离子数密度为 n，每个离子的带电量为 q。如果忽略气体中的极化现象，可以认为电场分布相对中心平面 OO' 是对称的。试求两板间的电场强度分布和电势分布。

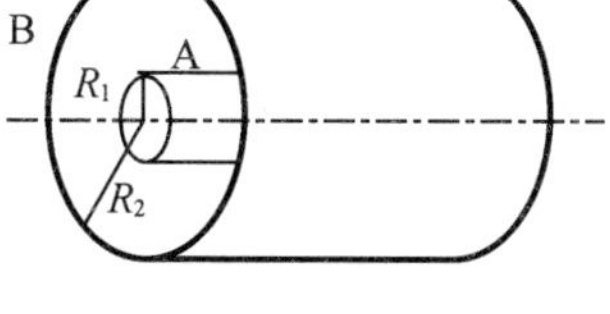

习题 9.48 图

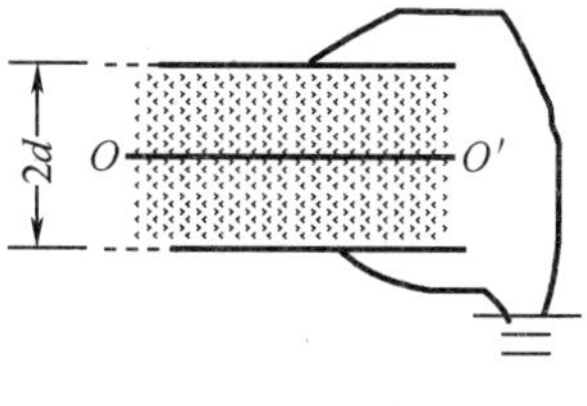

习题 9.49 图

9.50 两金属球的半径之比为 1:4，带等量的同号电荷。当两者的距离远大于两球半径时，两者有一定的电势能。若将两球接触一下再移回原处，则电势能变为原来的多少倍？

9.51 令一绝缘金属物体在真空中充电达某一电势值，其电场总能量为 W_0。若断开电源，使其上所带电荷保持不变，并把它浸没在相对介电常数为 ε_r、无限大、各向同性、均匀的液态电介质中，这时电场总能量有多大？

9.52　一导体 A 带电荷 Q_1，其外包一导体壳 B，带电荷为 Q_2，且不与导体 A 接触。试证在静电平衡时，B 的外表面带电荷为 Q_1+Q_2。

9.53　有两个相距无限远的金属球，其中一个带正电荷 Q，它在球外离球心 r 处的一点的电场强度为 $\boldsymbol{E}_1$，另一金属球带负电荷 Q_2，它在球外离球心 r 的一点的电场强度为 $\boldsymbol{E}_2$。当两球从无限远移近到两球心相距为 $2r$ 时，在球心连线中点处的合电场强度为 $\boldsymbol{E}=\boldsymbol{E}_1+\boldsymbol{E}_2$，你认为这一结果对吗，为什么？

9.54　两导体球 A、B 的半径分别为 $R_1=0.5\ \text{m}$、$R_2=1.0\ \text{m}$。两球中间以导线连接，且两球外分别包以内半径为 $R=1.2\ \text{m}$ 的同心导体球壳（与导线绝缘）并接地，导体间的介质均为空气，如图所示。已知：空气的击穿电场强度为 $3.0\times10^6\ \text{V}\cdot\text{m}^{-1}$，今使 A、B 两球所带电荷逐渐增加，回答下列问题。

（1）此系统何处首先被击穿，这里电场强度的大小是多少？

（2）击穿时两球所带的总电荷 Q 为多少？

（设导线本身不带电，且对电场无影响，真空介电常数 $\varepsilon_0=8.85\times10^{-12}\ \text{C}^2\cdot\text{N}^{-1}\cdot\text{m}^{-2}$）

9.55　如图所示，一内半径为 a、外半径为 b 的金属球壳带有电荷 Q，在球壳空腔内距离球心 r 处有一点电荷 q。设无限远处为电势的零点，试求：

（1）球壳内外表面上的电荷。

（2）球心 O 点处，由球壳内表面上电荷产生的电势。

（3）球心 O 点处的总电势。

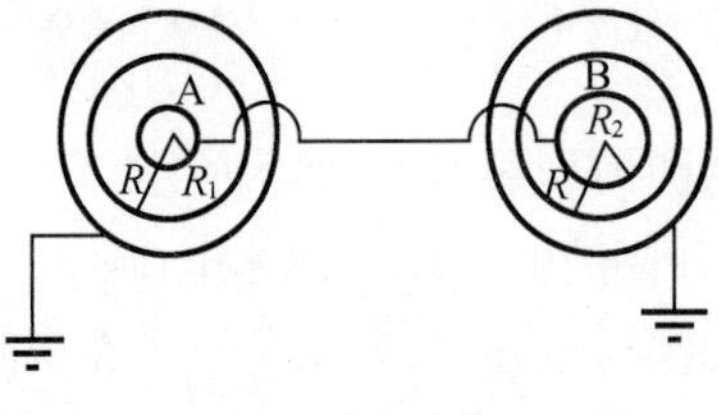

习题 9.54 图

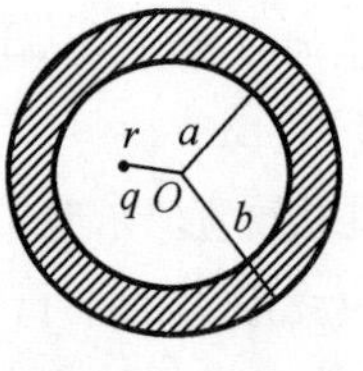

习题 9.55 图

9.56　假想从无限远处陆续移来微量电荷使一半径为 R 的导体球带电。

（1）当球上已带有电荷 q 时，再将一个电荷元 $\mathrm{d}q$ 从无限远处移到球上的过程中，外力做多少功？

（2）使球上电荷从 0 开始增加到 Q 的过程中，外力共做了多少功？

9.57　一电容器由两个很长的同轴薄圆筒组成，内、外圆筒半径分别为 $R_1=2\ \text{cm}$、$R_2=5\ \text{cm}$，其间充满相对介电常数为 ε_r 各向同性、均匀的电介质。将电容器接在电压 $U=32\ \text{V}$ 的电源上，如图所示，试求距离轴线 $R=3.5\ \text{cm}$ 处的 A 点的电场强度和 A 点与外筒间的电势差。

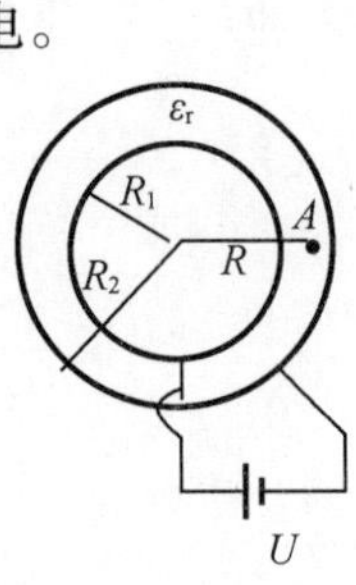

习题 9.57 图

第 10 章　稳 恒 磁 场

上一章主要介绍了在静止电荷周围形成的静电场的基本性质和基本规律,明确了电荷在静电场中,无论运动与否,在某一点所受的电场力均为 $\boldsymbol{F}_e = q\boldsymbol{E}$,也就是说电场力的大小与电荷的速度无关。如果电荷相对于观察者运动,那么观察者测得在它的周围不仅有电场,还发现一种仅对运动电荷有作用的物质,称为**磁场**。与受力电荷的速度有关的力称为**磁力**。开始时,人们分别研究磁现象和电现象。发现"磁现象和电现象之间存在着相互联系"的事实,首先应归功于丹麦物理学家奥斯特。他在实验中发现通有电流的导线附近的磁针会受力而偏转。这个事实表明电流对磁铁有作用力,电流和磁铁一样,也会产生磁现象。由此电学和磁学联系起来了,电磁学进入了迅速发展的阶段。在其后短短的几年内,人们就发现了稳恒电流相互作用的所有规律。本章主要介绍真空中稳恒电流激发的不随时间变化的**稳恒磁场**的规律和性质。

磁感应强度是描述磁场性质的基本物理量;磁场中的高斯定理和环路定理是反映磁场性质的基本规律。求解磁感应强度的基本方法是利用毕奥 - 萨伐尔定律及磁场的叠加原理,对于具有一定对称分布性质的磁场也可以应用安培环路定理求解,涉及的对称性分析方法类似于利用电场中的高斯定理求解电场强度的分布的方法。磁场对运动电荷的洛伦兹力作用和磁场对载流导线的安培力作用及磁力矩作用在许多领域都得到了广泛应用。另外,在磁场的作用下,磁介质会发生磁化现象,磁化的磁介质反过来又会影响磁场的分布。

本章所讨论的概念、规律和理论方法与静电场类似,但又有所不同,大家在学习过程中应注意与静电场进行比较,融会贯通。

10.1　恒 定 电 流

10.1.1　电流　电流密度

当在导体两端加上电势差(电压)后,大量电荷有规则地定向运动形成了电流。形成电流的带电粒子统称为载流子。载流子可以是自由电子、质子、正负离子,在半导体中还可以是带正电的"空穴"。由载流子定向运动形成的电流称为传导电流。通常把正电荷的运动方向规定为电流的方向,因而电流的方向与负电荷的运动方向相反。常见的电流是沿着一根导线流动的,流动的方向因导线的形状而定。

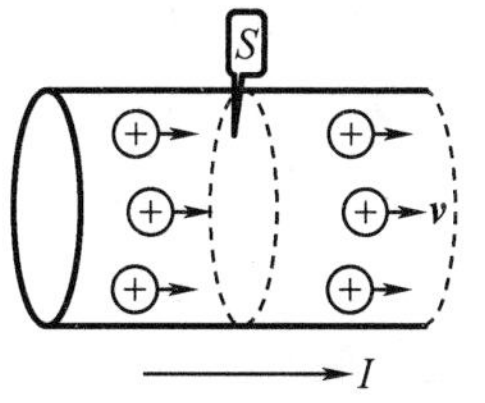

图 10.1　导体中的电流

电流的强弱用电流强度(简称电流)来描述,定义为单位时间内通过导线某一截面的电量。如图 10.1 所示,在截面积为 S 的一段导体中,有正电荷以速度 $\boldsymbol{v}$ 运动。如果在 $\mathrm{d}t$ 时间内,通

过截面 S 的电荷为 $\mathrm{d}q$,则导体中的电流 I 的定义为通过截面 S 的电荷随时间的变化率,即

$$I=\frac{\mathrm{d}q}{\mathrm{d}t} \tag{10.1}$$

在国际单位制中,电流的单位为安培(A),常用的单位还有毫安(mA)和微安(μA)。

$$1\ \mathrm{A}=10^3\ \mathrm{mA}=10^6\ \mu\mathrm{A}$$

如果导体中的电流不随时间而变化,则该电流称为恒定电流。这里强调的是,电流是标量,所谓的方向是指大量的正电荷的流向而已。

电流只能从整体上反映导体内电流的大小,当电流在大块导体中流动时,导体内各处的电流分布可能是不均匀的,为了细致地描述导体内各点电流分布的情况,还需引入一个物理量,即电流密度 $\boldsymbol{j}$(矢量)。

如图 10.2 所示,设在导体中任一点 P 处取一微小面元 $\mathrm{d}\boldsymbol{S}$,$\mathrm{d}\boldsymbol{S}$ 的正法向单位矢量 $\boldsymbol{n}$ 与电量为 q 的正电荷的运动方向 $\boldsymbol{v}$(即电流密度 $\boldsymbol{j}$ 的方向)间成 θ 角。在 $\mathrm{d}t$ 时间内通过 $\mathrm{d}S$ 的载流子应为底面积为 $\mathrm{d}S$、斜长为 $v\mathrm{d}t$ 的斜柱体内的所有载流子。此斜柱体的体积为 $v\mathrm{d}t\cos\theta\mathrm{d}S$,以 n 表示单位体积内载流子的数目。

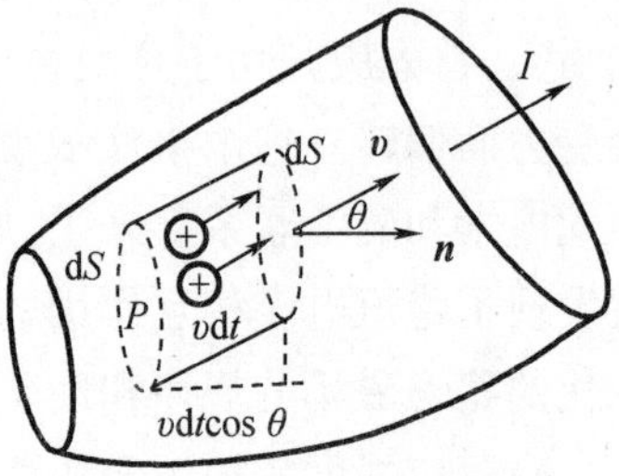

图 10.2　电流密度矢量

单位时间内通过 $\mathrm{d}S$ 的电量,也就是通过 $\mathrm{d}S$ 的电流为

$$\mathrm{d}I=\frac{qnv\mathrm{d}t\cos\theta\mathrm{d}S}{\mathrm{d}t}=qnv\cos\theta\mathrm{d}S=qn\boldsymbol{v}\cdot\mathrm{d}\boldsymbol{S} \tag{10.2}$$

由此定义任一点 P 处电流密度 $\boldsymbol{j}$,即

$$\boldsymbol{j}=qn\boldsymbol{v} \tag{10.3}$$

则式(10.2)可写为

$$\mathrm{d}I=\boldsymbol{j}\cdot\mathrm{d}\boldsymbol{S} \tag{10.4}$$

因此,**导体中任意一点电流密度 $\boldsymbol{j}$ 的方向为该点带正电的载流子的运动方向,与带负电的载流子的运动方向相反;$\boldsymbol{j}$ 的大小等于在单位时间内,通过该点附近垂直于载流子运动方向的单位面积的电量。**

在国际单位制中,电流密度的单位为 $\mathrm{A}\cdot\mathrm{m}^{-2}$。

通过导体任一有限截面 S 的电流为

$$I=\iint_S \mathrm{d}I=\iint_S \boldsymbol{j}\cdot\mathrm{d}\boldsymbol{S} \tag{10.5}$$

由此可知,通过导体任一有限截面 S 的电流也就是通过导体该截面 S 的电流密度通量。所以电流是代数量(标量),不是矢量。

10.1.2　电流的连续性方程　恒定电流条件

对于求解通过一个闭合曲面 S 的电流 I,如图 10.3 所示,如果规定曲面上任一点的单位法线矢量 $\boldsymbol{n}$ 的方向为垂直于曲面向外,这样,在单位时间内从闭合曲面向外流出的电荷,即通过闭合曲面向外的总电流(净流出闭合曲面的电量)为

$$I = \oint\!\!\!\!\oint_S \boldsymbol{j} \cdot \mathrm{d}\boldsymbol{S} \tag{10.6}$$

根据电荷守恒定律，**单位时间内通过闭合曲面流出的电量，应等于此时间内闭合曲面内电荷 q_{int} 的减少量**，即

$$\oint\!\!\!\!\oint_S \boldsymbol{j} \cdot \mathrm{d}\boldsymbol{S} = -\frac{\mathrm{d}q_{\text{int}}}{\mathrm{d}t} \tag{10.7}$$

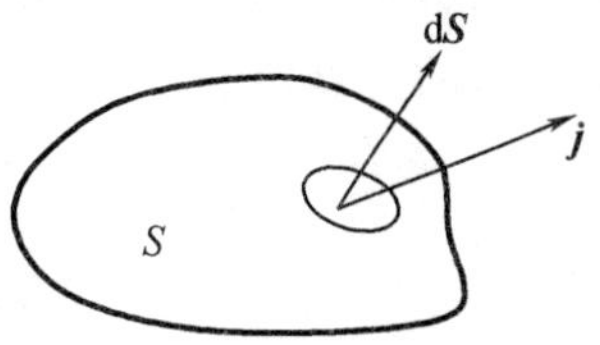

图 10.3　电流连续性方程

这也称为电流的连续性方程。

恒定电流有一个很重要的性质，就是通过任一闭合曲面的恒定电流为零，即

$$\oint\!\!\!\!\oint_S \boldsymbol{j} \cdot \mathrm{d}\boldsymbol{S} = 0 \tag{10.8}$$

如果不是这样，那么假设流出某一闭合曲面的净电流大于零，意味着有正电荷从封闭面内流出，又由于电流不随时间变化，那么这一流出将永不休止。这就意味着闭合曲面内不断地产生正电荷，这有违电荷守恒定律。

对于在一根导线中通过的恒定电流，利用式(10.8)这可得出，通过导线各截面的电流都相等。是因为对于包围任一段导线的闭合曲面 S_1(图 10.4)，只有流入的电流 I_3 和流出的电流 I 相等，才能使通过此闭合曲面的电流为零。对流通着恒定电流的电路来说，由于通过电路各截面的电流必须相等，因此恒定电流的电路一定是闭合的，即只有闭合的回路中才能有恒定电流。

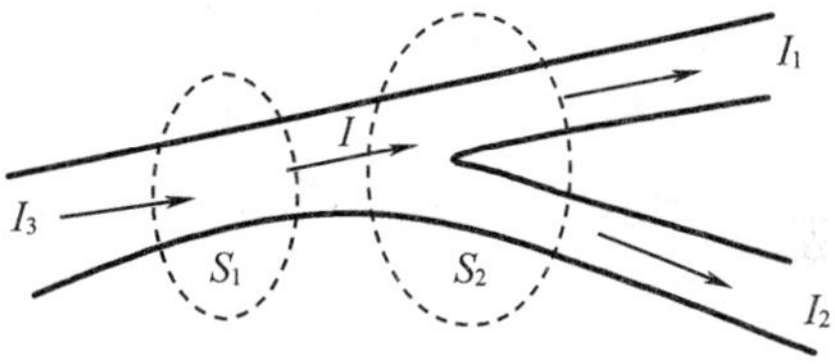

图 10.4　恒定电流条件

对于恒定电流电路中几根导线相交的**节点**，即几个电流的汇合点来说，取一包围该节点的闭合曲面 S_2，由式(10.8)可得

$$\sum I_i = 0 \tag{10.9}$$

即流出节点的电流的代数和为零。若流出节点的电流为正、流入节点的电流为负，则对于图 10.4 中的节点，应有

$$I_1 + I_2 - I = 0 \text{ 或 } I = I_1 + I_2 \tag{10.10}$$

式(10.10)也称为恒定电流电路中的**节点电流方程**，也称为**基尔霍夫(第一)电流方程**。

在有恒定电流的情况下，导体内电荷的分布不随时间改变。不随时间改变的电荷分布产生不随时间改变的电场，这种电场称为**恒定电场**。恒定电场与静电场有许多相似之处，都服从高斯定理和环路定理，如果仍用 $\boldsymbol{E}$ 表示恒定电场的电场强度，则有

$$\oint_L \boldsymbol{E} \cdot \mathrm{d}\boldsymbol{l} = 0 \tag{10.11}$$

式中，$\boldsymbol{E} \cdot \mathrm{d}\boldsymbol{l}$ 就是通过线元 $\mathrm{d}\boldsymbol{l}$ 的电势降落，所以式(10.11)也可表述为：**在恒定电流电路中，沿任意闭合回路一周的电势降落的代数和总等于零**。在直流电路中，常根据这一规律列出一些方程，称为**回路电压方程**，也叫作**基尔霍夫第二方程**。

这里强调，恒定电场和静电场的重要区别在于：产生恒定电场的电荷分布虽然不随时间变化，但这种分布总伴随着电荷的运动，而产生静电场的电荷是相对静止不动的，因此即使在导体内部，恒定电场也不等于零。又因为在电荷运动时，恒定电场力是要做功的，所以

恒定电场的存在总要伴随着能量的转换。而静电场是由静止电荷产生的，所以维持静电场不需要能量的转换。

10.2 磁场 磁感应强度

10.2.1 基本磁现象 磁现象的本质 磁场

我国是世界上最早认识磁性和应用磁性的国家。春秋战国时期的《管子·地数》篇中就记载了“上有慈石者，其下有铜金”；战国时期，人们发明了司南；北宋朱彧在《萍洲可谈》中记载了“舟师识地理，夜则观星，昼则观日，阴晦则观指南针”；北宋时期，沈括创制了航海用的指南针，并发现了地磁偏角。地球的N极在地理南极附近，S极在地理北极附近。

把能够吸引铁、钴、镍等物质的性质称为**磁性**。磁体具有极性，且同性相斥，异性相吸。磁体与磁体的相互作用如图10.5(a)所示。目前人们无法获得独立存在的N极和S极。天然磁铁和人造磁铁都称为**永磁铁**，具有磁性、极性和极性的不可分割性。

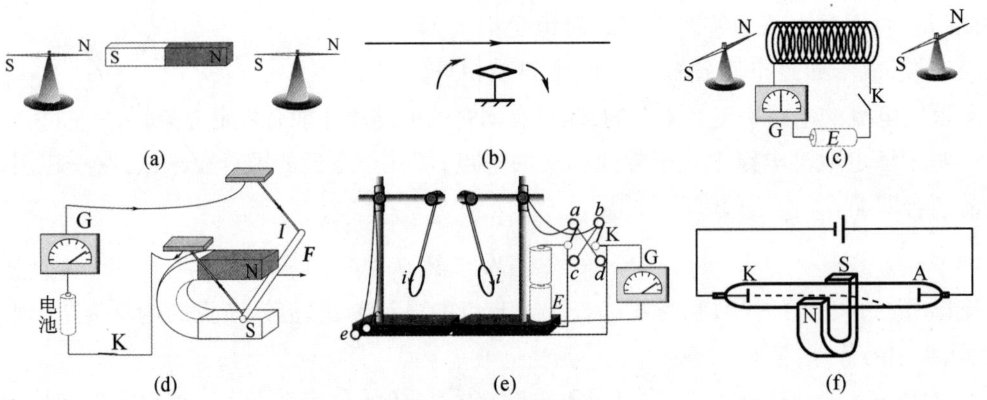

图10.5 基本磁现象

“磁现象和电现象之间存在着相互联系”的事实是1820年由丹麦物理学家奥斯特首次发现的。他在实验中发现，通有电流的导线（也叫载流导线）附近的磁针会受力而偏转，如图10.5(b)所示，这就是历史上著名的奥斯特实验。1820年7月21日，他在题为《电流对磁针作用的实验》的小册子里宣布了这个发现。这个事实表明电流对磁铁有作用力，如图10.5(c)所示，电流和磁铁一样，也产生磁现象。

1820年8月，奥斯特发表了论文指出：放在马蹄形磁铁两极间的载流导线也会受力而运动。同年，法国科学家安培也发现了放在磁铁附近的载流导线和线圈会受到力的作用而运动，如图10.5(d)所示。这些实验均说明了磁铁对电流有作用力。

1820年9月，安培发现通有电流的直导线间有相互作用力，并在1820年底给出了两平行导线相互作用力的计算公式。这说明电流之间也有相互作用力。例如，把两个线圈面对面挂在一起，当通有相同方向的电流时，两线圈相互吸引；当通有相反方向的电流时，两线圈相互排斥，如图10.5(e)所示。

电子射线在磁场中的路径发生偏转的实验如图10.5(f)所示，这进一步说明了磁场对运动电荷有作用力。

上述实验现象启迪着人们去探索磁现象的本质。1822年，安培提出了有关物质磁性的本质的假说——分子电流假说(图10.6)，他认为一切磁现象都是由电流(运动电荷)产生的，磁铁的磁性是由分子电流产生的。可以很容易地将载流导线之间和载流线圈之间的相互作用理解成电流之间的相互作用的表现，那么磁铁与电流或磁铁与磁铁之间的相互作用也是电流之间的相互作用的表现吗？安培提出，任何物质都是由分子和原子组成的，而组成分子、原子的电子和质子等带电粒子的运动(如现代物质的电结构理论认为分子中的电子除绕原子核运动外，电子本身还有自旋运动)会形成微小的环形电流，称为**分子电流**。分子电流相当于**基元磁铁**，由此产生磁效应。当物体不显磁性时，各分子电流做无规则的排列，它们的磁效应会相互抵消，从而使得物体在宏观上不呈现磁性；在外磁场的作用下，与分子电流相当的基元磁铁将趋向于外磁场取向，从而使得物体整体对外显示磁性。安培假说还可以说明磁单极的不存在，因为基元磁铁的两个磁极对应于分子环流的正反两个面，这两个面显然是无法单独存在的。

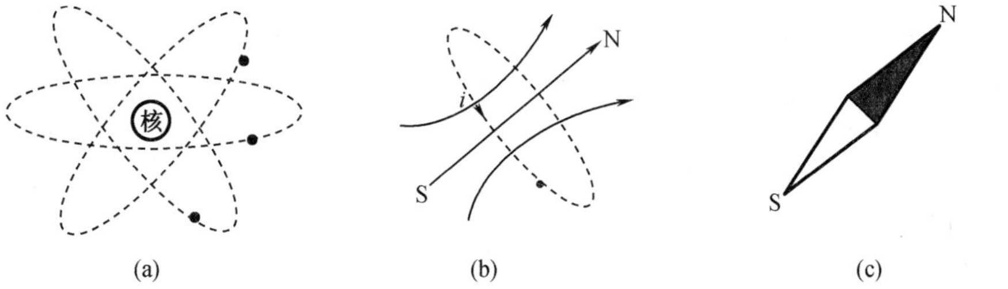

图10.6　分子电流假说

由于电流是由电荷的定向移动形成的，因此可以说，一切磁现象都起源于电荷的运动。磁现象的本质是**运动电荷对运动电荷的作用**。

为了说明磁力的相互作用，类似于电场，也引入"场"的概念。电流(运动电荷)周围都存在一种物质，对置于其中的运动电荷、载流导线和线圈有磁力(或磁力矩)的作用，称之为**磁场**。运动电荷之间、电流之间、磁体之间的相互作用，都是通过磁场这种特殊物质来传递的，都可以看成它们中任意一个所激发的磁场对另一个施加作用力的结果。简化模型为

运动电荷(电流1或磁体1)$\rightleftharpoons$磁场$\rightleftharpoons$运动电荷(电流2或磁体2)

磁场和电场一样，是客观存在的特殊形态的物质。其存在的宏观表现为：第一，磁场对进入其中的运动电荷、载流导体和载流线圈有磁力的作用，分别称为洛伦兹力、安培力和磁力矩。第二，载流导体在磁场中移动时，磁力将对载流导体做功，这表明磁场具有能量。

综上所述，电场力和磁力都是电荷之间的一种相互作用力。关于电荷之间的相互作用力可归结如下。

(1)静止电荷对静止电荷的作用力 $\boldsymbol{F}=q\boldsymbol{E}$。

(2)静止电荷对运动电荷的作用力 $\boldsymbol{F}=q\boldsymbol{E}$,这说明静电场对电荷 q 的作用力与电荷的运动速度无关。这也就提供了在既有磁场又有电场的场点测电场力和磁力的方法。

(3)运动电荷对静止电荷的作用力 $\boldsymbol{F}=q\boldsymbol{E}$,只不过运动电荷周围形成的电场并非静电场(如静止点电荷周围的电场分布是以点电荷为中心的球对称分布;而对于运动的点电荷来说,由于在其周围的空间内有一特殊的方向,即运动的点电荷的速度方向,因此其电场不再具有球对称性)。

以上三种情况是引用了电场来说明电荷之间的相互作用的,而电场强度是用静止电荷的受力来判断的。

(4)对于运动电荷对运动电荷的作用力,与受力电荷的速度有关的力称为**磁力**。运动电荷之间的磁力作用也是通过**磁场**完成的。对于电场,根据静止电荷的受力引入了电场强度 $\boldsymbol{E}$ 来描述电场的强弱和方向;同样,对于磁场,将引入**磁感应强度 $\boldsymbol{B}$** 来描述磁场的强弱和方向。

10.2.2 磁感应强度

如同在描述电场的性质时引入电场强度一样,为了描述磁场的性质,引入磁感应强度 $\boldsymbol{B}$ 这一物理量,来描述磁场中各点磁场的方向和强弱。下面从最接近磁现象本质的运动电荷对运动电荷的作用的角度来定义磁感应强度 $\boldsymbol{B}$。

由于运动电荷周围既存在电场又存在磁场,在测量运动电荷在某一场点受到的磁力时需要分两步,如图 10.7 所示,先将一试验电荷 q_0 静止于该点,测出的为电场力 $\boldsymbol{F}_e$;再令 q_0 以某一速度经过该点,测得的力应为电场力和磁力的合力 $\boldsymbol{F}$,则磁力运动的试验电荷在该点受的磁力为

$$\boldsymbol{F}_m=\boldsymbol{F}-\boldsymbol{F}_e \tag{10.12}$$

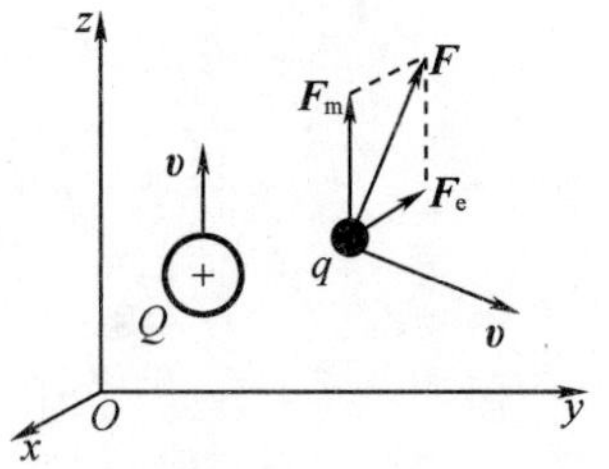

图 10.7　运动电荷对运动电荷的作用力

实验表明,如图 10.8(a)所示,当 q_0 沿不同方向运动时,其在通过某一固定点 P 时所受的磁力 $\boldsymbol{F}_m$ 的大小和方向一般不同,但在沿某一特定方向(或其反方向)运动通过 P 点时,所受磁力 $\boldsymbol{F}_m=0$(即不受磁力)且不依赖于试验电荷的电量和速度的大小。对于不同的 P 点,这种特定的方向一般不同,即磁场中各点都有各自的特定方向,说明磁场具有方向性,进一步的实验表明这一方向恰是小磁针在磁场中平衡时 N 极的指向,所以规定磁场中运动电荷不受磁力的运动方向即置于该点小磁针平衡时 N 极所指的方向为磁感应强度 $\boldsymbol{B}$ 的方向。

当试验电荷 q_0 沿其他方向运动时,它所受的磁力 $\boldsymbol{F}_m$ 的方向总与上述 q_0 的运动方向垂直,也与 q_0 的速度 $\boldsymbol{v}$ 的方向垂直。当 q_0 的运动方向与磁感应强度的方向垂直时,q_0 所受磁力最大,用 F_{max} 表示。实验表明,这个最大磁力 F_{max} 与试验电荷 q_0 的电荷量 q 及速率 v 的乘积成正比,其比值 $\frac{F_{max}}{qv}$ 是一个仅与场点位置有关,而与试验电荷 q_0 无关的物理量。比值 $\frac{F_{max}}{qv}$ 对磁场中的某一点来说是一定的,对磁场中不同的点来说是不同的,显然,比值 $\frac{F_{max}}{qv}$ 的大小反映了各点处磁场的强弱。进一步的实验表明,若以 α 表示 q_0 的速度 $\boldsymbol{v}$ 与磁感应强度 $\boldsymbol{B}$ 之

间的夹角,则磁力 $\boldsymbol{F}_m$ 的大小(F_m)与 $qv\sin\alpha$ 成正比,比值$\frac{F_m}{qv\sin\alpha}=\frac{F_{max}}{qv}$的大小反映了各点处磁场的强弱且仅由磁场本身的性质决定。所以定义磁感应强度 $\boldsymbol{B}$(矢量)的大小为

$$B=\frac{F_m}{qv}=\frac{F_m}{qv\sin\alpha} \tag{10.13}$$

综上所述,磁场中磁感应强度的方向与该点运动电荷所受磁力为零时的速度方向相同;磁感应强度的大小等于单位正电荷以单位速度运动时所受到的最大磁场力(即磁力)。磁力 $\boldsymbol{F}_m$、$\boldsymbol{B}$ 和 $q\boldsymbol{v}$ 之间满足如下关系

$$\boldsymbol{F}_m=q\boldsymbol{v}\times\boldsymbol{B} \tag{10.14}$$

将式(10.14)代入式(10.12)可得

$$\boldsymbol{F}=q\boldsymbol{E}+q\boldsymbol{v}\times\boldsymbol{B} \tag{10.15}$$

通常把式(10.14)表示的磁力称为洛伦兹力,而把运动电荷在另外的运动电荷周围所受的力的一般表达式(10.15)称为洛伦兹力公式。

磁力 $\boldsymbol{F}_m$ 的方向总与上述 $\boldsymbol{B}$ 的方向垂直,也与 q_0 的速度 $\boldsymbol{v}$ 的方向垂直,具体的方向关系满足右手定则,即弯曲右手四指,指向 $\boldsymbol{v}$ 方向,沿小于180°的角 θ 转向 $\boldsymbol{B}$,拇指指向即为正电荷所受 $\boldsymbol{F}_m$ 的方向,如图 10.8(b)所示。

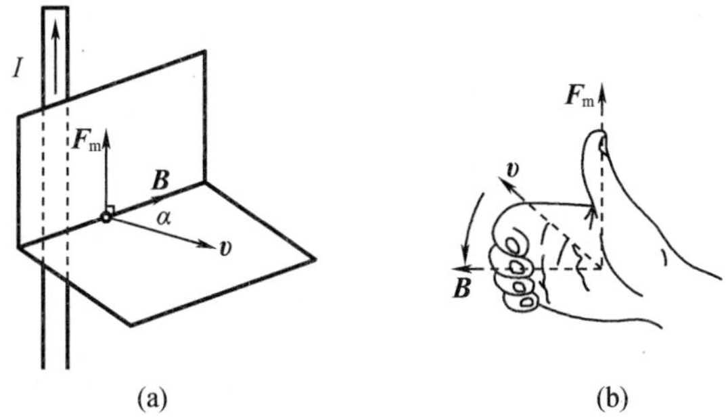

图 10.8 磁感应强度的定义

在国际单位制中,磁感应强度 $\boldsymbol{B}$ 的单位为特斯拉,简称特(T)。历史上,磁感应强度还曾用高斯(Gs)作为单位,$1\ \text{T}=10^4\ \text{Gs}$。如果磁场中各点的磁感应强度 $\boldsymbol{B}$ 的大小和方向都相同,则把这种磁场称为**匀强磁场**,也称均匀磁场;否则为非匀强磁场。地球表面的磁感应强度 $\boldsymbol{B}$ 的大小为 0.3×10^{-4} T(赤道)到 0.6×10^{-4} T(两极);一般仪表中的永久磁铁的磁感应强度为 10^{-2} T;大型电磁铁能激发出大于 2 T 的恒定磁场;超导磁体能激发出高达 10^2 T 的磁场。在微观领域中,研究人员已发现某些原子核附近的磁场可达 10^4 T。

10.3 毕奥－萨伐尔定律及其应用

前面讨论了磁场的来源是运动电荷即电流,那么如何求解电流周围的磁场分布呢?仿照在静电场中求带电体周围的电场强度时,是把带电体看成是由许多电荷元组成的,写出

电荷元的电场强度表达式之后，然后用电场叠加原理求整个带电体周围的电场强度。现在求载流导线周围某点的磁感应强度时也可以将其看成是组成导线的各个电流元在该点处产生的磁感应强度的叠加。不过，由于实际中不可能有单独的电流元，因此无法直接从实验中找到单独的电流元与其所产生的磁感应强度之间的关系。

受奥斯特的“电流的磁效应”实验的启发，1820 年 10 月，法国科学家毕奥和萨伐尔通过长直和弯折载流导线对磁极的作用力的实验得出了作用力与距离和弯折角的定量关系。之后数学家拉普拉斯等人将毕奥和萨伐尔的实验结果用数学公式来定量表述，总结出了电流元产生磁场的基本规律——毕奥 - 萨伐尔定律，简称毕 - 萨定律。

10.3.1 毕奥 - 萨伐尔定律

假设有一载流导线，电流为 I。将电流看作无数多个小段电流的集合，各小段电流称为**电流元**，用 $I\mathrm{d}\boldsymbol{l}$ 来表示，其中 $\mathrm{d}\boldsymbol{l}$ 表示在载流导线上所取的线元，I 为导线中的电流。规定电流元的方向为电流沿线元 $\mathrm{d}\boldsymbol{l}$ 的流向。任意形状的线电流所激发的磁场等于各电流元激发的磁场的矢量和。

如图 10.9 所示，在导线上任取一电流元 $I\mathrm{d}\boldsymbol{l}$，$P$ 为空间中任一点，由电流元 $I\mathrm{d}\boldsymbol{l}$ 到 P 点的位矢为 $\boldsymbol{r}$，$\boldsymbol{r}$ 方向的单位矢量为 $\boldsymbol{r}_0$，$I\mathrm{d}\boldsymbol{l}$ 与 $\boldsymbol{r}$ 之间的夹角为 θ。

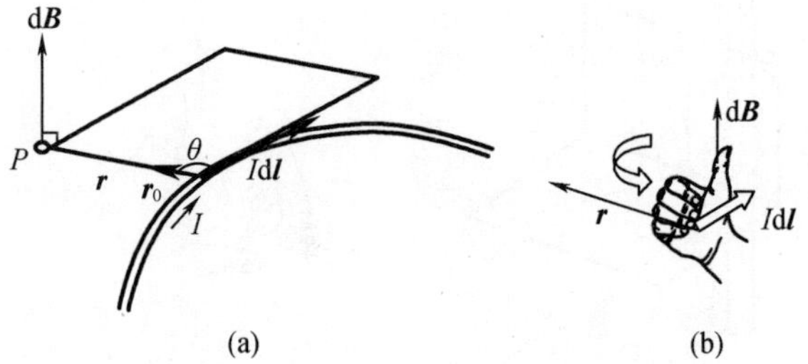

图 10.9 毕奥 - 萨伐尔定律图

毕奥 - 萨伐尔定律的表述如下：**任一电流元 $I\mathrm{d}\boldsymbol{l}$ 在空间某一点 P 处所产生的磁感应强度 $\mathrm{d}\boldsymbol{B}$ 的大小与电流元的大小成正比，与电流元 $I\mathrm{d}\boldsymbol{l}$ 和电流元 $I\mathrm{d}\boldsymbol{l}$ 到 P 点的矢径 $\boldsymbol{r}$ 间的夹角的正弦成正比，而与电流元 $I\mathrm{d}\boldsymbol{l}$ 到 P 点的距离 r 的平方成反比。$\mathrm{d}\boldsymbol{B}$ 的方向垂直于 $\mathrm{d}\boldsymbol{l}$ 和 $\boldsymbol{r}$ 所组成的平面，且与 $I\mathrm{d}\boldsymbol{l}$ 和 $\boldsymbol{r}$ 之间遵循右手定则，即弯曲右手四指，指向 $I\mathrm{d}\boldsymbol{l}$ 方向，沿小于 180° 的角 θ 转向 $\boldsymbol{r}$，拇指指向即为 $\mathrm{d}\boldsymbol{B}$ 方向。**其数学表达式为

$$\mathrm{d}B = \frac{\mu_0}{4\pi}\frac{I\mathrm{d}l\sin\theta}{r^2} \tag{10.16}$$

矢量式为

$$\mathrm{d}\boldsymbol{B} = \frac{\mu_0}{4\pi}\frac{I\mathrm{d}\boldsymbol{l}\times\boldsymbol{r}_0}{r^2} = \frac{\mu_0}{4\pi}\frac{I\mathrm{d}\boldsymbol{l}\times\boldsymbol{r}}{r^3} \tag{10.17}$$

式中，$\mu_0 = 4\pi\times10^{-7}\ \mathrm{T\cdot m\cdot A^{-1}}$（或 $\mathrm{H\cdot m^{-1}}$），称为**真空磁导率**。

实验表明，叠加原理对磁场也适用。整个导线在 P 点产生的磁感应强度 $\boldsymbol{B}$ 为

$$\boldsymbol{B} = \int \mathrm{d}\boldsymbol{B} = \int_l \frac{\mu_0}{4\pi} \frac{I\mathrm{d}\boldsymbol{l}\boldsymbol{r}}{r^3} \tag{10.18}$$

毕奥－萨伐尔定律不可能直接由实验验证，它的正确性是通过由它及磁场的叠加原理计算出的稳恒电流磁场与实验相符合得到证明的。

按照经典电子理论，导体中的电流就是大量带电粒子的定向运动。因此，电流产生的磁场实际上是运动电荷产生的磁场的宏观表现。那么一个带电量为 q、速度为 $\boldsymbol{v}$ 的带电粒子在其周围产生的磁场分布又是怎样的呢？

设在导体的单位体积内有 n 个带电粒子，每个带电粒子的带电量为 q，以速度 $\boldsymbol{v}$ 沿电流元 $I\mathrm{d}\boldsymbol{l}$ 的方向做匀速运动而形成导体中的电流，如图 10.10(a)所示，如果电流元横截面的面积为 S，那么单位时间内通过截面 S 的电量即电流 I 为

$$I = nqSv \tag{10.19}$$

由于 $I\mathrm{d}\boldsymbol{l}$ 的方向与 $\boldsymbol{v}$ 的方向相同，将式(10.19)代入式(10.17)得

$$\mathrm{d}\boldsymbol{B} = \frac{\mu_0}{4\pi} \frac{nS\mathrm{d}lq\boldsymbol{v}\boldsymbol{r}}{r^3} \tag{10.20}$$

在电流元 $I\mathrm{d}\boldsymbol{l}$ 内，有 $\mathrm{d}N = nS\mathrm{d}l$ 个带电粒子，因此，从微观意义上说，电流元 $I\mathrm{d}\boldsymbol{l}$ 产生的磁感应强度 $\mathrm{d}\boldsymbol{B}$ 就是由 $\mathrm{d}N$ 个带电粒子产生的。这样就得到了一个带电量为 q、速度为 $\boldsymbol{v}$ 的带电粒子在其周围任一场点 $\boldsymbol{r}$ 处产生的磁感应强度 $\boldsymbol{B}$，即

$$\boldsymbol{B} = \frac{\mathrm{d}\boldsymbol{B}}{\mathrm{d}N} = \frac{\mu_0}{4\pi} \frac{q\boldsymbol{v}\boldsymbol{r}}{r^3} \tag{10.21}$$

$\boldsymbol{B}$ 的方向垂直于 $\boldsymbol{v}$ 与带电粒子到场点的矢径 $\boldsymbol{r}$ 所决定的平面，而且 $\boldsymbol{B}$、$\boldsymbol{v}$ 和 $\boldsymbol{r}$ 三者符合右手定则。如果带电粒子带负电，$\boldsymbol{B}$ 的方向与带电粒子带正电时相反，如图 10.10(b)所示。

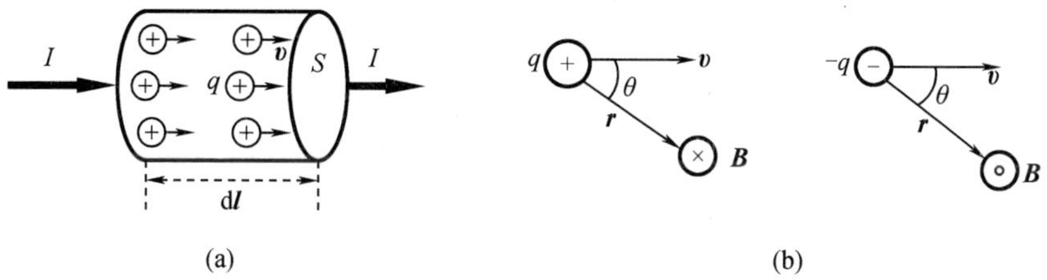

图 10.10　运动电荷产生的磁场

10.3.2　毕奥－萨伐尔定律的应用

应用毕奥－萨伐尔定律和磁场的叠加原理求解磁场的磁感应强度的思路如下。

(1)根据载流导线电流的分布和待求场点任取电流元 $I\mathrm{d}\boldsymbol{l}$。

(2)建立合适的坐标系。

(3)根据毕奥－萨伐尔定律写出电流元在待求场点 $\boldsymbol{r}$ 处产生的磁场的磁感应强度 $\mathrm{d}\boldsymbol{B} = \frac{\mu_0}{4\pi} \frac{I\mathrm{d}\boldsymbol{l}\boldsymbol{r}_0}{r^2}$。

(4)根据叠加原理求出整个电流导线在空间中该点处产生的磁场的磁感应强度 $\boldsymbol{B}=\int_L \mathrm{d}\boldsymbol{B}=\int_L \frac{\mu_0}{4\pi}\frac{I\mathrm{d}\boldsymbol{l}\boldsymbol{r}_0}{r^2}$

注意：一般情况下，各个电流元产生的 d$\boldsymbol{B}$ 的方向往往不同，可先将其分解成分量式，再做积分，即 $\begin{cases} B_x=\int \mathrm{d}B_x \\ B_y=\int \mathrm{d}B_y \\ B_z=\int \mathrm{d}B_z \end{cases}$，$\boldsymbol{B}=B_x\boldsymbol{i}+B_y\boldsymbol{j}+B_z\boldsymbol{k}$。

例 10.1 计算一段载流直导线的磁感应强度。

如图 10.11 所示，在长为 L 的载流直导线中通有稳恒电流 I，试求距离载流直导线为 a 处的 P 点的磁感应强度 $\boldsymbol{B}$。

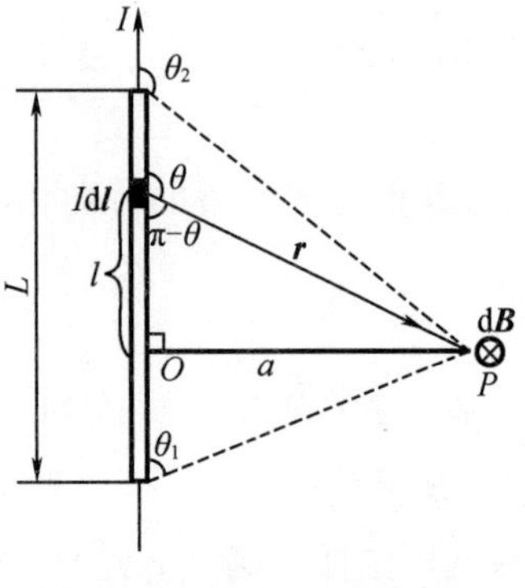

图 10.11 长直导线的磁场

解 在导线上任取电流元 $I\mathrm{d}\boldsymbol{l}$，到 P 点的矢径为 $\boldsymbol{r}$，判断 d$\boldsymbol{B}$ 的方向为垂直于纸面向内。由于直线上所有 $I\mathrm{d}\boldsymbol{l}$ 的方向相同，故 d$\boldsymbol{B}$ 在同一方向上，其大小可直接积分。电流元 $I\mathrm{d}\boldsymbol{l}$ 在 P 点产生的磁场的磁感应强度的大小为

$$\mathrm{d}B=\frac{\mu_0}{4\pi}\frac{I\mathrm{d}l\sin\theta}{r^2} \qquad (1)$$

因为

$$l=-a\cot\theta$$

所以

$$\mathrm{d}l=\frac{a\mathrm{d}\theta}{\sin^2\theta}$$

$$r=\frac{a}{\sin\theta}$$

代入式(1)，则有

$$\mathrm{d}B=\frac{\mu_0 I}{4\pi a}\sin\theta\mathrm{d}\theta$$

积分可得

$$B=\frac{\mu_0 I}{4\pi a}(\cos\theta_1-\cos\theta_2)$$

方向为垂直于纸面向里。

讨论：

(1)当载流导线为无限长时，$\theta_1\approx 0$，$\theta_2\approx\pi$，磁感应强度 $B=\frac{\mu_0 I}{2\pi a}$。

(2)当 P 点位于导线上或导线延长线上时，$\theta_1=\theta_2=0$ 或 $\theta_1=\theta_2=\pi$，磁感应强度 $B=0$。

(3)当载流导线为半无限长时，$\theta_1=0$、$\theta_2=\frac{\pi}{2}$或 $\theta_1=\frac{\pi}{2}$、$\theta_2=\pi$，磁感应强度 $B=\frac{\mu_0 I}{4\pi a}$。

(4)无限长载流导线磁场分布规律——轴对称。

(5)所得的结论可推广到无限长载流柱体、柱面、柱壳、同轴柱面等。

例 10.2 求载流细圆环轴线上的磁感应强度分布。

如图 10.12 所示，有一半径为 R 的圆线圈，通有电流 I，试求通过圆心、垂直圆平面的轴线上的磁感应强度的分布规律。

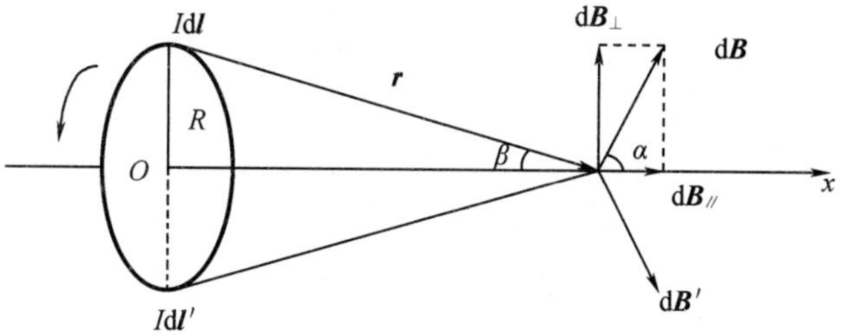

图 10.12 载流细圆环轴线上的磁场

解 取 x 轴为线圈轴线，O 为线圈中心，电流元 $I\mathrm{d}\boldsymbol{l}$ 在任一点 P 产生的 $\mathrm{d}\boldsymbol{B}$ 的大小为

$$\mathrm{d}B=\frac{\mu_0}{4\pi}\frac{I\mathrm{d}l\sin\theta}{r^2}=\frac{\mu_0 I\mathrm{d}l}{4\pi r^2}\quad\left(\theta=\frac{\pi}{2}\right)$$

将 $\mathrm{d}\boldsymbol{B}$ 分成平行于 x 轴的分量 $\mathrm{d}\boldsymbol{B}_{/\!/}$ 与垂直于 x 轴的分量 $\mathrm{d}\boldsymbol{B}_{\perp}$，与 $I\mathrm{d}l$ 在同一直径上的电流元 $I\mathrm{d}l$ 在 P 点产生的 $\mathrm{d}\boldsymbol{B}$ 的分量分别为 $\mathrm{d}\boldsymbol{B}'_{/\!/}$、$\mathrm{d}\boldsymbol{B}'_{\perp}$，由对称性可知，$\mathrm{d}\boldsymbol{B}'_{/\!/}$ 与 $\mathrm{d}\boldsymbol{B}'_{\perp}$ 相抵消，即 $\boldsymbol{B}_{\perp}=0$。可见，线圈在 P 点产生的垂直于 x 轴的分量因两两抵消而为零，故只有平行于 x 轴的分量。

$$\begin{aligned}B&=B_{/\!/}\\&=\int\mathrm{d}B\cos\alpha\\&=\int_0^{2\pi R}\frac{\mu_0 I\mathrm{d}l}{4\pi r^2}\cos\alpha\\&=\frac{\mu_0 I}{4\pi}\int_0^{2\pi R}\frac{\mathrm{d}l}{r^2}\sin\beta\\&=\frac{\mu_0 I}{4\pi}\int_0^{2\pi R}\frac{\mathrm{d}l}{r^2}\cdot\frac{R}{r}\\&=\frac{\mu_0 IR}{4\pi r^3}\cdot 2\pi R\\&=\frac{\mu_0 IR^2}{2(x^2+R^2)^{3/2}}\end{aligned}$$

$\boldsymbol{B}$ 的方向为沿 x 轴正向。

讨论：

(1)$x=0$ 处，$B_0=\frac{\mu_0 I}{2R}$。

(2) 若 $x \gg R$，$(x^2+R^2)^{3/2} \approx x^3$，轴线上磁感应强度 $\boldsymbol{B}$ 的大小约为

$$B = \frac{\mu_0 I R^2}{2x^3} = \frac{\mu_0 IS}{2\pi x^3}$$

例 10.3 分析载流螺线管的磁场。已知导线中的电流为 I，螺线管单位长度上有 n 匝线圈，并且线圈密绕，求螺线管轴线上任一点的 $\boldsymbol{B}$。

解 图 10.13 给出了螺线管的纵剖图。设此剖面图在纸面内。在距 P 点为 x 处取长为 $\mathrm{d}x$ 的螺线管，$\mathrm{d}x$ 上的线圈数为 $n\mathrm{d}x$ 匝。因为螺线管上的线圈绕得很密，所以，$\mathrm{d}x$ 段相当于一个圆电流，电流为 $nI\mathrm{d}x$。因此宽为 $\mathrm{d}x$ 的圆线圈产生的 $\mathrm{d}\boldsymbol{B}$ 的大小为

$$\mathrm{d}B = \frac{\mu_0}{2} \cdot \frac{R^2 \mathrm{d}I}{(R^2+x^2)^{3/2}} = \frac{\mu_0}{2} \cdot \frac{R^2 nI\mathrm{d}x}{(R^2+x^2)^{3/2}}$$

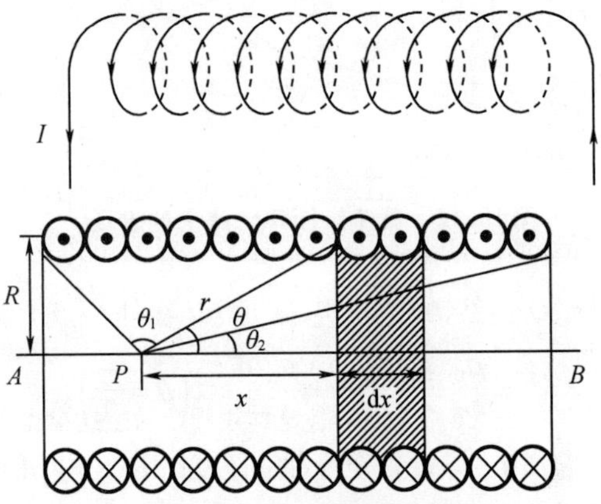

图 10.13 载流螺线管的磁场

因为所有线圈在 P 点产生的 $\mathrm{d}\boldsymbol{B}$ 均向右，所以 P 点的 B 为

$$B = \int \mathrm{d}B = \int_{AB} \frac{\mu_0 R^2 In}{2} \cdot \frac{\mathrm{d}x}{(x^2+R^2)^{3/2}} = \frac{\mu_0 R^2 In}{2} \int_{AB} \frac{\mathrm{d}x}{(x^2+R^2)^{3/2}}$$

从图 10.13 中可以看出

$$x = R\cot\theta \tag{1}$$

对式(1)微分得

$$\mathrm{d}x = -R\csc^2\theta \mathrm{d}\theta$$

则

$$x^2+R^2 = R^2\csc^2\theta$$

$$B = \frac{\mu_0}{2} nI \int_{\theta_1}^{\theta_2} (-\sin\theta)\mathrm{d}\theta = \frac{\mu_0 nI}{2}(\cos\theta_2 - \cos\theta_1)$$

讨论：

(1) 螺线管无限长时，$\theta_1 \approx \pi$，$\theta_2 \approx 0$，$B = \mu_0 nI$。

(2) 对于半无限长螺线管，如 P 在无限远处，对于 A 轴线上的一点有 $\theta_1 = \frac{\pi}{2}$，$\theta_2 = 0$，$B = \frac{1}{2}\mu_0 nI$。

10.4 稳恒磁场的高斯定理

10.4.1 磁感应线

在描述电场时引入了电场线这一辅助概念,与此类似,在描述磁场时也可以引入曲线来表示磁场中各处磁感应强度的方向和大小,这样的曲线称为**磁感应线**。

图 10.14 中列举了几种典型的载流导线周围的磁感应线。

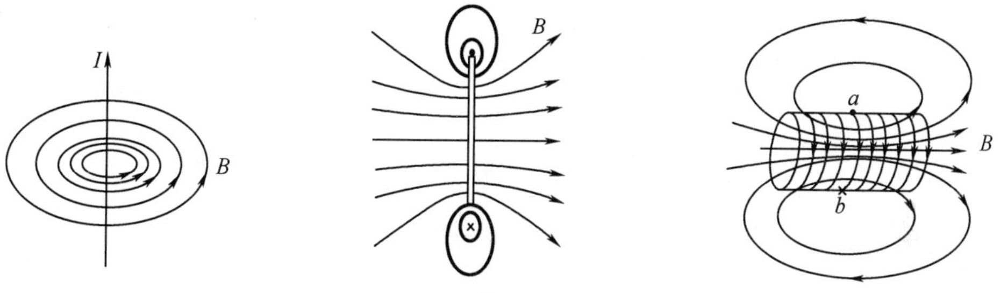

(a)长直导线电流的磁感应线　(b)圆线圈电流的磁感应线　(c)螺线管内、外的磁感应线

图 10.14 几种典型的载流导线周围的磁感应线

由图 10.14 可以看出磁感应线具有如下特性。

(1)在任何磁场中,磁感应线都是无头无尾的闭合曲线,既没有起点也没有终点,而且这些闭合曲线和闭合电路互相套链,因此磁场为有旋场(即涡旋场)。

(2)任何两条磁感应线在空间中不相交,这是因为磁场中任一点的磁场方向都是唯一确定的。

(3)在任何磁场中,每一条闭合的磁感应线的环绕方向与它所包围的电流流向互为右手螺旋关系。若拇指指向电流方向,则四指的环绕方向为磁感应线的环绕方向;若四指的环绕方向为电流方向,则拇指方向为磁感应线的环绕方向。

为了使磁感应线的分布能够定量地描述磁场的强弱,规定磁场中某点处垂直于 $\boldsymbol{B}$ 的单位面积上通过的磁感应线条数(磁感应线密度)在数值上等于该点 $\boldsymbol{B}$ 的大小。因此,在磁场较强的地方,磁感应线较密;反之,磁感应线较疏。同时,磁感应线上任一点的切线方向与该点处的磁场方向一致。这样磁感应线的分布就能反映磁感应强度的大小和方向。显然对于均匀磁场来说,磁场中的磁感应线互相平行,磁感应线密度处处相等。

10.4.2 磁通量

通过磁场中某一曲面的磁感应线数叫作通过此曲面的磁通量,用符号 Φ 表示。磁通量的单位为韦伯,符号为 Wb。

如图 10.15(a)所示,在磁感应强度为 $\boldsymbol{B}$ 的均匀磁场中,取一面积矢量 $\boldsymbol{S}$,其大小为 S,方向用其法向单位矢量 $\boldsymbol{n}$ 表示，则有 $\boldsymbol{S}=S\boldsymbol{n}$，当 $\boldsymbol{S}$ 与 $\boldsymbol{B}$ 之间的夹角为 θ 时，依据磁通量和磁感应线密度的定义，通过 $\boldsymbol{S}$ 的磁通量为

$$\Phi = BS_{\perp} = BS\cos\theta = \boldsymbol{B}\cdot\boldsymbol{S} \tag{10.22}$$

在非均匀磁场中，通过任意曲面的磁通量又如何计算呢？

如图10.15(b)所示，在 S 上取面元 $\mathrm{d}\boldsymbol{S}$，$\mathrm{d}\boldsymbol{S}$ 可看作平面，$\mathrm{d}\boldsymbol{S}$ 上的磁感应强度 $\boldsymbol{B}$ 可视为均匀，$\boldsymbol{n}$ 为 $\mathrm{d}\boldsymbol{S}$ 的法向单位矢量，通过 $\mathrm{d}\boldsymbol{S}$ 的磁通量 $\Phi=\boldsymbol{B}\cdot\mathrm{d}\boldsymbol{S}$，则通过曲面 S 的磁通量为

$$\Phi = \iint_S \mathrm{d}\Phi = \iint_S \boldsymbol{B}\cdot\mathrm{d}\boldsymbol{S} \tag{10.23}$$

对于闭合曲面 S，如图10.15(c)所示，规定其法向单位矢量 $\boldsymbol{n}$ 的方向垂直于曲面向外。因此，当磁感应线从曲面内穿出时 $\left(\theta<\dfrac{\pi}{2}\right)$，磁通量为正；当磁感应线从曲面外穿入时 $\left(\theta>\dfrac{\pi}{2}\right)$，磁通量为负。通过闭合曲面 S 的磁通量为穿入（负）和穿出（正）闭合曲面 S 的磁感应线数的代数和，即

$$\Phi = \oint\!\!\!\oint_S \boldsymbol{B}\cdot\mathrm{d}\boldsymbol{S} \tag{10.24}$$

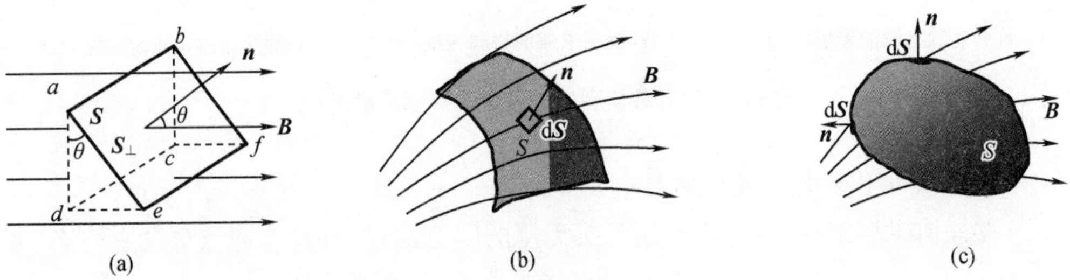

图10.15 磁通量的计算

10.4.3 磁场中的高斯定理

对于闭合曲面，因为磁感应线是闭合的，所以穿入闭合曲面和穿出闭合曲面的磁感应线数相等，故 $\Phi=0$，也就是说，**通过任意闭合曲面的磁通量必等于零**，即

$$\Phi = \oint\!\!\!\oint_S \boldsymbol{B}\cdot\mathrm{d}\boldsymbol{S} = 0 \tag{10.25}$$

这称为**磁场的高斯定理**，也称为磁通连续原理，即通过以同一闭合回路为边界的任意曲面的磁通量相等，只要给定了回路 L，穿过 L 的磁通量与所选择的积分曲面（以 L 为边界）的形状无关。这是表明磁场性质理论的基本定理之一，其微分形式 $\nabla\times\boldsymbol{B}=0$ 说明了磁场是无源场。该定理适用于任何磁场，包括非稳恒磁场。它与静电学中的高斯定理 $\oint\!\!\!\oint_S \boldsymbol{E}\cdot\mathrm{d}\boldsymbol{S}=\dfrac{\sum q}{\varepsilon_0}$ 相对应。但磁场的高斯定理与电场的高斯定理在形式上明显不对称，根本原因是自然界存在自由的正负电荷，而不存在单个磁极（即磁单极）。1933年，英国物理学家狄拉克曾经从理论上探讨了磁单极存在的可能性。由于磁单极是否存在与基本粒子的构造以及宇宙演

化的问题都有密切关系,因此自从磁单极假设被提出后,人们一直试图通过实验找到它,但是到目前为止,尚没有磁单极存在的确实证据。

10.5 稳恒磁场的安培环路定理及其应用

10.5.1 稳恒磁场的安培环路定理

在静电场中,电场强度 $\boldsymbol{E}$ 的环流等于零,即环路定理 $\oint_l \boldsymbol{E}\cdot \mathrm{d}\boldsymbol{l} = 0$, 表明静电场是无旋场。稳恒磁场的**安培环路定理**指出:真空中,稳恒磁场的磁感应强度 $\boldsymbol{B}$ 沿任一闭合路径 L 的线积分(即 $\boldsymbol{B}$ 的环流)等于该闭合路径所包围(套链)的电流的代数和的 μ_0 倍,数学表达式为

$$\oint_L \boldsymbol{B}\cdot \mathrm{d}\boldsymbol{l} = \mu_0 \sum I_i \tag{10.26}$$

在安培环路定理中,电流是代数量,其正、负可用右手定则判定:右手四指弯曲方向代表积分路径绕行方向,拇指伸直,若电流流向与拇指指向相同,则电流为正;若电流流向与拇指指向相反,则电流为负。

安培环路定理的一般证明很复杂,下面仅用无限长载流直导线作为一个特例来验证安培环路定理的正确性,并限定所选绕行回路垂直于直导线。

1. 闭合回路 L 包围电流的情况

设 L 为平面闭合曲线,电流为 I 的直导线垂直于 L 所在的平面,如图 10.16 所示。在 L 上取一线元 $\mathrm{d}\boldsymbol{l}$, a、b 分别为始点、终点, Oa 和 Ob 的夹角为 $\mathrm{d}\varphi$, $Oa=r$, a 处 $\boldsymbol{B}$ 的大小为$\dfrac{\mu_0 I}{2\pi r}$,方向如图 10.16 所示($\boldsymbol{B}$ 与 L 在同一平面内)。

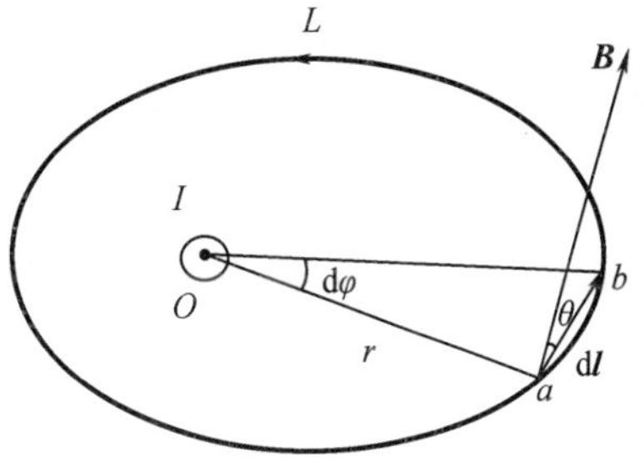

图 10.16 验证安培环路定理(1)

$$\oint_L \boldsymbol{B}\cdot \mathrm{d}\boldsymbol{l} = \oint_L B\mathrm{d}l\cos\theta \tag{10.27}$$

因为 $\mathrm{d}l\cos\theta = r\mathrm{d}\varphi$,所以

$$\oint_L \boldsymbol{B}\cdot \mathrm{d}\boldsymbol{l} = \int_0^{2\pi} Br\mathrm{d}\varphi = \int_0^{2\pi} \frac{\mu_0 I}{2\pi r}\cdot r\mathrm{d}\varphi = \mu_0 I \tag{10.28}$$

若 I 反向,则 $\mathrm{d}l\cos(\pi-\theta) = -r\mathrm{d}\varphi$,因而

$$\oint_L \boldsymbol{B}\cdot \mathrm{d}\boldsymbol{l} = -\int_0^{2\pi} Br\mathrm{d}\varphi = -\int_0^{2\pi} \frac{\mu_0 I}{2\pi r}\cdot r\mathrm{d}\varphi = -\mu_0 I \tag{10.29}$$

综上可得

$$\oint_L \boldsymbol{B}\cdot \mathrm{d}\boldsymbol{l} = \begin{cases} \mu_0 I(L\text{ 与 }I\text{ 呈右手螺旋关系}) \\ -\mu_0 I(L\text{ 与 }I\text{ 呈左手螺旋关系}) \end{cases}$$

2. 闭合回路 L 不包围电流的情况

若把前文的长直导线平移到 L 外，则图 10.17(a) 可表示为

$$\oint_L \boldsymbol{B}\cdot \mathrm{d}\boldsymbol{l} = \int_{L_1}\boldsymbol{B}\cdot \mathrm{d}\boldsymbol{l} + \int_{L_2}\boldsymbol{B}\cdot \mathrm{d}\boldsymbol{l} = \frac{\mu_0 I}{2\pi r}\left(\int_{L_1}\mathrm{d}\varphi + \int_{L_2}\mathrm{d}\varphi\right) = \frac{\mu_0 I}{2\pi r}(\varphi - \varphi) = 0 \qquad (10.30)$$

可见，L 不包围电流时，$\oint_L \boldsymbol{B}\cdot \mathrm{d}\boldsymbol{l} = 0$。

3. 闭合回路 L 不在一个平面内的情况

如果闭合曲线 L 不在一个平面内，则可以将 L 上各点且垂直于导线的各个平面作为参考，分别把每一段线元 $\mathrm{d}\boldsymbol{l}$ 分解为在平面内的分矢量 $\mathrm{d}\boldsymbol{l}_{/\!/}$ 及垂直于该平面的分矢量 $\mathrm{d}\boldsymbol{l}_{\perp}$，则

$$\boldsymbol{B}\cdot \mathrm{d}\boldsymbol{l} = \boldsymbol{B}\cdot(\mathrm{d}\boldsymbol{l}_{\perp} + \mathrm{d}\boldsymbol{l}_{/\!/}) = B\cos 90^\circ \mathrm{d}l_{\perp} + B\cos\theta \mathrm{d}l_{/\!/} = 0 \pm \frac{\mu_0 I}{2\pi r} r\mathrm{d}\varphi = \pm\frac{\mu_0 I}{2\pi}\mathrm{d}\varphi$$

式中，“±”号取决于积分回路绕行方向与电流方向的关系，则积分结果仍为

$$\oint_L \boldsymbol{B}\cdot \mathrm{d}\boldsymbol{l} = \mu_0 I \qquad (10.31)$$

4. 闭合回路 L 中有 n 条平行导线的情况

闭合回路 L 中有 n 条平行导线的情况如图 10.17(b) 所示，有

$$\begin{aligned}\oint_L \boldsymbol{B}\cdot \mathrm{d}\boldsymbol{l} &= \oint_L (\boldsymbol{B}_1 + \boldsymbol{B}_2 + \cdots + \boldsymbol{B}_n)\cdot \mathrm{d}\boldsymbol{l} \\ &= \oint_L \boldsymbol{B}_1\cdot \mathrm{d}\boldsymbol{l} + \oint_L \boldsymbol{B}_2\cdot \mathrm{d}\boldsymbol{l} + \cdots + \oint_L \boldsymbol{B}_n\cdot \mathrm{d}\boldsymbol{l} \\ &= \mu_0 \sum_{L内} I_i \end{aligned} \qquad (10.32)$$

即

$$\oint_L \boldsymbol{B}\cdot \mathrm{d}\boldsymbol{l} = \mu_0 \sum_{L内} I_i \qquad (10.33)$$

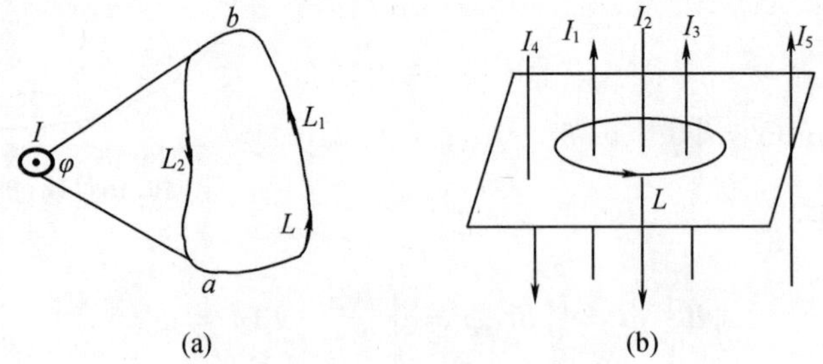

图 10.17　验证安培环路定理(2)

以上讨论虽然是针对长直导线而言的，但其结论具有普遍性。对于任意的稳恒电流所产生的磁场，闭合回路 L 也不一定是平面曲线，并且穿过闭合回路的电流还可以有许多个，都具有上述结论，这一普遍规律性的关系称为磁场的**安培环路定理**。

式(10.27)～式(10.33)中，$\boldsymbol{B}$ 是所有电流的总磁感应强度；L 是磁场中任取的闭合路

径,须事先规定一个绕行方向; $\sum\limits_{L内} I_i$ 表示被 L 包围(与 L 套链)的电流的代数和。规定:电流 I 的流向与 L 的绕行方向满足右手定则时,电流为正,反之为负。

安培环路定理的微分形式为

$$\nabla \times \boldsymbol{B} = \mu_0 \boldsymbol{j} \tag{10.34}$$

这说明磁场是有旋场,且为非保守力场,不同于静电场(保守力场)。

10.5.2 安培环路定理的应用

正如利用高斯定理可以计算某些具有对称性的带电体的电场分布一样,利用安培环路定理也可求解某些具有一定的对称性的载流体的磁场分布。求解思路为:首先,进行对称性分析;其次,对经过所求场点的 $\boldsymbol{B}$ 选取合适的安培环路(即闭合曲线)L,使得在闭合曲线 L 的某一段上,所求场点的 $\boldsymbol{B}$ 的大小处处相同,且方向与 L 处处相切,即使得 $\int \boldsymbol{B} \cdot \mathrm{d}\boldsymbol{l} = B\int \mathrm{d}l$, L 其余处的$B=0$ 或 $\boldsymbol{B} \perp \mathrm{d}\boldsymbol{l}$,使得 $\int \boldsymbol{B} \cdot \mathrm{d}\boldsymbol{l} = 0$, 这样,积分 $\oint\limits_L \boldsymbol{B} \cdot \mathrm{d}\boldsymbol{l}$ 中所求场点的 $\boldsymbol{B}$ 能以标量的形式 B 从积分号内提出来,使等式左端变为分问题的变为 $B\int \mathrm{d}l$;最后,根据安培环路定理列方程,求出 $B = \dfrac{\mu_0 \sum I_i}{\int \mathrm{d}l}$。

下面列举几个简单实例。

例 10.4 求无限长载流柱体的 $\boldsymbol{B}$ 分布。(已知 I、R,电流分布均匀)

解 如图 10.18 所示,由于场源电流相对于中心轴线分布对称,因此,其产生的磁场相对于中心轴线也有对称性,即磁感应线是一组分布在垂直于中心轴线的平面上并以中心轴线为圆心的同心圆。与柱体轴线距离相等的地方的磁感应强度 $\boldsymbol{B}$ 的大小相等,方向与电流呈右手螺旋关系。作一半径为 r 的圆形环路,圆心在中心轴线上,且圆形环路所在平面与柱体中心轴线垂直,将安培环路定理应用在此圆周上,有

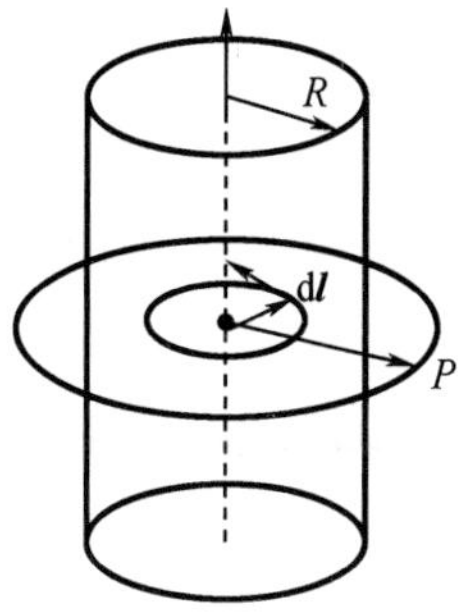

图 10.18 无限长载流柱体的磁场

$$\oint\limits_L \boldsymbol{B} \cdot \mathrm{d}\boldsymbol{l} = \mu_0 \sum_{L内} I_i, B \cdot 2\pi r = \mu_0 \sum I_i$$

当 $r > R$ 时,有

$$\sum I_i = I, B = \frac{\mu_0 I}{2\pi r}$$

这相当于 I 全部集中在中心轴线上时,线电流产生 B。

当 $r < R$ 时,有

$$\sum I_i = \frac{r^2}{R^2} I$$

即

$$B \cdot 2\pi r = \frac{r^2}{R^2}I$$

则

$$B = \frac{\mu_0 r}{2\pi R^2}I$$

且 $\boldsymbol{B}$ 在 $r = R$ 处连续。

前面我们用毕奥－萨伐尔定律计算了无限长载流直线的 B 分布，$B = \frac{\mu_0 I}{2\pi r}$，在半径为 r 的圆周上，圆周上各处 B 的大小相等，且方向在圆周切线上。而实际上，导线是有一定半径的，流过导线的电流也是均匀分布在导线截面上的，对于无限长载流柱体而言，其磁场分布必然与载流导线的磁场分布相同。无限长直线电流、无限长均匀电流圆柱面、无限长均匀电流圆柱体等类型的载流导体周围的磁场都具有这种轴对称性，应用安培环路定理求解磁感应强度的思路和方法也相同。

例 10.5 结合求无限长、直、密绕载流螺线管图 10.19 内的磁场分布。（已知 n、I）

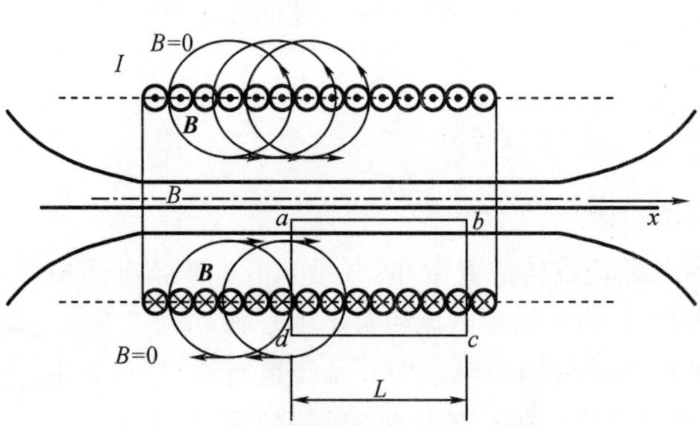

图 10.19 无限长、直、密绕载流螺线管

解 对于无限长、直、密绕载流螺线管，前面已经用毕奥－萨伐尔定律求出轴线上一点 $B = \mu_0 nI$。通过对称性分析可知，无限长通电螺线管外部 $B = 0$，内部 $\boldsymbol{B}$ 的方向平行于轴线，与电流呈右手螺旋关系。现用安培环路定理求解。选取如图 10.19 所示的矩形闭合回路 $abcda$，$ab /\!/ dc /\!/ x$ 轴，$ad /\!/ bc$ 且垂直于 x 轴，则有

$$\oint_L \boldsymbol{B} \cdot \mathrm{d}\boldsymbol{l} = \mu_0 \sum_{L内} I_i$$

即

$$\oint_L \boldsymbol{B} \cdot \mathrm{d}\boldsymbol{l} = BL = \mu_0 \sum_{L内} I_i = \mu_0 nLI$$

则

$$B = \mu_0 nI$$

可见，无限长、直、密绕载流螺线管内的磁场为匀强磁场。

例 10.6 如图 10.20 所示，匀密地绕在圆环上的一组圆形线圈形成螺线管。设环上导

线共 N 匝,电流为 I,求环内任一点的 $\boldsymbol{B}$ 的大小。

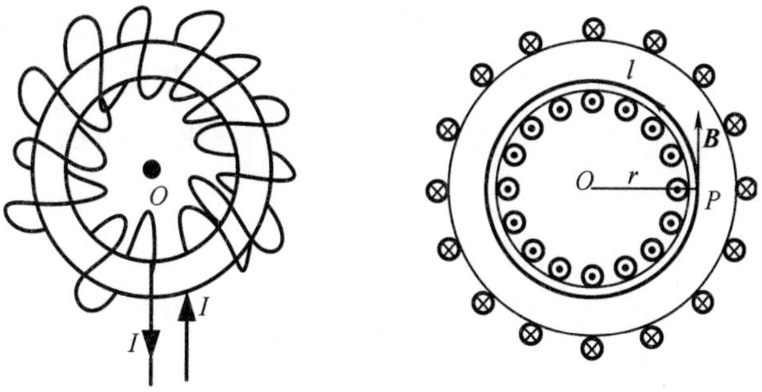

图 10.20 匀密绕螺线管

解 如果螺线管上的导线绕得很密,则全部磁场都集中在管内,磁力线是一系列同心圆。同一条磁感应线上各点的 $\boldsymbol{B}$ 的大小相等,方向就是该圆形磁感应线的切线方向。现在计算螺线管内任一点 P 的磁感应强度。根据对称性可在环形螺线管内取过 P 点的磁感应线为闭合回路 L,则有

$$\oint_L \boldsymbol{B} \cdot \mathrm{d}\boldsymbol{l} = \mu_0 \sum_{L内} I_i$$

可知

$$\oint_L \boldsymbol{B} \cdot \mathrm{d}\boldsymbol{l} = \oint_L B\mathrm{d}l\cos 0^\circ = B\oint_L \mathrm{d}l = B \cdot 2\pi r$$

$$\mu_0 \sum_{L内} I_i = \mu_0 NI$$

即

$$B = \frac{\mu_0 NI}{2\pi r}$$

讨论:

(1) r 不同的位置,$\boldsymbol{B}$ 的大小不同。

(2) 如果螺绕环截面积很小,即其内、外半径近似相等,$n = \dfrac{N}{2\pi r}$为单位长度上的匝数,则螺线管内任一点 P 的磁感应强度 $\boldsymbol{B}$ 的大小 $B = \dfrac{\mu_0 NI}{2\pi r} = \mu_0 nI$,与长直螺线管的磁感应强度的表达式相同,则可认为环内为均匀磁场,即其各处磁场的大小 $B = \dfrac{\mu_0 NI}{L} = \mu_0 nI$。

10.6 磁场对运动电荷、载流导线和载流线圈的作用

10.6.1 磁场对运动电荷的作用——洛伦兹力

一个带电量为 q 的粒子,以速度 $\boldsymbol{v}$ 在磁场中运动时,磁场对运动电荷作用的磁场力叫作

洛伦兹力，数学表达式为

$$f_m = q\boldsymbol{v} \times \boldsymbol{B} \tag{10.35}$$

其方向为垂直于运动电荷的速度 $\boldsymbol{v}$ 和磁感应强度 $\boldsymbol{B}$ 所组成的平面，且符合右手定则，即弯曲右手四指指向 $\boldsymbol{v}$ 的方向，沿小于180°的角 θ 转向 $\boldsymbol{B}$，拇指指向即为正电荷所受 $\boldsymbol{f}_m$ 的方向。显然，当电荷为 $+q$ 时，$\boldsymbol{f}_m$ 的方向与 $\boldsymbol{v}\times\boldsymbol{B}$ 的方向相同；当电荷为 $-q$ 时，$\boldsymbol{f}_m$ 的方向与 $\boldsymbol{v}\times\boldsymbol{B}$ 的方向相反。

洛伦兹力有一个非常重要的特征，即洛伦兹力的方向总是垂直于运动电荷的速度 $\boldsymbol{v}$ 的方向，因此洛伦兹力对运动电荷不做功，它只改变运动电荷速度的方向，不改变速度的大小，它使运动电荷的运动路径发生弯曲。

当带电粒子进入电场和磁场共存的空间时，它将受到电场力和磁场力的共同作用。带电粒子所受的合力为

$$\boldsymbol{F} = q(\boldsymbol{E} + \boldsymbol{v} \times \boldsymbol{B}) \tag{10.36}$$

式(10.36)称为洛伦兹关系式，它是电磁学的基本公式之一。从式(10.36)可以看出，设法改变电场和磁场的分布可以实现对带电粒子运动的控制。当粒子的速度 v 远小于光速 c 时，根据牛顿第二定律，带电粒子的运动方程(设重力可略去不计)为

$$\frac{q}{m}(\boldsymbol{E} + \boldsymbol{v} \times \boldsymbol{B}) = \frac{\mathrm{d}\boldsymbol{v}}{\mathrm{d}t} \tag{10.37}$$

式中，m 为粒子的质量；$\frac{q}{m}$ 称为粒子的荷质比，是反映粒子基本性质的一个重要参量。

对于带电粒子在匀强磁场中的运动，下面分三种情况讨论。

1. 带电粒子的初速度方向与磁场方向平行或反平行

带电粒子受到的洛伦兹力为零时，$\boldsymbol{v}$ 为恒矢量，粒子做匀速直线运动。

2. 带电粒子的初速度 $\boldsymbol{v}$ 垂直于 $\boldsymbol{B}$

当 $\boldsymbol{v}$ 与 $\boldsymbol{B}$ 垂直时，$f_m = qvB$，洛伦兹力 $\boldsymbol{f}_m$ 永远垂直于运动电荷的速度 $\boldsymbol{v}$ 和磁感应强度 $\boldsymbol{B}$ 所组成的平面，所以带电粒子将以速率 v 做匀速圆周运动，如图10.21所示。

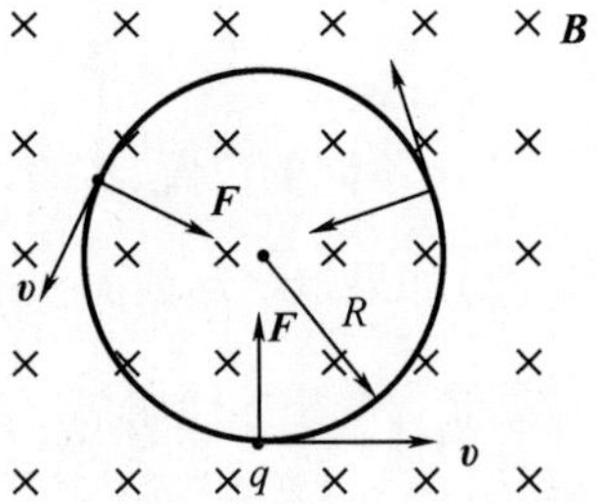

图10.21　带电粒子的 $\boldsymbol{v}\perp\boldsymbol{B}$

洛伦兹力就是粒子做圆周运动的向心力。

$$qvB = m\frac{v^2}{R} \tag{10.38}$$

式中，R 为带电粒子做匀速圆周运动的轨道半径，也称为**回旋半径**。由式(10.38)可得

$$R = \frac{mv}{qB} \tag{10.39}$$

粒子回绕一周所需的时间即为**回旋周期**，即

$$T = \frac{2\pi R}{v} = \frac{2\pi m}{qB} \tag{10.40}$$

而单位时间内绕的圈数即为**回旋频率**，即

$$f=\frac{1}{T}=\frac{qB}{2\pi m} \tag{10.41}$$

对于给定的带电粒子，荷质比是一定的，所以当 $\boldsymbol{B}$ 一定时，粒子的速率越大，其回旋半径也越大，但回旋频率与粒子的速率无关。

3. 带电粒子的初速度 $\boldsymbol{v}$ 与 $\boldsymbol{B}$ 成任意夹角 θ

设带电粒子的速度 $\boldsymbol{v}$ 的方向与磁感应强度 $\boldsymbol{B}$ 的方向成任意夹角 θ，则可将 $\boldsymbol{v}$ 分解成平行于 $\boldsymbol{B}$ 和垂直于 $\boldsymbol{B}$ 的两个分量——$\boldsymbol{v}_{/\!/}$ 和 $\boldsymbol{v}_{\perp}$，如图 10.22(a)所示，因磁场的作用，垂直于 $\boldsymbol{B}$ 的速度分量 $\boldsymbol{v}_{\perp}$ 虽不改变大小，却不断改变方向，带电粒子在垂直于 $\boldsymbol{B}$ 的平面内做匀速圆周运动；平行于 $\boldsymbol{B}$ 的速度分量 $\boldsymbol{v}_{/\!/}$ 不变，带电粒子在此方向上的运动是沿 $\boldsymbol{B}$ 的方向的匀速直线运动。该带电粒子做的是这两种运动的合成运动，为螺旋运动，如图 10.22(b)所示。此带电粒子做螺旋运动时，螺旋线的半径（即带电粒子在磁场中做圆周运动的回旋半径）为

$$R=\frac{mv_{\perp}}{qB}=\frac{mv\sin\theta}{qB} \tag{10.42}$$

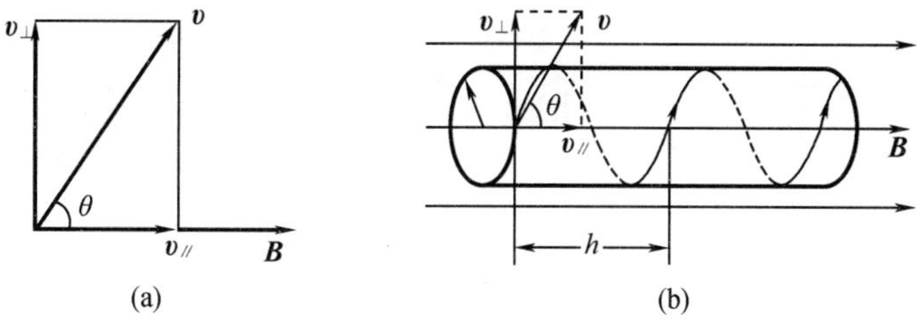

图 10.22 带电粒子的初速度 $\boldsymbol{v}$ 与 $\boldsymbol{B}$ 成任意夹角

粒子每转一周前进的距离称为**螺距**，用符号 h 表示，则

$$h=v_{/\!/}T=\frac{2\pi mv\cos\theta}{qB} \tag{10.43}$$

如果在均匀磁场中某点 A 处（图 10.23）引入一束带电粒子，当带电粒子的速度 $\boldsymbol{v}$ 与 $\boldsymbol{B}$ 的夹角 θ 很小，且各粒子速率大致相同时，这些粒子具有几乎相同的螺距。经一个回旋周期后，它们各自经过不同的螺旋轨道重新会聚到 A' 点。这种发散粒子束依靠磁场的作用汇聚到一点的现象称为**磁聚焦**。它与光束经光学透镜聚焦相类似。在实际应用中多使用短线圈，利用它产生非均匀磁场聚焦。由于短线圈的作用类似于光学中的透镜，因此称为**磁透镜**。磁聚焦广泛地应用于电真空器件中，特别是电子显微镜中。

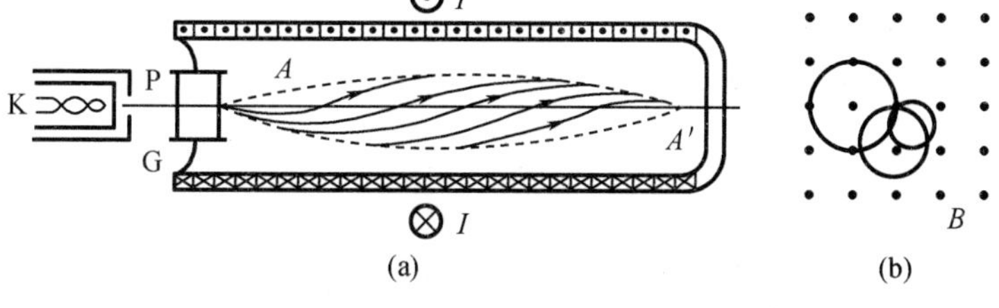

图 10.23 磁聚焦

在非均匀磁场中，速度方向和磁场不同的带电粒子也要做螺旋运动，但半径和螺距都将不断发生变化。特别是当带电粒子具有一个向磁场较强处螺旋前进的分速度时，它受到的磁场力有一个和前进方向相反的分量。这一分量有可能最终使带电粒子的前进速度减小到零，并继续沿反方向前进。由于强度逐渐增加的磁场能使带电粒子发生“反射”，因此把这种磁场分布叫作**磁镜**。可以用两个电流方向相同的线圈产生一个中间弱、两端强的磁场，如图 10.24 所示。这个磁场能够迫使带电粒子局限在一定的范围内做往返运动而不能逃脱。这种能够约束带电粒子的磁场分布叫**磁瓶**。在受控热核反应实验中，需要把温度很高的等离子体限制在一定的空间区域内。在这样的高温下，任何固体材料都将因气化而不能成为容器。而上述所说的**磁约束**是达到这种目的的常用方法之一。

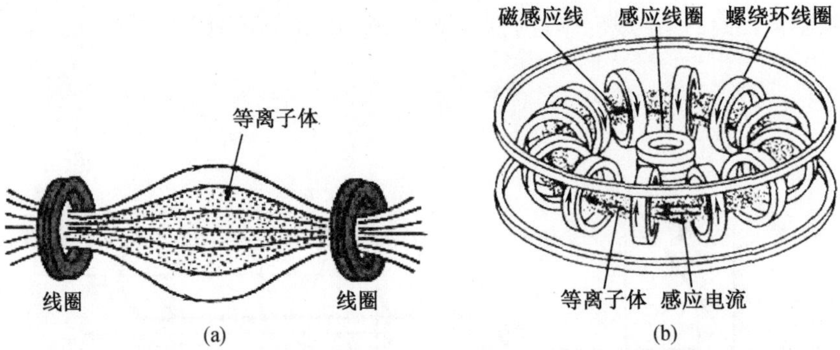

图 10.24　磁约束

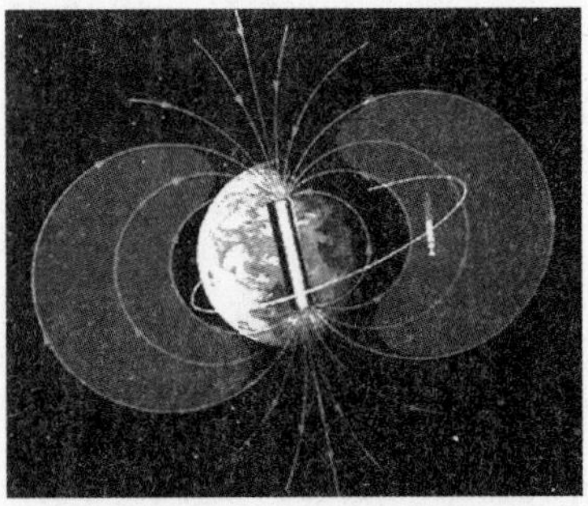

图 10.25　范·艾仑辐射带

磁约束现象也存在于宇宙空间中，由于地球是一个不均匀的大磁体，磁场在两极强而中间弱，因此地磁场是个天然的磁捕集器，它能俘获从外层空间入射的带电粒子并使之在两磁极间来回振荡，形成一个带电粒子区域。这一区域叫作范·艾仑辐射带，如图 10.25 所示。

下面介绍带电粒子在电场和磁场中的运动实例之一——霍尔效应。1879 年，美国青年物理学家霍尔首先发现，把一导体薄片放在垂直于薄片平面的磁场 $\boldsymbol{B}$ 中，当有电流 I 沿着垂直于 $\boldsymbol{B}$ 的方向通过导体时，在导体薄片的上下两表面间会出现横向电势差 U_{H}，如图 10.26 所示，这一现象称为**霍尔效应**。电势差 U_{H} 称为霍尔电压。实验表明，霍尔电压 U_{H} 与通过导体薄片的电流 I 和磁感应强度 $\boldsymbol{B}$ 的大小成正比，与导体薄片沿 $\boldsymbol{B}$ 方向的厚度 d 成反比，即

$$U_{\mathrm{H}} = R_{\mathrm{H}} \frac{IB}{d} \tag{10.44}$$

式中，R_{H} 是一常量，称为霍尔系数，它仅与导体或半导体材料的种类有关。

可以用带电粒子在磁场中运动所受到的洛伦兹力解释霍尔效应的成因。导体中参与导电的粒子（称为载流子）是自由电子，如图 10.26 所示，当电流 I 流过金属时，其中的电子沿与电流相反的方向运动。设电子的平均运动速率为 v，则它在磁场中受到的洛伦兹力为

$$f_m = evB \tag{10.45}$$

因此电子聚集在导体薄片的上表面,同时在其下表面出现正电荷,在导体薄片内部上、下表面之间就形成了电势差 U_H,产生了电场,此电场的电场强度随电荷的积累而增强,如果导体薄片的宽度为 b,则电子所受电场力的大小为

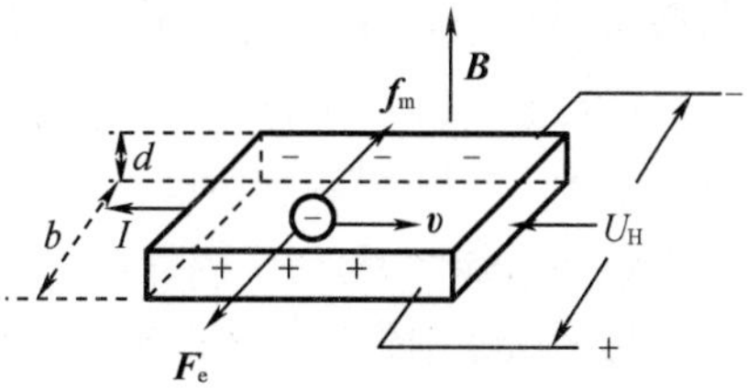

图 10.26 霍尔效应

$$F_e = eE = e\frac{U_H}{b} \tag{10.46}$$

当洛伦兹力 $\boldsymbol{f}_m = \boldsymbol{F}_e$ 即达到平衡时,电荷的积累达到稳定状态,此时的电势差即为霍尔电压,为

$$evB = e\frac{U_H}{b} \tag{10.47}$$

设导体内载流子浓度为 n,于是 $I = nevS = nevbd$,代入式(10.47)可得

$$U_H = \frac{1}{ne}\frac{IB}{d} \tag{10.48}$$

与式(10.44)比较得霍尔系数

$$R_H = \frac{1}{ne}\frac{1}{nq} \tag{10.49}$$

式(10.49)表明,霍尔系数的数值取决于每个载流子所带的电量 q 和载流子浓度 n,其正负取决于载流子所带电荷的正负。若 q 为正,则 $U_H > 0$;若 q 为负,则 $U_H < 0$。根据霍尔电压的正负可判断半导体的导电类型,如图 10.27 所示。一般金属导体中的载流子就是自由电子,载流子浓度很大,所以,金属材料的霍尔系数很小,相应的霍尔电压也很弱。但在半导体中,载流子浓度 n 很小,因此半导体材料的霍尔系数与霍尔电压比金属导体大得多,故实际中大多采用半导体霍尔效应。

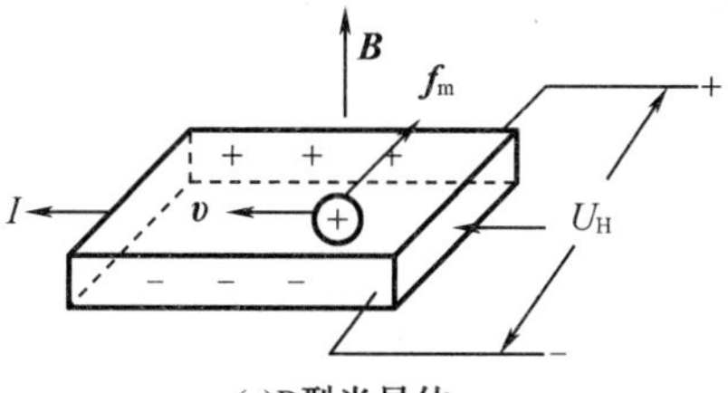

(a)P型半导体

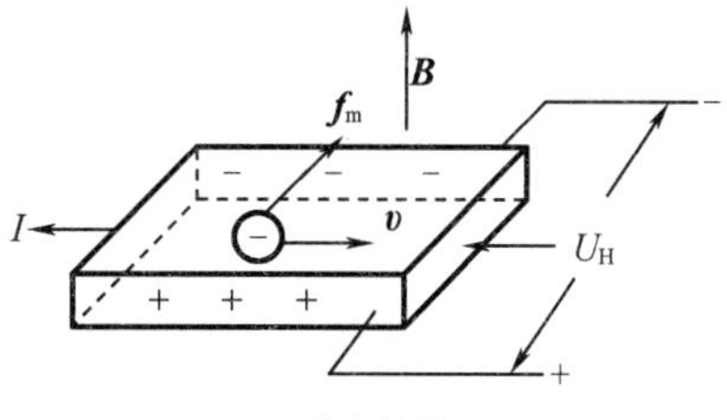

(b)N型半导体

图 10.27 判断半导体类型

现在,利用半导体材料制成的各种霍尔元件已广泛应用于测量磁场、交直流电路中的电流和功率,以及转换和放大电信号等技术领域。霍尔效应在自动控制和计算机技术方面的应用也越来越多。

例 10.7 测定离子荷质比的仪器称为质谱仪,是用物理方法分析同位素的仪器,由英国物理学家、化学家阿斯顿于 1919 年创造。他发现了氯与汞的同位素,之后又发现了许多

同位素，特别是一些非放射性的同位素。为此，阿斯顿于 1922 年获诺贝尔化学奖。

如图 10.28 所示，离子源产生的带电量为 q 的离子，经狭缝 S_1 和 S_2 之间的电场加速，进入由 P_1 和 P_2 组成的速度选择器。在速度选择器中，有如图 10.28 所示方向的电场强度 $\boldsymbol{E}$ 和磁感应强度 $\boldsymbol{B}$，离子因受洛伦兹力而做匀速圆周运动。不同质量的离子打在底片的不同位置上，形成按离子质量排列的线系。若底片上的线系有三条，则该元素有几种同位素？设 d_1、d_2、d_3 是底片上三个位置与速度选择器轴线间的距离，该元素的几种同位素的质量 m_1、m_2、m_3 各为多少？

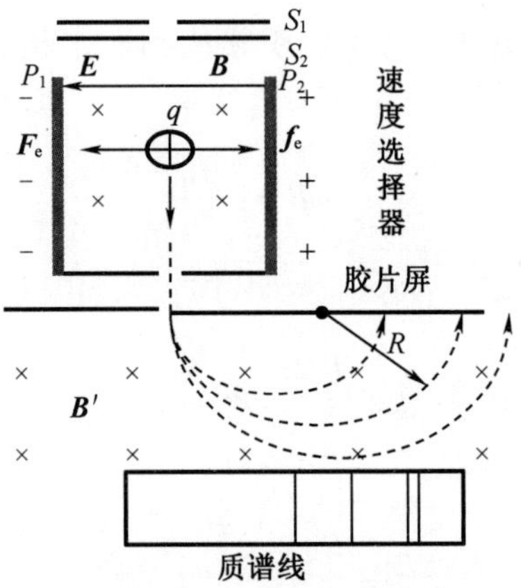

图 10.28　质谱仪原理图

解　在速度选择器中，离子 q 受电场力 $F_e = qE$，同时受洛伦兹力 $f_m = qvB$，两力方向相反，只有当速度满足

$$qE = qvB$$

即 $v = \dfrac{E}{B}$时，离子才有可能穿过由 P_1 和 P_2 组成的速度选择器并射出。离子进入匀强磁场 $\boldsymbol{B}'$后做匀速圆周运动，设圆周半径为 R，则

$$qvB' = m\frac{v^2}{R} \tag{1}$$

式中，B'、q、v 是一定的，质量 m 不同的离子对应的圆周运动的半径 R 不同，所以该元素有三种同位素。将 $v = \dfrac{E}{B}$代入式(1)可得

$$m = \frac{qBB'}{E}R \tag{2}$$

将三种同位素的 $R = \dfrac{d}{2}$分别代入式(2)，可得三种同位素的质量 m_1、m_2、m_3 为

$$\begin{cases} m_1 = \dfrac{qBB'}{2E}d_1 \\ m_2 = \dfrac{qBB'}{2E}d_2 \\ m_3 = \dfrac{qBB'}{2E}d_3 \end{cases}$$

例10.8 一台用来加速氘核的回旋加速器的D盒的直径为75 cm,两磁极可产生1.5 T的均匀磁场。氘核的质量为3.34×10^{-27} kg,电量就是质子的电量。求:(1)所用交流电源的频率。(2)氘核由此加速器射出的能量(单位:MeV)。

解 回旋加速器的原理如图10.29所示,它的主要部分是作为电极的两个金属半圆形真空盒D_1和D_2,二者置于真空容器中。将回旋加速器放在电磁铁所产生的强大均匀磁场$\boldsymbol{B}$中,磁场方向与半圆形真空盒D_1和D_2的平面垂直。当电磁铁两极加有高频交变电压时,两极间就产生高频交变电场$\boldsymbol{E}$,使两极间电场的方向在相等的时间间隔t内迅速交替改变。如果一质量为m、带正电荷且电量为q的粒子从极缝间的粒子源O中被释放出来,在电场力的加速作用下,加速进入半盒D_1内做匀速圆周运动,经时间t后,粒子恰好到达缝隙,这时改变交变电压的符号,使缝间的电场也改变方向,所以粒子又在电场力的作用下加速进入半盒D_2内,速率由v_1增加至v_2,并做匀速圆周运动,D_2内的轨道半径也相应增大。由式(10.30)可知粒子的回旋频率$f=\dfrac{qB}{2\pi m}$,表明粒子的回旋频率与轨道半径无关,与粒子速率无关,这样,带正电的粒子在交变电场和均匀磁场的作用下,多次累积式地被加速而沿着螺旋形的平面轨道运动,直到粒子能量足够高时到达半圆形电极的边缘,通过铝箔覆盖着的小窗T,被引出加速器。当粒子到达半圆盒的边缘时,粒子的轨道半径即为盒的半径R_0,此时粒子的速率$v=\dfrac{qBR_0}{m}$,粒子的动能$E_k=\dfrac{1}{2}mv^2=\dfrac{q^2B^2R_0^2}{2m}$。当粒子被加速到与光速接近时,由相对论动力学可知,在回旋加速器中,粒子的回旋频率$f=\dfrac{qB}{2\pi m_0}\sqrt{1-\left(\dfrac{v}{c}\right)^2}$。

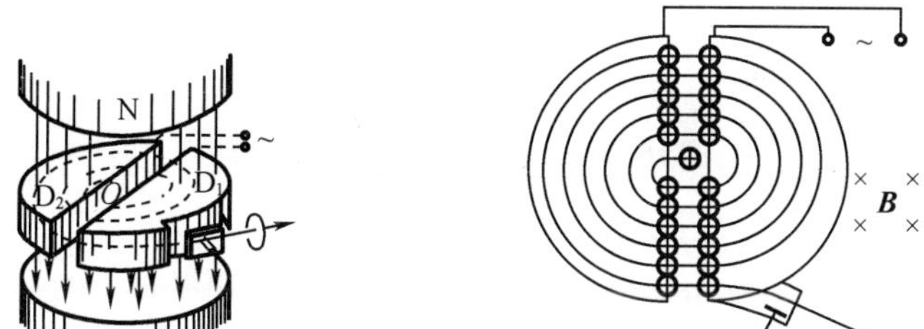

图10.29 回旋加速器原理图

(1)交流电源的频率应等于粒子的回旋频率,即

$$f=\frac{qB}{2\pi m}=\frac{1.6\times10^{-19}\times1.5}{2\times3.14\times3.34\times10^{-27}}\ \text{Hz}=1.1\times10^{7}\ \text{Hz}=11\ \text{MHz}$$

(2)氘核由此加速器射出的速度为

$$v=\frac{eBR_0}{m}=\frac{eBD}{2m}$$

氘核由此加速器射出的能量为

$$E_k=\frac{1}{2}mv^2=\frac{(eBD)^2}{8m}=\frac{(1.6\times10^{-19}\times1.5\times0.75)^2}{8\times3.34\times10^{-27}}\ \text{J}=1.2\times10^{-12}\ \text{J}=7.6\ \text{MeV}$$

10.6.2 磁场对载流导线的作用——安培力

通常把磁场对载流导线的作用力称为**安培力**，其基本规律是安培于1820年从大量实验结果中总结出来的，也称为**安培定律**，内容如下：**电流元 Idl 在磁场中某点所受到的磁力 dF 的大小，与该点磁感应强度 $\boldsymbol{B}$ 的大小、电流元 Idl 的大小以及电流元 Idl 与磁感应强度 $\boldsymbol{B}$ 的夹角 θ 的正弦成正比**，即

$$dF = BIdl\sin\theta \tag{10.50}$$

$d\boldsymbol{F}$ 的方向垂直于 Idl 与 $\boldsymbol{B}$ 所决定的平面，满足右手定则，如图 10.30(a)所示。可将式(10.50)写为矢量式，即

$$d\boldsymbol{F} = Id\boldsymbol{l} \times \boldsymbol{B} \tag{10.51}$$

下面由磁场对运动电荷的洛伦兹力出发进行简单推导：如图 10.30(b)所示，电流元 $Id\boldsymbol{l}$ 中的每个载流子 q 所受的洛伦兹力的大小 $f_m = qvB\sin\theta$，如果电流元的截面积为 S，单位体积中有 n 个载流子，则电流元 $Id\boldsymbol{l}$ 中的载流子数为 $ndV = nSdl$，因为在电流元 $Id\boldsymbol{l}$ 中，每个载流子受到的力的方向、大小都相同，这样，电流元 $Id\boldsymbol{l}$ 所受的力 $d\boldsymbol{F} = nSdlq\boldsymbol{v} \times \boldsymbol{B} = nSvqd\boldsymbol{l} \times \boldsymbol{B}$，而通过导线的电流 $I = nSqv$，所以可得电流元 $Id\boldsymbol{l}$ 所受的磁场力如式(10.51)所示。

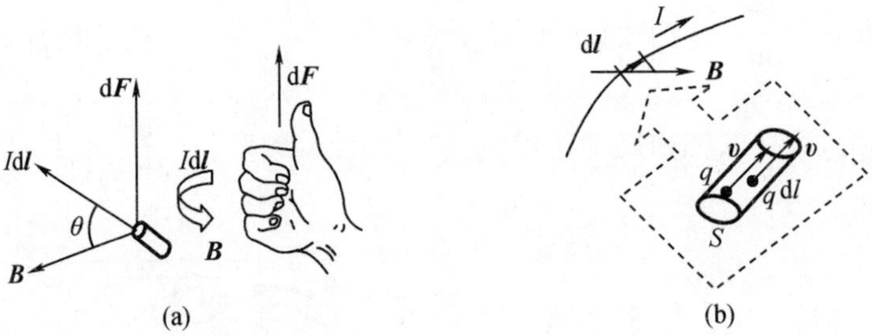

图 10.30 磁场对电流元的作用力

一段载流导线所受的总磁场力服从力的叠加原理，一段载流导线所受到磁场的总作用力 $\boldsymbol{F}$ 等于每个电流元受到的磁场作用力的矢量和，即对式(10.51)求积分得

$$\boldsymbol{F} = \int d\boldsymbol{F} = \int_L Id\boldsymbol{l} \times \boldsymbol{B} \tag{10.52}$$

例 10.9 如图 10.31 所示，将一段长为 L 的载流直导线置于磁感应强度为 $\boldsymbol{B}$ 的匀强磁场中，$\boldsymbol{B}$ 的方向在纸面内，电流流向与 $\boldsymbol{B}$ 的夹角为 θ，求导线的受力 $\boldsymbol{F}$。

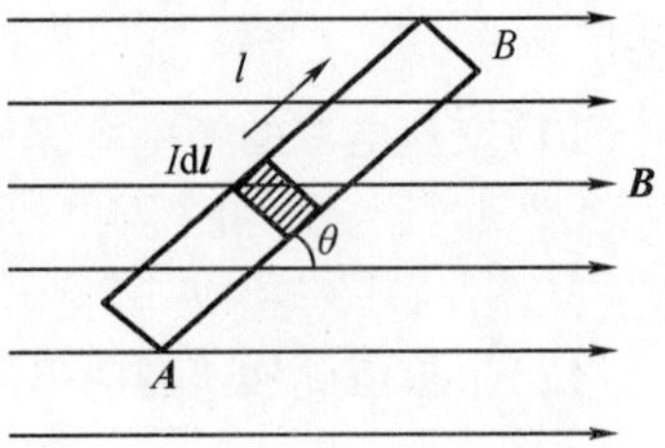

图 10.31 例 10.9 图

解 电流元受到的安培力为

$$d\boldsymbol{F} = Id\boldsymbol{l} \times \boldsymbol{B}$$

大小为

$$F = IdlB\sin\theta$$

方向为垂直指向纸面。

因为导线上所有电流元的受力方向相同，所以整个导线受到的安培力为

$$F = \int dF = \int I dl \times B$$

大小为

$$F = \int_A^B IB\sin\theta dl = \int_0^L IB\sin\theta dl = BIL\sin\theta$$

F 的方向为垂直指向纸面。

讨论:

(1) $\theta=0$ 时, $F=0$。

(2) $\theta=\frac{\pi}{2}$时, $F=F_m=BIL$。

例 10.10 半径为 R 的半圆形载流导线,电流为 I,放在磁感应强度为 B 的匀强磁场中, B 垂直于导线所在的平面。求它所受的安培力。

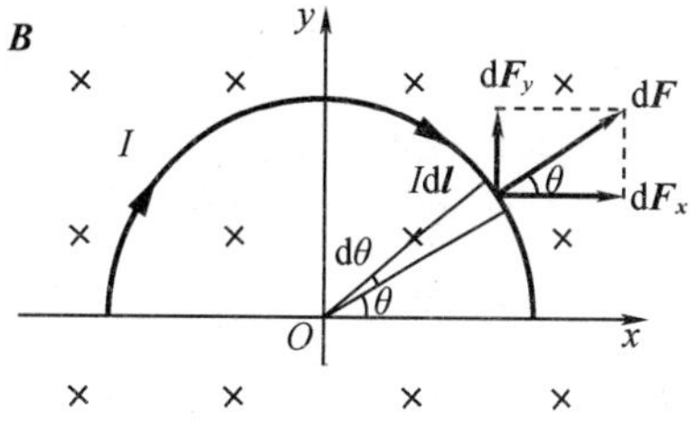

图 10.32 例 10.10 图

解 如图 10.32 所示,以圆心 O 为原点,建立坐标系 xOy,在半圆上任取一电流元 Idl,其位置可由电流元所在处的半径与 Ox 轴的夹角 θ 表示。根据式(10.51),电流元 Idl 在磁场中所受的安培力的大小为

$$dF = IdlB$$

dF 的方向为沿径向向外。由于导线上各电流元所受安培力的方向均为沿各自的径向向外,因此可将 dF 分解为沿 Ox 轴方向和沿 Oy 轴方向的两个分量,有 $dF_x=dF\cos\theta$ 和 $dF_y=dF\sin\theta$。由对称性可知,半圆形导线上所有线元沿 Ox 轴方向的受力总和为零,即

$$F_x = \int dF_x = 0$$

因此,整个半圆形导线所受的合力就等于沿 Oy 轴方向各力的代数和,即

$$F_{合} = F_y = \int_L dF_y = \int_L IdlB\sin\theta = \int_0^\pi IRB\sin\theta d\theta = 2IRB \quad (1)$$

式(1)表明,合力方向为沿 Oy 轴正方向,大小为 $2IRB$。这说明整个半圆形导线所受到的磁力的总和等于从起点到终点连成的直导线通过相同的电流时所受的磁力。此结果虽然是从半圆形载流导线得出的,但对任意形状的载流导线在均匀磁场中所受的磁力都适用。

例 10.11 如图 10.33 所示,圆柱形磁铁的正上方放置了一个半径为 R 的圆形载流线圈,通电流为 I。已知线圈上各点处的磁场大小为 B,方向与竖直方向的夹角为 α。求圆形载流线圈所受的磁力。

解 由安培定律得

$$F = \oint I dl \times B$$

注意:磁场是非匀强的。

先考虑任一电流元所受安培力,由对称性易知:合力必沿竖直方向。

所以

$$F = F_z = \oint BI\mathrm{d}l\sin\alpha = BI\sin\alpha\int_0^{2\pi R}\mathrm{d}l = 2\pi RBI\sin\alpha$$

例 10.12 如图 10.34 所示，设有两根相距为 a 的无限长、平行载流导线，分别通有同方向的电流 I_1 和 I_2，计算两根导线上每单位长度所受的磁场力。

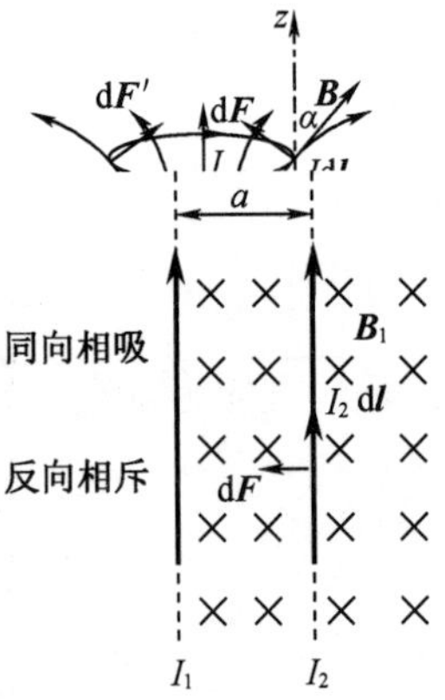

图 10.34 例 10.12 图

解 考虑导线 2（电流 I_2）受导线 1（电流 I_1）的作用。

电流 I_1 在电流元 $I_2\mathrm{d}l$ 处产生的磁场 $B_1 = \dfrac{\mu_0 I_1}{2\pi a}$ 的方向如图 10.34 所示，电流元 $I_2\mathrm{d}\boldsymbol{l}$ 受磁场 $\boldsymbol{B}_1$ 的安培力的大小为

$$\mathrm{d}F = I_2\mathrm{d}lB_1 = I_2\mathrm{d}l\frac{\mu_0 I_1}{2\pi a} = \frac{\mu_0 I_1 I_2}{2\pi a}\mathrm{d}l$$

方向在平行载流导线所在的平面内，垂直于载流导线 2，并指向载流导线 1。

单位长度的载流导线 2 受到的安培力的大小为

$$\frac{\mathrm{d}F}{\mathrm{d}l} = \frac{\mu_0 I_1 I_2}{2\pi a}$$

同理，单位长度的载流导线 1 受到的安培力的大小为

$$\frac{\mathrm{d}F}{\mathrm{d}l} = \frac{\mu_0 I_1 I_2}{2\pi a}$$

方向在平行载流导线所在的平面内，垂直于载流导线 1，并指向载流导线 2。

由此可知，两平行直导线中的电流相同时，两导线通过磁场的相互作用而相互吸引；两平行直导线中的电流相反时，两导线通过磁场的相互作用而相互排斥。这也是国际单位制规定电流的基本单位是安培的由来，即放在真空中的两无限长的平行直导线，各通有相等的稳恒电流，当两导线相距 1 m，每一导线每米长度上受力为 2×10^{-7} N 时，各导线中的电流为 1 A。

10.6.3 磁场对载流线圈的作用——磁力矩

如图 10.35 所示，在均匀磁场 $\boldsymbol{B}$ 中有一载流矩形线圈 $abcd$，设它的边长为 l_1 和 l_2，电流为 I，流向为 $a\to b\to c\to d\to a$。线圈法向为 $\boldsymbol{n}$（$\boldsymbol{n}$ 与电流流向呈右手螺旋关系），$\boldsymbol{n}$ 与 $\boldsymbol{B}$ 的方向的夹角为 θ，即线圈平面与 $\boldsymbol{B}$ 的方向的夹角为 $\varphi\left(\varphi + \theta = \dfrac{\pi}{2}\right)$，并且 bc 边和 da 边均垂直于 $\boldsymbol{B}$，根据式（10.52）计算各边受力情况：

$$F_{da} = BIl_1\sin\left(\frac{\pi}{2} + \theta\right) = BIl_1\cos\theta \tag{10.53}$$

$$F_{bc} = BIl_1\sin\left(\frac{\pi}{2} - \theta\right) = BIl_1\cos\theta \tag{10.54}$$

$\boldsymbol{F}_{da}$ 与 $\boldsymbol{F}_{bc}$ 方向相反、大小相等，并且在同一直线上，是一对平衡力，所以对整个线圈来说，它的合力及合力矩都为零，如图 10.35（a）所示。

$$F_{ab} = BIl_2\sin\frac{\pi}{2} = BIl_2 \tag{10.55}$$

$$F_{cd}=BIl_2 \tag{10.56}$$

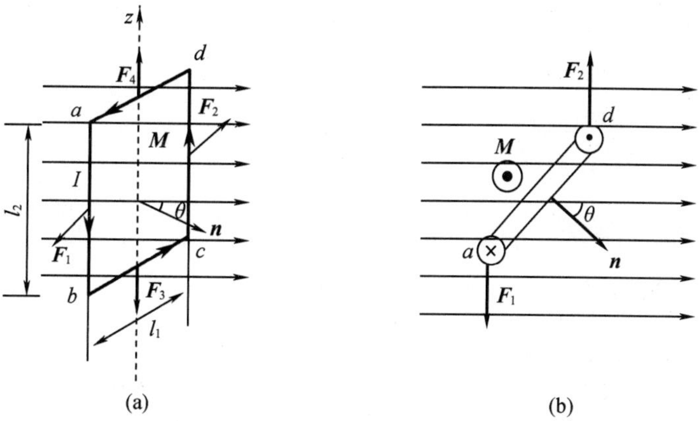

图 10.35　磁场对载流线圈的作用

$\boldsymbol{F}_{ab}$与$\boldsymbol{F}_{cd}$方向相反、大小相等,但不在同一直线上,形成了一对力偶,如图 10.35(b)所示。它们的合力虽然为零,但对线圈的轴线 z 轴的力矩大小为

$$M=F_{ab}d=BIl_2\cdot l_1\sin\theta=BIS\sin\theta \tag{10.57}$$

式中,S 为线圈的面积,磁力矩的方向为垂直于纸面向上。若平面线圈有 N 匝,则磁力矩的大小为

$$\boldsymbol{m}=NIBS\sin\theta \tag{10.58}$$

式中,NIS 是反映线圈自身性质的物理量。定义**载流线圈磁矩 $\boldsymbol{m}(\boldsymbol{p}_{\mathrm{m}})$**的大小为

$$m=NIS \tag{10.59}$$

其方向与线圈平面的法向一致,用 $\boldsymbol{n}$ 表示线圈法向的单位矢量,则载流线圈的磁矩矢量式为

$$\boldsymbol{m}=NIS\boldsymbol{n} \tag{10.60}$$

则载流线圈所受的**磁力矩**的矢量表示为

$$\boldsymbol{M}=\boldsymbol{m}\times\boldsymbol{B} \tag{10.61}$$

当 $\boldsymbol{m}$ 与 $\boldsymbol{B}$ 的方向一致时,$\sin\theta=0(\theta=0°)$,线圈所受的磁力矩为零,这时线圈处于稳定平衡位置;当 $\boldsymbol{m}$ 与 $\boldsymbol{B}$ 的方向垂直时,$\sin\theta=1$,线圈所受的磁力矩最大;当 $\boldsymbol{m}$ 与 $\boldsymbol{B}$ 的方向相反时,$\sin\theta=0(\theta=180°)$,线圈所受的磁力矩也为零,但这一平衡位置是不稳定的,只要线圈稍稍偏过一个微小角度,就会在磁力矩的作用下离开这个位置,稳定在 $\theta=0°$时的平衡状态。总之,磁场对载流线圈作用的磁力矩的效果总是力图使载流线圈磁矩 $\boldsymbol{m}$ 的方向转向外加磁场 $\boldsymbol{B}$ 的方向。如同电场对电偶极子的作用力矩总是力图使电偶极子极矩 $\boldsymbol{p}$ 的方向转向外加电场 $\boldsymbol{E}$ 的方向一样。应当指出,上述结论虽然是从矩形线圈推导出来的,但对任意形状的线圈都适用。

例 10.13　将一半径为 R 的薄圆盘放在磁感应强度为 $\boldsymbol{B}$ 的均匀磁场中,$\boldsymbol{B}$ 的方向与盘面平行,如图 10.36 所示。圆盘表面的面电荷密度为 σ,若圆盘以角速度 ω 绕其轴线转动,试求作用在圆盘上的磁力矩的大小。

解 取半径为 r、宽为 $\mathrm{d}r$ 的细圆环，其电量 $\mathrm{d}q=\sigma 2\pi r\mathrm{d}r$，转动形成电流。

$$\mathrm{d}I=\frac{\mathrm{d}q}{T}=\frac{\omega \mathrm{d}q}{2\pi}=\omega\sigma r\mathrm{d}r$$

磁矩的大小为

$$\mathrm{d}m=\pi r^2\mathrm{d}I=\pi\sigma\omega r^3\mathrm{d}r$$

方向为沿轴线向上。

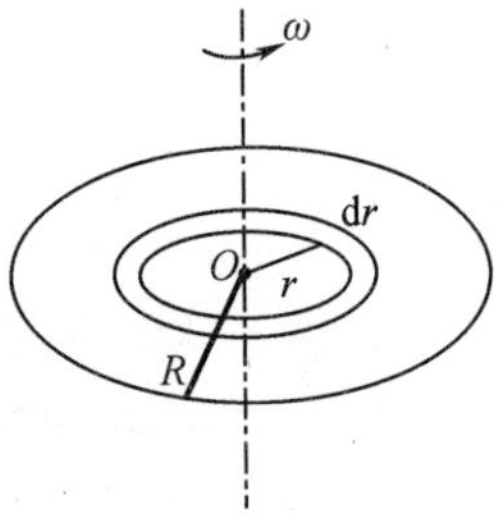

图 10.36 例 10.13 图

细圆环受到的磁力矩的大小为

$$\mathrm{d}M=\mathrm{d}mB$$

整个圆盘受到的磁力矩的大小为

$$M=\int \mathrm{d}M=\int \mathrm{d}mB=\pi\sigma\omega B\int_0^R r^3\mathrm{d}r=\frac{\pi\sigma\omega BR^4}{4}$$

10.7 磁力的功

载流导线和载流线圈在磁场中运动时，磁力（即磁场力）就要对它们做功。下面从一些特殊情况出发，建立磁力做功的一般公式。

10.7.1 磁力对载流导线做功

设在磁感应强度为 $\boldsymbol{B}$ 的匀强磁场中，有一载流闭合回路 $abcd$，其中，导线 ab 的长度为 l，可自由滑动，如图 10.37 所示。若回路中电流 I 保持不变，按照安培定律，载流导线 ab 在磁场中所受的安培力 $\boldsymbol{F}$ 是一恒力，其大小 $F=IlB$，方向向右。在 $\boldsymbol{F}$ 的作用下，ab 将从初始位置向右移动，当移动到位置 $a'b'$ 时，$\boldsymbol{F}$ 所做的功为

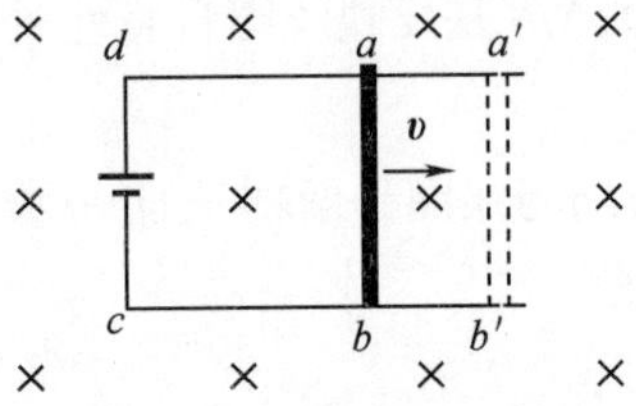

图 10.37 磁力对载流导线做功

$$A=Faa'=BIlaa'=BI\Delta S=I\Delta\Phi \tag{10.62}$$

这一结果表明，当载流导线在磁场中运动时，如果电流保持不变，磁力所做的功等于电流乘以通过环路的面积内磁通量的增量。

10.7.2 磁力对载流线圈做功

设有一载流线圈在磁场磁力矩的作用下转动，如图 10.38 所示，线圈中的电流 I 保持不变，线圈的磁矩 $\boldsymbol{m}=IS\boldsymbol{n}$，假定某时刻线圈的法向单位矢量 $\boldsymbol{n}$ 和磁感应强度 $\boldsymbol{B}$ 之间的夹角为 θ，则线圈受到的磁力矩的大小 $M=mB\sin\theta$。若线圈在磁力矩的作用下转过 $\mathrm{d}\theta$ 角，磁力矩做功为

$$\mathrm{d}A=-M\mathrm{d}\theta=-BIS\sin\theta\mathrm{d}\theta=I\mathrm{d}(BS\cos\theta)=I\mathrm{d}\Phi \tag{10.63}$$

式中，负号表示磁力矩做正功时将使 θ 减小。当线圈从 θ_1 转到 θ_2 时，磁力矩做功为

$$A = \int \mathrm{d}A = \int_{\Phi_1}^{\Phi_2} I\mathrm{d}\Phi = I(\Phi_2 - \Phi_1) = I\Delta\Phi \quad (10.64)$$

可以证明，一个任意的闭合电流回路在磁场中改变位置或形状时，如果线圈内的电流 I 保持不变，那么磁力矩所做的功都满足 $A = I\Delta\Phi$。这一结果与式(10.62)相同，也就是说，磁场对载流导线和载流线圈做的功都可以用式(10.64)计算。

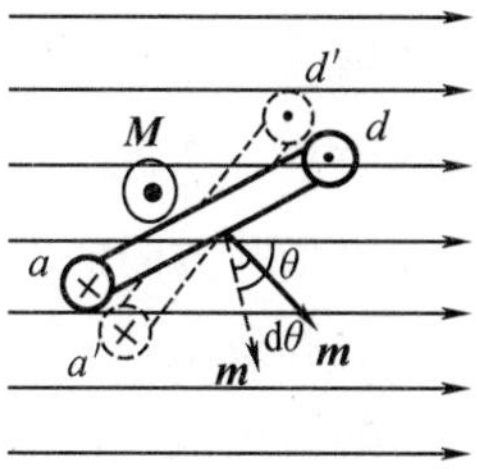

图 10.38 磁力对载流线圈做功

10.8 磁 介 质

如同在电场中放入电介质，电介质要被极化，而极化了的电介质又会影响电场分布一样，在实际的磁场中大多也存在着各种各样的物质，由于磁场与实物之间的相互作用，实物粒子的分子状态会发生变化，从而改变原来的磁场分布。这种在磁场的作用下，其内部状态发生变化并反过来影响磁场分布的物质称为**磁介质**。下面简要介绍磁介质的分类及其磁化机理、磁化强度，以及磁介质中的安培环路定理和高斯定理。

10.8.1 磁介质的分类

正如电介质在电场中会发生极化，产生附加电场并影响原来的电场一样，磁介质在磁场中也会被磁化并产生**附加磁场 $\boldsymbol{B}'$**。磁介质中空间的任一点的磁场是原来磁场 $\boldsymbol{B}_0$ 与磁介质产生的附加磁场 $\boldsymbol{B}'$ 的叠加，即

$$\boldsymbol{B} = \boldsymbol{B}_0 + \boldsymbol{B}' \quad (10.65)$$

与电介质不同，$\boldsymbol{B}'$ 并不总是与 $\boldsymbol{B}_0$ 方向相反。实验表明：当磁场中充满均匀磁介质时，磁介质中的磁场与该处外磁场存在如下关系：

$$\boldsymbol{B} = \mu_r \boldsymbol{B}_0 \quad (10.66)$$

式中，$\mu_r = \dfrac{\mu}{\mu_0}$，称为磁介质的**相对磁导率**，其大小反映磁介质磁化后对原磁场的影响程度，是用来描述磁介质特性的物理量。对于不同的磁介质，μ_r 一般是不同的。对于真空中的磁场来说，$\mu_r = 1$。根据 μ_r 的大小，可把磁介质分为顺磁质、抗磁质和铁磁质三类。

1. 顺磁质

顺磁质的 $\mu_r > 1$，磁介质磁化后产生的附加磁场 $\boldsymbol{B}'$ 与外磁场 $\boldsymbol{B}_0$ 方向相同，而使顺磁质内部的总磁感应强度的大小 $B > B_0$，起到增强磁场的作用。自然界中的大多数物质都属于顺磁质，如氧、空气、铝、铬等。

2. 抗磁质

抗磁质的 $\mu_r < 1$，磁介质磁化后产生的附加磁场 $\boldsymbol{B}'$ 与外磁场 $\boldsymbol{B}_0$ 方向相反，而使抗磁质内部的总磁感应强度的大小 $B < B_0$，起到减弱磁场的作用。如铜、汞、铅、氢气、石油等都属于抗磁质。

3. 铁磁质

铁磁质是一类磁性很强的物质，其相对磁导率$\mu_r \gg 1$，$B \ll B_0$。铁磁质磁化后能产生很强的与外磁场同方向的附加磁场，如铁、钴、镍等都属于铁磁质。

顺磁质和抗磁质在磁化后对原磁场的影响不显著，均称为**弱磁性物质**；铁磁质磁化后对原磁场的影响很大，还具有一些特殊的性质，称为**强磁性物质**。

10.8.2 磁介质的磁化机理

近代物理理论和实验都证明，任何物质都由分子或原子组成。原子中的电子同时参与两种运动：一种是环绕原子核的轨道运动，另一种是电子本身的自旋运动。这两种运动都等效为一个电流分布。按照安培的分子电流假说，把分子或原子看作一个整体，分子或原子中的各个电子对外界产生的磁效应的总和相当于一圆电流，该圆电流称为**分子电流**。它形成的磁矩称为**分子磁矩**，用符号 $\boldsymbol{m}$ 表示。可以求得原子中电子的轨道磁矩 $\boldsymbol{p}_m = -\frac{e\omega}{2}r^2\boldsymbol{n}_0 = -\frac{e}{2m}\boldsymbol{L}$，电子的自旋磁矩 $\boldsymbol{p}_s = -\frac{e}{m}\boldsymbol{S}$。电子的自旋磁矩与轨道磁矩有相同的数量级，分子的固有磁矩为所有电子磁矩的总和。

1. 顺磁质的磁化

如图 10.39(a)所示，组成顺磁质的分子有一定的磁矩 $\boldsymbol{m}$。在没有外磁场时，由于分子热运动，磁矩 $\boldsymbol{m}$ 的方向杂乱无章，这使得顺磁质中任一宏观小体积元内的分子磁矩的矢量和为零，整个磁介质对外不显磁性。当加上外磁场 $\boldsymbol{B}_0$ 后，每个分子磁矩 $\boldsymbol{m}$ 都受到磁力矩 $\boldsymbol{M}$ 的作用，使分子磁矩转向 $\boldsymbol{B}_0$ 的方向。由于分子的热运动，分子磁矩尚不能与 $\boldsymbol{B}_0$ 完全一致，只是在一定程度上沿外磁场的方向排列起来，因此在磁介质内任一点产生与外磁场 $\boldsymbol{B}_0$ 方向相同的附加磁感应强度 $\boldsymbol{B}'$（即取向磁化），如图 10.39(b)所示，从而在整体上显示出一定的磁性，即顺磁质被磁化了，如图 10.39(c)所示。

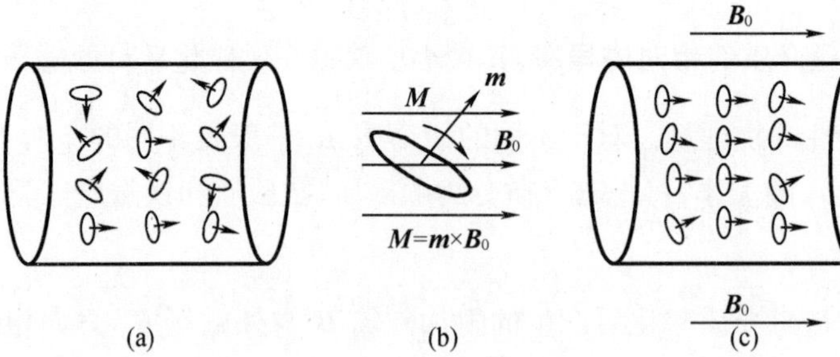

图 10.39 顺磁质的磁化机理

2. 抗磁质的磁化

对于抗磁质，每个分子或原子中的所有电子的轨道磁矩和自旋磁矩都不为零，但其所有的矢量和等于零，所以在没有外磁场作用时，抗磁质并不显示磁性。当外加磁场 $\boldsymbol{B}_0$ 时，分子中每个电子的轨道运动和自旋运动都将发生变化，从而引起的附加磁矩 $\Delta\boldsymbol{m}'$ 的方向总

是与外磁场 $\boldsymbol{B}_0$ 的方向相反，导致产生的附加磁场 $\boldsymbol{B}'$ 的方向与外磁场 $\boldsymbol{B}_0$ 的方向相反(即感生磁化)。于是，抗磁质内部的磁感应强度的大小 $B < B_0$，起到减弱磁场的作用。下面利用力学中的“**进动**”(或称“旋进”)现象加以说明。

如图 10.40 所示，设一电子以半径 r、角速度 ω 绕核运动，则电子的轨道角动量为

$$\boldsymbol{L} = J\omega = mr^2\omega\boldsymbol{n}_0 \tag{10.67}$$

电子的轨道磁矩为

$$\boldsymbol{m}_e = IS = -\frac{e}{\frac{2\pi}{\omega}}\pi r^2\boldsymbol{n}_0 = -\frac{e\omega}{2}r^2\boldsymbol{n}_0 \tag{10.68}$$

即

$$\boldsymbol{m}_e = -\frac{e}{2m}\boldsymbol{L} \tag{10.69}$$

无论电子的轨道运动如何，根据角动量定理 $\boldsymbol{M} = \frac{\mathrm{d}\boldsymbol{L}}{\mathrm{d}t}$ 即 $\mathrm{d}\boldsymbol{L} = \boldsymbol{M}\mathrm{d}t$，$\mathrm{d}\boldsymbol{L}$ 与 $\boldsymbol{M}$ 同向，外磁场对它的磁力矩 $\boldsymbol{M} = \boldsymbol{m}_e \times \boldsymbol{B}$ 的方向与 $\boldsymbol{m}_e$ 和 $\boldsymbol{B}_0$ 组成的平面垂直，所以 $\mathrm{d}\boldsymbol{L} \perp \boldsymbol{L}$，即只改变 $\boldsymbol{L}$ 的方向而不改变其大小，因而形成了电子的“**进动**”，电子的进动亦相当于一圆电流，因为电子带负电，所以该圆电流所产生的附加磁矩 $\Delta\boldsymbol{m}_e'$ 的方向总是与外磁场 $\boldsymbol{B}_0$ 的方向相反，导致产生的附加磁场 $\boldsymbol{B}'$ 的方向与外磁场 $\boldsymbol{B}_0$ 的方向相反，如图 10.40(b)(c)所示。

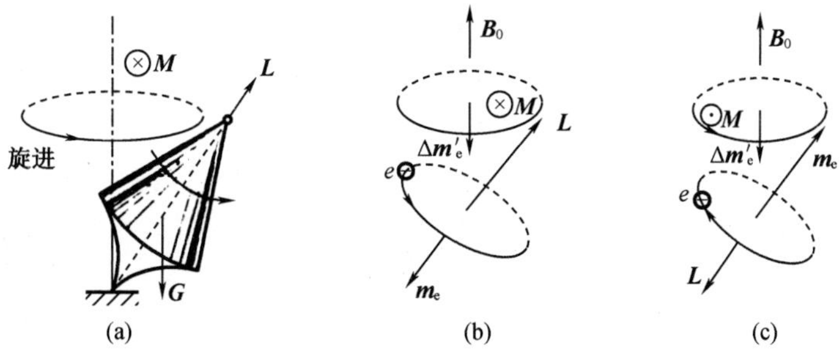

图 10.40　抗磁质的磁化机理

顺磁质在外磁场中也存在感生附加磁矩，但其固有磁矩远远大于感生附加磁矩，故在磁化时，固有磁矩起主导作用，感生附加磁矩的影响几乎可以忽略不计。无论是顺磁质还是抗磁质，由磁化引起的附加磁场都非常小。

10.8.3　磁化强度　磁介质中的安培环路定理和高斯定理

1. 磁化强度

无论是顺磁质的取向磁化还是抗磁质的感生磁化，其结果均为在介质内部出现了分子磁矩。为此，可以用宏观上单位体积的磁介质中因磁化而产生的分子磁矩的总矢量和表示磁介质的磁化程度，称为**磁化强度**，用符号 $\boldsymbol{M}$ 表示，即

$$\boldsymbol{M} = \frac{\sum \boldsymbol{m}}{\Delta V} \tag{10.70}$$

介质内部的分子磁矩在外部磁场 $\boldsymbol{B}_0$ 的作用下有规则地排列，如图 10.41(a)所示，形成了相对应的分子电流。在磁介质内部，各处分子电流方向相反，相互抵消；只有在磁介质的边缘表面，分子电流的外面部分并没有被抵消掉，它们都沿着相同的方向流通，这些表面上的电流的总效果相当于在介质表面上有一层电流流过。这种电流称为**磁化面电流**[图10.41(b)]，也叫作**束缚电流**，用 I_s 表示，把圆柱形磁介质表面上沿柱体母线方向单位长度的磁化电流称为**磁化面电流密度** $\boldsymbol{j}_s$。与之相比较，由电荷的宏观移动形成的电流称为**传导电流**或**自由电流**，用 I_0 表示，相应的传导电流密度矢量为 $\boldsymbol{j}_0$。 S 为磁介质的截面积，L 为所选取的磁介质的长度，那么在长度 L 上，磁化电流 $I_s = Lj_s$，因此在这段总体积为 SL 的磁介质中由于被磁化而具有的总磁矩 $\sum \boldsymbol{m} = j_s L\boldsymbol{S}$，根据式(10.70)，磁介质磁化强度的大小为

$$M = \frac{\sum m}{\Delta V} = \frac{j_s LS}{LS} = j_s \tag{10.71}$$

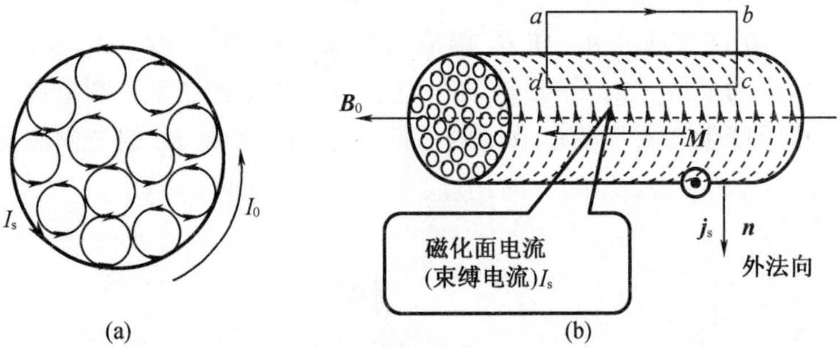

图 10.41　磁介质的磁化结果

磁化面电流密度与磁化强度间的关系满足如图 10.41(a)所示的右手螺旋关系。

磁化面电流密度矢量式如下：

$$\boldsymbol{j}_s = \boldsymbol{M} \times \boldsymbol{n} \tag{10.72}$$

在图 10.41(b)中，在磁介质边界附近取一长方形的闭合回路 $abcda$，其中，ab 在介质外，cd 在介质内且平行于柱体轴线，则磁化强度 $\boldsymbol{M}$ 沿闭合回路 $abcda$ 的线积分为

$$\oint_L \boldsymbol{M} \cdot \mathrm{d}\boldsymbol{l} = M\,\overline{cd} = j_s\,\overline{cd} = \sum I_s \tag{10.73}$$

磁介质被磁化的结果就是在磁介质表面边界出现了磁化面电流（束缚电流）I_s。如果磁场中有弱磁介质存在，那么介质中的安培环路定理和高斯定理的形式又如何呢?

2. 磁介质中的安培环路定理

以如图 10.41(b)所示的充满相对磁导率 μ_r 的通电长直螺线管为例对磁介质中的安培环路定理加以说明。介质中磁场由传导电流和束缚电流共同产生，考虑到磁介质表面的磁化面电流（束缚电流）I_s 对磁场的贡献，则安培环路定理可以写成

$$\left.\begin{aligned}&\oint_L \boldsymbol{B}\cdot \mathrm{d}\boldsymbol{l} = \mu_0 \sum I_i = \mu_0\left(\sum I_{i0} + I_s\right) = \mu_0\left(\sum I_{i0} + \oint_L \boldsymbol{M}\cdot \mathrm{d}\boldsymbol{l}\right)\\ &\text{或}\\ &\oint_L \left(\frac{\boldsymbol{B}}{\mu_0} - \boldsymbol{M}\right)\cdot \mathrm{d}\boldsymbol{l} = \mu_0 \sum I_{i0}\end{aligned}\right\} \tag{10.74}$$

和在电介质中引入辅助矢量 $\boldsymbol{D}$ 一样，用$\dfrac{\boldsymbol{B}}{\mu_0}-\boldsymbol{M}$ 定义一个新的辅助物理量 $\boldsymbol{H}$，称为**磁场强度（矢量）**，即

$$\boldsymbol{H} = \frac{\boldsymbol{B}}{\mu_0} - \boldsymbol{M} \tag{10.75}$$

这样，磁介质中的安培环路定理便有如下的简单形式：

$$\oint_L \boldsymbol{H}\cdot \mathrm{d}\boldsymbol{l} = \sum I_{i0} \tag{10.76}$$

它说明，**磁介质内磁场强度 $\boldsymbol{H}$ 沿任意闭合回路的线积分（$\boldsymbol{H}$ 的环流）等于该闭合回路所包围的传导电流的代数和**。当电流 I 的流向与 L 的绕行方向满足右手定则时，电流为正，反之电流为负。

在国际单位制中，磁场强度 $\boldsymbol{H}$ 的单位是安培每米（$\mathrm{A\cdot m^{-1}}$）。

在磁介质中，满足 $\boldsymbol{M}\propto\boldsymbol{H}$ 的磁介质称为线性磁介质，于是有

$$\boldsymbol{H} = \frac{\boldsymbol{B}}{\mu_0} - \boldsymbol{M} = \frac{\boldsymbol{B}}{\mu_0} - \kappa\boldsymbol{H} \text{ 或 } \boldsymbol{B} = \mu_0(1+\kappa)\boldsymbol{H} \tag{10.77}$$

式中，令 $\mu_r = (1+\kappa)$，为相对磁导率；$\mu = \mu_0\mu_r$，为磁导率。有

$$\boldsymbol{B} = \mu_0\mu_r\boldsymbol{H} = \mu\boldsymbol{H} \tag{10.78}$$

真空中，$\boldsymbol{M}=0, \kappa=0, \mu_r=1$；顺磁质中，$\kappa>0, \mu_r>1$；抗磁质中，$\kappa<0, \mu_r<1$。

如同在电场中引入电位移辅助矢量，利用介质中的高斯定理可以很方便地处理电介质中的电场问题一样，引入辅助量 $\boldsymbol{H}$ 后，利用磁介质中的安培环路定理也可以很方便地处理磁介质中的磁场问题。求磁介质中的某一点的磁感应强度 $\boldsymbol{B}$ 时，可以先利用磁介质中的安培环路定理求出该点的磁场强度 $\boldsymbol{H}$，再利用 $\boldsymbol{B}=\mu\boldsymbol{H}$ 求出 $\boldsymbol{B}$。

3. 磁介质中的高斯定理

由于无论是传导电流产生的磁场还是磁化面电流产生的磁场，磁力线都是闭合的，因此磁介质中的高斯定理为**通过任意闭合曲面的磁通量必等于零**，仍然有如下形式：

$$\Phi = \oiint_S \boldsymbol{B}\cdot \mathrm{d}\boldsymbol{S} = 0 \tag{10.79}$$

例 10.14 如图 10.42 所示，一根同轴线由半径为 R_1 的长导线和它外面的内、外半径分别为 R_2、R_3 的同轴导体圆筒组成，中间介质（各向同性的非铁磁绝缘材料）的磁导率为 μ，传导电流 I 沿导线向上流去并由圆筒向下流回（均匀分布）。求同轴线内外的磁感应强度 $\boldsymbol{B}$ 的分布。

解 通过所求场点选择如图 10.42 所示的半径为 r、圆心在轴线上的圆周作为闭合回路，根据磁介质中的安培环路定理 $\oint_L \boldsymbol{H}\cdot \mathrm{d}\boldsymbol{l} = \sum I_{i0}$，有

(1)在 $0<r<R_1$ 区域中：$2\pi rH=\dfrac{I\pi r^2}{\pi R_1^2}$，$H=\dfrac{Ir}{2\pi R_1^2}$，$B=\dfrac{\mu_0 Ir}{2\pi R_1^2}$。

(2)在 $R_1<r<R_2$ 区域中：$2\pi rH=I$，$H=\dfrac{I}{2\pi r}$，$B=\dfrac{\mu I}{2\pi r}$。

(3)在 $R_2<r<R_3$ 区域中：$2\pi rH=I-\dfrac{I\pi(r^2-R_2^2)}{\pi(R_3^2-R_2^2)}$，$H=\dfrac{I}{2\pi r}\cdot\left(1-\dfrac{r^2-R_2^2}{R_3^2-R_2^2}\right)$，$B=\dfrac{\mu_0 I}{2\pi r}\left(1-\dfrac{r^2-R_2^2}{R_3^2-R_2^2}\right)$。

(4)在 $r>R_3$ 区域中：$H=0$，$B=0$。

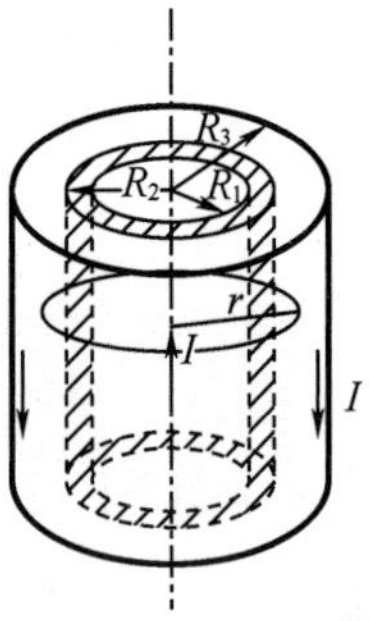

图 10.42　例 10.14 图

10.8.4　铁磁质

铁磁质是在实际中有广泛应用的磁介质，在电磁铁、电机、变压器和电表的线圈中都要放置铁磁质，以增强磁性及磁场。铁磁质的性质和规律比顺磁质、抗磁质复杂，下面通过图 10.43 所示的实验装置来测定铁磁质磁化特性。

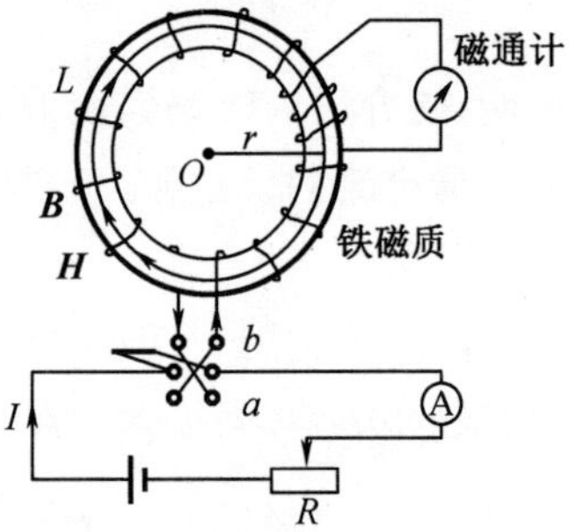

以铁磁质为芯的环形螺线管、电源及可变电阻器 R 构成一回路。设 n 为单位长度螺线管的线圈匝数，当线圈通有电流为 I 的电流时，环内磁场强度大小为

$$H=nI=\frac{NI}{2\pi r} \tag{10.80}$$

圆环内的 $\boldsymbol{B}$ 的大小可用磁通计来测量。

通过改变 R 而改变 I 测得相应的 H 和 B，实验结果如图 10.44所示的曲线。

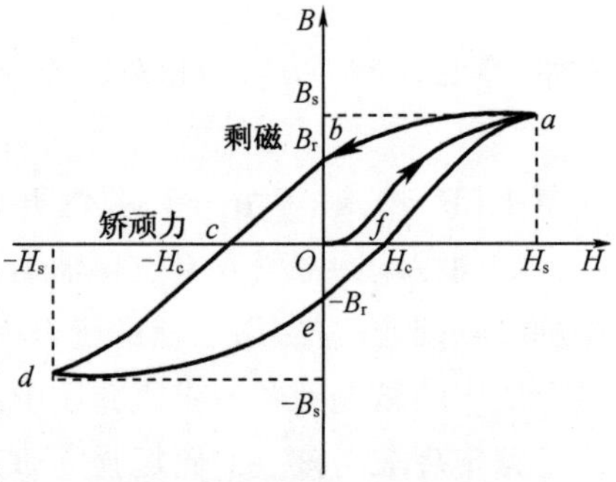

图 10.44　磁化曲线和磁滞回线

图 10.44 中，Oa 称为**初始磁化曲线**，H 和 B 之间有非线性关系，当 H 从零逐渐增加时，B 也从零逐渐增加。开始时，B 随之急剧增加，随后 B 随 H 的增加而缓慢增加，当 H 增大到一定值时(图 10.44 中 a 点)，B 几乎不再增加，这时磁化达到了饱和，对应的 B 值称为饱和磁感应强度 B_s，对应于 H_s。由于磁化曲线不是直线，因此铁磁质的磁导率 $\mu=B/H$ 以及相对磁导率 $\mu_r=\mu/\mu_0$ 都不是恒量(图 10.45)。在磁化达到饱和后，令 H 减小，则 B 也减小，但不沿图 10.44 中曲线 aO 减小，而是沿曲线 ab 减小。当 H 等于零时，$B=B_r$，即磁场强度减小到零时，介质的磁化状态并不恢复到原来的起点 O，而是保留一定的磁性，这叫作**剩磁现象**，B_r 叫作剩磁感应强度，简称**剩磁**。这种 B 的变化落后于 H 的变化的现象称为磁滞现象，简称**磁滞**。如果随着反向磁场强度 H 的增加，B 值逐渐减小，当 $H=-H_c$ 时，B 变为零，即介质完全退磁，使介质完全退磁所需的反向磁场强度 H_c 叫作**矫顽力**。当反向磁场 H 继续增加时，铁磁质将向反方向磁化，达到饱和后，若使反向磁场 H 减小到零，然后再向正方向增加，则 B 将沿曲线 $defa$ 变化，$B-H$ 曲线形成一个闭合曲线 $abcdefa$，这个闭合曲线称为**磁滞回线**。在沿磁滞回线反复磁化的过程中，大部分电磁能将变为介质中的热而损耗掉，损耗

的能量与磁滞回线所包围的面积有关，即面积越大，能量的损耗也越多。不同的铁磁材料有不同的磁滞回线，它们的区别在于矫顽力的大小不同。铁磁材料按矫顽力的大小分为两类，即软磁材料和硬磁材料。软磁材料[图 10.46(a)]如纯铁、硅钢坡莫合金、铁氧体等的 μ_r 和 B_s 一般都较大，但矫顽力小，磁滞回线的面积窄而长，磁滞损耗小，易磁化、易退磁，适宜制造电磁铁、变压器、交流发电机、继电器、电机，以及各种高频电磁元件的磁芯、磁棒等。硬磁材料[图 10.46(b)]如钨钢、碳钢、铝镍钴合金等的剩磁和矫顽力比较大，磁滞回线所围的面积大，磁滞损耗大，磁滞特性非常显著，适合做永久磁铁，如磁电式电表中的永磁铁、永磁扬声器。矩磁铁氧体材料[图 10.46(c)]如锰镁铁氧体、锂锰铁氧体等又叫**铁淦氧**，是由三氧化二铁和其他二价的金属氧化物的粉末混合烧制而成的，常称为**磁性瓷**。其特点是：$B_s=B_r$；H_c 不大；磁滞回线是矩形；适于制作记忆元件。当正脉冲产生时，$H>H_c$，磁芯呈 $+B$ 态；当负脉冲产生时，$H<H_c$，磁芯呈 $-B$ 态。这可作为二进制的两个态。

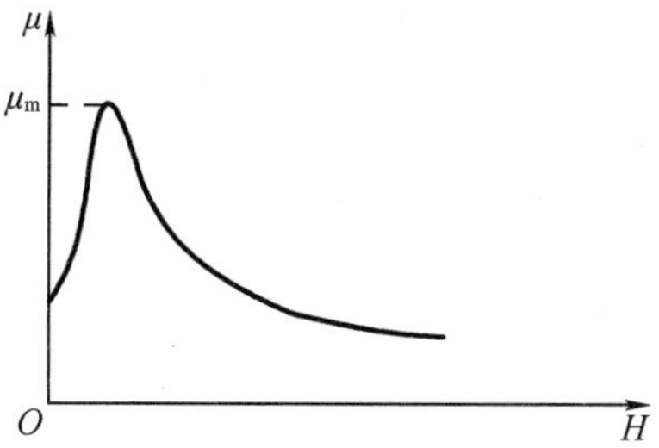

图 10.45 铁磁质的 $\mu-H$ 曲线

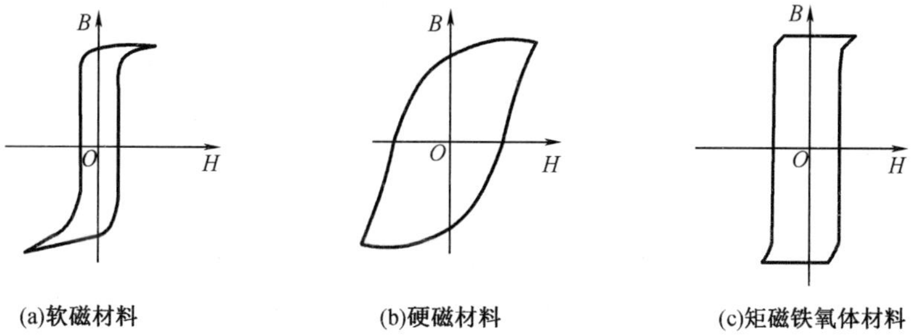

图 10.46 铁磁性材料

铁磁质为什么会有如此不同于弱磁介质的种种磁化特性呢？下面用磁畴理论加以简要说明。铁磁质的微观结构同顺磁质和抗磁质不同，从物质结构的角度来看，铁磁质内电子间由自旋引起的相互作用非常强烈，在这种作用下，其内部形成了无数个体积为 $1.0\times10^{-12}\sim1.0\times10^{-9}\ m^3$，内含 $1.0\times10^{17}\sim1.0\times10^{20}$ 个原子，所有原子的磁矩都沿一个方向整齐排列的小区域，这样小区域称为**磁畴**，如图 10.47 所示。

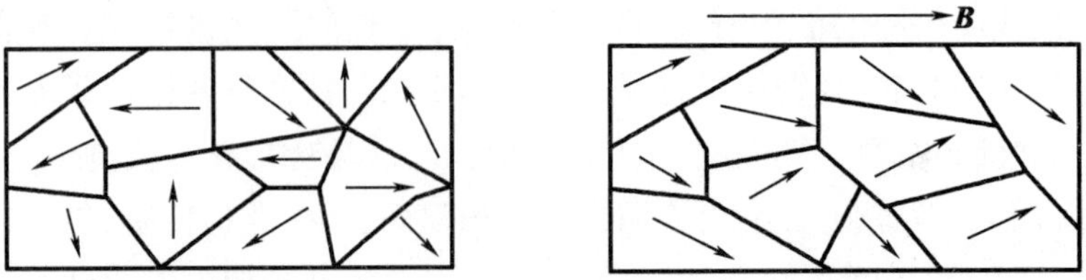

图 10.47　磁畴

在每个磁畴中，所有分子或原子的磁矩都向着同一个方向，排列得非常整齐。在未磁化的铁磁质中，各磁畴的磁矩取向是无序的，因而宏观上整个铁磁质没有明显的磁性，如图 10.47(a)所示。如图 10.47(b)所示，当把铁磁质置于外磁场中时，随着外磁场的逐渐增强，磁矩方向与外磁场相同的磁畴的体积逐渐扩大，而磁矩方向与外磁场相差角度较大的磁畴的体积逐渐缩小。这时，铁磁质也就逐渐对外显示出磁性。初始磁化曲线中的起始阶段即为磁畴在磁场的作用下迅速沿外磁场方向排列，使 B 随之急剧增加。当外磁场增强大到一定程度后，所有磁畴的磁矩方向都沿着外磁场方向排列，这时，铁磁质的磁化达到饱和。由于铁磁质中存在杂质和内应力等阻碍了各磁畴在去掉外磁场后重新回到原来混乱排列的消磁状态，因此，当再撤去外磁场时，各个磁畴间的摩擦阻力会阻碍它们恢复到磁化以前的取向分布，从而表现出过程的不可逆性即产生磁滞效应，这就是宏观上磁滞和剩磁现象产生的原因。

应该指出，铁磁质的磁化特性与磁畴结构的存在是分不开的，当磁铁受到强烈震动或在高温情况下，分子剧烈的热运动可瓦解磁畴内磁矩的规则排列，通常当温度达到临界温度时，磁畴全被破坏，铁磁质就转为普通的顺磁质了，此时的磁铁与铝块没有什么区别；但当温度低于临界温度时，其又变为铁磁质了。因此，将临界温度称为**居里点**，铁、钴、镍的居里点分别为 770 ℃、1 115 ℃、358 ℃，坡莫合金的居里点为 440 ℃。

本章小结

1. 磁现象的本质

运动电荷对运动电荷的作用。

运动电荷(电流 1 或磁体 1)⟺磁场⟺运动电荷(电流 2 或磁体 2)

2. 毕奥－萨伐尔定律

$$\mathrm{d}\boldsymbol{B}=\frac{\mu_0}{4\pi}\frac{I\mathrm{d}\boldsymbol{l}\boldsymbol{r}_0}{r^2}=\frac{\mu_0}{4\pi}\frac{I\mathrm{d}\boldsymbol{l}\boldsymbol{r}}{r^3}$$

式中，$\mu_0=4\pi\times10^{-7}\ \mathrm{T\cdot m\cdot A^{-1}}$(或 $\mathrm{H\cdot m^{-1}}$)，称为**真空磁导率**。

3. 磁场的叠加原理

$$\boldsymbol{B}=\sum_i\boldsymbol{B}_i$$

4. 磁通量

$$\Phi = \iint_S \mathrm{d}\Phi = \iint_S \boldsymbol{B} \cdot \mathrm{d}\boldsymbol{S}$$

磁通量的单位为韦伯(Wb)。

5. 磁场的高斯定理(磁通连续定理)

$$\Phi = \oiint_S \boldsymbol{B} \cdot \mathrm{d}\boldsymbol{S} = 0$$

表明了磁场的无源性。

6. 稳恒磁场的安培环路定理

$$\oint_L \boldsymbol{B} \cdot \mathrm{d}\boldsymbol{l} = \mu_0 \sum I_i$$

表明了磁场的有旋性。

7. 计算磁场 $\boldsymbol{B}$ 的两个基本方法

(1)利用毕奥－萨伐尔定律和磁场的叠加原理

$$\mathrm{d}\boldsymbol{B} = \frac{\mu_0}{4\pi} \frac{I\mathrm{d}\boldsymbol{l}\boldsymbol{r}_0}{r^2}$$

$$\boldsymbol{B} = \int_L \mathrm{d}\boldsymbol{B}$$

(2)对于具有一定对称性的磁场分布,利用安培环路定理求解更为简洁方便,即经过所求场点选取适当的闭合回路,使线积分 $\oint_L \boldsymbol{B} \cdot \mathrm{d}\boldsymbol{l}$ 中所求场点的 $\boldsymbol{B}$ 能以标量的形式提出来,再利用 $B = \dfrac{\mu_0 \sum I_i}{\int \mathrm{d}l}$ 求出磁感应强度 B。

8. 磁场对运动电荷、载流导线的作用

(1)磁场 $\boldsymbol{B}$ 对运动电荷的作用力——洛伦兹力

$$\boldsymbol{f}_{\mathrm{m}} = q\boldsymbol{v} \times \boldsymbol{B}$$

(2)磁场 $\boldsymbol{B}$ 对载流导线的作用——安培力

$$\mathrm{d}\boldsymbol{F} = I\mathrm{d}\boldsymbol{l} \times \boldsymbol{B}$$

$$\boldsymbol{F} = \int \mathrm{d}\boldsymbol{F} = \int_L I\mathrm{d}\boldsymbol{l} \times \boldsymbol{B}$$

(3)磁场 $\boldsymbol{B}$ 对载流线圈的作用——磁力矩

$$\boldsymbol{M} = \boldsymbol{m} \times \boldsymbol{B}$$

$$\boldsymbol{m} = NIS\boldsymbol{n}$$

9. 磁力和磁力矩的功

$$A = I\Delta\Phi$$

10. 磁介质对磁场的影响

$$\boldsymbol{B} = \mu_{\mathrm{r}}\boldsymbol{B}_0$$

$$\boldsymbol{B}=\boldsymbol{B}_0+\boldsymbol{B}'$$

式中，μ_r 为相对磁导率；$\mu=\mu_0\mu_r$。

磁介质的分类为

$$\begin{cases}\mu_r>1,\text{顺磁质},\boldsymbol{B}>\boldsymbol{B}_0\\ \mu_r<1,\text{抗磁质},\boldsymbol{B}<\boldsymbol{B}_0\\ \mu_r\gg 1,\text{铁磁质},\boldsymbol{B}\gg\boldsymbol{B}_0\end{cases}$$

11. 磁场对磁介质的影响

磁介质的磁化使磁介质内部出现了分子磁矩，结果就是在磁介质表面边界出现了磁化面电流（束缚电流）。

磁化结果包括 $\boldsymbol{M}$、I_s、$\boldsymbol{B}=\boldsymbol{B}_0+\boldsymbol{B}'$，用于**描绘磁化**。

12. 磁介质中的高斯定理

$$\Phi=\oiint_S \boldsymbol{B}\cdot \mathrm{d}\boldsymbol{S}=0$$

13. 磁介质中的安培环路定理

$$\oint_L \boldsymbol{H}\cdot \mathrm{d}\boldsymbol{l}=\sum I_{i0}$$

磁场强度 $\boldsymbol{H}=\dfrac{\boldsymbol{B}}{\mu_0\mu_r}=\dfrac{\boldsymbol{B}}{\mu}$，是一个辅助矢量，无直接的物理意义。

思 考 题

10.1　一电子以速度 v 射入磁场强度为 B 的均匀磁场中，电子沿什么方向射入时受到的磁场力最大？沿什么方向不受磁场力作用？

10.2　有两根无限长的平行载流直导线，电流的流向相同，如果取一平面垂直于这两根直导线，则此平面上的磁感应线的分布大致是怎样的？

10.3　在下列三种情况下，能否用安培环路定理来求磁感应强度，为什么？

(1)有限长的载流直导线产生的磁场。

(2)圆电流产生的磁场。

(3)两无限长的同轴载流圆柱面之间的磁场。

10.4　一质子束发生了侧向偏转，造成这个偏转的原因能否是电场？能否是磁场？你是怎样判断的？

10.5　均匀磁场的磁感应强度 $\boldsymbol{B}$ 的方向垂直向下，如果有两个电子以大小相等、方向相反的速度沿水平方向射出，试问：这两个电子做何运动；如果一个是电子，一个是正电子，它们的运动又如何。

10.6　安培定律 $\mathrm{d}\boldsymbol{F}=I\mathrm{d}\boldsymbol{l}\times\boldsymbol{B}$ 中的三个矢量，哪两个矢量是始终相正交的？哪两个矢量之间可以有任意角度？

10.7 一有限长的载流直导线在均匀磁场中沿着磁感应线运动，磁力对它是否总是做功？什么情况下磁力做功，什么情况下磁力不做功？

习 题

10.1 均匀磁场的磁感应强度 $\boldsymbol{B}$ 的方向垂直于半径为 x 的圆面。今以该圆周为边线作一半球面 S，则通过 S 面的磁通量的大小为 ( )

(A) $2\pi^2 B$　　(B) $\pi^2 B$

(C) 0　　(D) 无法确定

10.2 如图所示，边长为 a 的正方形的四个角上固定有四个电量均为 q 的点电荷。此正方形以角速度 ω 绕 AC 轴旋转时，在中心 O 点产生的磁感应强度的大小为 B_1；此正方形同样以角速度 ω 绕过 O 点且垂直于正方形平面的轴旋转时，在 O 点产生的磁感应强度的大小为 B_2，则 B_1 与 B_2 的关系为 ( )

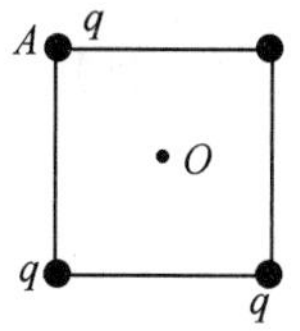

习题 10.2 图

(A) $B_1 = B_2$　　(B) $B_1 = 2B_2$

(C) $B_1 = \frac{1}{2}B_2$　　(D) $B_1 = \frac{1}{4}B_2$

10.3 无限长的载流空心圆柱导体的内、外半径分别为 a、b，若电流在导体截面上均匀分布，则空间各处的 $\boldsymbol{B}$ 的大小与场点到圆柱中心轴线的距离 r 的关系可用图定性表示。下面选项中正确的图是 ( )

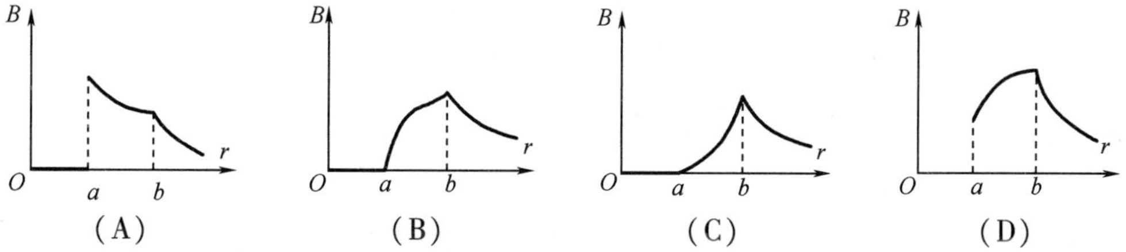

10.4 图中，六根无限长的导线互相绝缘，通过电流均为 I，区域Ⅰ、Ⅱ、Ⅲ、Ⅳ 均为大小相等的正方形，哪一个区域指向纸内的磁通量最大？ ( )

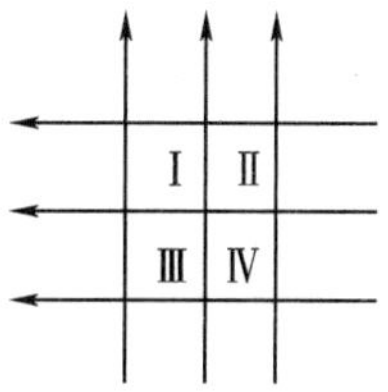

习题 10.4 图

(A) 区域Ⅰ　　(B) 区域Ⅱ

(C) 区域Ⅲ　　(D) 区域Ⅳ

(E) 最大的不止一个

10.5 图为四个带电粒子在 O 点沿相同方向垂直于磁感应线射入均匀磁场后的偏转轨迹的照片，磁场方向垂直于纸面向外，轨迹所对应的四个粒子的质量相等，电荷大小也相等，则其中动能最大的带负电的粒子的轨迹是 ( )

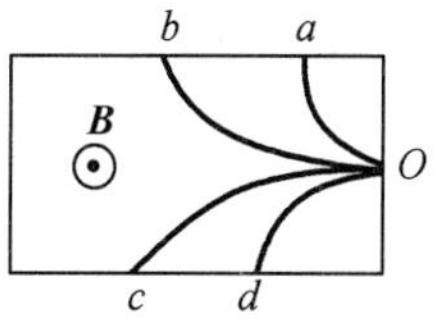

习题 10.5 图

(A) Oa　　(B) Ob

(C) Oc　　(D) Od

10.6　A、B 两个电子都垂直于磁场方向射入一均匀磁场而做圆周运动。A 电子的速率是 B 电子的速率的两倍。设 R_A、R_B 分别为 A 电子与 B 电子的轨道半径，T_A、T_B 分别为它们各自的周期，则　（　　）

(A) $R_A:R_B=2, T_A:T_B=2$　　(B) $R_A:R_B=\frac{1}{2}, T_A:T_B=1$

(C) $R_A:R_B=1, T_A:T_B=\frac{1}{2}$　　(D) $R_A:R_B=2, T_A:T_B=1$

10.7　如图所示，无限长直载流导线与正三角形载流线圈在同一平面内，若无限长直载流导线固定不动，则正三角形载流线圈将　（　　）

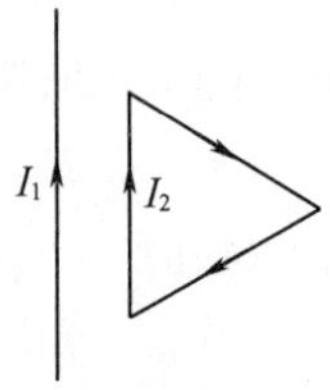

习题 10.7 图

(A) 向着无限长直载流导线平移
(B) 离开无限长直载流导线平移
(C) 转动
(D) 不动

10.8　如图所示，长载流导线 ab 和 cd 相互垂直，它们相距 l，ab 固定不动，cd 能绕中点 O 转动并能靠近或离开 ab。当电流方向如图所示时，导线 cd 将　（　　）

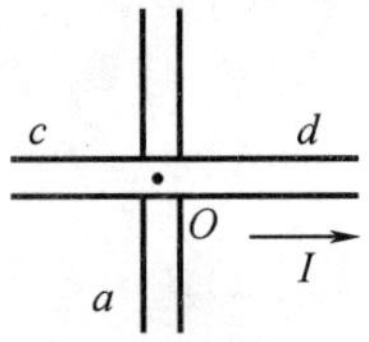

习题 10.8 图

(A) 顺时针转动，同时离开 ab
(B) 顺时针转动，同时靠近 ab
(C) 逆时针转动，同时离开 ab
(D) 逆时针转动，同时靠近 ab

10.9　如图所示，匀强磁场中有一矩形通电线圈，它的平面与磁场平行，在磁场的作用下，线圈发生转动，其方向是　（　　）

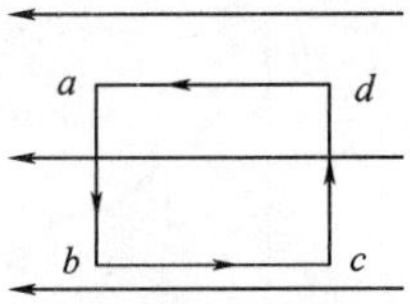

习题 10.9 图

(A) ab 边转入纸内，cd 边转出纸外
(B) ab 边转出纸外，cd 边转入纸内
(C) ad 边转入纸内，bc 边转出纸外
(D) ad 边转出纸外，bc 边转入纸内

10.10　把轻的正方形线圈用细线挂在直载流导线 AB 的附近，两者在同一平面内，直载流导线 AB 固定，线圈可以活动。当正方形线圈通以如图所示的电流时，线圈将　（　　）

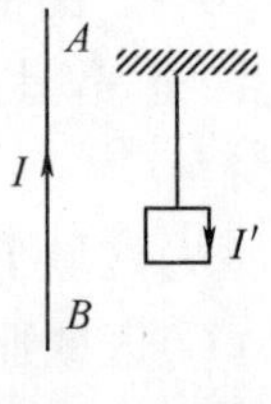

习题 10.10 图

(A) 不动
(B) 发生转动，同时靠近导线 AB
(C) 发生转动，同时离开导线 AB
(D) 靠近导线 AB
(E) 离开导线 AB

10.11　无限长直导线在 P 处弯成半径为 R 的圆，当通以电流 I 时，在圆心 O 点的磁感应强度的大小等于　（　　）

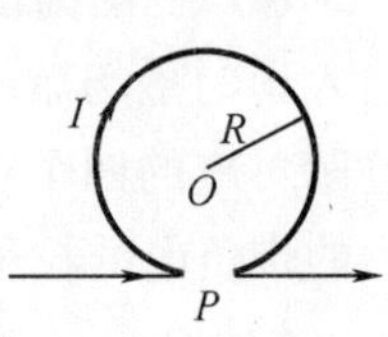

习题 10.11 图

(A) $\frac{\mu_0 I}{2\pi R}$　　(B) $\frac{\mu_0 I}{4R}$

(C)0

(D)$\frac{\mu_0 I}{2R}\left(1-\frac{1}{\pi}\right)$

(E)$\frac{\mu_0 I}{4R}\left(1+\frac{1}{\pi}\right)$

10.12　有一无限长的通电流的扁平铜片，宽度为 a，厚度不计，电流 I 在铜片上均匀分布，在铜片外与铜片共面且离铜片右边缘为 b 处的 P 点(如图)的磁感应强度的大小为 (　　)

(A)$\frac{\mu_0 I}{2\pi(a+b)}$

(B)$\frac{\mu_0 I}{2\pi a}\ln\frac{a+b}{b}$

(C)$\frac{\mu_0 I}{2\pi b}\ln\frac{a+b}{b}$

(D)$\frac{\mu_0 I}{\pi(a+2b)}$

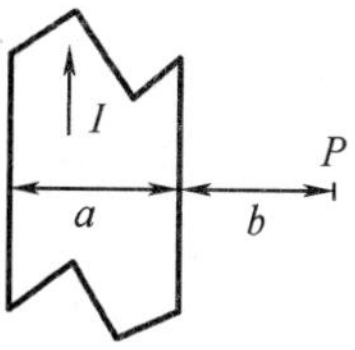

习题 10.12 图

10.13　若一磁场的磁感应强度 $\boldsymbol{B}=a\boldsymbol{i}+b\boldsymbol{j}+c\boldsymbol{k}$(SI)，则通过一半径为 R、开口向 z 轴正方向的半球壳表面的磁通量的大小为________Wb。

10.14　在匀强磁场 $\boldsymbol{B}$ 中取一半径为 R 的圆，若圆面的法线 $\boldsymbol{n}$ 与 $\boldsymbol{B}$ 成60°，如图所示，则通过以该圆周为边线的如图所示的任意曲面 S 的磁通量 $\Phi=\iint_S \boldsymbol{B}\cdot \mathrm{d}\boldsymbol{S}=$________。

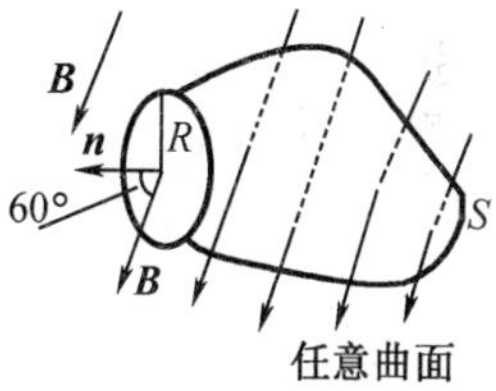

习题 10.14 图

10.15　在一根通有电流 I 的长直导线旁，与之共面地放着一个长、宽各为 a 和 b 的矩形线框，线框的长边与长直载流导线平行，且二者相距为 b，如图所示。在此情形中，线框内的磁通量为________。

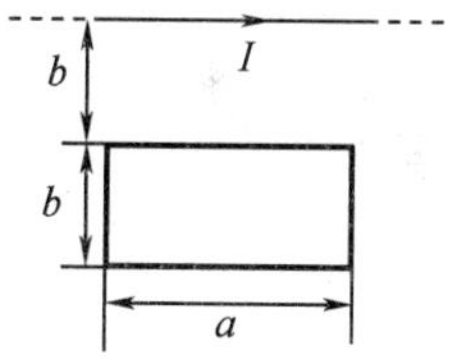

习题 10.15 图

10.16　一半径 $r=10$ cm 的细导线圆环，流过电流 $I=3$ A 的电流，那么细环中心的磁感应强度 $B=$________。(真空中的磁导率 $\mu_0=4\times10^{-7}$ T·m·A^{-1})。

10.17　在真空中，若将一根无限长的载流导线在一平面内弯成如图所示的形状，并通以电流 I，则圆心 O 点的磁感应强度 B 的值为________。

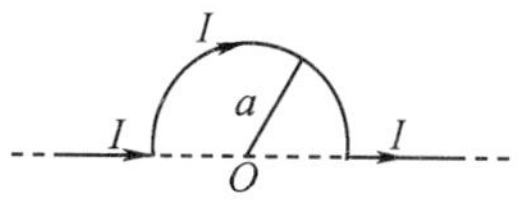

习题 10.17 图

10.18　在磁场空间分别取两个闭合回路，若两个回路各自包围的载流导线的根数不同，但电流的代数和相同，则磁感应强度沿各闭合回路的线积分________(填"相同"或"不同")；两个回路上的磁场分布________(填"相同"或"不同")。

10.19　两根长直导线通有电流 I，如图所示有三种环路，在每种情况下，$\oint \boldsymbol{B}\cdot \mathrm{d}\boldsymbol{l}$ 等于：

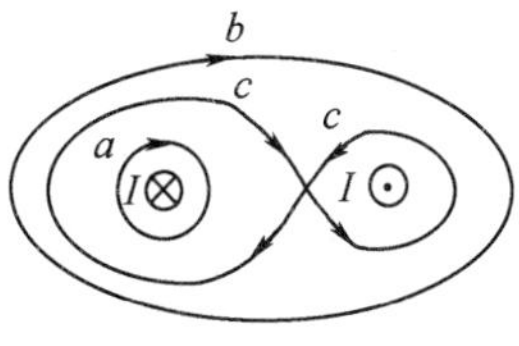

习题 10.19 图

________________________________(对环路 a)；

________（对环路 b）；

________（对环路 c）。

10.20　如图所示，磁感应强度 $\boldsymbol{B}$ 沿闭合曲线 L 的环流 $\oint_L \boldsymbol{B}\cdot \mathrm{d}\boldsymbol{l}=$ ________。

10.21　如图所示，若将一根载流导线弯成半径为 R 的 1/4 圆弧，并放在磁感应强度为 B 的均匀磁场中，则载流导线 ab 所受的磁场的作用力的大小为________，方向为________。

10.22　在磁场中某点放一很小的试验线圈，若线圈的面积增大一倍，且其中的电流也增大一倍，则该线圈所受的最大磁力矩将是原来的________倍。

10.23　如图所示，在均匀磁场中放一均匀带正电荷的圆环，其线电荷密度为 l。圆环可绕通过环心 O 且与环面垂直的转轴旋转。当圆环以角速度 ω 转动时，圆环受到的磁力矩为________，其方向为________。

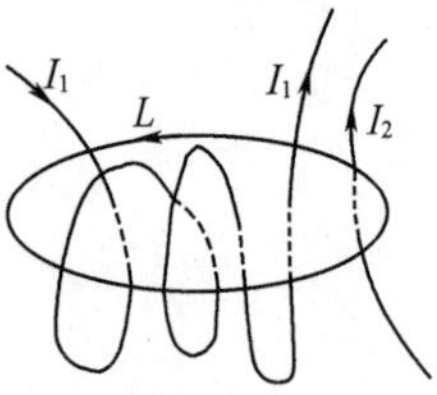

习题 10.20 图

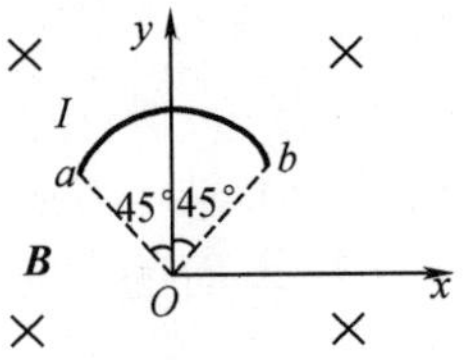

习题 10.21 图

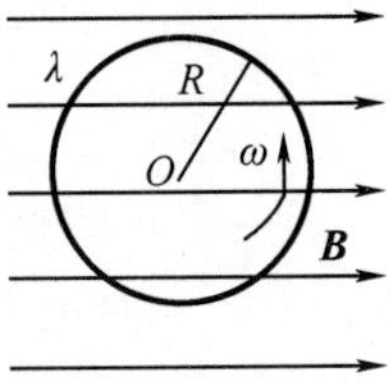

习题 10.23 图

10.24　有一半径为 a、流过稳恒电流 I 的 1/4 圆弧形载流导线 bc，将其按如图所示方式置于均匀外磁场 $\boldsymbol{B}$ 中，该载流导线所受的安培力大小为________。

10.25　一弯曲的载流导线在同一平面内，形状如图所示（O 点是半径为 R_1 和 R_2 的两个半圆弧的共同圆心，电流自无限远处来，到无限远处去），O 点磁感应强度的大小是________。

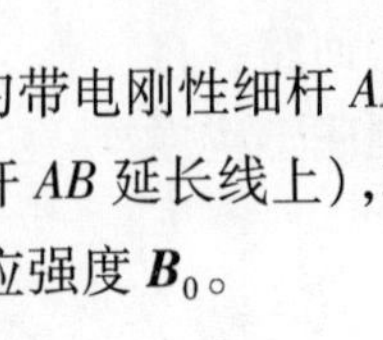

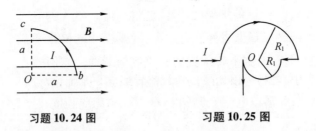

习题 10.24 图

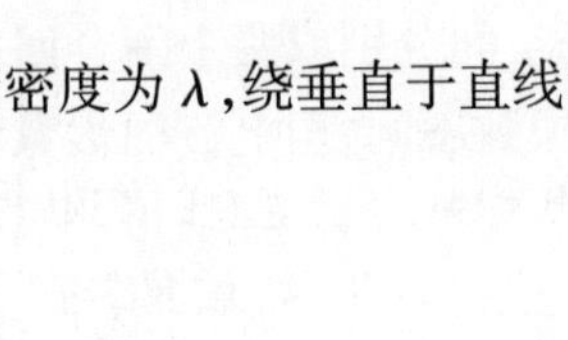

习题 10.25 图

10.26　有一均匀带电刚性细杆 AB，线电荷密度为 λ，绕垂直于直线的轴 O 以角速度 ω 匀速转动（O 点在细杆 AB 延长线上），求：

（1）O 点的磁感应强度 $\boldsymbol{B}_0$。

（2）系统的磁矩 $\boldsymbol{p}_{\mathrm{m}}$。

（3）若 $a \gg b$，求 B_0 及 P_{m}。

10.27　如图所示，半径为 R、线电荷密度为 $\lambda(>0)$ 的均匀带电的圆线圈，绕过圆心且与圆平面垂直的轴以角速度 ω 转动，求轴线上任一点的 $\boldsymbol{B}$ 的大小及方向。

10.28 将一根无限长的导线弯成如图所示的形状，设各线段都在同一平面内（纸面内），其中，第二段是半径为 R 的1/4 圆弧，其余为直线。导线中通有电流 I。求图中 O 点处的磁感应强度。

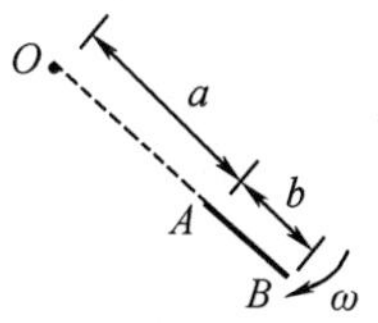

习题 10.26 图

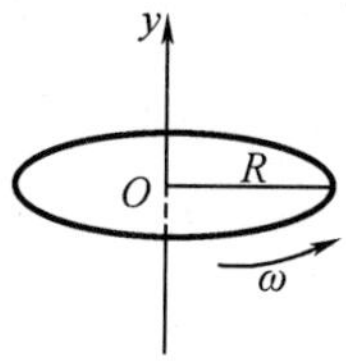

习题 10.27 图

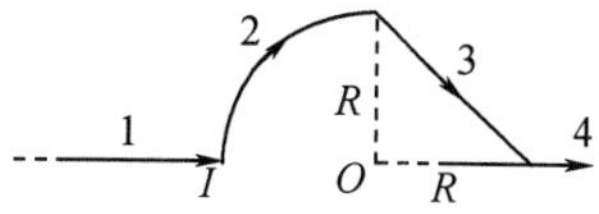

习题 10.28 图

10.29 将通有电流 I 的导线在同一平面内弯成如图所示的形状，求 D 点的磁感应强度 $\boldsymbol{B}$ 的大小。

10.30 如图所示，一半径为 R 的均匀带电、无限长的直圆筒的面电荷密度为 σ。该筒以角速度 ω 绕其轴线匀速旋转。试求圆筒内部的磁感应强度。

10.31 有一长直导体圆管，内、外半径分别为 R_1 和 R_2，如图所示。它所载的电流 I_1 均匀分布在其横截面上。导体旁边有一绝缘、无限长的直导线，载有电流 I_2，且在中部绕了一个半径为 R 的圆圈。设导体管的轴线与直导线平行，相距为 d，而且它们与导体圆圈共面，求圆心 O 点处的磁感应强度 $\boldsymbol{B}$。

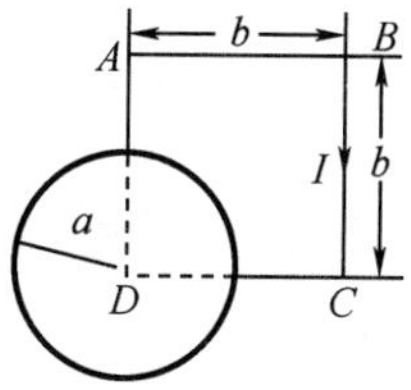

习题 10.29 图

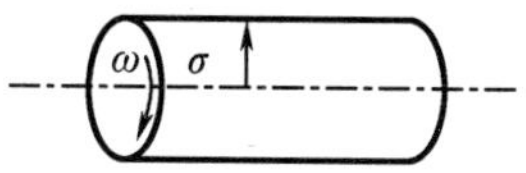

习题 10.30 图

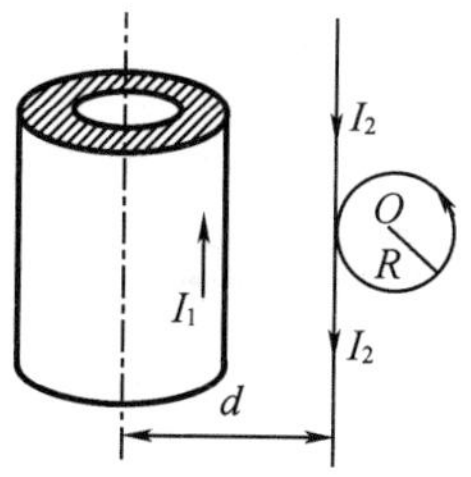

习题 10.31 图

10.32 如图所示，有两根平行放置的长直载流导线。它们的直径均为 a，反向流过相同大小的电流 I，电流在导线内均匀分布。试在图示的坐标系中求出 x 轴上两导线之间区域 $\left[\frac{1}{2}a,\frac{5}{2}a\right]$ 内的磁感应强度的分布。

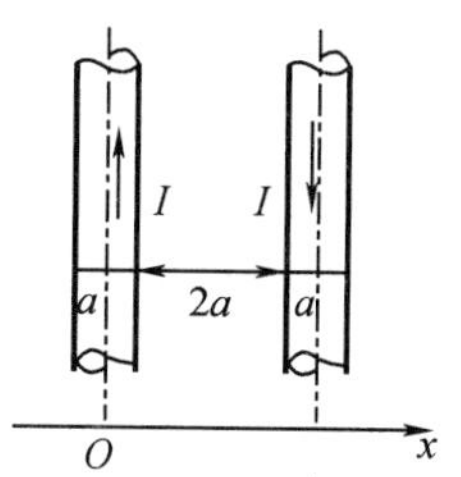

习题 10.32 图

10.33 一电子以 $v=10^5\ \mathrm{m\cdot s^{-1}}$ 的速率在垂直于均匀磁场的平面内做半径 $R=1.2$ cm 的圆周运动，求此圆周所包围的磁通量。（忽略电子运动产生的磁场，已知基本电荷 $e=1.6\times10^{-19}$ C，电子质量 $m_e=9.11\times10^{-31}$ kg）

10.34 一圆线圈的半径为 R，载有电流 I，置于均匀外磁场 $\boldsymbol{B}$ 中（如图所示）。在不考虑载流圆线圈本身所激发的磁场的情况下，求线圈导线上的张力。（规定载流线圈的法线方向与 $\boldsymbol{B}$ 的方向相同）

10.35 通有电流 I 的长直导线在一平面内被弯成如图所示的形状，并被放于垂直进入

纸面的均匀磁场 $\boldsymbol{B}$ 中，求整个导线所受的安培力。（R 为已知）

10.36　在图示回路中，导线 ab 可以在相距为 0.10 m 的两平行光滑导线 LL' 和 MM' 上水平地滑动。整个回路被放在磁感应强度为 0.50 T 的均匀磁场中，磁场方向为竖直向上，回路中的电流为 4.0 A。如要保持导线做匀速运动，求须加外力的大小和方向。

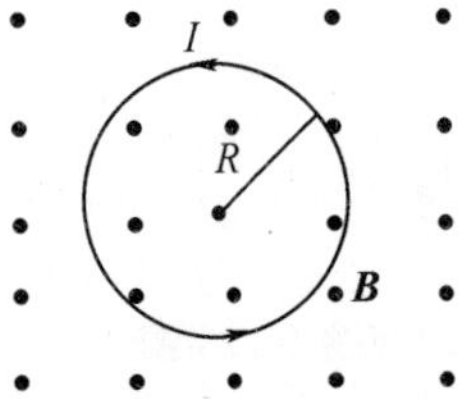

习题 10.34 图

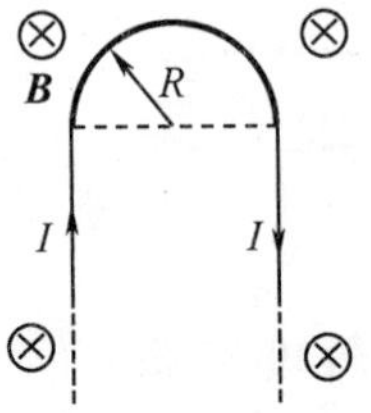

习题 10.35 图

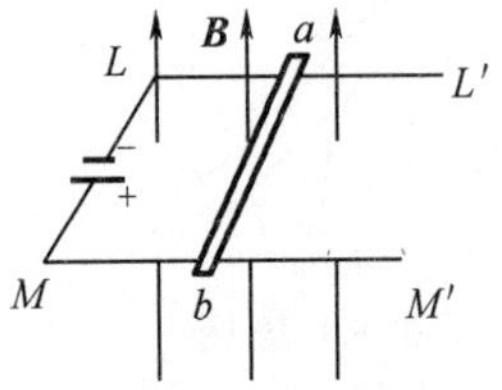

习题 10.36 图

10.37　将一半径为 4.0 cm 的圆环放在磁场中，磁场的方向对环而言是对称发散的，如图所示。圆环所在处的磁感应强度的大小为 0.1 T，磁场的方向与环面法向成 60°。求当圆环中通有电流（$I = 15.8$ A）时，圆环所受磁力的大小和方向。

10.38　在 xOy 平面内有一圆心在 O 点的圆线圈，通以顺时针绕向的电流 I_1；另有一无限长的直导线与 y 轴重合，通以电流 I_2，方向向上，如图所示。求此时圆线圈所受的磁力。

10.39　半径为 R 的半圆线圈 ACD 中通有电流 I_2，置于电流为 I_1 的无限长的直线电流的磁场中，直线电流 I_1 恰过半圆的直径，两导线相互绝缘。求半圆线圈受到直线电流 I_1 的磁力。

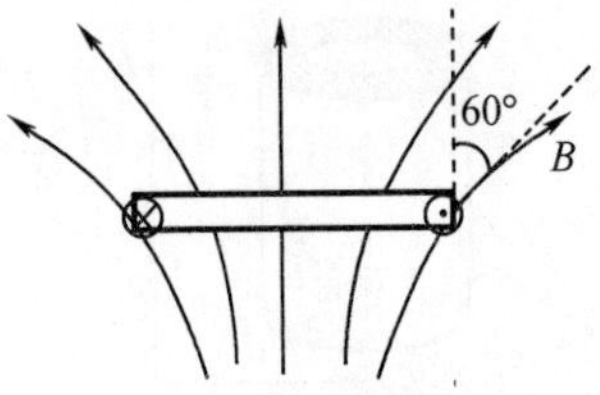

习题 10.37 图

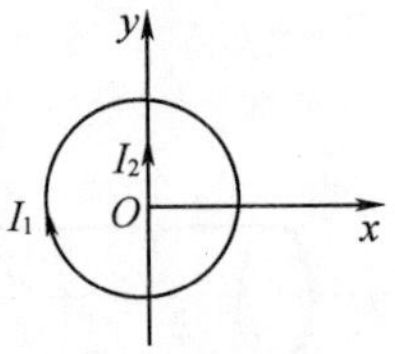

习题 10.38 图

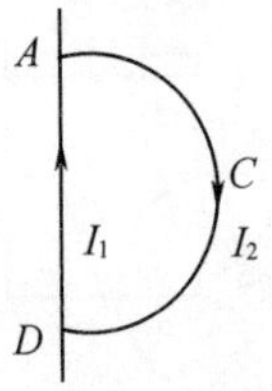

习题 10.39 图

10.40　将通有电流（$I = 0.5$ A）的无限长导线折成如图所示的形状，已知半圆环的半径 $R = 0.10$ m。求圆心 O 点的磁感应强度。（$\mu_0 = 4\pi \times 10^{-7}\ \mathrm{H \cdot m^{-1}}$）

10.41　有一闭合回路由半径为 a 和 b 的两个同心共面半圆连接而成，如图所示。其上均匀分布线电荷密度为 λ 的电荷，当回路以匀角速度 ω 绕过 O 点且垂直于回路平面的轴转动时，求圆心 O 点处的磁感应强度的大小。

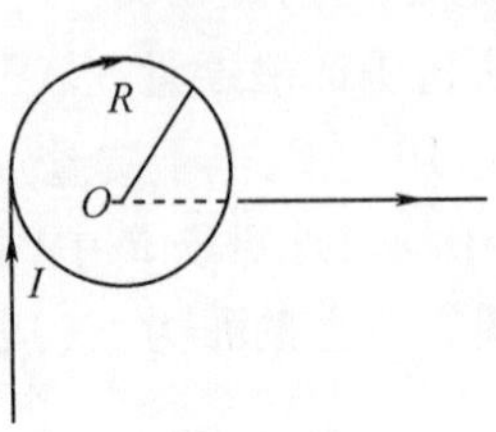

习题 10.40 图

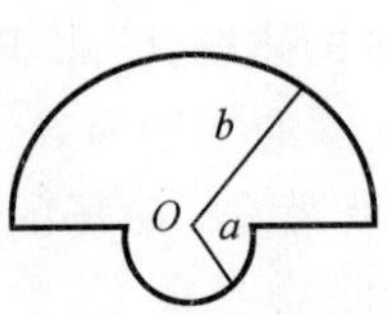

习题 10.41 图

10.42　如图所示,电流从内部开始沿第一根导线顺时针通过后,紧接着沿第二根逆时针返回,如此由内到外往返。最后一根导线中的电流沿两个方向通过:(1)逆时针方向;(2)顺时针方向。设导线中的电流为 I,R 远大于导线的直径。求(1)和(2)两种情况下,O 点处的磁感应强度 $\boldsymbol{B}$ 的大小与方向。

10.43　半径为 R 的均匀环形导线在 b、c 两点处分别与两根互相垂直的直载流导线相连,已知环与两直导线共面,如图所示。若两直导线中的电流均为 I,求环心 O 处磁感应强度的大小和方向。

10.44　一无限长的圆柱形铜导体(磁导率为 μ)的半径为 R,通有均匀分布的电流 I。今取一矩形平面 S(长为 1 m,宽为 $2R$),位置如图中画斜线部分所示,求通过该矩形平面的磁通量。

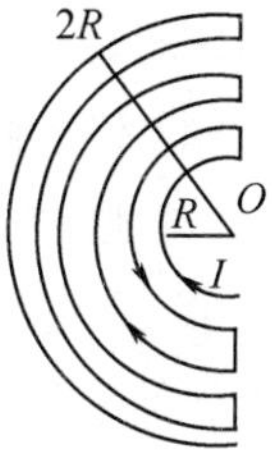

习题 10.42 图

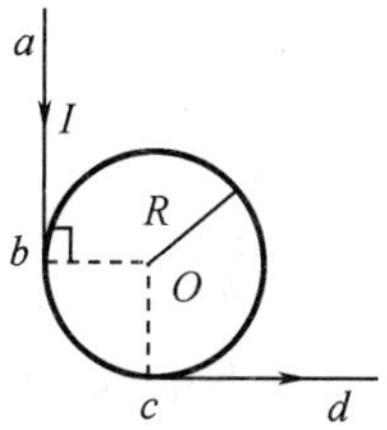

习题 10.43 图

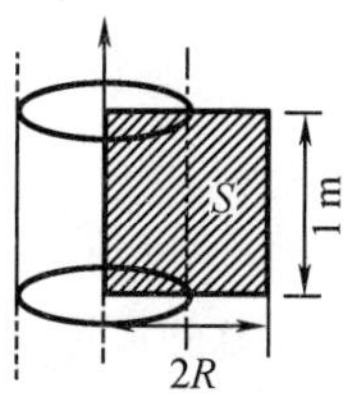

习题 10.44 图

第 11 章　电磁感应

1820 年，在奥斯特发现电流的磁效应后，许多物理学家便试图寻找它的逆效应。法拉第提出了“磁能否产生电，磁能否对电产生作用”的问题。1822 年，阿喇戈和洪堡在测量地磁强度时，偶然发现金属对附近磁针的振荡有阻尼作用。1824 年，阿喇戈根据这个现象做了铜盘实验，发现转动的铜盘会带动上方自由悬挂的磁针旋转，但磁针的旋转与铜盘不同步，稍滞后。电磁阻尼和电磁驱动是最早被发现的电磁感应现象，但由于没有直接表现为感应电流，当时人们未能予以说明。

1831 年 8 月，法拉第在软铁环的两侧分别绕了两个线圈：一个为闭合回路，在导线下端附近平行放置了一个磁针；另一个与电池组相连，接开关，形成有电源的闭合回路。实验发现，合上开关后，磁针偏转；切断开关后，磁针反向偏转。这表明在无电池组的线圈中出现了感应电流。法拉第立即意识到，这是一种非恒定的暂态效应。紧接着他做了几十个实验，把产生感应电流的情形概括为五类：变化的电流、变化的磁场、运动的恒定电流、运动的磁铁、在磁场中运动的导体，并把这些现象正式命名为“电磁感应”。随后，法拉第发现，在相同条件下，不同金属导体回路中产生的感应电流与导体的导电能力成正比。他由此认识到，感应电流是由与导体性质无关的感应电动势产生的，即使没有回路，没有感应电流，感应电动势依然存在。后来，法拉第给出了确定感应电流方向的楞次定律以及描述电磁感应定量规律的法拉第电磁感应定律，并按产生原因的不同，把感应电动势分为动生电动势和感生电动势两种，前者起源于洛伦兹力，后者起源于变化磁场产生的有旋电场。

人们注意到电磁现象是从它们的力学效应开始的。库仑定律揭示了电荷间的静电作用力与它们之间的距离的平方成反比。安培等人又发现电流元之间的作用力也符合上述关系，并提出了安培环路定律。基于这与牛顿万有引力定律十分类似，泊松、高斯等人仿照引力理论，在电磁现象的研究中也引入了各种场矢量，如电场强度、电通密度(电位移)、磁场强度、磁通密度等，并将这些量表示为空间坐标的函数。但是当时这些量仅是为了描述方便而提出的数学手段，实际上人们认为电荷之间或电流之间的物理作用是超距作用。直到法拉第认为场是真实的物理存在，电力或磁力是经过场中的力线逐步传递的，最终才作用到电荷或电流上。他在 1831 年发现了著名的电磁感应定律，并成功地用磁感应线的模型对电磁感应定律进行了阐述。1846 年，法拉第还提出了光波是力线振动的设想。麦克斯韦继承并发展了法拉第的这些思想，参考流体力学中的方法，采用严格的数学形式，将电磁场的基本定律归结为四个微分方程，称为麦克斯韦方程组。在方程组中，麦克斯韦对安培环路定律补充了位移电流的作用，他认为位移电流也能产生磁场。根据这组方程，麦克斯韦还导出了场的传播是需要时间的，其传播速度为有限数值并等于光速，从而断定电磁波与光波有共同属性，预见到存在电磁辐射的现象。静电场、恒定磁场及导体中的恒定电流的电场也包括在麦克斯韦方程中，只是作为不随时间变化的特例。

法拉第的电磁感应实验将机械功与电磁能联系起来，证明二者可以互相转化。麦克斯韦进一步提出：电磁场中各处有一定的能量密度，即能量定域于场中。根据这个理论，坡印廷于1884年提出在时变场中能量传播的坡印廷定理，矢量 $\boldsymbol{E}\times\boldsymbol{H}$ 代表场中单位时间内穿过单位面积的能量流。这些理论为电能的广泛应用开辟了道路，为制造发电机、变压器、电动机等电工设备奠定了理论基础。

麦克斯韦预言的电磁辐射在1887年为赫兹的实验所证实：电磁波可以不凭借导体的联系，在空间传播信息和能量。这为无线电技术的广泛应用创造了条件。

电磁场理论给出了场的分布及其变化规律。若已知电场中介质的性质，再运用适当的数学手段，即可对电工设备的结构设计、材料选择、能量转换、运行特性等进行分析计算，这极大地促进了电工技术的发展。

电磁场理论涉及的内容都属于大量带电粒子共同作用下的统计平均结果，不涉及物质构造的不均匀性及能量变化的不连续性。它属于宏观的理论，或称为经典的理论。涉及个别粒子的性质、行为的理论则属于微观的理论，不能仅仅依赖电磁场理论去分析微观起因的电磁现象，如有关介质的电磁性质、激光、超导问题等。这并不否定在宏观意义上电磁场理论的正确性。电磁场理论不仅是物理学的重要组成部分，也是电工技术的理论基础。

电磁波是电磁场的一种运动形态。电与磁可以说是一体两面，电流会产生磁场，变动的磁场则会产生电流。变化的电场和变化的磁场构成了不可分离的统一的场，这就是电磁场，而变化的电磁场在空间的传播形成了电磁波。电磁场的变化就如同微风轻拂水面产生水波一般，因此称之为电磁波，也常称为电波。

上一章研究了稳恒电流磁场，并研究了毕奥－萨伐尔定律和安培环路定理，它们都是关于稳恒电流激发的磁场的规律。由此人们自然会想到：既然用电流可以产生磁场，根据对称性思考，反过来能否用磁场获得电流呢？本章主要研究电磁感应现象及其变化规律、电磁场中各物理量之间的关系及其空间分布和时间变化的理论，包括电磁感应现象、感应电动势、动生电动势、感生电动势、涡旋电场与自感现象、位移电流、麦克斯韦方程组，以及电磁波的产生与传播特性等。

11.1 电源、电动势和电磁感应现象

11.1.1 电源、电动势

当在导体两端维持恒定的电势差时，导体中就会有恒定的电流，那么怎样才能维持恒定的电势差呢？

如图11.1(a)所示，平行板电容器充电后，两极板间存在电势差 $U_{ab}=U_a-U_b$。若用导线进行外部连接，则导线中存在电场。在电场力的作用下，正电荷将从极板a通过导线移至极板b，并与极板b上的负电荷中和，直至两极板间的电势差消失，电流也就停止了。要使回路中有稳恒的电流，就必须维持a、b两极板间有电压 U_{ab}，而要维持两极板间的电压就必须把经过外电路进入负极板b上的正电荷从电容器内部再搬运到正极板a。这样极板a上

的正电荷源源不断地得到补充，从而维持电压 U_{ab} 不变，继而维持电路中有稳恒的电流。但是在电容器内，正电荷显然不可能自发地从负极板运动到正极板，其受到从正极板指向负极板的静电场力的作用，因此，单纯靠静电力无法维持导体两端恒定的电势差，也就不可能获得稳恒电流。为了获得稳恒电流，在电容器的内部必须有一种不同于静电力的力的作用才可以把经过外电路进入负极板 b 的正电荷再搬运到正极板 a，从而使两极板间保持恒定的电势差，进而来维持由 a 到 b 的稳恒电流。这种能把正电荷从电势较低的点（如电源负极板）输送到电势较高的点（如电源正极板）的作用力称为非静电力，记作 $\boldsymbol{F}_k$。提供非静电力的装置称为**电源**。在电源内部，非静电力 $\boldsymbol{F}_k$ 克服静电力 $\boldsymbol{F}_e$ 对正电荷做功，方能使正电荷从极板 b 经电源内部输送到极板 a 上去。显然，该场必须是非静电场。这与图 11.1(b) 中的水循环系统类似：由于上下水槽间存在由重力引起的水压差，因此会有短暂的水流，而为了维持稳定的水流，必须把流入下面水槽里的水搬运回来，才能够维持水槽间的水压差，继而维持循环系统内有稳定水流。但是在下面水槽里的水是不可能依靠重力回到上面水槽的，必须由水泵提供一种非重力，水泵的作用就类似于电源。

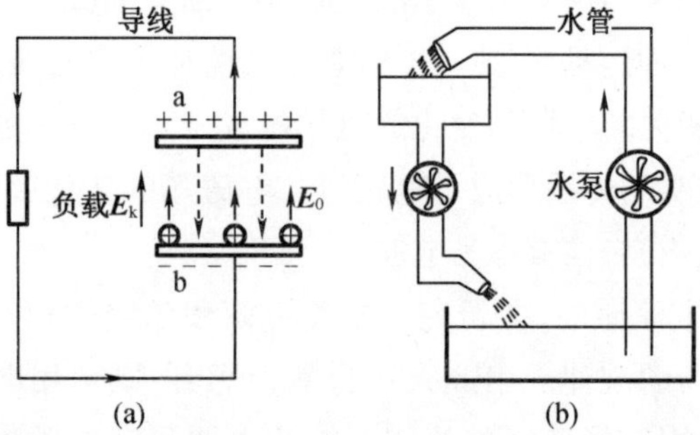

图 11.1 电动势原理图

不同类型的电源，非静电力性质各不相同，比如干电池，其非静电力是化学力，而在发电机中，非静电力是洛伦兹力。在电源内部，非静电力 $\boldsymbol{F}_k$ 做功增加了电荷的电势能，从能量转换与守恒的角度看，实际上是电源通过非静电力做功把其他形式的能量转化为电势能。不同电源将其他形式的能量转化为电能的本领不一样，为了体现出不同电源的这种差异，引入电源电动势的概念来体现。“1.5 V 干电池”中的数字“1.5”指的就是电动势的大小，意味着在电源内部每把一个单位正电荷从负极搬运到正极，就有 1.5 J 化学能的能量转变为电势能；“1.5 V 蓄电池”指的是每把一个单位正电荷从负极搬运到正极就有 12 J 化学能的能量转变为电势能。

设在内电路 $\boldsymbol{F}_k$ 将 q_0 从负极运送到正极时的做功为 $\boldsymbol{A}$，由功的定义式可知非静电力所做的功为

$$A = \int_{-}^{+} \boldsymbol{F}_k \cdot d\boldsymbol{l} \tag{11.1}$$

与静电场类似，作用在单位正电荷上的非静电力称为非静电场强，记作 $\boldsymbol{E}_k$，即

$$\boldsymbol{E}_k = \frac{\boldsymbol{F}_k}{q_0} \tag{11.2}$$

则

$$A = \int_{-}^{+} \boldsymbol{F}_{\mathrm{k}} \cdot \mathrm{d}\boldsymbol{l} = \int_{-}^{+} q_0 \boldsymbol{E}_{\mathrm{k}} \cdot \mathrm{d}\boldsymbol{l} \tag{11.3}$$

非静电力 $\boldsymbol{F}_{\mathrm{k}}$ 将单位正电荷从负极搬运到正极所做的功全部转化为 q_0 的电势能，在此过程中，功 A 越大，电源将其他能量转化为电能的本领越强，电动势就越大，因此电源电动势的定义为**非静电力把单位正电荷从负极经过电源内部迁移到正极时所做的功**，即

$$\varepsilon = \frac{A}{q_0} = \int_{-}^{+} \boldsymbol{E}_{\mathrm{k}} \cdot \mathrm{d}\boldsymbol{l} \tag{11.4}$$

由于电源外部 $\boldsymbol{E}_{\mathrm{k}}$ 为零，因此对于一闭合回路，电源的电动势也可定义为**把单位正电荷绕闭合回路一周时，电源中非静电力所做的功**，即

$$\varepsilon = \oint_{l} \boldsymbol{E}_{\mathrm{k}} \cdot \mathrm{d}\boldsymbol{l} \tag{11.5}$$

电动势与电势一样，也是标量，单位为伏特，符号为V。规定电动势的正方向：在电源内部由负极指向正极。电源的电动势与外电路的性质无关，与电源所在电路接通与否无关，是表征电源本身性质的物理量。通常把电源内部电动势升高的方向，或者说从电源负极到正极的方向规定为电源电动势方向。电源两极之间的电势差称为端电压（U_{ba}），与电源的电动势是不同的。电源内部也有电阻，称为内阻，通常来说，理想电源的内阻非常小，可以忽略，在如图 11.2 所示的电路中，$\varepsilon_{ab} = U_b - U_a$。如果 $\varepsilon_{ab} > 0$，则 $U_b > U_a$；如果 $\varepsilon_{ab} < 0$，则 $U_b < U_a$。

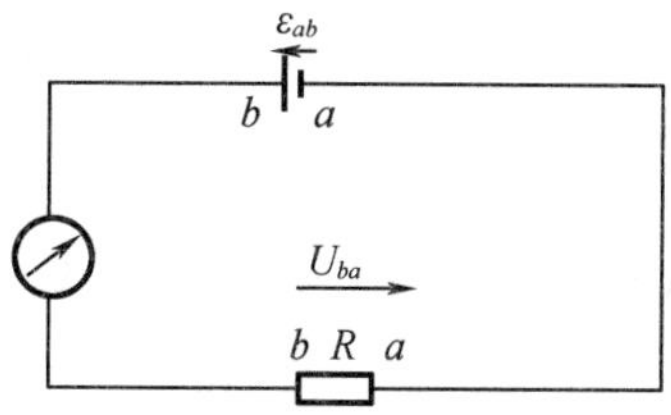

图 11.2 电动势与端电压

11.1.2 电磁感应现象

1831 年 8 月 29 日，法拉第首次发现处在随时间变化的电流附近的闭合回路中有感应电流产生，兴奋之余他又做了一系列实验，所以电磁感应定律的发现是建立在大量的实验基础之上的，实验大致可分为两类：一类是磁铁和线圈间有相对运动时，回路中会产生电流；另一类是一个回路中的电流变化会导致附近其他闭合回路中也出现电流。

如图 11.3(a)所示，金属杆切割磁场线，闭合回路中有电流，是因为导体相对于磁场有运动时，闭合回路构成的面积发生变化而引起回路磁通量变化，这属于第一类情形。如图 11.3(b)所示，闭合回路中的导体与磁场虽无相对运动，但是由于电键闭合或断开时，螺线管内磁感应强度变化，这使得整个回路中的磁通量也发生变化，进而产生电流，这属于第二类情形。如图 11.3(c)所示，闭合回路构成的面积的法向方向与磁感应强度方向的夹角发生了变化，导致回路中的磁通量变化，进而产生电流，这也属于第一类情形。

通过大量的实验发现：不管是磁铁与导线做相对运动，还是相对静止的两个线圈中有一个的电流发生了变化，它们具有的共同点是通过闭合回路（或线圈）的磁通量发生了变化。需要特别强调的是，不是磁通量本身，而是磁通量的变化，才是引发电磁感应现象的必要条件。于是得出下述结论：**当通过一个闭合导体回路所围面积的磁通量发生变化时，不管引起这种变化的原因如何，回路中就有电流产生**，这种现象就是**电磁感应现象**，回路中出

现的电流称为**感应电流**。闭合回路中出现了电流，一定是由于回路中存在着电动势，这个使驱动电荷定向移动形成电流的电动势是由于通过回路的磁通量的变化而产生的，称为感应电动势。

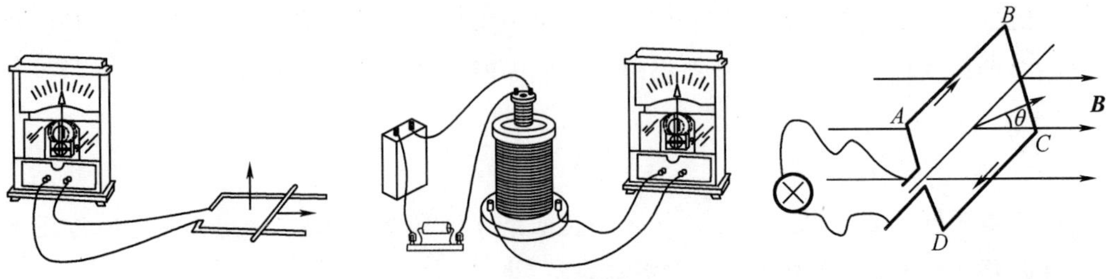

图 11.3　电磁感应现象

11.1.3　法拉第电磁感应定律

英国物理学家法拉第出生于伦敦近郊的一个铁匠家庭。他于 13 岁在书报店当报童，22 岁左右被化学家戴维推荐到皇家研究院做助理实验员。他于 1821 年任皇家研究院实验室主任；1824 年成为皇家学会会员；1825 年任皇家研究院教授。法拉第是 19 世纪电磁理论中最伟大的实验物理学家，主要从事电学、磁学、磁光学、电化学方面的研究，并在这些领域取得了一系列重大发现。

法拉第深信通过磁产生电流一定会实现，并决心用实验来证实。从 1821 年到 1831 年，经过一次又一次的失败（不成功的尝试比成功的尝试多得多），法拉第终于发现感应电流并不与原电流本身有关，而与原电流的变化有关。1831 年 10 月，法拉第在提交给皇家学会的一篇重要论文中，总结出在以下五种情况下都可以产生感应电流：变化着的电流；变化着的磁场；运动着的恒定电流；运动着的磁铁；在磁场中运动着的导体。并且他还创造性地提出了“场”的思想、电解定律、物质的抗磁性和顺磁性，以及光的偏振面在磁场中的旋转。

1845 年，德国物理学家诺伊曼对法拉第的工作从理论上做出了定量表述：当穿过闭合回路的磁通量发生变化时，回路中就产生感应电流，确切地说，回路中就产生感应电动势，而感应电动势 ε 与穿过回路的磁通量对时间的变化率的负值成正比。在国际单位制中，其数学表示为

$$\varepsilon = -\frac{\mathrm{d}\Phi}{\mathrm{d}t} \tag{11.6}$$

式中，负号反映了感应电动势与磁通量变化的关系，以及感应电动势的方向。在判断感应电动势的方向时，应先规定回路的绕行方向为参考正方向。当穿过回路的磁感应线 $\boldsymbol{B}$ 的方向与规定的绕行方向呈右手螺旋关系时，穿过回路的磁通量为正值，否则为负值，即导体回路所围面积的法线方向与磁感应强度 $\boldsymbol{B}$ 的夹角小于 90°时，通过回路所围面积的磁通量 $\Phi = \iint_S \boldsymbol{B}\cdot\mathrm{d}\boldsymbol{S} > 0$。例如，在图 11.4(a)中，当磁感应强度 $\boldsymbol{B}$ 增强时，$\frac{\mathrm{d}\Phi}{\mathrm{d}t} > 0$，因而 $\varepsilon = -\frac{\mathrm{d}\Phi}{\mathrm{d}t} < 0$，

说明 ε 与 L 的方向相反,感应电流 I 与 L 的方向相反,产生的附加 $\boldsymbol{B}'$ 与原 $\boldsymbol{B}$ 的方向也相反,阻碍磁通量 Φ 增加,因此,负号不代表正负、大小,实际上只代表一个方向、一种阻碍。在图 11.4(b)中,当磁场减弱时,$\frac{\mathrm{d}\Phi}{\mathrm{d}t}<0$,$\varepsilon=-\frac{\mathrm{d}\Phi}{\mathrm{d}t}>0$,表示 ε 与 L 的方向相同,感应电流 I 与 L 的方向相同,产生的附加 $\boldsymbol{B}'$ 与原 $\boldsymbol{B}$ 的方向也相同,阻碍磁通量 Φ 减少。需要明确的是:感应电动势的方向仅与磁通量的变化情况有关,与如何选取绕行正方向无关,所以,回路的绕行正方向可以任意选取,不会影响结果。

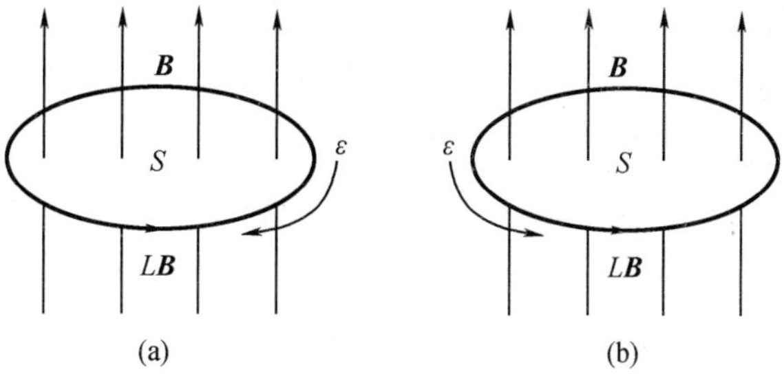

图 11.4　电动势的方向

如果闭合回路的总电阻为 R,则回路中的感应电流为

$$I=\frac{\varepsilon}{R}=-\frac{1}{R}\frac{\mathrm{d}\Phi}{\mathrm{d}t} \tag{11.7}$$

在 t_1 到 t_2 的一段时间内,通过回路导线中任一截面的感应电量为

$$q=\int_{t_1}^{t_2}I\mathrm{d}t=-\frac{1}{R}\int_{\Phi_1}^{\Phi_2}\mathrm{d}\Phi=\frac{1}{R}(\Phi_1-\Phi_2) \tag{11.8}$$

式中,Φ_1 和 Φ_2 分别是 t_1 和 t_2 时刻通过回路的磁通量。式(11.8)表明,在一段时间内通过导线任一截面的电量与这段时间内导线所包围的面积的磁通量的变化量成正比,而与磁通量变化的快慢无关。常用的测量磁感应强度的磁通计就是根据这个原理制成的。

实际中用到的线圈常常是由多匝线圈串联而成的,如果穿过每匝线圈的磁通量均相等且方向相同,那么在磁通量变化时,每匝线圈中的感应电动势的大小相等且方向相同。因此,N 匝线圈中总的感应电动势为

$$\varepsilon=-N\frac{\mathrm{d}\Phi}{\mathrm{d}t}=-\frac{\mathrm{d}\Psi_{\mathrm{m}}}{\mathrm{d}t} \tag{11.9}$$

$\Psi_{\mathrm{m}}=\sum_{i=1}^{N}\Phi_i=N\Phi$,称为线圈的磁链。在国际单位制中,磁链的单位与磁通量的单位相同,均为韦伯(Wb)。

应用法拉第电磁感应定律求解电动势的思路如下。

(1)规定回路 L 的绕行方向,确定回路的法向方向(右手定则):若四指为回路的绕行方向,则拇指的指向为回路面积的法向方向。

(2)计算回路的磁通量。当 $\boldsymbol{B}$ 与 $\boldsymbol{S}$ 的夹角 $\theta<\frac{\pi}{2}$时,Φ 为正;当 $\theta>\frac{\pi}{2}$时,Φ 为负。

(3)依据法拉第电磁感应定律计算电动势,即 $\varepsilon = -N\dfrac{\mathrm{d}\Phi}{\mathrm{d}t}$。

当 $\varepsilon>0$ 时,电动势的方向与绕行回路 L 的方向相同;当 $\varepsilon<0$ 时,电动势的方向与绕行回路 L 的方向相反。

11.1.4 楞次定律

俄国物理学家楞次出生于爱沙尼亚,1836 年起任圣彼得堡大学教授,是圣彼得堡科学院院士。楞次主要从事电学的研究。楞次定律对充实、完善电磁感应规律是一大贡献。1842 年,楞次还和焦耳各自独立地确定了电流的热效应的规律,这就是大家熟知的焦耳－楞次定律。他还定量地比较了不同金属线的电阻率,确定了电阻率与温度的关系,并建立了电磁铁吸力正比于磁化电流的二次方的定律。

楞次通过大量实验,于 1833 年总结出了判断感应电流方向的规律,称为楞次定律,用以确定感应电动势及感应电流的方向。其内容是:**变化回路中感应电流的方向,总是使它所激发的磁场去阻碍(反抗)引起感应电流的原磁通量的变化**,这一结论称为**楞次定律**,又叫作**阻碍定律**。如何理解"阻碍"呢?

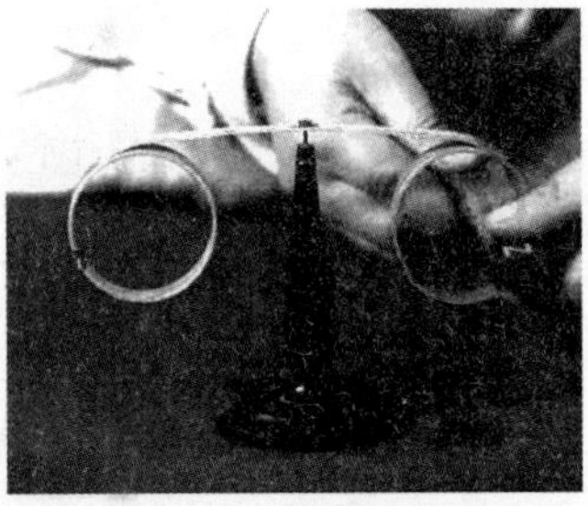

图 11.5 楞次定律

若磁通量的变化是由相对运动引起的,则阻碍相对运动。如图 11.5 所示,当条形磁铁前后移动时,通过闭合圆环的磁通量发生变化,圆环就会跟着条形磁铁向同一方向运动,即阻碍原磁通变化是通过阻碍两者间的相对运动实现的。若磁通量的变化是由磁场变化引起的,则原磁通量增大时,感生电流激发的磁场方向与原磁场方向相反,阻碍磁场增强;原磁通量减小时,感生电流激发的磁场方向与原磁场方向相同,阻碍磁场减弱。故法拉第电磁感应定律中的负号实际代表着楞次定律。应注意,"阻碍"不是"相反",也不是"阻止",电路中的磁通量还是变化的。由此可见,从运动的角度来看,楞次定律总是体现为阻碍效果产生的原因。如果把磁通量的变化视作原因,感应电流激发的磁场视作效果,那么楞次定律又可表述为:感应电流的效果,总是去反抗引起感应电流的原因。

注意:感应电流所产生的磁通量要阻碍的是"磁通量的变化",而不是磁通量本身;阻碍并不意味着抵消,如果磁通量的变化完全被抵消了,则感应电流也不存在了。

在实际中,运用楞次定律来确定感应电动势的方向往往是比较方便的。

用楞次定律判断感应电流方向的步骤如下。

(1)判断穿过闭合回路的磁场沿什么方向,磁通量发生什么变化(增加或减少)。

(2)根据楞次定律来确定感应电流所激发的磁场沿什么方向(与原来的磁场是反向还是同向)。

(3)利用右手定则,依据感应电流产生的磁场方向确定感应电流的方向。

电磁阻尼现象源于电磁感应原理。当闭合导体与磁铁发生相对运动时,两者之间会产生电磁阻力,阻碍相对运动。这一现象可以用楞次定律解释:闭合导体与磁体之间发生切割磁感应线的运动时,由于穿透闭合导体所围面积中的磁通量发生变化,闭合导体中会产生感生电流，这一电流所产生的磁场会阻碍两者的相对运动，阻力的大小正比于磁体的磁感应强度、相对运动速度等物理量。电磁阻尼现象广泛应用于需要稳定摩擦力以及制动力的场合，如电度表、电磁制动机械、磁悬浮列车等。

楞次定律的实质是能量守恒定律在电磁学中的具体表现之一：从功能的角度分析，如图 11.6 所示，铁棒 ab 匀速运动，根据楞次定律，闭合回路内产生感应电流 I，方向由 a 到 b。而此时，铁棒作为载流体在磁场中运动，受到与运动方向相反的安培力 $\boldsymbol{F}$。因此，要保持铁棒匀速运动需加外力 $\boldsymbol{f}=-\boldsymbol{F}$，克服安培力。同时，电流流过电阻时，电阻要放热，这个热量由外力功转化而来。设想：若感应电流方向与楞次定律确定的方向恰好相反，则安培力 $\boldsymbol{F}$ 加速铁棒，因而铁棒不需要外力就会运动得越来越快。铁棒运动得越快，产生电流越大，其所受安培力越大，加速度也越大。如此循环，铁棒的动能越来越大，闭合电路放出的热量越来越多，而在这个过程中，没有任何外力功显然是违背能量守恒定律的。

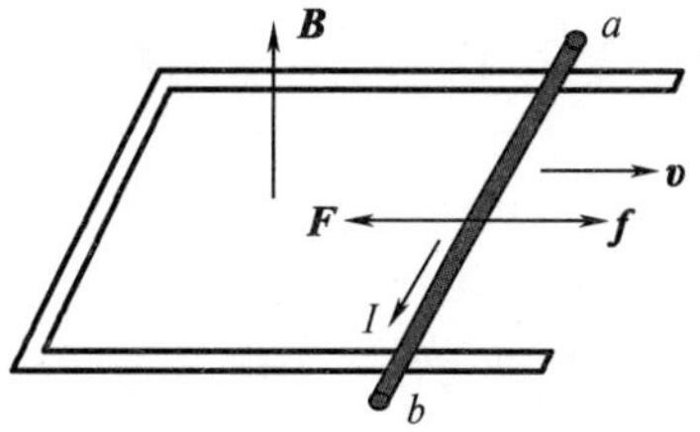

图 11.6 楞次定律遵循的能量守恒定律

原则上，用法拉第电磁感应定律可求解任何情况下产生的感应电动势，在求解过程中，一般情况下，感应电动势 ε 的大小由 $\varepsilon=\left|\frac{\mathrm{d}\Phi}{\mathrm{d}t}\right|$ 计算求得，方向由楞次定律确定。

例 11.1 如图 11.7 所示，空间中分布着均匀磁场，$B=B_0\sin\omega t$。一旋转半径为 r、长为 l 的矩形导体线圈以匀角速度 ω 绕与磁场垂直的轴 OO' 旋转。$t=0$ 时，线圈的法向 n 与 B 之间的夹角 $\varphi_0=0$。求线圈中的感应电动势。

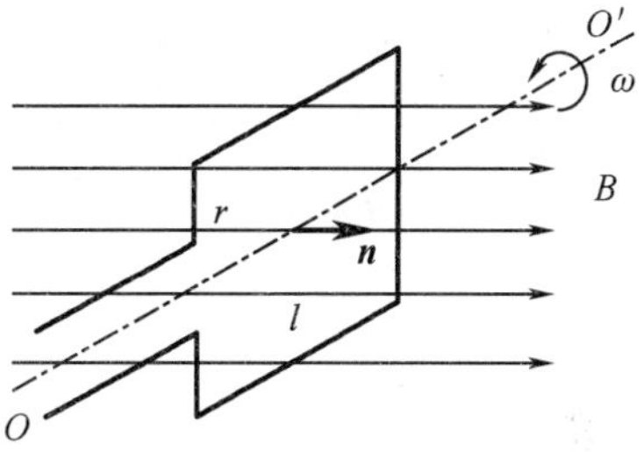

图 11.7 例 11.1 图

解 设 φ 表示 t 时刻 n 与 B 之间的夹角，则

$$\varphi=\omega t+\varphi_0=\omega t$$

所以，t 时刻通过矩形导体线圈的磁通量为

$$\Phi=\boldsymbol{B}\cdot\boldsymbol{S}=BS\cos\omega t=B_0\sin\omega t2rl\cos\omega t=B_0rl\sin 2\omega t$$

线圈中的感应电动势为

$$\varepsilon_{\mathrm{i}}=-\frac{\mathrm{d}\Phi}{\mathrm{d}t}=-2\omega B_0rl\cos 2\omega t$$

可见，ε_{i} 是随时间做周期性变化的。$\varepsilon_{\mathrm{i}}>0$ 表示感应电动势的方向与 $\boldsymbol{n}$ 呈右手螺旋关系；$\varepsilon_{\mathrm{i}}<0$ 表示 ε_{i} 的方向与 $\boldsymbol{n}$ 呈左手螺旋关系。另外，当 $\boldsymbol{B}$ 是不随时间变化的稳恒磁场时，本例就是交流发电机的基本原理，产生的是交变电动势。

11.2 动生电动势与感生电动势

法拉第电磁感应定律告诉我们，只要通过回路所围面积中的磁通量发生了变化，回路中就会产生感应电动势。由磁通量的定义可知，使磁通量发生变化的方法是多种多样的，但从其本质上讲，可归纳为两类：一类是保持磁场不变，使导体回路或导体在磁场中运动，由此产生的电动势称为**动生电动势**；另一类是保持导体回路不动，使磁场发生改变，由此产生的感应电动势称为**感生电动势**。

11.2.1 动生电动势

在图11.8中，金属导体杆 ab 在恒定磁场中运动时，回路中就有电动势产生，这种感应电动势叫作动生电动势。下面研究在各类电磁感应现象中产生动生电动势的机理。

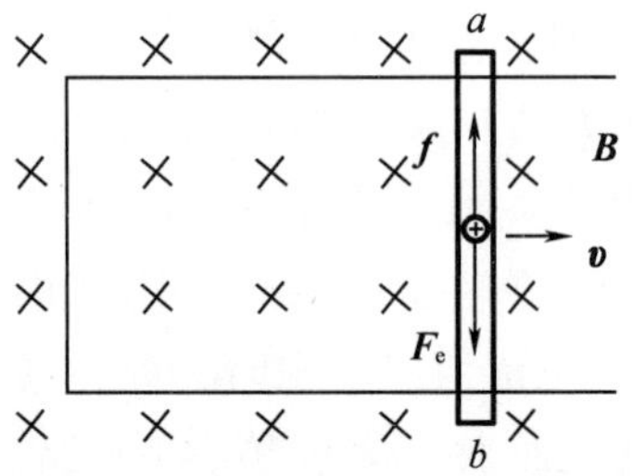

图 11.8 动生电动势

首先分析动生电动势产生的原因。在图11.8中，一段导体以速度 $\boldsymbol{v}$ 在磁感应强度为 $\boldsymbol{B}$ 的恒定磁场中沿垂直于磁场的方向运动，带动导体内带电粒子以共同速度 $\boldsymbol{v}$ 前进，而带电粒子在磁场中运动，必然受到洛伦兹力的作用，$\boldsymbol{f}=q\boldsymbol{v}\times\boldsymbol{B}$。假设带电粒子带正电，电量为 q，受到从上到下的洛伦兹力，则正电荷在导体下端聚集，同时在导体上端出现了等量的负电荷。随着正负电荷的累积，形成自下而上的附加静电场，设静电场的电场强度为 $\boldsymbol{E}_e$。此时带电粒子受到的附加电场力 $\boldsymbol{F}_e=q_0\boldsymbol{E}_e$，与其受到的洛伦兹力的方向相反。当 $\boldsymbol{F}_e=-\boldsymbol{f}$ 时，达到动态平衡，不再有带电粒子的定向宏观运动，并在导体上下两端出现稳定电压，$U_{ab}=U_a-U_b$。若把导体看成等效电源，这个电势差是电源正负极间的差值，也就是电源电动势。由于这一电动势是由导线切割磁感应线产生的，故称其为**动生电动势**。导体 ab 相当于电源，搬运电荷的非静电力 $\boldsymbol{F}_k$ 是洛伦兹力 $\boldsymbol{f}$，即

$$\boldsymbol{F}_k=\boldsymbol{f}=q\boldsymbol{v}\times\boldsymbol{B}=q\boldsymbol{E}_k$$

则有

$$\boldsymbol{E}_k=\boldsymbol{v}\times\boldsymbol{B} \tag{11.10}$$

根据电源电动势的定义有

$$\varepsilon_{ab}=\int_{-}^{+}\boldsymbol{E}_k\cdot d\boldsymbol{l}=\int_{a}^{b}(\boldsymbol{v}\times\boldsymbol{B})\cdot d\boldsymbol{l} \tag{11.11}$$

写成微分式为

$$d\varepsilon=(\boldsymbol{v}\times\boldsymbol{B})\cdot d\boldsymbol{l} \tag{11.12}$$

其含义是导体线元 $d\boldsymbol{l}$ 在磁场中以速度 $\boldsymbol{v}$ 切割磁感应线时产生的电动势。当 $\boldsymbol{v}\times\boldsymbol{B}$ 的方向与 $d\boldsymbol{l}$ 的方向的夹角成锐角时，电动势 $d\varepsilon$ 的方向与 $d\boldsymbol{l}$ 的方向相同；当 $\boldsymbol{v}\times\boldsymbol{B}$ 的方向与 $d\boldsymbol{l}$ 的方向的夹角成钝角时，电动势 $d\varepsilon$ 的方向与 $d\boldsymbol{l}$ 的方向相反。实际上，动生电动势的方向总取决于 $\boldsymbol{v}\times\boldsymbol{B}$ 的方向。

对于一个任意形状的一段导线 ab 来说，其在恒定的非均匀磁场中做任意运动时，可以把其看成是由许多线元 $d\boldsymbol{l}$ 构成的，在任意线元 $d\boldsymbol{l}$ 上，各点的速度 $\boldsymbol{v}$ 及磁感应强度 $\boldsymbol{B}$ 处处相同，$d\boldsymbol{l}$ 上的动生电动势 $d\varepsilon=(\boldsymbol{v}\times\boldsymbol{B})\cdot d\boldsymbol{l}$，导线上总的电动势 $\varepsilon_{ab}=\int_a^b(\boldsymbol{v}\times\boldsymbol{B})\cdot d\boldsymbol{l}$。在闭合回路中，回路的总的电动势 $\varepsilon_i=\oint_L dE_i=\oint_L(\boldsymbol{v}\times\boldsymbol{B})\cdot d\boldsymbol{l}$。如果导体为直线，且 B、L、v 相互垂直，

则有 $\varepsilon = BLv$。

归纳动生电动势解题步骤如下。

(1)在运动导体上任取一线元 $\mathrm{d}\boldsymbol{l}$。

(2)确定 $\boldsymbol{v}$ 与 $\boldsymbol{B}$ 之间的夹角 θ 及 $\boldsymbol{v}\times\boldsymbol{B}$ 与 $\mathrm{d}\boldsymbol{l}$ 之间的夹角 α。

(3)写出 $\mathrm{d}\varepsilon_{ab} = (\boldsymbol{v}\times\boldsymbol{B})\cdot\mathrm{d}\boldsymbol{l} = vB\sin B\cos\alpha\mathrm{d}l$。

(4) $\varepsilon_{ab} = \int_a^b \mathrm{d}\varepsilon$,统一变量,确定积分上下限并进行积分运算。

(5) $\varepsilon_{ab} = \int_a^b \boldsymbol{E}_\mathrm{k}\cdot\mathrm{d}\boldsymbol{l} = U_b - U_a$。$\varepsilon_{ab} > 0$ 时,$U_b > U_a$;$\varepsilon_{ab} < 0$ 时,$U_b < U_a$。

(6)ε_{ab}的方向总取决于 $\boldsymbol{v}\times\boldsymbol{B}$ 的方向。

我们已经知道,洛伦兹力总是垂直于电荷的运动速度,因此洛伦兹力对电荷不做功。但在动生电动势中,非静电力就是洛伦兹力,并且洛伦兹力搬运电荷以产生电动势时做功了。这又如何解释呢?对这一问题可通过图 11.9 来加以说明。导体内的正自由电荷同时参与两种运动。由于其具有与导体一起运动的速度 $\boldsymbol{v}$,因此其受到洛伦兹力 $\boldsymbol{f}_1$。$\boldsymbol{f}_1$ 的存在使正自由电荷具有了从负极到正极的速度 $\boldsymbol{u}$,因此正自由电荷的合速度 $\boldsymbol{V} = \boldsymbol{v} + \boldsymbol{u}$。而由于 $\boldsymbol{u}$ 的存在,正自由电荷又受到另外一个洛伦兹力 $\boldsymbol{f}_2$ 的作用,因此其受到的合外力 $\boldsymbol{F} = \boldsymbol{f}_1 + \boldsymbol{f}_2$,所以洛伦兹力的功率为

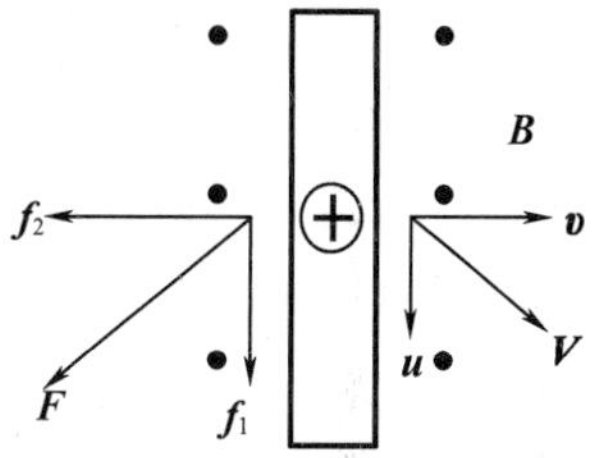

图 11.9　洛伦兹力做功问题

$$P = \boldsymbol{F}\cdot\boldsymbol{V} = (\boldsymbol{f}_1 + \boldsymbol{f}_2)\cdot(\boldsymbol{v} + \boldsymbol{u}) = \boldsymbol{f}_1\cdot\boldsymbol{u} + \boldsymbol{f}_2\cdot\boldsymbol{v}$$

$\boldsymbol{f}_1\cdot\boldsymbol{u} = qvBu$,$\boldsymbol{f}_2\cdot\boldsymbol{v} = -quBv$,这一结果说明总的洛伦兹力不对正自由电荷做功。施加外力 $\boldsymbol{F}$ 克服洛伦兹力的一个分力 $\boldsymbol{f}_2$ 所做的功,并通过另一个分力 $\boldsymbol{f}_1$ 对正自由电荷的定向运动做正功,从而使外力做的功全部转化为感应电流的能量。洛伦兹力的两个分力的做功总是等值反号的。洛伦兹力起着能量转化的传递作用,前提是运动导体中必须有能自由移动的电荷。

例 11.2　在如图 11.10 所示的匀强磁场中,一个均匀细杆长为 l,其绕一端以角速度 ω 旋转,求细杆中的动生电动势 ε。

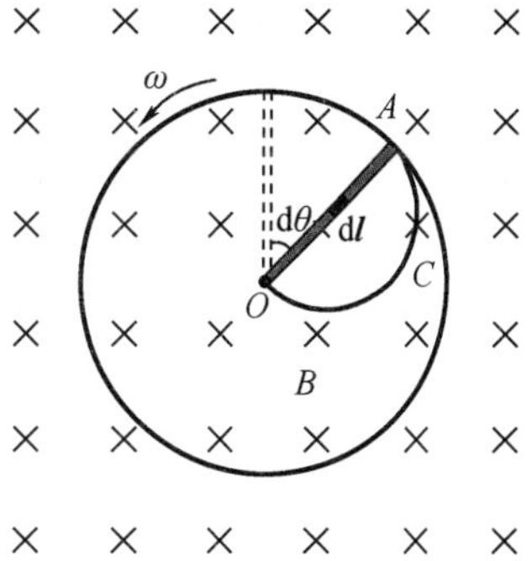

图 11.10　例 11.2 图

解　本题可用两种方法求解。

方法 1:

细杆虽然处在匀强磁场中,但其各处切割磁感应线的速度的大小不同,距离固定端 r 处取微元 $\mathrm{d}\boldsymbol{l}$,长为 $\mathrm{d}r$,其速度 $v = \omega r$,利用 $\mathrm{d}\varepsilon = (\boldsymbol{v}\times\boldsymbol{B})\cdot\mathrm{d}\boldsymbol{l}$ 计算,由于 $\boldsymbol{v}$、$\boldsymbol{B}$、$\mathrm{d}\boldsymbol{l}$ 相互垂直,则

$$\mathrm{d}\varepsilon = B\omega r\mathrm{d}r > 0$$

说明 $\mathrm{d}\varepsilon$ 与 $\mathrm{d}\boldsymbol{l}$ 的方向相同,O 点电势高,即

$$\varepsilon = \int_0^l B\omega r\mathrm{d}r = \frac{1}{2}B\omega l^2$$

方法2：

利用法拉第电磁感应定律求解。

设存在一闭合回路 $AOCA$，当细杆转过 θ 角时，扫过面积上的磁通量为

$$\Phi = \iint_S \boldsymbol{B} \cdot \mathrm{d}\boldsymbol{S} = \frac{1}{2}Bl^2\theta$$

由法拉第电磁感应定律得

$$\varepsilon = \left|\frac{\mathrm{d}\Phi}{\mathrm{d}t}\right| = \frac{1}{2}Bl^2\frac{\mathrm{d}\theta}{\mathrm{d}t} = \frac{1}{2}Bl^2\omega$$

根据楞次定律可判定 O 点电势高。

例 11.3 在图 11.11 中，无限长的直导线中通有恒定电流 I，与其共面矩形导线回路 $abcd$ 以速度 $\boldsymbol{v}$ 向右运动，求回路中的感应电动势 ε。（已知 I、a、b、v）

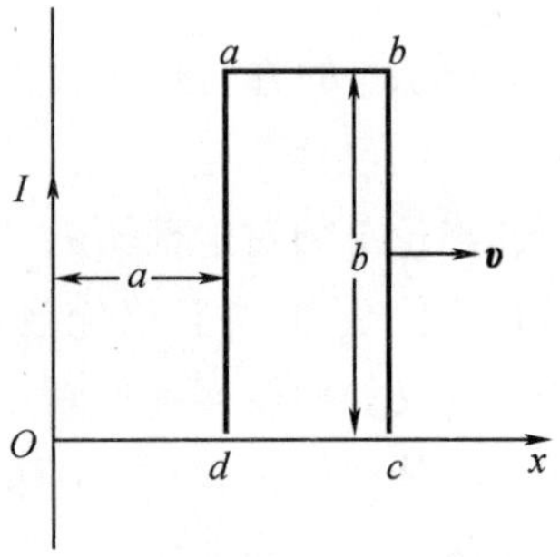

图 11.11 例 11.3 图

解 对于无限长载流直导线，其周围空间中的磁场分布规律为 $B = \dfrac{\mu_0 I}{2\pi r}$，方向与线框垂直且向里。线框与导线垂直的两边不切割磁感应线。在任意时刻，与无限长的载流直导线平行的长边上各点的磁感应强度 $\boldsymbol{B}$ 和速度 $\boldsymbol{v}$ 均相同，产生的电动势为

$$\varepsilon_i = B(x)lv$$

即

$$\varepsilon_1 = \frac{\mu_0 Ilv}{2\pi x}$$

$$\varepsilon_2 = \frac{\mu_0 Ilv}{2\pi(x+a)}$$

$$\varepsilon = \varepsilon_1 - \varepsilon_2 = \frac{\mu_0 Ibav}{2\pi x(x+a)}$$

若利用法拉第电磁感应定律 $\varepsilon = -\dfrac{\mathrm{d}\Phi}{\mathrm{d}t}$ 求解，Φ 为整个闭合回路上磁通量，为

$$\Phi = \iint_S \boldsymbol{B} \cdot \mathrm{d}\boldsymbol{S} = \frac{\mu_0 Ib}{2\pi}\int_x^{x+a}\frac{\mathrm{d}x}{x} = \frac{\mu_0 I}{2\pi}\ln\frac{x+a}{x}$$

$$\varepsilon = \frac{\mu_0 Ib}{2\pi}\left(\frac{1}{x} - \frac{1}{x+a}\right)\frac{\mathrm{d}x}{\mathrm{d}t} = \frac{\mu_0 Ibav}{2\pi x(x+a)}$$

11.2.2 感生电动势

如前文所述，导体在磁场中运动时，其内的自由电子也跟随运动，并因此受到磁力的作用。据此我们知道，洛伦兹力是动生电动势产生的根源，即是产生动生电动势的非静电力。

对于磁场随时间变化而线圈不动的情况，如图 11.12（a）所示，显然，该空间既无库仑力，也无洛伦兹力，那么究竟是什么力使导体回路中的电子运动起来的呢？在感生电动势中，非静电力 $\boldsymbol{F}_k$ 是什么性质的力，感生电动势对应的非静电力又是什么呢？在变化的磁场

中有一闭合导体线圈，当它包围的磁场发生变化时，穿过它的磁通量 $\Phi = \iint_S \boldsymbol{B} \cdot \mathrm{d}\boldsymbol{S}$ 也会发生变化，回路中就会产生电动势，这就是**感生电动势**。如图 11.12(b)所示，当磁场逐渐减弱时，由楞次定律确定感生电动势的方向为逆时针，感生电流的方向也为逆时针。电荷的定向移动才会形成电流，是什么样的力使导体内的自由电荷发生定向移动呢？非静电场 $\boldsymbol{E}_k$ 又会是什么场呢？法拉第当时只着眼于导体回路中感生电动势是如何产生的，而没能对这些问题给予回答。麦克斯韦分析了这种情况，敏锐地洞察到其中孕育着的新的理论。

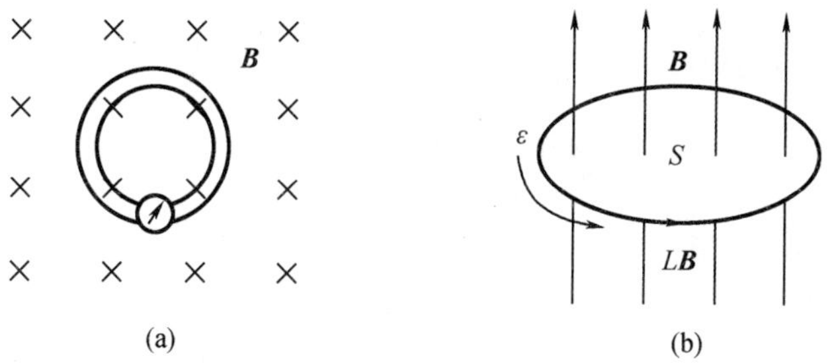

图 11.12 感生电动势

麦克斯韦于 1861 年提出了以下假说：变化的磁场在它周围的空间中产生一种场，这种场与导体的形状、性质和温度无关，即使无导体存在，只要磁场变化，就有这种场存在。又由于这种场对静止的电荷有力的作用，因此其既不是静电场，也不是磁场，而是一种新的场，称为**感生电场**或**涡旋电场**，用符号 $\boldsymbol{E}_c$ 表示。这是麦克斯韦电磁场理论假说之一。涡旋电场对电荷的作用力是产生感生电动势的非静电力。

闭合线圈内自由电荷在涡旋电场 $\boldsymbol{E}_c$ 的作用下形成感应电流。涡旋电场的实际存在为 1940 年制成的电子感应加速器所证明。电子感应加速器是回旋加速器的一种，与普通加速器不同，它利用变化磁场激发的感生电场来加速电子，如图 11.13 所示。在电磁铁的两极之间安置一个环形真空室，当用交变电流励磁电磁铁时，环形真空室内除了有磁场外，还会感生出很强的、同心环状的涡旋电场。用电子枪将电子注入环形真空室，电子在涡旋电场和洛伦兹力的共同作用下沿圆形轨道运动并被加速。所以，电子感应加速器是利用涡旋电场加速电子以获得高能粒子的一种装置。目前利用电子感应加速器可使电子能量达到几十兆电子伏。

当大块金属处于变化的磁场中时，其内部会产生涡旋电流。由于大块金属的电阻很小，其产生的涡旋电流很大，能把金属加热到很高温度，因此其在实际生活中应用得比较多。图 11.14 是电磁炉。当底盘线圈中通有交流电时，就会产生与线圈垂直的变化磁场；变化磁场又会在锅体上产生涡旋电场，形成涡旋电流。因此，电磁炉就可利用电流的热效应来加热食品。此外，大块金属还应用于电磁阻尼、高频淬火和精炼金属等工艺中。

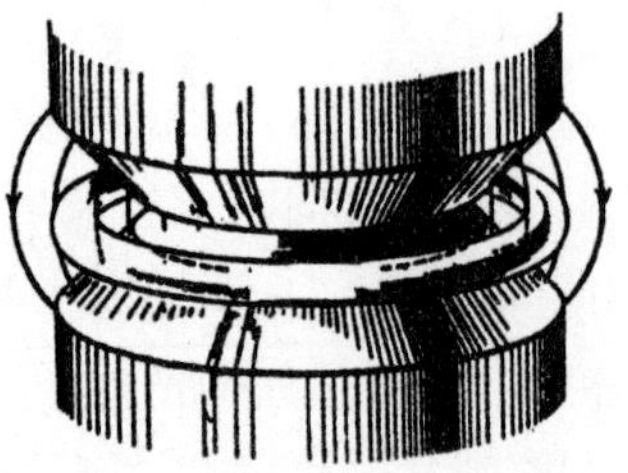

图 11.13　电子感应加速器

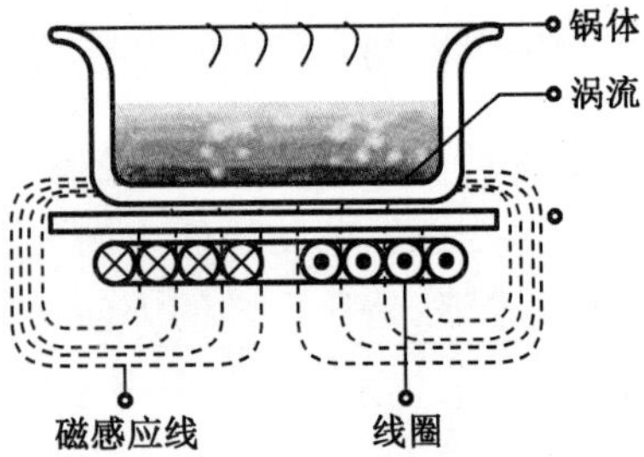

图 11.14　电磁炉

根据电动势定义和法拉第电磁感应定律可知感生电动势为

$$\varepsilon = \oint_l \boldsymbol{E}_{\mathrm{c}} \cdot \mathrm{d}\boldsymbol{l} = -\frac{\mathrm{d}\Phi}{\mathrm{d}t} \tag{11.13}$$

涡旋电场的电场线是闭合曲线，同静电场相比较：静电场中，$\oint_l \boldsymbol{E} \cdot \mathrm{d}\boldsymbol{l} = 0$，表明静电场是无旋场，而涡旋电场中，$\varepsilon = \oint_l \boldsymbol{E}_{\mathrm{c}} \cdot \mathrm{d}\boldsymbol{l} \neq 0$，说明感生电场是有旋场；涡旋电场中，任意闭合曲面的电通量$\oiint_S \boldsymbol{E}_{\mathrm{c}} \cdot \mathrm{d}\boldsymbol{S} = 0$，表明涡旋电场是无源场，而静电场中，$\oiint_S \boldsymbol{E}_{\mathrm{c}} \cdot \mathrm{d}\boldsymbol{S} = \frac{\sum q_i}{\varepsilon_0} \neq 0$。因此，涡旋电场与静电场是性质有所不同的两种电场：静电场由电荷激发，电场线不闭合，始于正电荷而止于负电荷，为保守场，同时也是有源无旋场；涡旋电场由变化的磁场激发，电场线是闭合的，为非保守场，同时也是有旋无源场。二者唯一的相同点是都对静止电荷有力的作用。

磁通量 $\Phi = \iint_S \boldsymbol{B} \cdot \mathrm{d}\boldsymbol{S}$，由式(11.13)可得

$$\varepsilon = \oint_l \boldsymbol{E}_{\mathrm{c}} \cdot \mathrm{d}\boldsymbol{l} = -\frac{\mathrm{d}}{\mathrm{d}t}\left(\iint_S \boldsymbol{B} \cdot \mathrm{d}\boldsymbol{S}\right) \tag{11.14}$$

由于 l 和 S 是固定的，磁通量的变化完全由 $\boldsymbol{B} = \boldsymbol{B}(t)$ 的变化引起，因此求磁通量的变化率可转换为求磁感应强度的变化率。由于磁感应强度 $\boldsymbol{B} = \boldsymbol{B}(x,y,z,t)$ 通常是关于时间和空间的函数，因此上述微分[式(11.14)]应变成偏导，即

$$\oint_l \boldsymbol{E}_{\mathrm{c}} \cdot \mathrm{d}\boldsymbol{l} = -\iint_S \frac{\partial \boldsymbol{B}}{\partial t} \cdot \mathrm{d}\boldsymbol{S} \tag{11.15}$$

在式(11.15)中，S 是以 l 为边界的曲面，若$\frac{\partial \boldsymbol{B}}{\partial t} \neq 0$，则 $\varepsilon = \oint_l \boldsymbol{E}_{\mathrm{c}} \cdot \mathrm{d}\boldsymbol{l} \neq 0$，即 $\boldsymbol{E}_{\mathrm{c}} \neq 0$，其物理意义是**变化的磁场可激发涡旋电场**。

涡旋电场不是只在导体内部产生，而是在空间中的任一点都会产生，因此表达式 $\varepsilon = \oint_l \boldsymbol{E}_{\mathrm{c}} \cdot \mathrm{d}\boldsymbol{l} \neq 0$ 不只是对由导体构成的回路成立，而且对全空间都适用，即在空间中的任一点，只要存在变化的磁场就一定会产生涡旋电场，而且涡旋电场沿着任何闭合路径（圆形、方形等）的环路积分都满足式(11.15)；$\frac{\partial \boldsymbol{B}}{\partial t}$与 $\boldsymbol{E}_{\mathrm{c}}$ 在方向上呈左手螺旋关系，如图 11.15 所示，设

$\boldsymbol{B}$ 增大。

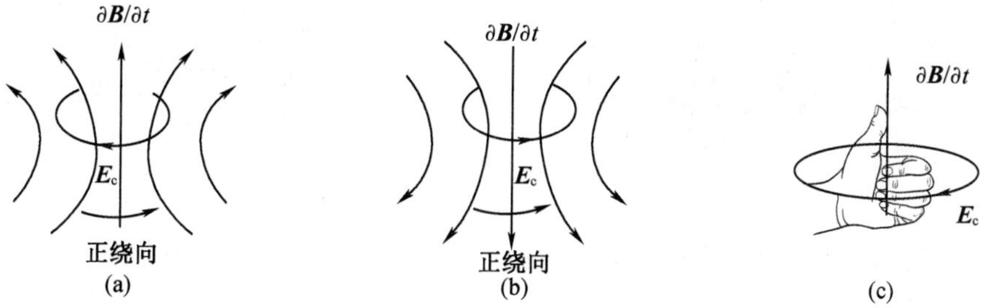

图 11.15 $\frac{\partial \boldsymbol{B}}{\partial t}$与 $\boldsymbol{E}_c$ 在方向上呈左手螺旋关系

若某一闭合路径上各点的 $\boldsymbol{E}_c$ 大小相等，且方向都在切线上，则式(11.15)等号左端变为

$$\oint \boldsymbol{E}_c \cdot d\boldsymbol{l} = E_c \oint_l dl \qquad (11.16)$$

若$\frac{\partial \boldsymbol{B}}{\partial t}$是常量，即磁场均匀变化，且 $\boldsymbol{B}$ 与 S 处垂直，由式(11.15)等号右端则有

$$-\iint_S \frac{\partial \boldsymbol{B}}{\partial t} \cdot d\boldsymbol{S} = -\frac{\partial B}{\partial t}\iint_S dS \qquad (11.17)$$

则涡旋电场的 $\boldsymbol{E}_c$ 可方便求得，显然这样的涡旋电场是极其特殊的。如图 11.16 所示，磁场必须分布在圆柱形空间内，且为轴对称分布，此时在与圆柱同轴的各个圆上，各点的 $\boldsymbol{E}_c$ 大小相同，且处处与圆相切。设闭合圆周 l 对应的半径是 r，则

$$E_c \oint_l dl = E_c 2\pi r = -\frac{\partial B}{\partial t}\iint_S dS = \frac{\partial B}{\partial t}\pi r^2$$

可以计算出涡旋电场的电场强度的大小 $E_c = -\frac{\partial B}{\partial t}\frac{r}{2}$。

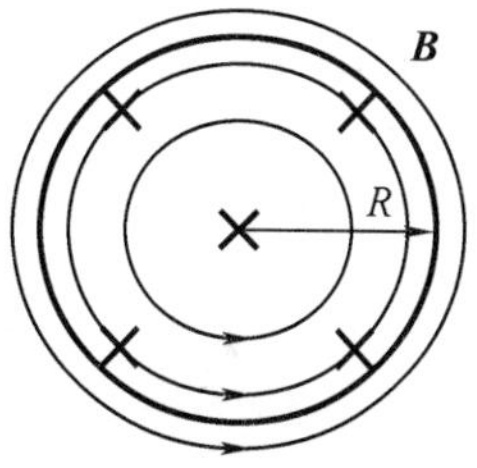

图 11.16 涡旋电场

例 11.4 若轴对称分布的匀强磁场分布在圆柱形空间内，磁感应强度 $\boldsymbol{B}$ 随时间的变化率$\frac{dB}{dt}$为常量，圆柱半径为 R，求涡旋电场分布。

解 作半径为 r 的同轴圆，则圆周上各点的 $\boldsymbol{E}_c$ 的大小相等，且方向都在圆周切线上，由已知可得

$$E_c 2\pi r = -\frac{\partial B}{\partial t}\pi r^2 = -\frac{dB}{dt}\pi r^2$$

当 $r < R$ 时

$$E_c = -\frac{dB}{dt}\frac{r}{2}$$

当 $r > R$ 时

$$E_c 2\pi r = -\frac{dB}{dt}\pi R^2$$

得

$$E_c = -\frac{dB}{dt}\frac{R^2}{2r}$$

例 11.5 一根无限长的直导线载有交流电流（$I = I_0 \sin \omega t$），旁边有一共面矩形线圈 $abcd$，如图 11.17 所示，$ab = l_1, bc = l_2$，ab 与直导线平行且相距为 d。求线圈中的感应电动势。

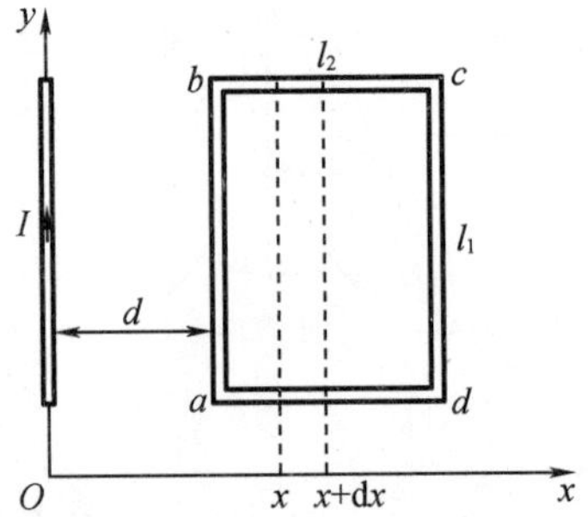

图 11.17 例 11.5 图

解 取矩形线圈沿顺时针 $abcda$ 方向为回路正绕向，则

$$\Phi = \int_S \boldsymbol{B} \cdot d\boldsymbol{S} = \int_d^{d+l_2} \frac{\mu_0 I l_1}{2\pi} dx = \frac{\mu_0 I l_1}{2\pi} \ln \frac{d + l_2}{d}$$

所以，线圈中的感应电动势为

$$\varepsilon_i = -\frac{d\Phi_m}{dt} = -\frac{\mu_0 l_1 \omega}{2\pi} I_0 \cos \omega t \ln \frac{d + l_2}{d}$$

可见，ε_i 也是随时间做周期性变化的 $\varepsilon_i > 0$ 表示矩形线圈中的感应电动势沿顺时针方向；$\varepsilon_i < 0$ 表示它沿逆时针方向。

11.3 自感与互感

由法拉第电磁感应定律可知，不论用什么方法，只要能使穿过闭合回路的磁通量 Φ 发生变化，闭合回路内就一定有感应电动势产生。引起 Φ 变化的因素很多，在实际中磁通量的变化通常由电流的变化引起，因此把感应电动势和电流的变化直接联系起来具有重要的实际意义。下面对自感和互感现象的研究就是要找出二者在这方面的规律。

11.3.1 自感现象、自感系数和自感电动势

当一回路中有电流时，必然要在自身回路中有磁通量，当磁通量变化时，由法拉第电磁感应定律可知，在回路中要产生感应电动势。由于回路中的电流发生变化而在回路本身中产生感应电动势的现象称为**自感现象**。该电动势称为自感电动势。实际上，回路中的电流不变，而回路的形状改变，也会产生自感电动势。

在图 11.18 中，A_1 和 A_2 是完全相同的两个小灯泡，带铁芯的线圈 L 的电阻与 R 相同。当电键 S 闭合时，灯 A_2 立即变亮，A_1 由暗到亮要延后一段时间，最终两灯亮度相同；当电键 S 断开时，两灯会渐渐熄灭。为什么会出现这种现象呢？若将线圈 L 换成等值电阻，发现小灯泡 A_1 和 A_2 在电键 S 在闭合或断开时，两盏灯立即同时亮或同时灭，可见起作用的是线圈 L。下面针对载流线圈的作

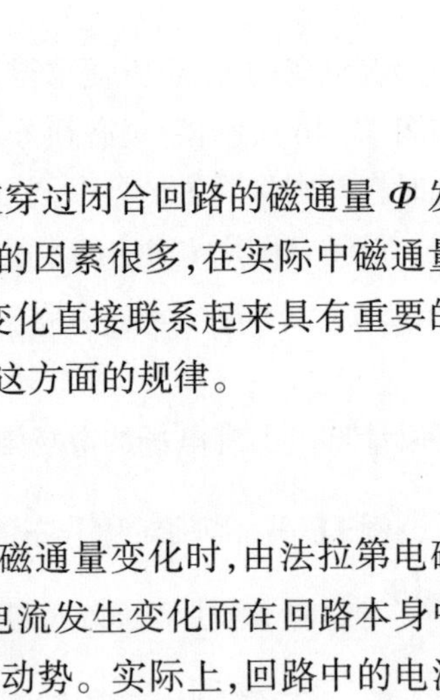

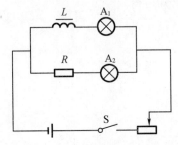

图 11.18 含有自感线圈的电路

用进行分析。

通过回路的电流发生变化会引起通过线圈所围面积的磁通量发生变化,从而在自身激起感应电动势和感应电流,产生自感现象。当闭合回路中的电流增大时,通过线圈所围面积的磁通量也变大,由楞次定律可知,激起的感应电动势产生的感应电流与原电流反向,宏观表现为阻碍电流的增加,但最终支路电流会达到稳定值,且大小与电阻支路电流是相等的,此时自感现象消失。

若改用不同的线圈,上述实验中的小灯泡的亮度和亮、灭的持续时间不一样,即不同的线圈产生自感现象的能力不同。线圈匝数越多,横截面越大,自感现象越明显。为了体现线圈的这种特性,我们用自感系数(简称自感)来描述。

对于一个 N 匝线圈(图 11.19)。根据毕奥-萨伐尔定律,由于通电而在线圈内部产生的磁链 Ψ_m($\Psi_m = N\Phi \propto B \propto I$)与电流 I 成正比,设比例系数为 L,写成等式为

$$\Psi_m = LI \tag{11.18}$$

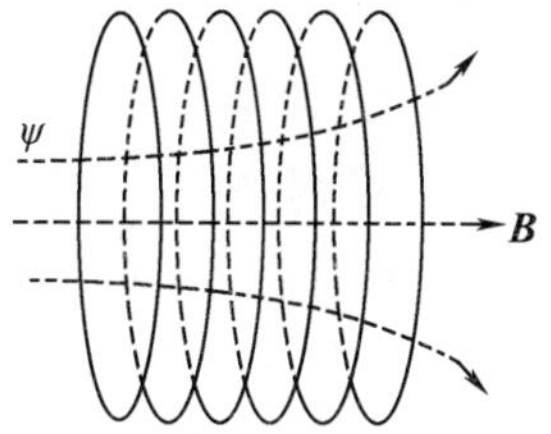

图 11.19 自感现象

实验表明,当电流 I 增大时,磁链 Ψ_m 也增大,但 $\frac{\Psi_m}{I}$ 却是一个常量。比例系数 L 是与电流 I 和磁链 Ψ_m 无关的物理量,如同电容器电容 $C = \frac{Q}{U}$ 与极板所带电荷 Q 和电压 U 无关一样,定义 L 为线圈的**自感系数**,如果回路周围不存在铁磁质,自感系数 L 仅由回路的匝数、几何形状、大小以及周围磁介质的磁导率的大小决定,是个常量。为了纪念美国科学家亨利,将自感的国际单位定为亨利,简称亨,符号为 H。(亨利在对绕有不同长度导线的各种电磁铁的提举力做比较实验时,意外地发现通有电流的线圈在断路的时候有电火花产生,于是对这种现象进行了研究,宣布发现了电的自感现象。亨利于 1830 年首先观察到自感现象,但于 1832 年才发表,一年后,法拉第发现电磁感应现象。强力实用电磁铁、磁电器都是亨利发明的。)

线圈内磁通量发生变化时会产生电动势,这个电动势叫作**自感电动势**,用 ε_L 表示,其在实质上是感生电动势。自感电动势可由法拉第电磁感应定律 $\varepsilon = -\frac{d\Phi}{dt}$ 确定,对于 N 匝线圈,Φ 用磁链 Ψ_m 代入,即

$$\varepsilon_L = -\frac{d\Psi_m}{dt} \tag{11.19}$$

式中,磁链 $\Psi_m = N\Phi = LI$,代入式(11.19)有

$$\varepsilon_L = -\frac{d(LI)}{dt} = -\left(L\frac{dI}{dt} + I\frac{dL}{dt}\right)$$

当自感系数为常量时,有

$$\varepsilon_L = -\frac{d\Psi_m}{dt} = -L\frac{dI}{dt} \tag{11.20}$$

线圈中的自感电动势 ε_L 与通过线圈的电流随时间的变化率成正比,比例系数正是线圈的自感系数,通过式(11.20)也可求解线圈的自感系数。这也是通过实验测定线圈电感的主要

方法。由式(11.20)还可知，在 ε_L 相同的情况下，L 越大，$\frac{dI}{dt}$越小，说明电流 I 越难以改变，所以说自感系数 L 是“电磁惯性”的量度。

自感现象在工程技术和日常生活中应用广泛，如扼流圈、日光灯镇流器、滤波电路等。图 11.20 就是典型 $L-C$ 滤波电路，当流过线圈的电流变化时，电感线圈中产生的感生电动势将阻止电流的变化。当通过电感线圈的电流增大时，电感线圈产生的自感电动势与电流的方向相反，阻止电流的增加，同时将一部分电能转化成磁场能存储于电感之中；当通过电感线圈的电流减小时，自感电动势与电流的方向相同，阻止电流的减小，同时释放出存储的能量，以补偿电流的减小。因此经电感滤波后，负载电流脉动小，波形变得平滑。自感也有不利的一面，在有较大自感的电力系统中，开关断开的瞬间会产生较大的自感电动势，有时会形成剧烈放电，产生开关“火弧”，这会对机器造成损害。为了减小损害，在大电流电力系统中都有“灭弧”装置，一般都是先增加电阻使电流减小，然后再断开电路。

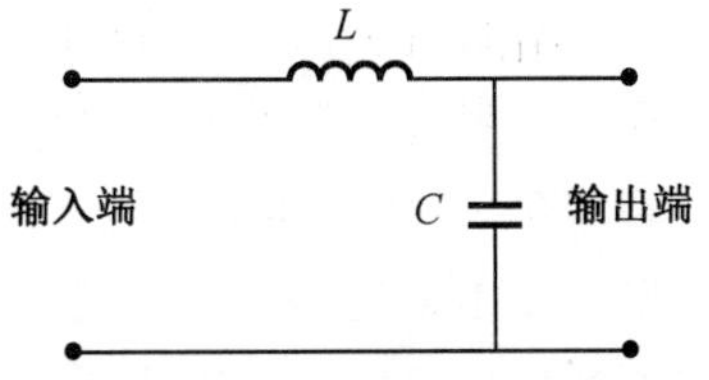

图 11.20　$L-C$ 滤波电路

例 11.6　求长为 l、横截面积为 S、总匝数为 N 的长直螺线管的自感系数。

解　由前面分析可知 $L=\frac{\Psi_m}{I}$，若通过螺线管的电流和磁链 $\Psi_m=N\Phi$ 已知，则可求 L。给螺线管通电流 I，则

$$B=\mu_0 nI=\mu_0\frac{N}{l}I$$

$$\Phi=BS=\mu_0\frac{N}{l}IS$$

是每一单匝线圈磁通量，则磁链为

$$\Psi_m=N\Phi=\mu_0\frac{N^2}{l}IS$$

自感系数为

$$L=\frac{\Psi_m}{I}=\mu_0\frac{N^2}{l}S=\mu_0\frac{N^2}{l^2}IS=\mu_0 n^2 V$$

综上所述，求自感系数的步骤如下：①设定电流 I，求 B；②求线圈的磁通量（$\Psi_m=N\Phi$）；③利用公式 $L=\frac{\Psi_m}{I}$求解 L。由 $L=\mu_0 n^2 V$ 可知，自感系数 L 的确定与 I 和 Ψ_m 无关，通电不是目的，而是为了利用公式求 Ψ_m。

11.3.2　互感现象、互感系数和互感电动势

假设有两个临近的闭合线圈（回路）1、2，如图 11.21 所示。两个相互靠近的闭合线圈 1 和 2，分别通以电流 I_1 和 I_2，当其中一个线圈内的电流发生变化时，必定会引起另一线圈内的磁通量发生变化，既而产生感应电动

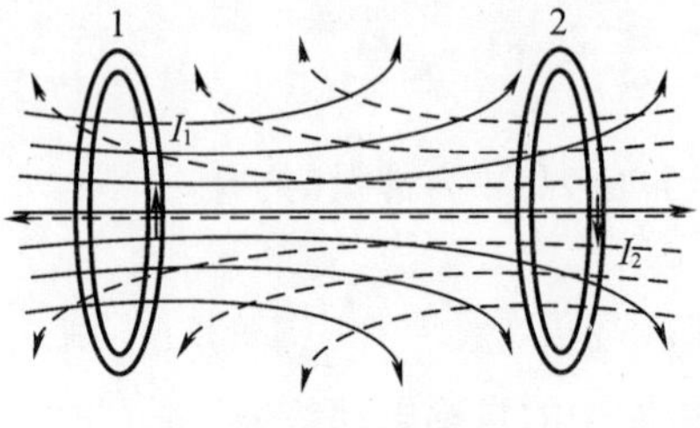

图 11.21　互感现象

势，这种现象称为**互感**。I_1 产生的磁场的部分磁感应线(实线)通过线圈 2，磁通量用 Ψ_{21} 表示，当 I_1 变化时，在线圈 2 中要激发感应电动势 ε_{21}；同理，I_2 变化时，它产生的磁场通过线圈 1 的磁通量 Ψ_{12} 也变化，在线圈 1 中也要激发感应电动势 ε_{12}。如上所述，一个回路的电流发生变化时，在另外一个回路中激发感应电动势的现象称为互感现象，该电动势称为互感电动势。

当两个线圈的结构、相对位置及周围介质的磁导率不变时，根据毕奥－萨伐尔定律，有 $\Psi_{21} \propto I_1$，写成

$$\Psi_{21} = M_{21} I_1 \tag{11.21}$$

M_{21} 称为线圈 1 对线圈 2 的互感系数。同理，当 I_2 变化时，对线圈 1 有 Ψ_{12}，且有 $\Psi_{12} \propto I_2$，写成

$$\Psi_{12} = M_{12} I_2 \tag{11.22}$$

M_{12} 称为线圈 2 对线圈 1 的互感系数。理论和实验都可证明，对任意两线圈都有

$$M_{12} = M_{21} = M$$

$$M = \frac{\Psi_{12}}{I_2} = \frac{\Psi_{21}}{I_1} \tag{11.23}$$

将 M 定义为互感系数，简称互感。互感系数与线圈的形状、尺寸、匝数，周围介质的磁导率及两个线圈的相对位置有关，如果线圈周围有铁磁质，互感系数还与线圈中的电流有关。在国际单位制中，M 的单位为 H。

在互感现象中，产生的互感电动势可利用法拉第电磁感应定律计算。当 I_1 发生变化时，在线圈 2 中激发的互感电动势为

$$\varepsilon_{21} = -\frac{\mathrm{d}\Psi_{21}}{\mathrm{d}t} = -M\frac{\mathrm{d}I_1}{\mathrm{d}t} \tag{11.24}$$

当 I_2 发生变化时，在线圈 1 中激发的互感电动势为

$$\varepsilon_{12} = -\frac{\mathrm{d}\Psi_{12}}{\mathrm{d}t} = -M\frac{\mathrm{d}I_2}{\mathrm{d}t} \tag{11.25}$$

说明：

(1)互感系数 M 的数值：$\mathrm{d}I/\mathrm{d}t$ 为 1 时，互感电动势的绝对值。

(2)式(11.24)和式(11.25)中的负号表明，在一个线圈中所引起的互感电动势要反抗另一个线圈中电流的变化。

(3)互感系数 M 是表征互感强弱的物理量，是两个电路耦合程度的量度。

利用互感现象可以把交变信号非接触地从一个电路转移到另外一个电路，这一点在电工技术、无线电技术中得到广泛运用，如变压器、互感器和收音机磁棒等。任何事物都有两面性，互感也有不利的一面，通常采用磁屏蔽的方法将某些器件保护起来。磁屏蔽的基本原理：利用磁感应线从非铁磁质进入铁磁质时，除了垂直于铁磁质表面磁感应线外，其他磁感应线会有很大的方向改变，使得在铁磁质内部的磁感应线几乎都平行于铁磁质的表面传播，这样铁磁质空腔内的磁场就会很弱。这就是封闭的铁盒能够实现磁屏蔽的原因。

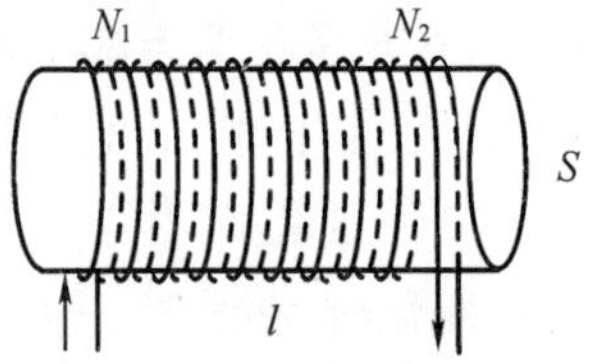

图 11.22　例 11.7 图

例 11.7　求图 11.22 中两个同轴、等长、横截面积为 S、总匝数分别为 N_1 和 N_2 的长直螺线管的互感系数。

解　将螺线管 1 中通以电流 I_1，则

$$B_1=\mu\frac{N_1}{l}I_1$$

在线圈 2 中产生的磁链为

$$\Psi_{21}=N_2\Phi_{21}=N_2\mu\frac{N_1}{l}I_1S$$

$$M=\frac{\Psi_{21}}{I_1}=\mu\frac{N_1N_2}{l}S$$

$$M=\mu\frac{N_1}{l}\frac{N_2}{l}V=\mu n_1n_2V$$

两个线圈的自感系数与互感系数之间的关系：

线圈的自感系数分别为

$$L_1=\mu\frac{N_1^2}{l}S$$

$$L_2=\mu\frac{N_2^2}{l}S$$

则

$$L_1\cdot L_2=\mu^2\frac{N_1^2N_2^2}{l^4}V^2=M^2$$

即 $M=\sqrt{L_1\cdot L_2}$。此表达式仅适用例题中的无漏磁情形，不可推广。一般情况下，$M=K\sqrt{L_1L_2}$，其中 K 为耦合系数($0\leqslant K\leqslant 1$)。耦合系数的大小反映了两个回路的磁场的耦合程度。因为在一般情况下都有漏磁，所以耦合系数小于 1。

例 11.8　求自感系数分别为 L_1 和 L_2，耦合系数均为 K 的两线圈串联后总的自感系数。

解　同向串联（顺接）如图 11.23(a)所示，通过两线圈总磁链 $\Psi_m=\Phi_{11}+\Phi_{22}+\Phi_{21}+\Phi_{12}$，则

$$L=\frac{\Psi_m}{I}=\frac{\Phi_{11}}{I}+\frac{\Phi_{22}}{I}+\frac{\Phi_{21}}{I}+\frac{\Phi_{12}}{I}=L_1+L_2+2M=L_1+L_2+2K\sqrt{L_1L_2}$$

此时，ε_1 与 ε_{12}，ε_2 与 ε_{21} 及 $\varepsilon_1+\varepsilon_{12}$ 与 $\varepsilon_2+\varepsilon_{21}$ 的方向均相同，两个子线圈激发的磁场彼此加强。

反向串联（反接）如图 11.23(b)所示，通过两线圈总磁链 $\Psi_m=\Phi_{11}+\Phi_{22}-\Phi_{21}-\Phi_{12}$

$$L=\frac{\Psi_m}{I}=L_1+L_2-2K\sqrt{L_1L_2}$$

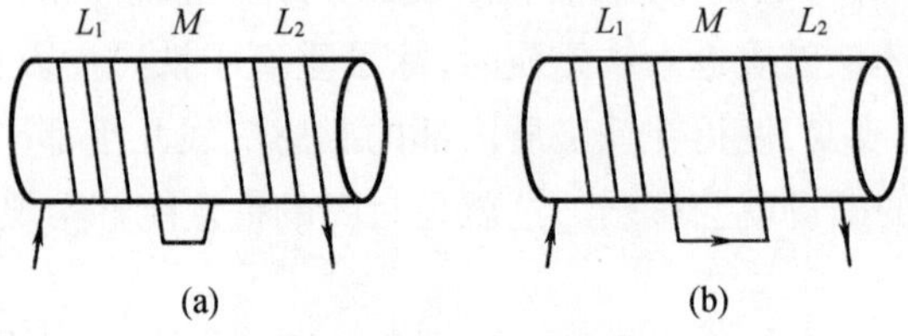

图 11.23　例 11.8 图

此时，ε_1 与 ε_{12}，ε_2 与 ε_{21} 的方向均相反，两个子线圈激发的磁场彼此减弱。

11.3.3 磁场能量

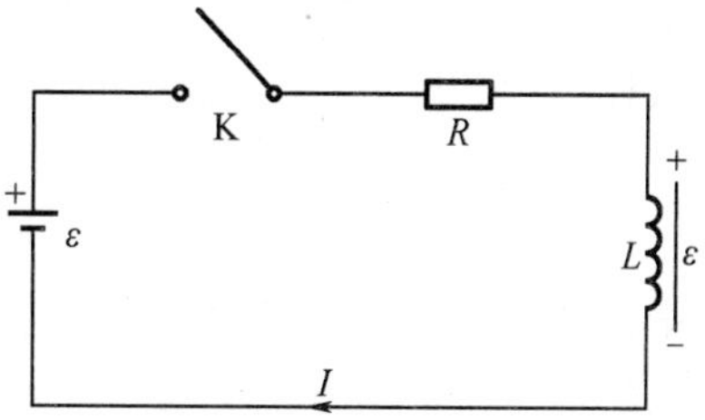

图 11.24 自感电路

在电流激发磁场的过程中也是要供给能量的，所以磁场也应具有能量。为此，我们仿照研究电场能量的方法来讨论磁场能量。如图 11.24 所示，假设闭合电路中含有一个自感为 L 的线圈，电阻为 R，电源的电动势为 ε。在电键 K 未闭合时，电路中没有电流，线圈内也没有磁场，而电键闭合后，线圈中的电流逐渐增大，最后电流达到稳定值。在电流增大的过程中，线圈中有自感电动势，它会阻止磁场的建立，与此同时，在电阻 R 上释出焦耳热，因此，在电流在线圈内建立磁场的过程中，电源供给的能量分成两个部分：一部分转换为热能，另一部分转换为线圈内的磁场能量（简称磁能）。下面来定量分析。

由全电路欧姆定律有

$$\varepsilon = \varepsilon_l + RI \tag{11.26}$$

等式两边同乘以 $I\mathrm{d}t$ 有

$$\varepsilon I\mathrm{d}t = LI\mathrm{d}I + RI^2\mathrm{d}t \tag{11.27}$$

若在 $t=0$ 时，$I=0$；在 $t=t$ 时，电流增加到 I，则式(11.27)的积分为

$$\int_0^t \varepsilon I\mathrm{d}t = \int_0^I LI\mathrm{d}I + \int_0^I RI^2\mathrm{d}t = \frac{1}{2}LI^2 + \int_0^I RI^2\mathrm{d}t \tag{11.28}$$

式中，$\int_0^t \varepsilon I\mathrm{d}t$ 为电源供给的能量（电源在由 0 到 t 这段时间内所做的功）；$\int_0^I RI^2\mathrm{d}t$ 为回路中导体在由 0 到 t 这段时间内放出的焦耳热；$\int_0^I LI\mathrm{d}I$ 为电源反抗自感电动势所做的功，这部分功在产生感生磁场的过程中转换为磁场能量而被储存在自感线圈中。

故自感线圈储存的磁场能量为

$$W_{\mathrm{m}} = \int_0^I LI\mathrm{d}I = \frac{1}{2}LI^2 \tag{11.29}$$

即电源做功的一部分用来产生焦耳热，一部分用来克服自感电动势做功。

通过前面的讨论我们已经知道，当电路上的电流从 0 到 I 时，电路周围空间建立起来逐渐增强的磁场，磁场与电场类似，是一种特殊形态的物质，具有能量。所以，电源反抗自感电动势所做的功必然转换为线圈的磁场能量。就像电场能量分布在具有电场分布的整个空间中一样，磁能也是定域在整个磁场空间中的。也可以仿照通过电容中存储的电能的公式导出电场能量及电场能量密度的公式的方法，从通电自感线圈储存的磁能公式导出磁场能量及磁场能量密度的公式。

下面以长直螺线管为例给出一般情况下计算磁场能量的方法，所得结论具有普遍性。长直螺线管长为 l，横截面积 S，总匝数为 N，因此该长直螺线管自感系数 $L=\mu\dfrac{N^2}{l}S$。当通以

电流 I 时,螺线管内部 $H=\frac{N}{l}I$,磁感应强度 $B=\mu\frac{N}{l}I$,则电流可以表示为 $I=\frac{Bl}{\mu N}$,代入式(11.29)得

$$W_m=\frac{1}{2}LI^2=\frac{1}{2}\mu\frac{N^2}{l}S\cdot\frac{B^2l^2}{\mu^2N^2}=\frac{1}{2}\frac{B^2}{\mu}S\cdot l=\frac{1}{2}\frac{B^2}{\mu}\cdot V \tag{11.30}$$

式中,V 是螺线管内部空间体积,也就是存储磁能的空间的体积,并且螺线管内为匀强磁场,磁场能量也是均匀分布在螺线管内部空间中的,所以磁场能量密度可以表示为

$$w_m=\frac{W_m}{V}=\frac{1}{2}\frac{B^2}{\mu}=\frac{1}{2}BH \tag{11.31}$$

式(11.31)表明,磁场能量密度只与磁感应强度和周围磁介质有关。对于不均匀磁场,只要知道磁感应强度分布情况就知道了 w_m,可求任一区域磁场所储存的总能量,具体方法是将空间划分若干体积元 dV,在体积元内认为 B 不变,则体积元内磁场能量为

$$dW_m=w_m dV=\frac{1}{2}\frac{B^2}{\mu}dV=\frac{1}{2}BHdV \tag{11.32}$$

则有限体积内的磁场能量为

$$W_m=\iiint_V w_m dV=\iiint_V \frac{1}{2}\frac{B^2}{\mu}dV \tag{11.33}$$

对于一个载流线圈,式(11.30)不仅为自感 L 提供了另一种计算方法,而且对于有限横截面积的导体来说(即导体的横截面积不能忽略时),它还为自感提供了基本的定义,即用磁能法定义自感。

$$L=\frac{2W_m}{I^2} \tag{11.34}$$

例 11.9 计算载流为 I、长为 l 的直电缆内的磁场能量。(已知 R_1、R_2、μ)

解 电流分布具有轴对称性,由介质中的环路定理 $\oint_L \boldsymbol{H}\cdot d\boldsymbol{l}=\sum I_0$ 可知 $H\cdot 2\pi r=\sum I_0=I$,则

$$H=\frac{I}{2\pi r}$$

$$w_m=\frac{1}{2}\mu\frac{I^2}{4\pi^2r^2}$$

对于不均匀分布磁场,$dW_m=w_m dV$,其中 $dV=2\pi r dr l$,则

$$dW_m=\frac{\mu I^2 l}{4\pi}\cdot\frac{dr}{r}$$

$$W_m=\int_{R_1}^{R_2}\frac{\mu I^2 l}{4\pi}\cdot\frac{dr}{r}=\frac{\mu I^2 l}{4\pi}\ln\frac{R_2}{R_1}$$

由于 $W_m=\frac{1}{2}LI^2$,则 $L=\frac{\mu l}{2\pi}\frac{R_2}{R_1}$,因此已知线圈内的磁场能量,可以求得自感系数。

11.4 位移电流 全电流定律

11.4.1 位移电流

1. 电磁场的基本规律

对于静电场,由库仑定律和电场强度的叠加原理可以导出描述电场性质的高斯定理和静电场的环路定理。

$$\oiint_S \boldsymbol{D} \cdot d\boldsymbol{S} = \sum_{i=1}^{n} Q_{i0} \tag{11.35}$$

$$\oint_L \boldsymbol{E} \cdot d\boldsymbol{l} = 0 \tag{11.36}$$

对于稳恒磁场,由毕奥－萨伐尔定律和磁场强度的叠加原理可以导出描述稳恒磁场性质的高斯定理和安培环路定理。

$$\oiint_S \boldsymbol{B} \cdot d\boldsymbol{S} = 0 \tag{11.37}$$

$$\oint_L \boldsymbol{B} \cdot d\boldsymbol{l} = \mu_0 \sum I_i \text{(真空中)}$$

$$\oint_L \boldsymbol{H} \cdot d\boldsymbol{l} = \sum I_{i0} \text{(普遍情况下有磁介质存在时)} \tag{11.38}$$

对于变化的磁场,根据法拉第电磁感应定律及麦克斯韦提出的涡旋电场得出普遍(非稳恒)情况下的电场的环路定理。

$$\oint_L \boldsymbol{E} \cdot d\boldsymbol{l} = -\oiint_S \frac{\partial \boldsymbol{B}}{\partial t} \cdot d\boldsymbol{S} \tag{11.39}$$

式(11.39)中的电场 $\boldsymbol{E} = \boldsymbol{E}_e + \boldsymbol{E}_c$,包括静电场和涡旋电场,静电场的环路定理只是式(11.39)的一个特例。

从当时的实验资料和理论分析,人们都没有发现电场的高斯定理和磁场的高斯定理在非稳恒条件下有什么不合理的地方。麦克斯韦假定它们在普遍(非稳恒)情况下仍成立。然而,当他在把磁场的安培环路定理应用到非稳恒磁场时遇到了困难。为了克服困难,他提出了重要的“位移电流”假说。下面就从遇到的问题及解决问题的思路谈起。

麦克斯韦在将安培环路定理推广到非稳恒电路——电容器充放电电路时遇到下面的困难。

如图11.25所示,以 l 为边界的平面 S'' 和曲面 S' 以及闭合曲线 l 与电路套链,故电路穿过以闭合回路 l 为边界的任意曲面。若以平面 S'' 为衡量有无电流穿过 l 的依据,$I = I_0$ 确实穿过了以 l 为边界曲面 S''(套链),则有

$$\oint_l \boldsymbol{H} \cdot d\boldsymbol{l} = I_0 = \iint_{S''} \boldsymbol{j}_0 \cdot d\boldsymbol{S} \tag{11.40}$$

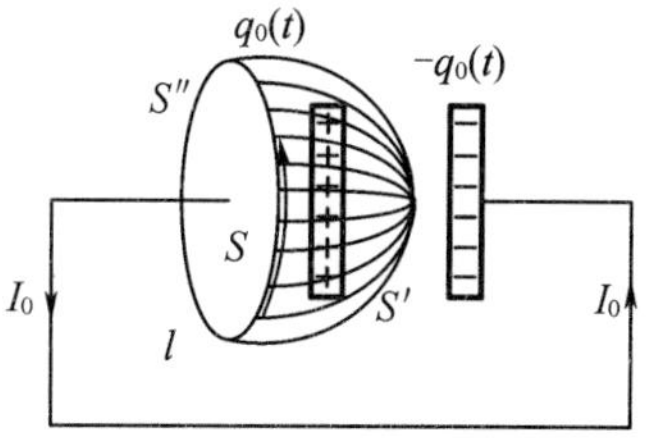

图11.25 非稳恒电路

式中，I_0 是穿过以闭合回路 l 为边界的任意曲面 S'' 的传导电流，等于传导电流密度 $\boldsymbol{j}_0$ 在 S'' 上的通量。

若以 S' 为衡量有无电流穿过 l 的依据，则没有传导电流穿过 S'，传导电流在电容器极板间中断了，$I=0$，故

$$\oint_l \boldsymbol{H}\cdot \mathrm{d}\boldsymbol{l} = 0 \tag{11.41}$$

磁场强度 $\boldsymbol{H}$ 沿同一闭合回路 l 积分，对于同一边界对应的不同曲面，却有两个截然不同的结论，问题出现在哪里呢？对于稳恒磁场，因稳恒电路中电流是连续的，即传导电流连续，有

$$\iint_{S''} \boldsymbol{j}_0 \cdot \mathrm{d}\boldsymbol{S} = \iint_{S'} \boldsymbol{j}_0 \cdot \mathrm{d}\boldsymbol{S}$$

即

$$\oiint_S \boldsymbol{j}_0 \cdot \mathrm{d}\boldsymbol{S} = 0 \tag{11.42}$$

$\oint_l \boldsymbol{H}\cdot \mathrm{d}\boldsymbol{r} = \sum_{l内} I_{i0} = \iint_S \boldsymbol{j}_0 \cdot \mathrm{d}\boldsymbol{S}$（$S$ 为以 l 为边界的任意曲面）当然不会有问题。但对于非稳恒电路，电容器破坏传导电流的连续性，式(11.41)不再成立，安培环路定理对于非稳恒电路是不适用的，必须寻求新的规律。

在科学史上，解决问题的思路一般有两种：一是在大量实验事实的基础上，提出新概念，建立与实验事实相符合的新理论；二是在原有理论的基础上提出假设，对原有理论做必要的修正，使问题得以解决，并用实验检验假设的合理性。而在科学发展的一定阶段，人们往往选择第二种思路，尤其近代物理研究更是如此。若要在非稳恒电路中应用安培环路定理，则必须对其加以改造。麦克斯韦引入的位移电流的概念成功解决了上述问题。

既然上述问题的出现是由于非稳恒电路中的传导电流不再连续，安培环路定理不再适用，那么就来思考：对于非稳恒电路，什么量是连续的？麦克斯韦注意到，虽然在曲面 S' 上没有传导电流通过，但却有一个变化的电场穿过；极板上电量 $q_0(t)$ 虽然是随时间变化的，但其在任意时刻都是均匀分布在极板上的，故极板上的面电荷密度 $\sigma_0(t)=\dfrac{q_0(t)}{S}$ 与 $q_0(t)$ 一样，按相同规律变化，平行板电容器内的电场是匀强的，电场强度为

$$E(t)=\frac{\sigma(t)}{\varepsilon_0}=\frac{q_0(t)}{\varepsilon_0 S} \tag{11.43}$$

根据电荷守恒定律，在单位时间内从闭合曲面流出的电量应等于单位时间内该闭合曲面内电荷的减少量。这里的闭合曲面 S 是由 S'' 和 S' 构成的，$q_0(t)$ 是积累在该闭合曲面内极板上的自由电荷，因此有

$$\oiint_S \boldsymbol{j}_0 \cdot \mathrm{d}\boldsymbol{S} = -\frac{\mathrm{d}q_0(t)}{\mathrm{d}t} \tag{11.44}$$

此外，根据式(11.35)，高斯定理对此非稳恒电场仍适用，则有

$$\oiint_S \boldsymbol{D}\cdot \mathrm{d}\boldsymbol{S} = q_0(t) \tag{11.45}$$

对式(11.45)求导，得

$$\frac{\mathrm{d}}{\mathrm{d}t}\oint\!\!\!\oint_S \boldsymbol{D}\cdot\mathrm{d}\boldsymbol{S}=\oint\!\!\!\oint_S\frac{\partial\boldsymbol{D}}{\partial t}\cdot\mathrm{d}\boldsymbol{S}=\frac{\mathrm{d}q_0(t)}{\mathrm{d}t}\tag{11.46}$$

把式(11.46)代入式(11.44)得

$$\oint\!\!\!\oint_S \boldsymbol{j}_0\cdot\mathrm{d}\boldsymbol{S}=-\oint\!\!\!\oint_S\frac{\partial\boldsymbol{D}}{\partial t}\cdot\mathrm{d}\boldsymbol{S}\tag{11.47}$$

式(11.47)可写成

$$\oint\!\!\!\oint_S\left(\boldsymbol{j}_0+\frac{\partial\boldsymbol{D}}{\partial t}\right)\cdot\mathrm{d}\boldsymbol{S}=0\tag{11.48}$$

或

$$\iint_{S''}\left(\boldsymbol{j}_0+\frac{\partial\boldsymbol{D}}{\partial t}\right)\cdot\mathrm{d}\boldsymbol{S}=-\iint_{S'}\left(\boldsymbol{j}_0+\frac{\partial\boldsymbol{D}}{\partial t}\right)\cdot\mathrm{d}\boldsymbol{S}\tag{11.49}$$

由此可见,在非稳恒情况下,传导电流(电流密度$\boldsymbol{j}_0$)不一定连续,但$\boldsymbol{j}_0+\frac{\partial\boldsymbol{D}}{\partial t}$永远是连续的。并且,$\frac{\partial\boldsymbol{D}}{\partial t}$与电流密度$\boldsymbol{j}_0$有相同的量纲,因此具有相同的性质,可看成一种新的电流密度,麦克斯韦称它为**位移电流密度$\boldsymbol{j}_\mathrm{D}$**,即

$$\boldsymbol{j}_\mathrm{D}=\frac{\partial\boldsymbol{D}}{\partial t}\tag{11.50}$$

而把I_D称为**位移电流**,$I_\mathrm{D}=\frac{\mathrm{d}\Phi_\mathrm{D}}{\mathrm{d}t}$,即

$$I_\mathrm{D}=\frac{\mathrm{d}\Phi_\mathrm{D}}{\mathrm{d}t}=\frac{\mathrm{d}}{\mathrm{d}t}\iint_S\boldsymbol{D}\cdot\mathrm{d}\boldsymbol{S}=\iint_S\frac{\partial\boldsymbol{D}}{\partial t}\cdot\mathrm{d}\boldsymbol{S}=\iint_S\boldsymbol{j}_\mathrm{D}\cdot\mathrm{d}\boldsymbol{S}\tag{11.51}$$

并把传导电流I_0和位移电流I_D合在一起称为全电流I,即

$$I=I_0+I_\mathrm{D}=\iint_S\boldsymbol{j}_0\cdot\mathrm{d}\boldsymbol{S}+\iint_S\boldsymbol{j}_\mathrm{D}\cdot\mathrm{d}\boldsymbol{S}=\iint_S\left(\boldsymbol{j}_0+\frac{\partial\boldsymbol{D}}{\partial t}\right)\cdot\mathrm{d}\boldsymbol{S}\tag{11.52}$$

极板间变化的电场(位移电流)的方向和传导电流的方向关系又如何呢?

如图11.26(a)所示为电容器极板的充电过程,随着电量$q_0(t)$的增加,极板上的电荷密度$\sigma_0(t)$也增大,电场强度$\boldsymbol{E}$和电位移$\boldsymbol{D}$也增大,则$\boldsymbol{D}$对时间的变化率$\frac{\partial\boldsymbol{D}}{\partial t}>0$,与$\boldsymbol{D}$的方向相同,即位移电流$I_\mathrm{D}$和传导电流$I_0$的方向相同;如图11.26(b)所示为电容器极板的放电过程,随着电量$q_0(t)$的减少,极板上的电荷密度$\sigma_0(t)$也减少,$\boldsymbol{E}$和$\boldsymbol{D}$也减小,则$\boldsymbol{D}$对时间的变化率$\frac{\partial\boldsymbol{D}}{\partial t}<0$,与$\boldsymbol{D}$的方向相反,位移电流$I_\mathrm{D}$和传导电流$I_0$的方向仍相同。

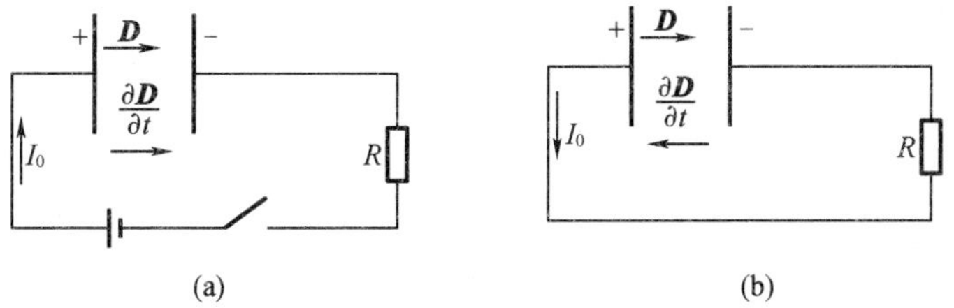

图11.26 位移电流的方向

综上可知，传导电流 I_0 虽然被电容器极板表面中断了，但却被介质中的位移电流 I_D 接续了，二者合在一起保持全电流的连续性。一般情况下，电介质中的电流主要是位移电流，传导电流可忽略不计；而在导体中主要是传导电流，位移电流可忽略不计。但在超高频电流情况下，导体内的传导电流和位移电流均起作用，均不可忽略。

麦克斯韦定义的位移电流的大小和方向均与回路中的传导电流 I 相同，并且位移电流同传导电流一样，按相同的规律激发磁场。引入了位移电流，将安培环路定理应用于非稳恒电场的问题便解决了。对于 S'' 有 $\oint_l \boldsymbol{H}\cdot d\boldsymbol{l} = I$；对于 S' 有 $\oint_l \boldsymbol{H}\cdot d\boldsymbol{l} = I_D$。

11.4.2 全电流定律

在引入了位移电流的概念之后，麦克斯韦为了推广安培环路定理，使之在非稳恒情况下也适用，用全电流代替式(11.38)中等号右边的传导电流，即用全电流对稳恒电流磁场中的安培环路定理进行推广，得到

$$\oint_l \boldsymbol{H}\cdot d\boldsymbol{l} = I_0 + I_D = I_0 + \iint_S \frac{\partial \boldsymbol{D}}{\partial t}\cdot d\boldsymbol{S} \tag{11.53}$$

即**在普遍情况下，磁场强度 $\boldsymbol{H}$ 沿任一闭合回路 l 的积分等于穿过以该闭合回路为边界的任意曲面的全电流**。这就是麦克斯韦的**全电流定律**。

麦克斯韦提出的位移电流的实质在于电流（即运动的电荷）和变化的电场都能产生磁场，它说明位移电流和传导电流一样都是激发磁场的源，其核心就是**变化的电场可以激发磁场**。严格来说，$I_D = \frac{d\Phi_D}{dt}$ 并非真正意义上的电流，同传导电流相比，除了在激发磁场方面等效外，在其他方面如热效应、化学效应等并无相似之处。位移电流的本质是变化着的电场，而传导电流则是自由电荷的定向运动；传导电流在通过导体时会产生焦耳热，而位移电流则不会产生焦耳热；位移电流可以存在于真空、导体、电介质中，而传导电流只能存在于导体中。之所以引入位移电流这一假说是当时的人们受到认识上的限制——只有电流才能激发磁场，不知道变化的电场也会激发磁场。所以，位移电流的概念如同前面所学的极化电荷一样，只不过是人类认识自然过程中的一个过渡性概念，其实质是变化的电场产生涡旋磁场。麦克斯韦进一步认为，不管有无导体回路存在，变化的电场所激发的磁场总是客观存在的，即

$$\varepsilon\frac{\partial \boldsymbol{E}}{\partial t} = \frac{\partial \boldsymbol{D}}{\partial t} = \boldsymbol{j}_D \to I_D \to \boldsymbol{B} \tag{11.54}$$

11.5 电磁场理论的基本概念　麦克斯韦方程组

11.5.1 电磁场理论的基本概念

到目前为止，我们分别研究了相对于观察者静止的电荷所产生的静电场，运动电荷或

电流所产生稳恒磁场,并相应地了解了反映场属性的两个定理:高斯定理和环路定理。麦克斯韦认为,上述定理虽然是从静电场和稳恒电流磁场中得出的,但是可以将它们推广至非稳恒情况,即变化的电场、磁场、电磁场。于是麦克斯韦引入位移电流和涡旋电场,将两个定理进行推广,得到了具有更普遍意义的高斯定理和环路定理。麦克斯韦把电磁现象的普遍规律概括为四个方程,通常称其为麦克斯韦方程组,它可以解决宏观电磁场的各类问题。为了方便起见,设自由电荷激发的电场为 $\boldsymbol{E}_e(\boldsymbol{D}_1)$,变化磁场激发涡旋电场为 $\boldsymbol{E}_e(\boldsymbol{D}_2)$,传导电流激发的磁场为 $\boldsymbol{B}_1(\boldsymbol{H}_1)$,位移电流激发的磁场为 $\boldsymbol{B}_2(\boldsymbol{H}_2)$,则空间中任一点的总电场强度 $\boldsymbol{E}=\boldsymbol{E}_1+\boldsymbol{E}_2$,总电位移 $\boldsymbol{D}=\boldsymbol{D}_1+\boldsymbol{D}_2$;总磁感应强度 $\boldsymbol{B}=\boldsymbol{B}_1+\boldsymbol{B}_2$,总磁场强度 $\boldsymbol{H}=\boldsymbol{H}_1+\boldsymbol{H}_2$。

(1)**变化的磁场激发涡旋电场,电场强度沿任意闭合曲线的线积分等于以该曲线为边界的任意曲面的磁通量对时间变化率的负值**,即

$$\oint_l \boldsymbol{B}\cdot \mathrm{d}\boldsymbol{l} = -\iint_S \frac{\partial \boldsymbol{B}}{\partial t}\cdot \mathrm{d}\boldsymbol{S} \tag{11.55}$$

这也是法拉第电磁感应定律的表述形式,它说明变化的磁场能感应出有旋电场。式中,$\boldsymbol{E}$ 包括电荷产生的静电场 $\boldsymbol{E}_e$ 和磁场变化产生的涡旋电场 $\boldsymbol{E}_c$。由于静电场的保守性 $\oint \boldsymbol{E}_e\cdot \mathrm{d}\boldsymbol{l}=0$,直接可以看出是变化的磁场产生涡旋电场,这从侧面说明了电场和磁场是统一的,形成电磁场。式中,负号代表楞次定律,说明 $\boldsymbol{E}_c$ 的方向,如图 11.27(a)所示,即 $\boldsymbol{E}_c$ 与 $\boldsymbol{B}$ 符合左手定则。

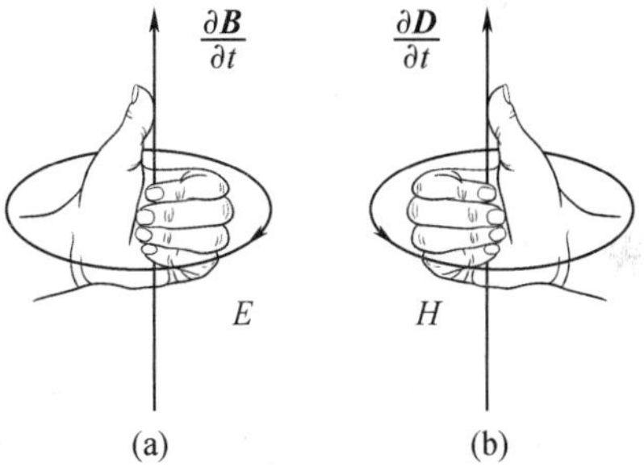

图 11.27　变化的电场和磁场相互关系

(2)**变化的电场激发磁场,磁场强度沿任意闭合曲线的线积分等于穿过以该曲线为边界的任意曲面的全电流**,即一般形式下的安培环路定理(全电流定律)。

$$\oint_l \boldsymbol{H}\cdot \mathrm{d}\boldsymbol{l} = I_0 + \iint_S \frac{\partial \boldsymbol{D}}{\partial t}\cdot \mathrm{d}\boldsymbol{S} \tag{11.56}$$

它说明电流(即运动的电荷)和变化的电场都能产生磁场,当稳恒电流 $I_0=0$ A 时,即 $\oint_l \boldsymbol{H}\cdot \mathrm{d}\boldsymbol{l}=\iint_S \frac{\partial \boldsymbol{D}}{\partial t}\cdot \mathrm{d}\boldsymbol{S}$,很自然会得出"变化的电场会激发磁场"的结论,这从侧面表明了电场和磁场的统一性和不可分割性。由于表达式(11.56)不带负号,$\boldsymbol{H}$ 与 $\boldsymbol{D}$ 的变化率的方向同向,如图 11.27(b)所示,即 $\boldsymbol{H}$ 与 $\boldsymbol{E}$ 符合右手定则。

以上进一步说明了电场和磁场是相互联系、不可分离的,是电磁场这一客观存在的两种表现方式。

(3)**通过任意闭合曲面的电位移通量等于该闭合曲面所包围的自由电荷的代数和,即电场的高斯定理**。

$$\oiint_S \boldsymbol{D}\cdot \mathrm{d}\boldsymbol{S} = \sum Q_{i0} = \iiint_V \rho \mathrm{d}V \tag{11.57}$$

这说明了电场与电荷的关系。电场是包括静电场和涡旋电场在内的总电场,其中,静电场

是有源场，而涡旋电场是涡旋场、有旋电场，电场线闭合，$\oint\!\!\!\oint_S \boldsymbol{D}\cdot \mathrm{d}\boldsymbol{S} = 0$。

（4）**通过任意闭合曲面的磁通量必等于零，即磁场的高斯定理（磁通连续原理）。**

$$\oint\!\!\!\oint_S \boldsymbol{B}\cdot \mathrm{d}\boldsymbol{S} = 0 \tag{11.58}$$

式中，$\boldsymbol{B}$ 是总的磁感应强度。这说明无论是传导电流产生的磁场还是变化的电场产生的磁场，它们都是有旋磁场。它同时说明，目前的电磁场理论认为在自然界中没有单一的磁荷（磁单极）存在。

11.5.2 麦克斯韦方程组

综上所述，麦克斯韦把电磁现象的普遍规律概括四个麦克斯韦方程，其积分形式为

$$\begin{cases} \oint\!\!\!\oint_S \boldsymbol{D}\cdot \mathrm{d}\boldsymbol{S} = \sum Q_{i0} = \iiint_V \rho \mathrm{d}V \\ \oint_l \boldsymbol{E}\cdot \mathrm{d}\boldsymbol{l} = -\iint_S \dfrac{\partial \boldsymbol{B}}{\partial t}\cdot \mathrm{d}\boldsymbol{S} \\ \oint\!\!\!\oint_S \boldsymbol{B}\cdot \mathrm{d}\boldsymbol{S} = 0 \\ \oint_l \boldsymbol{H}\cdot \mathrm{d}\boldsymbol{l} = I_0 + \iint_S \dfrac{\partial \boldsymbol{D}}{\partial t}\cdot \mathrm{d}\boldsymbol{S} \end{cases} \tag{11.59}$$

从上面的论述中可知，麦克斯韦电磁场理论不但提出了涡旋电场、位移电流的概念，还包括从特殊（静电场和稳恒磁场）向一般非稳恒情况下的假设性推广。它的正确性由一系列理论和实验符合很好的事实证实。

麦克斯韦方程组的积分形式只能表达空间各电磁量的区域性质和联系，不能将空间中每一点的性质和联系体现出来，而麦克斯韦方程组的微分式则可以将空间中每一点的性质和联系体现出来。利用数学上关于矢量运算的高斯公式 $\oint\!\!\!\oint_S \boldsymbol{A}\cdot \mathrm{d}\boldsymbol{S} = \iiint_V (\nabla\cdot \boldsymbol{A})\mathrm{d}V$ 和斯托克斯公式 $\oint_l \boldsymbol{A}\cdot \mathrm{d}\boldsymbol{l} = \iint_S (\nabla\times \boldsymbol{A})\mathrm{d}\boldsymbol{S}$，可得麦克斯韦方程组的微分形式为

$$\begin{cases} \nabla\cdot \boldsymbol{D} = \rho_0 \\ \nabla\times \boldsymbol{E} = -\dfrac{\partial \boldsymbol{B}}{\partial t} \\ \nabla\cdot \boldsymbol{B} = 0 \\ \nabla\times \boldsymbol{H} = \boldsymbol{j}_0 + \dfrac{\partial \boldsymbol{D}}{\partial t} \end{cases} \tag{11.60}$$

式中，$\nabla\cdot \boldsymbol{D}$ 和 $\nabla\cdot \boldsymbol{B}$ 分别为电位移和磁感应强度的散度，说明了电场的有源性和磁场的无源性；$\nabla\times \boldsymbol{E}$ 和 $\nabla\times \boldsymbol{H}$ 分别为电场强度和磁场强度的旋度，说明了静电场的无旋性和感生电场、磁场的有旋性。

在有介质存在时，电场强度 $\boldsymbol{E}$ 和磁感应强度 $\boldsymbol{B}$ 都与介质的性质有关，因此上述麦克斯韦方程组还不完备，还需加上表征介质性质的方程：

$$\begin{cases} \boldsymbol{D} = \varepsilon_0 \varepsilon_r \boldsymbol{E} = \varepsilon \boldsymbol{E} \\ \boldsymbol{B} = \mu_0 \mu_r \boldsymbol{H} = \mu \boldsymbol{H} \\ \boldsymbol{j}_0 = \sigma \boldsymbol{E} \end{cases} \tag{11.61}$$

式(11.61)中的 ε、μ、σ 分别是介质的介电常数、磁导率和电导率。式(11.59)或式(11.60)和式(11.61)一起构成了决定电磁场变化的一组完备的方程。这就是说,当电荷、电流分布给定时,通过麦克斯韦方程组(一般采用微分形式),根据初始条件以及边界条件就可以完全确定电磁场的分布和变化。

例 11.10 如图 11.28 所示的平行板电容器由半径为 R 的两块圆形极板构成,用长直导线电流给它充电,使极板间电场强度增加率为$\frac{\mathrm{d}E}{\mathrm{d}t}$,求下面两种情况下,距离极板中心连线 r 处的磁感应强度。

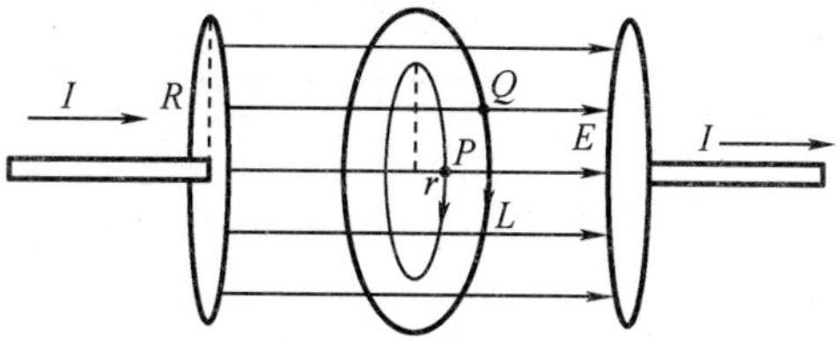

图 11.28 例 11.10 图

(1) $r<R$。

(2) $r>R$。

解 忽略电容边缘效应,极板间电场可看作局限在半径 R 内的均匀电场,由对称性可知,变化电场产生的磁场的磁感应线是以极板对称轴上的点为圆心的一系列圆周。

(1) $r<R$

取半径为 r 的磁感应线为绕行回路 l,绕行方向同磁感应线方向。由全电流定律得

$$\oint_l \boldsymbol{H} \cdot \mathrm{d}\boldsymbol{l} = \sum_{l内} I + \frac{\mathrm{d}\Phi_D}{\mathrm{d}t}$$

有

$$\oint_l \boldsymbol{H} \cdot \mathrm{d}\boldsymbol{l} = \frac{\mathrm{d}\Phi_D}{\mathrm{d}t} (= I_D)$$

$$\begin{aligned} \oint_l \boldsymbol{H} \cdot \mathrm{d}\boldsymbol{l} &= \oint_l H \cdot \mathrm{d}l \cos 0^\circ \\ &= H \oint_l \mathrm{d}l \\ &= H \cdot 2\pi r \end{aligned}$$

$$\Phi_D = \boldsymbol{D} \cdot \boldsymbol{S} = DS\cos 0^\circ = \pi r^2 \cdot \varepsilon_0 E$$

$$\frac{\mathrm{d}\Phi_D}{\mathrm{d}t} = \pi r^2 \varepsilon_0 \frac{\mathrm{d}E}{\mathrm{d}t}$$

即

$$H \cdot 2\pi r = \pi r^2 \varepsilon_0 \frac{\mathrm{d}E}{\mathrm{d}t}$$

可有

$$H = \frac{1}{2} \varepsilon_0 r \frac{\mathrm{d}E}{\mathrm{d}t}$$

得

$$B=\mu_0 H=\frac{1}{2}\mu_0\varepsilon_0 r\frac{\mathrm{d}E}{\mathrm{d}t}$$

(2) $r>R$

取半径为 r 的磁感应线为回路，绕行方向同磁感应线方向，由

$$\oint_l \boldsymbol{H}\cdot \mathrm{d}\boldsymbol{l}=\frac{\mathrm{d}\Phi_{\mathrm{D}}}{\mathrm{d}t}$$

有

$$H\cdot 2\pi r=\frac{\mathrm{d}}{\mathrm{d}t}(DS)=\frac{\mathrm{d}}{\mathrm{d}t}(\pi R^2\varepsilon_0 E)=\pi R^2\varepsilon_0\frac{\mathrm{d}E}{\mathrm{d}t}$$

即

$$H=\frac{R^2}{2r}\varepsilon_0\frac{\mathrm{d}E}{\mathrm{d}t}$$

得

$$B=\mu_0 H=\frac{R^2}{2r}\mu_0\varepsilon_0\frac{\mathrm{d}E}{\mathrm{d}t}$$

例 11.11 从公式证明平行板电容器与球形电容器两极板间的位移电流均为 $I_{\mathrm{D}}=C\frac{\mathrm{d}U}{\mathrm{d}t}$，其中 C 为电容，U 为板间电压。

证 (1)平行板电容器

$$I_{\mathrm{D}}=\frac{\mathrm{d}\Phi_{\mathrm{D}}}{\mathrm{d}t}=\frac{\mathrm{d}}{\mathrm{d}t}(DS)=\frac{\mathrm{d}}{\mathrm{d}t}(\sigma S)=\frac{\mathrm{d}q}{\mathrm{d}t}=\frac{\mathrm{d}}{\mathrm{d}t}(CU)=C\frac{\mathrm{d}U}{\mathrm{d}t}$$

(2)球形电容器

$$D=\frac{Q}{4\pi r^2}$$

$$j_{\mathrm{D}}=\frac{\mathrm{d}D}{\mathrm{d}t}=\frac{\mathrm{d}}{\mathrm{d}t}\left(\frac{Q}{4\pi r^2}\right)=\frac{1}{4\pi r^2}\frac{\mathrm{d}Q}{\mathrm{d}t}=\frac{1}{4\pi r^2}\frac{\mathrm{d}}{\mathrm{d}t}(CU)=\frac{C}{4\pi r^2}\frac{\mathrm{d}U}{\mathrm{d}t}$$

$$I_{\mathrm{D}}=\oint_S \boldsymbol{j}_{\mathrm{D}}\cdot\mathrm{d}\boldsymbol{S}=\oint_S j_{\mathrm{D}}\mathrm{d}S=j_{\mathrm{D}}\oint_S \mathrm{d}S=j_{\mathrm{D}}4\pi r^2=C\frac{\mathrm{d}U}{\mathrm{d}t}$$

例 11.12 如图 11.29 所示，平行板电容器的正方形极板的边长为 0.3 m，当放电电流为 1.0 A 时，忽略边缘效应，求：

(1)两极板上面电荷密度随时间的变化率。

(2)通过极板中如图 11.29 所示的正方形回路 $abcda$ 区间的位移电流的大小。

(3)环绕此正方形回路的 $\oint_l \boldsymbol{B}\cdot\mathrm{d}\boldsymbol{l}$ 的大小。

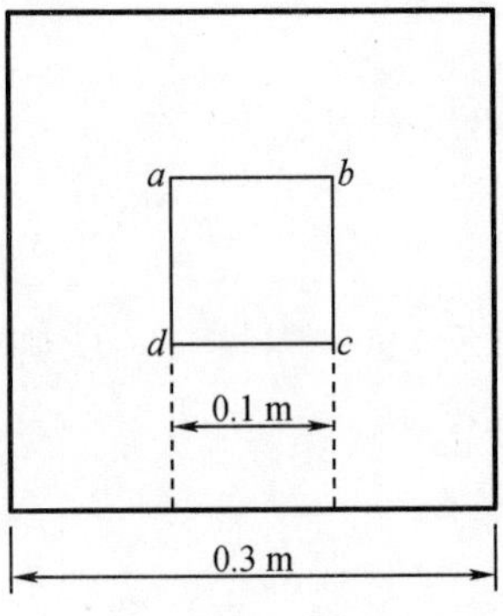

图 11.29 例 11.12 图

解 (1) $I_{\mathrm{D}}=\frac{\mathrm{d}\Phi_{\mathrm{D}}}{\mathrm{d}t}=\frac{\mathrm{d}}{\mathrm{d}t}(DS)=\frac{\mathrm{d}}{\mathrm{d}t}(\sigma S)=S\frac{\mathrm{d}\sigma}{\mathrm{d}t}$

$$\frac{\mathrm{d}\sigma}{\mathrm{d}t}=\frac{1}{S}I_{\mathrm{D}}=\frac{1.0}{0.3^2}=11.1\ \mathrm{C}\cdot\mathrm{s}^{-1}\cdot\mathrm{m}^2$$

(2) $I'_D = \int\limits_{S_{abcd}} \boldsymbol{j}_D \cdot d\boldsymbol{S} = j_D S_{abcd} = \frac{d\sigma}{dt} \cdot S_{abcd} = 11.1 \times 0.1^2 = 0.111\ \text{A}$

(3) $\oint\limits_{abcda} \boldsymbol{H} \cdot d\boldsymbol{l} = I_D = 0.111\ \text{A}$

$$\oint\limits_{abcda} \boldsymbol{B} \cdot d\boldsymbol{l} = \mu_0 \oint\limits_{abcda} \boldsymbol{H} \cdot d\boldsymbol{l} = 4\pi \times 10^{-7} \times 0.111 = 1.39 \times 10^{-7}\ \text{Wb} \cdot \text{m}^{-1}$$

11.5.3 电磁场的基本性质

现在我们已经知道,变化的电场和变化的磁场相互激发,相互依存,构成统一的电磁场,以波动的形式存在于整个空间。电磁场的波动性是麦克斯韦方程组的必然结果,只要对方程组进行简单处理,答案就会一目了然。由于在自由空间里不存在自由电荷和传导电流,因此麦克斯韦方程组的微分式可变为

$$\begin{cases} \nabla \cdot \boldsymbol{D} = 0 \\ \nabla \cdot \boldsymbol{B} = 0 \\ \nabla \times \boldsymbol{E} = -\dfrac{\partial \boldsymbol{B}}{\partial t} \\ \nabla \times \boldsymbol{H} = \dfrac{\partial \boldsymbol{D}}{\partial t} \end{cases} \tag{11.62}$$

可见,在自由空间里的电场是由变化的磁场产生的涡旋电场,自由空间里的磁场是由变化的电场激发的磁场,电场和磁场相互激发就形成了电磁波,更深层的含义是变化的电场和磁场可以脱离场源而在空间中独立传播。

对式(11.62)中的式 $\nabla \times \boldsymbol{E} = -\frac{\partial \boldsymbol{B}}{\partial t}$求旋度,有

$$\nabla \times (\nabla \times \boldsymbol{E}) = \nabla \times \left(-\frac{\partial \boldsymbol{B}}{\partial t} \right) \tag{11.63}$$

式(11.63)等号左端

$$\nabla \times (\nabla \times \boldsymbol{E}) = \nabla(\nabla \cdot \boldsymbol{E}) - \nabla^2 \boldsymbol{E}$$

而涡旋电场 $\boldsymbol{E}$ 的散度 $\nabla \cdot \boldsymbol{E} = 0$,即

$$\nabla \times (\nabla \times \boldsymbol{E}) = -\nabla^2 \boldsymbol{E} \tag{11.64}$$

式(11.63)等号右端

$$\nabla \times \left(-\frac{\partial \boldsymbol{B}}{\partial t} \right) = -\nabla \times \frac{\partial \boldsymbol{B}}{\partial t} = -\frac{\partial}{\partial t}(\nabla \times \boldsymbol{B}) = -\mu_0 \frac{\partial}{\partial t}(\nabla \times \boldsymbol{H})$$

而 $\nabla \times \boldsymbol{H} = \frac{\partial \boldsymbol{D}}{\partial t}$,$\boldsymbol{D} = \varepsilon_0 \boldsymbol{E}$,则有

$$\nabla \times \left(-\frac{\partial \boldsymbol{B}}{\partial t} \right) = -\mu_0 \frac{\partial}{\partial t}\left(\frac{\partial \boldsymbol{D}}{\partial t} \right) = -\mu_0 \varepsilon_0 \frac{\partial^2 \boldsymbol{E}}{\partial t^2} \tag{11.65}$$

联合式(11.64)和式(11.65),于是有

$$\nabla^2 \cdot \boldsymbol{E} = \mu_0 \varepsilon_0 \frac{\partial^2 \boldsymbol{E}}{\partial t^2} \tag{11.66}$$

令 $c^2 = \frac{1}{\mu_0 \varepsilon_0}$得

$$\nabla^2 \boldsymbol{E} = \frac{1}{c^2}\frac{\partial^2 \boldsymbol{E}}{\partial t^2} \tag{11.67}$$

同理，式(11.62)中的 $\nabla \times \boldsymbol{H} = \frac{\partial^2 \boldsymbol{D}}{\partial t}$ 变换可得

$$\nabla^2 \boldsymbol{H} = \frac{1}{c^2}\frac{\partial^2 \boldsymbol{H}}{\partial t^2} \tag{11.68}$$

对于式(11.67)和式(11.68)，大家是否有似曾相识的感觉，它与以前学过的一维机械波的动力学公式 $\frac{\partial^2 y}{\partial x^2} = \frac{1}{\mu^2}\frac{\partial^2 y}{\partial x^2}$ 极其相似，它的特解即为机械波的波动方程：

$$y(t,x) = A\cos\left[\omega\left(t - \frac{x}{u}\right) + \varphi\right] \tag{11.69}$$

而式(11.67)和式(11.68)实际上就是电磁波的动力学方程，其特解即为电磁波的波动方程，其中 c 为电磁波的波速。电磁波的电场强度 $\boldsymbol{E}$ 和磁场强度 $\boldsymbol{H}$ 可表示为

$$\boldsymbol{E}(r,t) = \boldsymbol{E}_0\cos\omega\left(t - \frac{r}{u}\right) \tag{11.70}$$

$$\boldsymbol{H}(r,t) = \boldsymbol{H}_0\cos\omega\left(t - \frac{r}{u}\right) \tag{11.71}$$

麦克斯韦在1862年就预见了电磁波的存在，在1864年导出了电场与磁场的波动方程，其波的传播速度正好等于光的速度。这启发他提出了光的电磁学说，指出光是一种频率很低的电磁波，从而进一步认识了光的本质。赫兹在1886年用放电线圈做的"火花放电实验"证实了电磁波的存在。实际上，早在1842年，美国物理学家亨利就通过实验实现了无线电波的传播。亨利的实验虽然比赫兹的实验早了40多年，但是亨利没有认识到这个实验的重要性，与重大发现擦肩而过。

电磁场在自由空间中以电磁波的形式传播能量。由于自由空间中任一点处的电磁场的能量密度包括自由空间电场的能量密度 $\omega_e = \frac{1}{2}\varepsilon_0 E^2$ 和自由空间磁场的能量密度 $\omega_m = \frac{1}{2}\frac{B^2}{\mu_0}$，因此电磁场的能量密度为

$$\omega_{em} = \frac{1}{2}\varepsilon_0 E^2 + \frac{1}{2}\frac{B^2}{\mu_0} = \frac{1}{2}\varepsilon_0(E^2 + c^2B^2) = \frac{1}{2}(DE + BH) \tag{11.72}$$

如果知道空间电磁场的分布情况 $E(x,y,z,t)$ 和 $B(x,y,z,t)$，根据式(11.72)可求电磁场在某个空间内的能量为

$$W_{em} = \iiint_V W_{em}\cdot dV = \iiint_V \frac{1}{2}\varepsilon_0(E^2 + c^2B^2)\cdot dV \tag{11.73}$$

由相对论可知，质量和能量是有联系的——质能方程($E = mc^2$)，对于电磁场，有能量

$$W_{em} = m_{em}c^2$$

对应质量为

$$m_{em} = \frac{W_{em}}{c^2} \tag{11.74}$$

电磁波既具有能量，也具有动量，利用麦克斯韦方程组、洛伦兹力公式以及动量守恒定

律可以推导出单位体积中电磁波动量的表达式。在真空中有

$$g = \frac{1}{c^2}(\boldsymbol{E} \times \boldsymbol{H}) \tag{11.75}$$

当光线照射到物体上时，它对物体也会施加压力，称之为光压。如果被照射面的反射率是100%，则正入射的光压 $p = \frac{2EH}{c}$；如果被照射面全部吸收(绝对黑体)，则 $p = \frac{EH}{c}$。

研究表明，电磁波的性质主要有如下几点。

(1)电磁波是横波，也就是电磁波的电场强度 $\boldsymbol{E}$ 与磁场强度 $\boldsymbol{H}$ 的振动方向与电磁波的传播方向 $\boldsymbol{k}$(单位矢量)垂直，即 $\boldsymbol{E} \perp \boldsymbol{k}, \boldsymbol{H} \perp \boldsymbol{k}$。

(2)电场强度 $\boldsymbol{E}$ 与磁场强度 $\boldsymbol{H}$ 垂直，即

$$\boldsymbol{E} \perp \boldsymbol{H}$$

(3) $\boldsymbol{E}$ 与 $\boldsymbol{H}$ 随时间的变化是同步的(这种情况称为同位相，以后对其介绍)，并且电磁波的传播方向 $\boldsymbol{k}$ 就是 $\boldsymbol{E} \perp \boldsymbol{H}$ 的方向。

(4) $\boldsymbol{E}$ 与 $\boldsymbol{H}$ 的幅值成比例。令 E_o、H_o 分别代表 $\boldsymbol{E}$ 与 $\boldsymbol{H}$ 的幅值，理论计算表明，E_o 和 H_o 的关系为

$$\sqrt{\varepsilon_o \varepsilon_r} E_o = \sqrt{\mu_o \mu_r} H_o$$

(5)电磁波的传播速度。

计算表明，电磁波在介质中的传播速度 $\boldsymbol{v}$ 的大小为

$$v = \frac{1}{\sqrt{\varepsilon_o \varepsilon_r \mu_o \mu_r}}$$

如果在真空中传播，$\varepsilon_r = \mu_r = 1$，电磁波的速度大小为

$$c = \frac{1}{\sqrt{\varepsilon_o \mu_o}} \approx 3 \times 10^8 \ \mathrm{m \cdot s^{-1}}$$

即真空中电磁波的传播速度，正好等于光在真空中的传播速度。麦克斯韦根据这一事实推断光波就是一种电磁波。

在一般光波和无线电波情况中，辐射压力很小，如距离含100万个烛光的光源1 m远的镜面上受到可见光的光压只有 10^{-5} N·s^{-2}，所以一般很难观察到，也不起什么作用。光压只在两个尺度截然相反的领域内起重要的作用：一是在原子物理中，最著名现象是光在电子上散射时与电子交换动量(即康普顿效应)，此外，激光器能产生聚集的强光，可以在小面积上产生巨大的辐射压力；二是在天体物理中，光压力在天文领域研究中起着重要的作用，其在星球内部可以和万有引力相抗衡，从而对星球的构造和发展起着重要作用。虽然光压是极其微小的，但对于太空中的尘埃颗粒来说，太阳的光压有可能大于太阳的引力。最显著的例子是彗星尾的方向。彗星尾由大量尘埃组成，当彗星运行到太阳附近时，由于这些尘埃颗粒受到的太阳的光压比太阳对它的引力大，因此它们被太阳光推向远离太阳的方向，从而形成长长的彗星尾，如图11.30所示。

图11.30 彗星尾

本章小结

1. 电源的电动势

$$\varepsilon = \frac{A}{q_0} = \int_{-}^{+} \boldsymbol{E}_{\mathrm{k}} \cdot \mathrm{d}\boldsymbol{l} = \oint_{l} \boldsymbol{E}_{\mathrm{k}} \cdot \mathrm{d}\boldsymbol{l}$$

$$\varepsilon_{ab} = U_b - U_a$$

2. 法拉第电磁感应定律

$$\varepsilon = -\frac{\mathrm{d}\Phi}{\mathrm{d}t}$$

$$I = \frac{\varepsilon}{R} = -\frac{1}{R}\frac{\mathrm{d}\Phi}{\mathrm{d}t}$$

$$q = \int_{t_1}^{t_2} I\mathrm{d}t = -\frac{1}{R}\int_{\Phi_1}^{\Phi_2}\mathrm{d}\Phi = \frac{1}{R}(\Phi_1 - \Phi_2)$$

3. 楞次定律

变化回路中感应电流的方向，总是使它所激发的磁场去阻碍（反抗）引起感应电流的原磁通量的变化。

4. 动生电动势

$$\varepsilon_{ab} = \int_{-}^{+} \boldsymbol{E}_{\mathrm{k}} \cdot \mathrm{d}\boldsymbol{l} = \int_{a}^{b} (\boldsymbol{v} \times \boldsymbol{B}) \cdot \mathrm{d}\boldsymbol{l}$$

5. 感生电动势

$$\varepsilon = \oint_{l} \boldsymbol{E}_{\mathrm{c}} \cdot \mathrm{d}\boldsymbol{l} = -\iint_{S} \frac{\partial \boldsymbol{B}}{\partial t} \cdot \mathrm{d}\boldsymbol{S}$$

6. 感生电场或涡旋电场 $\boldsymbol{E}_{\mathrm{c}}$

$$\oint_{l} \boldsymbol{E}_{\mathrm{c}} \cdot \mathrm{d}\boldsymbol{l} = -\iint_{S} \frac{\partial \boldsymbol{B}}{\partial t} \cdot \mathrm{d}\boldsymbol{S}$$

其物理意义是变化的磁场可激发涡旋电场。

7. 自感现象、自感系数和自感电动势

自感系数：$L = \frac{\Psi_{\mathrm{m}}}{I}$，仅与回路的匝数、几何形状、大小以及周围磁介质的磁导率的大小有关。

自感电动势：

$$\varepsilon_L = -\frac{\mathrm{d}\Psi_{\mathrm{m}}}{\mathrm{d}t} = -L\frac{\mathrm{d}I}{\mathrm{d}t}$$

8. 互感现象、互感系数、互感电动势

互感系数：$M=\dfrac{\Psi_{12}}{I_2}=\dfrac{\Psi_{21}}{I_1}$，与线圈的形状、尺寸、匝数，周围介质的磁导率及两个线圈间的相对位置有关。

互感电动势： $\varepsilon_{21}=-\dfrac{\mathrm{d}\Psi_{21}}{\mathrm{d}t}=-M\dfrac{\mathrm{d}I_1}{\mathrm{d}t}$，$\varepsilon_{12}=-\dfrac{\mathrm{d}\Psi_{12}}{\mathrm{d}t}=-M\dfrac{\mathrm{d}I_2}{\mathrm{d}t}$

9. 自感磁场能量

$$W_{\mathrm{m}}=\frac{1}{2}LI^2$$

10. 磁场能量密度、磁场能量

磁场能量密度： $w_{\mathrm{m}}=\dfrac{W_{\mathrm{m}}}{V}=\dfrac{1}{2}\dfrac{B^2}{\mu}=\dfrac{1}{2}BH$

磁场能量： $W_{\mathrm{m}}=\iiint\limits_V w_{\mathrm{m}}\mathrm{d}V=\iiint\limits_V \dfrac{1}{2}\dfrac{B^2}{\mu}\mathrm{d}V$

11. 位移电流假说

位移电流密度： $\boldsymbol{j}_{\mathrm{D}}=\dfrac{\partial \boldsymbol{D}}{\partial t}=\varepsilon\dfrac{\partial \boldsymbol{E}}{\partial t}$

位移电流： $I_{\mathrm{D}}=\dfrac{\mathrm{d}\Phi_{\mathrm{D}}}{\mathrm{d}t}=\dfrac{\mathrm{d}}{\mathrm{d}t}\iint\limits_S \boldsymbol{D}\cdot\mathrm{d}\boldsymbol{S}=\iint\limits_S\dfrac{\partial \boldsymbol{D}}{\partial t}\cdot\mathrm{d}\boldsymbol{S}=\iint\limits_S \boldsymbol{j}_{\mathrm{D}}\cdot\mathrm{d}\boldsymbol{S}$

12. 安培环路定理的普遍形式——全电流定律

$$\oint_l \boldsymbol{H}\cdot\mathrm{d}\boldsymbol{l}=I_0+I_{\mathrm{D}}=I_0+\iint\limits_S\frac{\partial \boldsymbol{D}}{\partial t}\cdot\mathrm{d}\boldsymbol{S}$$

13. 麦克斯韦方程组

积分形式：
$$\begin{cases}\oiint\limits_S \boldsymbol{D}\cdot\mathrm{d}\boldsymbol{S}=\sum Q_{i0}=\iiint\limits_V\rho\mathrm{d}V\\ \oint_l \boldsymbol{E}\cdot\mathrm{d}\boldsymbol{l}=-\iint\limits_S\dfrac{\partial \boldsymbol{B}}{\partial t}\cdot\mathrm{d}\boldsymbol{S}\\ \oiint\limits_S \boldsymbol{B}\cdot\mathrm{d}\boldsymbol{S}=0\\ \oint_l \boldsymbol{H}\cdot\mathrm{d}\boldsymbol{l}=I_0+\iint\limits_S\dfrac{\partial \boldsymbol{D}}{\partial t}\cdot\mathrm{d}\boldsymbol{S}\end{cases}$$

微分形式：
$$\begin{cases}\nabla\cdot\boldsymbol{D}=\rho_0\\ \nabla\times\boldsymbol{E}=-\dfrac{\partial \boldsymbol{B}}{\partial t}\\ \nabla\cdot\boldsymbol{B}=0\\ \nabla\times\boldsymbol{H}=\boldsymbol{j}_0+\dfrac{\partial \boldsymbol{D}}{\partial t}\end{cases}$$

思考题

1. 在电磁感应定律中，负号的含义是什么？如何根据负号确定感应电动势的方向？

2. 灵敏电流计的线圈处于永磁体的磁场中，通入电流后线圈发生偏转，切断电流后线圈总要在原来的位置来回摆动几次，如果用导线连接使线圈短路，则摆动马上停止，为什么？

3. 涡旋电场与静电场有何区别？

4. 在磁场变化的空间里，如果没有导体，在这个空间里是否存在电场？是否存在感生电动势？

5. 要求用金属丝绕制的标准电阻是无自感的，怎样绕制自感系数为零的线圈？

6. 金属探测器的探头内只有通入脉冲电流才能探测到埋在地下的金属物品并发回电磁信号，能否用恒定电流来探测？

7. 让一根磁铁棒顺着一根竖直放置的铜管在管内空间下落，设铜管足够长。试说明即使空气的阻力可以忽略不计，磁铁棒最终也将以一个恒定速率下降。

8. 当扳断电路时，开关的两触头之间常有火花发生，如在电路里串接一电阻小、电感大的线圈，在扳断开关时火花就发生得更厉害，为什么会这样？

9. 在自感系数为 L、通有电流 I 的螺线管内，磁场能量 $W=\frac{1}{2}LI^2$。这能量是由什么能量转化来的，怎样才能使它以热的形式释放出来？

10. 位移电流和传导电流有何异同之处？

11. 麦克斯韦方程组中各方程的物理意义是什么？

习题

11.1　在电磁感应现象中产生的电动势叫作　　　（　　）

(A)感应电动势　　(B)动生电动势

(C)感生电动势　　(D)电动势

11.2　通过回路的磁通量与线圈平面垂直，磁通量依关系式 $\Phi=6t^2+7t+1$ 变化，式中 Φ 的单位为 mWb，t 的单位为 s。当 $t=2$ s 时，此回路中的感应电动势的值为　　　（　　）

(A)15 mV　　(B)31 mV

(C)15 V　　(D)31 V

11.3　假设在 Δt 时间内，穿过导体回路所包围面积的磁通量从 Φ_1 变化到 Φ_2，回路中的电阻为 R，则通过回路的感应电荷为　　　（　　）

(A) $\Phi_1-\Phi_2$　　(B) $\frac{\Phi_1-\Phi_2}{\Delta t}$

(C) $\frac{\Phi_1 - \Phi_2}{R}$ (D) $\frac{\Phi_1 - \Phi_2}{R\Delta t}$

11.4 将形状完全相同的铜环和木环静止放置在交变磁场中，并假设通过两环的磁通量随时间的变化率相等，不计自感时则 ( )

(A) 铜环中有感应电流，木环中有感应电流

(B) 铜环中感生电场的电场强度大，木环中感生电场的电场强度小

(C) 铜环中有感应电流，木环中无感应电流

(D) 铜环中感生电场的电场强度小，木环中感生电场的电场强度大

11.5 关于感应电动势，下列说法中正确的是 ( )

(A) 电源电动势就是感应电动势

(B) 在电磁感应现象中，如果没有感应电流就一定没有感应电动势

(C) 产生感应电动势的那部分导体相当于电源

(D) 电路中有电流就一定有感应电动势

11.6 穿过一个电阻 $R = 1\ \Omega$ 的单匝闭合线圈的磁通量始终每秒钟均匀减少 2 Wb，则 ( )

(A) 线圈中的感应电动势每秒钟减少 2 V

(B) 线圈中的感应电动势是 2 V

(C) 线圈中的感应电流每秒钟减少 2 A

(D) 线圈中无感应电动势

11.7 将长度和粗细均相同、材料不同的两根导线，分别先后放在 U 形导轨上并使之以同样的速度在同一匀强磁场中做切割磁感应线运动，若不计导轨电阻，则两导线 ( )

(A) 产生相同的感应电动势

(B) 产生的感应电流之比等于电阻率之比

(C) 产生电流功率之比等于电阻率之比

(D) 两者受到相同的磁场力

11.8 下列关于静电场与有旋电场的说法中，正确的是 ( )

(A) 二者都由电荷激发

(B) 有旋电场是由变化的磁场激发的

(C) 二者的电场线都是闭合曲线

(D) 有旋电场的电场线是非闭合曲线

11.9 在磁场变化的空间里，如果没有导体，那么 ( )

(A) 存在电场，存在感应电动势

(B) 存在电场，不存在感应电动势

(C) 不存在电场，存在电动势

(D) 不存在电场，不存在感应电动势

11.10 有两个线圈，线圈 1 对线圈 2 的互感系数为 M_{21}，而线圈 2 对线圈 1 的互感系数为 M_{12}，若它们中分别流过大小为 I_1 和 I_2 的变化电流且 $\left|\frac{\mathrm{d}I_1}{\mathrm{d}t}\right| < \left|\frac{\mathrm{d}I_2}{\mathrm{d}t}\right|$，并设由 I_2 变化在线圈 1

中产生的互感电动势为 ε_{12}，由 I_1 变化在线圈 2 中产生的互感电动势为 ε_{21}，则下列判断中正确的是 （　　）

(A) $M_{21}=M_{12}$，$|\varepsilon_{12}|=|\varepsilon_{21}|$　　(B) $M_{21}=M_{12}$，$|\varepsilon_{12}|\neq|\varepsilon_{21}|$

(C) $M_{21}=M_{12}$，$|\varepsilon_{12}|<|\varepsilon_{21}|$　　(D) $M_{21}=M_{12}$，$|\varepsilon_{12}|>|\varepsilon_{21}|$

11.11　两匝线圈的互感系数与下列哪种因素无关 （　　）

(A)线圈的大小和形状　　(B)线圈附近磁介质的磁导率

(C)两匝线圈的相对位置　　(D)线圈中通过的电流

11.12　下列说法中正确的是 （　　）

(A)感生电场的电场线是闭合曲线

(B) $\Phi=LI$，线圈的自感系数与回路的电流成反比

(C)感生电场是保守场

(D) $\Phi=LI$，回路中的磁通量越大，自感系数也越大

11.13　一长直密绕螺线管的长度为 l，横截面积为 S，线圈总匝数为 N，管中均匀介质的磁导率为 μ，其自感系数为 （　　）

(A) μNS　　(B) $\dfrac{\mu NS}{l}$

(C) $\dfrac{\mu N^2 S}{l}$　　(D) $\mu N^2 S$

11.14　用线圈的自感系数 L 来表示载流线圈磁场能量的公式 $W_m=\dfrac{1}{2}LI^2$，则该公式 （　　）

(A)只适用于无限长密绕螺线管

(B)只适用于单匝圆线圈

(C)只适用于一个匝数很多且密绕的螺绕环

(D)适用于自感系数 L 一定的任意线圈

11.15　在感生应电场中，电磁感应定律可写成 $\oint_L \boldsymbol{E}_k\cdot d\boldsymbol{l}=-\dfrac{d\Phi}{dt}$，式中，$\boldsymbol{E}_k$ 为感生电场的电场强度。此式表明 （　　）

(A)闭合曲线 L 上 $\boldsymbol{E}_k$ 处处相等

(B)感生电场是保守力场

(C)感生电场的电场线不是闭合曲线

(D)在感生电场中不能像对静电场那样引入电势的概念

11.16　关于位移电流有下述四种说法，请指出哪一种说法正确 （　　）

(A)位移电流是指变化电场

(B)位移电流是由线性变化的磁场产生的

(C)位移电流的热效应服从焦耳－楞次定律

(D)位移电流的磁效应不服从安培环路定理

11.17　将金属圆环从磁极间沿与磁感应强度垂直的方向抽出时，圆环将受

到________。

11.18 产生动生电动势的非静电场力是________,产生感生电动势的非静电场力是________,激发感生电场的场源是________。

11.19 长为 l 的金属直导线在垂直于均匀的平面内以角速度 ω 转动,如果转轴的位置在________,整条导线上的电动势最大,数值为________;如果转轴的位置在________,整条导线上的电动势最小,数值为________。

11.20 用导线制成一半径 $r=10$ cm 的闭合圆形线圈,其电阻 $R=10\ \Omega$,均匀磁场垂直于线圈平面。欲使电路中有一稳定的感应电流 $I=0.01$ A,B 的变化率 $\mathrm{d}B/\mathrm{d}t=$________。

11.21 一自感线圈中的电流在 0.002 s 内均匀地由 10 A 增加到 12 A,若此过程中线圈内自感电动势为 400 V,则线圈的自感系数 $L=$________。

11.22 反映电磁场基本性质和规律的积分形式的麦克斯韦方程组为

$$\oint\!\!\!\oint_S \boldsymbol{D}\cdot \mathrm{d}\boldsymbol{S} = \iiint_V \rho \mathrm{d}V \qquad ①$$

$$\oint_l \boldsymbol{E}\cdot \mathrm{d}\boldsymbol{l} = -\iint_S \frac{\partial \boldsymbol{B}}{\partial t}\cdot \mathrm{d}\boldsymbol{S} \qquad ②$$

$$\oint\!\!\!\oint_S \boldsymbol{B}\cdot \mathrm{d}\boldsymbol{S} = 0 \qquad ③$$

$$\oint_l \boldsymbol{H}\cdot \mathrm{d}\boldsymbol{l} = I_0 + \iint_S \frac{\partial \boldsymbol{D}}{\partial t}\cdot \mathrm{d}\boldsymbol{S} \qquad ④$$

试判断下列结论是包含于或等效于哪一个麦克斯韦方程式的。将你确定的方程式用代号填在相应结论后的空白处。

(1)变化的磁场一定伴随有电场:________________________________

(2)磁感应线是无头无尾的:________________________________

(3)电荷总伴随有电场:________________________________

11.23 加在平行板电容器极板上的电压变化率为 $1.0\times10^{6}\ \mathrm{V\cdot s^{-1}}$,若在电容器内产生 1.0 A 的位移电流,则该电容器的电容量为________ F。

11.24 将一半径 $r=10$ cm 的圆形回路放在 $B=0.8$ T 的均匀磁场中。回路平面与 $\boldsymbol{B}$ 垂直。当回路半径以恒定速率 $\frac{\mathrm{d}r}{\mathrm{d}t}=80\ \mathrm{cm\cdot s^{-1}}$ 收缩时,求回路中感应电动势的大小。

11.25 一对互相垂直且小大相等的半圆形导线构成回路,半径 $R=5$ cm,如图所示。均匀磁场 $B=80\times10^{-3}$ T,B 的方向与两半圆的公共直径(在 Oz 轴上)垂直,且与两个半圆构成相等的角 α。当磁场在 5 ms 内均匀降为零时,求回路中的感应电动势的大小及方向。

11.26 如图所示,导线 AB 在金属框上以速度 v 向右滑动。已知导线 AB 的长为 50 cm,$v=4\ \mathrm{m\cdot s^{-1}}$,$R=0.2\ \Omega$;磁感应强度 $B=0.5$ T,方向垂直回路平面。试求:

(1)AB 运动时所产生的动生电动势。

(2)电阻 R 上消耗的功率。

(3)磁场作用在 AB 上的力。

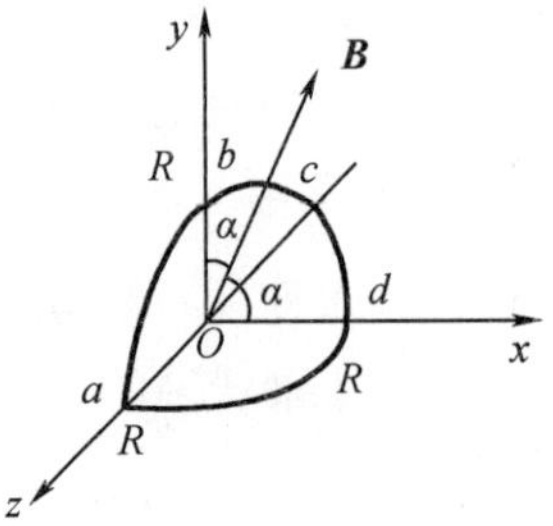

习题 11.25 图

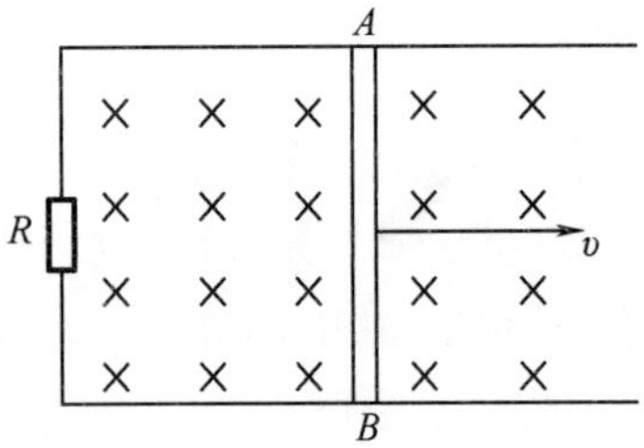

习题 11.26 图

11.27 如图所示，载有电流 I 的长直导线附近放有一导体半圆环 MeN，与长直导线共面，且端点 MN 的连线与长直导线垂直。半圆环的半径为 b，环心 O 与导线相距 a。设半圆环以速度 v 平行于导线平移。求半圆环内感应电动势的大小和方向，以及 MN 两端的电压 $U_M - U_N$。

11.28 如图所示，在两平行载流的无限长直导线的平面内有一矩形线圈。两导线中的电流方向相反、大小相等，且电流以 $\frac{\mathrm{d}I}{\mathrm{d}t}$ 的变化率增大，求：

(1) 任一时刻线圈内所通过的磁通量。

(2) 线圈中的感应电动势。

11.29 如图所示，用一根硬导线弯成半径为 r 的一个半圆。令这半圆形导线在磁场中以频率 f 绕图中半圆的直径旋转。若整个电路的电阻为 R，则求感应电流的最大值。

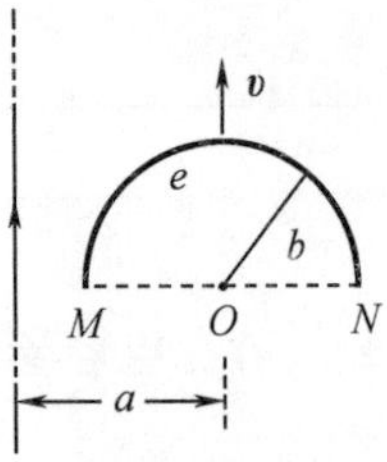

习题 11.27 图

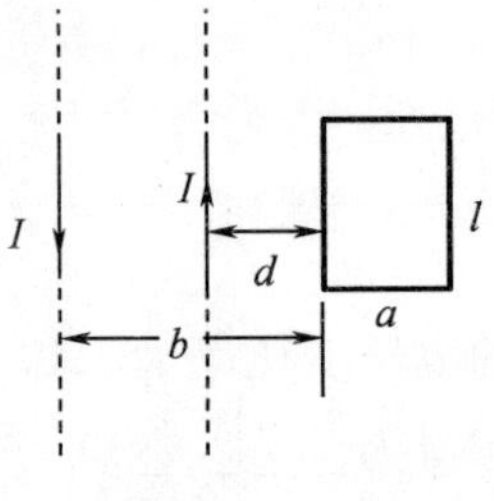

习题 11.28 图

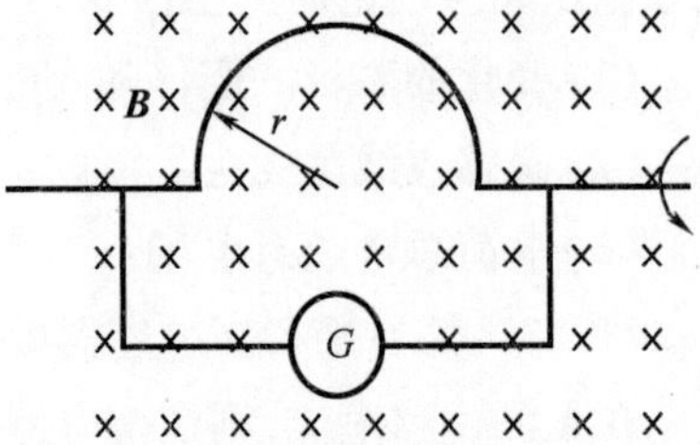

习题 11.29 图

11.30 如图所示，一无限长载流导线 AB，电流为 I，导体细棒 CD 与 AB 共面并互相垂直，CD 长为 l，C 与 AB 的距离为 a，AB 以匀速度 v 沿 A 向 B 方向运动，求 CD 中的感应电动势。

11.31 长度为 l 的金属杆 ab 以速率 v 在导电轨道 $abcd$ 上平行移动。已知导轨处于均匀磁场 $\boldsymbol{B}$ 中，$\boldsymbol{B}$ 的方向与回路的法线成 $60°$（如图所示），$\boldsymbol{B}$ 的大小为 kt（k 为正常量）。设 $t=0$ 时杆位于 cd 处，求在任一时刻 t，导线回路中的感应电动势的大小和方向。

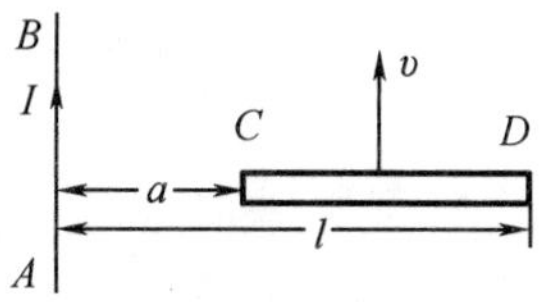

习题 11.30 图

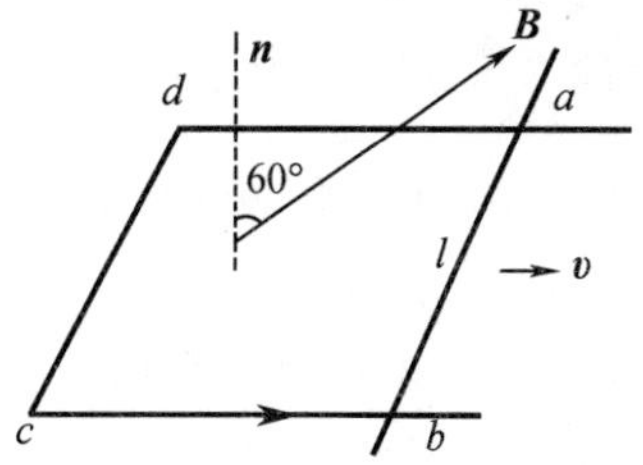

习题 11.31 图

11.32 一矩形导线框以恒定的加速度向右穿过一均匀磁场区，**B** 的方向如图所示。取逆时针方向为电流正方向，请画出线框中电流与时间的关系。（设导线框刚进入磁场区时 $t=0$）

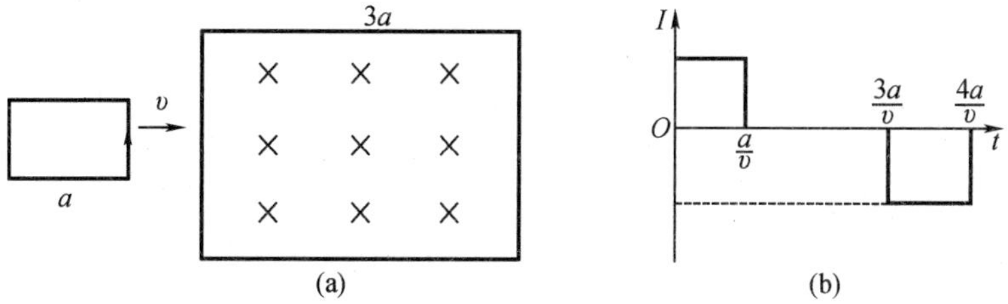

习题 11.32 图

11.33 导线 ab 长为 l，绕过 O 点的垂直轴以匀角速 ω 转动，$aO=\dfrac{l}{3}$，磁感应强度 B 平行于转轴，如图所示。

（1）试求 ab 两端的电势差。

（2）a、b 两端哪一点电势高？

11.34 如图所示，长度为 $2b$ 的金属杆位于两无限长直导线所在平面的正中间，并以速度 $\boldsymbol{v}$ 平行于两直导线运动。两直导线中通以大小相等、方向相反的电流 I，且两直导线相距 $2a$。试求金属杆两端的电势差及其方向。

11.35 磁感应强度为 $\boldsymbol{B}$ 的均匀磁场充满一半径为 R 的圆柱形空间，一金属杆放在图中位置，杆长为 $2R$，其中一半位于磁场内且另一半在磁场外。当 $\dfrac{\mathrm{d}B}{\mathrm{d}t}>0$ 时，求杆两端的感应电动势的大小和方向。

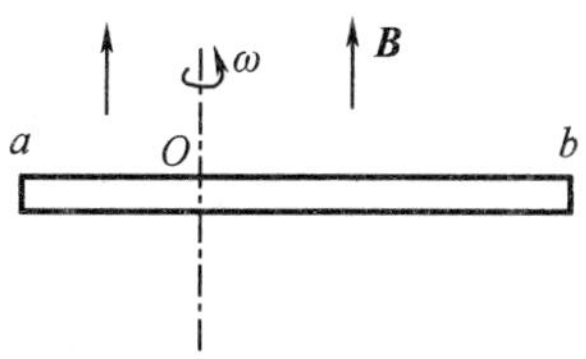

习题 11.33 图

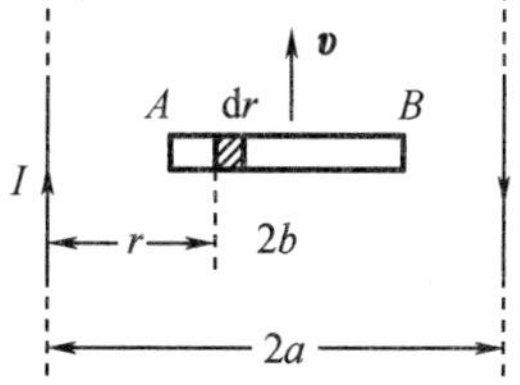

习题 11.34 图

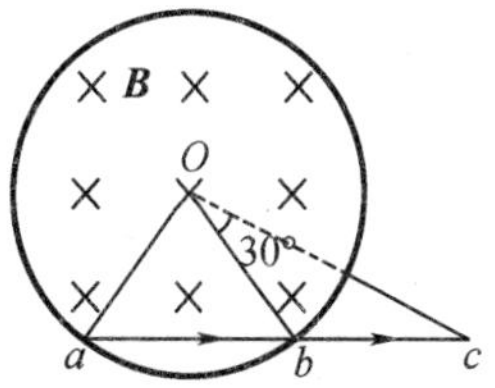

习题 11.35 图

11.36 半径为 R 的直螺线管中，有 $\frac{dB}{dt}>0$ 的磁场，一任意闭合导线 $abca$ 的一部分在螺线管内绷直成弦 ab，a、b 两点与螺线管绝缘，如图所示。设 $ab=R$，试求闭合导线中的感应电动势。

11.37 如图所示，在垂直于直螺线管管轴的平面上放置导体 ab 于直径位置，另一导体 cd 在一弦上，导体均与螺线管绝缘。在螺线管接通电源的一瞬间，管内磁场方向如图所示。试求：

(1) ab 两端的电势差。

(2) c、d 两点电势高低的情况。

11.38 一无限长的直导线和一正方形的线圈如图所示放置（导线与线圈接触处绝缘）。求线圈与导线间的互感系数。

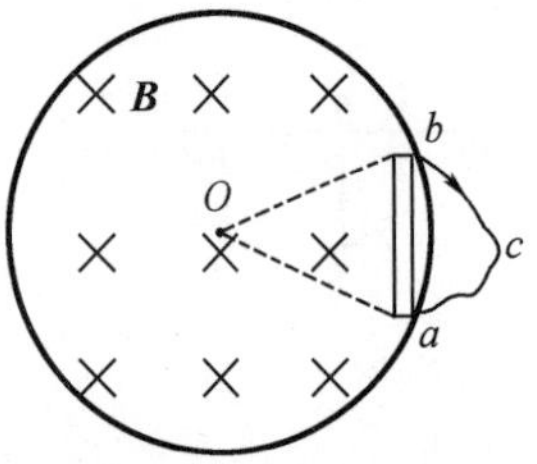

习题 11.36 图

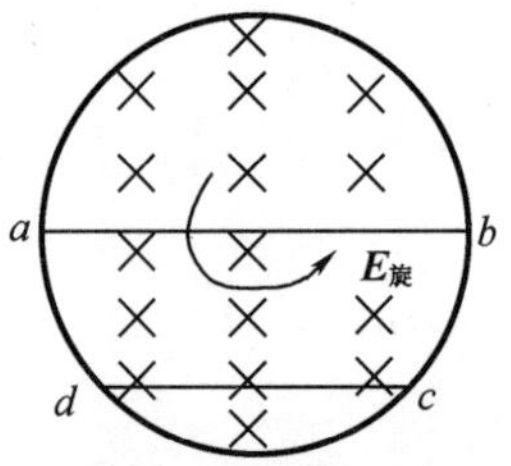

习题 11.37 图

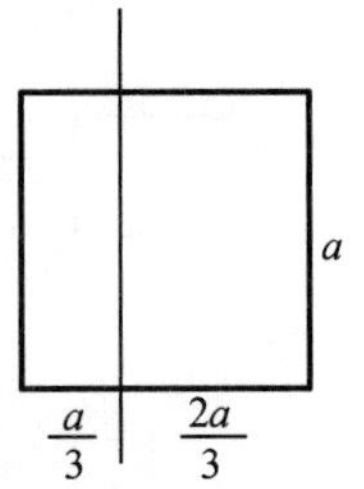

习题 11.38 图

11.39 有一长螺线管，每米长度上有 800 匝，在其中放置一绕有 30 圈且半径为 1 cm 的圆形小回路，在 0.01 s 内，螺线管中产生 5 A 的电流。求回路中感应电动势。

11.40 一横截面积 $S=20\ \text{cm}^2$ 的空心螺绕环，每厘米长度上绕有 50 匝，环外绕有 5 匝的副线圈。副线圈与电流计 G 串联，构成一个电阻 $R=2\ \Omega$ 的闭合回路。今使螺绕环中的电流每秒减少 20 A。求副线圈中的感应电动势和感应电流。

11.41 两线圈顺串联后总自感为 1.0 H，在它们的形状和位置都不变的情况下，反串联后总自感为 0.4 H。试求它们之间的互感。

11.42 一矩形截面的螺绕环如图所示，共有 N 匝。试求：

(1) 此螺线环的自感系数。

(2) 导线内通有电流 I 时，环内的磁场能量。

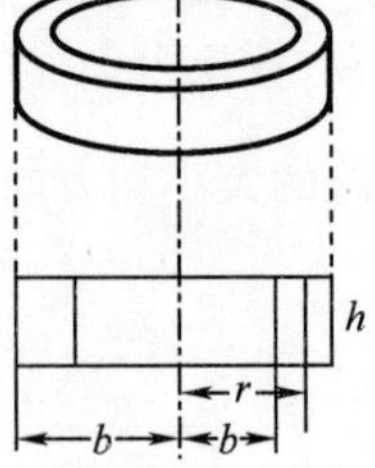

习题 11.42 图

11.43 一无限长圆柱形直导线，其截面各处的电流密度相等，总电流为 I。求导线内部单位长度上所储存的磁场能量。

11.44 给电容为 C 的平行板电容器充电，电流 $I=0.2e^{-t}$ (SI)。$t=0$ 时，电容器极板上无电荷。求：

(1) 极板间电压 U 随时间 t 的变化。

(2) t 时刻极板间总的位移电流 I_D。（忽略边缘效应）

11.45 一球形电容器，内导体（内球）半径为 R_1，外导体（外球）半径为 R_2。两球间充有相对介电常数为 μ_r 的介质。在电容器上加电压，内球对外球的电压 $U=U_0\sin\omega t$。假设电容器的电场分布与静态场情形近似,求介质中各处的位移电流密度,再计算通过半径为 r ($R_1 < r < R_2$)的球面的总位移电流。

11.46 一电量为 q 的点电荷以匀角速度 ω 做圆周运动,圆周的半径为 R。设 $t = 0$ 时 q 所在点的坐标为$(x_0, y_0)$$(x_0 = R, y_0 = 0)$,以 $\boldsymbol{i}$、$\boldsymbol{j}$ 分别表示 x 轴和 y 轴上的单位矢量。求圆心处的位移电流密度 $\boldsymbol{J}$。

第5篇　近代物理

从17世纪牛顿力学的出现,到19世纪末,电动力学、热力学、经典统计物理学、麦克斯韦电磁学以及光学的建立和发展成熟,完整的经典物理学体系已经形成。人们建立了完整而严密的三大理论体系:机械运动(包括机械波)服从牛顿力学;热运动服从热力学和经典统计物理;电磁运动(包括光)服从麦克斯韦电动力学。这些理论体系在应用上也取得了巨大成果,成功地解释了人们所观察到的许多物理现象。如1846年,人们在理论预言的天区发现了海王星,证明了牛顿力学理论的巨大威力,使人们坚信牛顿力学是不可动摇的。此外,在电磁学发展的基础上,人们不但发展了对生活产生重大影响的电技术和电工业,而且由麦克斯韦建立的电磁场理论预言了电磁波的存在。1887—1888年,赫兹通过实验证实了电磁波的存在并揭示了电磁波的性质,从而打开了发展无线电技术的大门。赫兹、亥维赛和洛伦兹等人在麦克斯韦理论的基础上发展了经典电动力学,这成为宏观电磁现象的系统理论。19世纪,人们还认识到能量和能量守恒定律,并且发展了热力学和分子的统计理论,指导和推动了与热现象有关的许多工业技术的发展。这时许多物理学家乐观地认为可以用经典物理学解释所有的物理现象,物理学的发展已经登峰造极,不会再有伟大的发现了,今后的任务无非是在细节上做些补充和修正,提高实验的精度和扩大理论应用范围而已。1900年,英国著名物理学家开尔文在一篇展望20世纪物理学的文章中写道:“在已经基本建成的科学大厦中,后辈的物理学家只要做一些零碎的修补工作就行了。”然而,正当物理学家们为经典物理学的成就感到满意的时候,实验上陆续出现了一系列重大发现,而这些实验事实是当时用经典物理学理论无法解释的,这也是对经典物理学空前的挑战。这些实验事实主要有:1887年的迈克耳孙-莫雷实验否定了绝对参考系的存在;1900年的黑体辐射实验中,瑞利和金斯在用经典的能量均分定理来说明热辐射现象时,出现了所谓的“紫外灾难”;1897年,汤姆孙发现了电子,这说明原子不是物质的基本单元,是可分的。还有光电效应、原子光谱实验等。正如开尔文在同一篇文章写到的那样:“但是,在物理学晴朗天空的远处,还有两朵小小的令人不安的乌云”,这里的“乌云”指的就是迈克耳孙-莫雷实验和黑体辐射实验。开尔文的担心是有远见的,这虽然只是在经典物理学“晴朗的天空”中漂浮在远处的两朵“乌云”,可是它们的出现却预示着“暴风雨”的来临。它们把人们的注意力引向更深入、更广阔的天地,拉开了近代物理学革命的序幕。

为摆脱经典物理学的困难,一些思想敏锐而又不为旧观念所束缚的物理学家们重新思考了物理学中的某些基本概念,走过艰苦而又曲折的探索道路,终于在20世纪初期提出了相对论和量子物理。经典物理学“晴朗的天空”中的第一声惊雷是普朗克于1900年12月提出的能量子假说。然而这一声惊雷在当时并没有引起学术界的足够重视。1905—1917年,爱因斯坦对物理学做出了一系列重大的贡献:光量子假说、狭义相对论、质能相当、固体比热容的量子理论、等效原理、广义相对论、宇宙学模型和辐射的量子理论等。与此同时，出现了卢瑟福的原子有核模型、玻尔的原子理论，接着又出现了德布罗意的物质波，直到建立了量子力学。在这一系列成就之中，诞生了现代物理学的两个基本理论体系——相对论和量子理论。前者是处理高速领域的理论，后者是处理微观领域的理论。为了区分这一明显的发展阶段，物理学史把1900年以前的物理学（包括牛顿力学、热力学和经典统计物理、电磁场理论）称为经（古）典物理学，而把1900年以后的物理学（包括相对论、量子力学）称为近代物理学。为建立这两个理论体系做出重要贡献的科学家有许多位，他们都是一些杰出的物理学大师，其中贡献最大、地位最为突出的是爱因斯坦。

在量子理论的建立过程中，爱因斯坦也起了重大的作用，他与普朗克和玻尔三个人被并称为"量子理论的奠基人"。普朗克是量子概念的创始人。玻尔是原子的量子理论的创始人，并且以他的思想帮助年轻一代的物理学家发展了量子力学。爱因斯坦对量子理论的贡献是多方面的。第一，他提出了光量子的假说，最早将量子看作一个实体，提出了"光的波粒二象性"的思想，并将光量子概念发展成具有能量和动量的光子概念。第二，他第一个应用量子理论研究固体比热容，开创了固体量子论的先河。第三，他研究了光辐射的量子理论，提出了光的自发发射、受激发射和受激吸收的概念，他的理论不仅是光谱学的重要内容，而且是现代激光出现的理论前提。爱因斯坦不但对经典统计理论做出了重大贡献，而且是量子统计理论的创始人之一。

相对论和量子理论的诞生，常常被称为20世纪物理学的革命，从哲学意义上说是对机械自然观的革命。自然科学的发展历史从哥白尼创立"日心说"开始，是唯物论的自然观战胜唯心论自然观的历史。然而在17、18世纪，乃至到19世纪，伴随着科学的发展，特别是伴随着物理学的发展，机械自然观却占据了统治地位。牛顿力学的成功形成了一种倾向，一些人企图将其他学科的内容都纳入力学体系。牛顿定义的绝对的时空概念渗透于物理学的各个方面。一些人用力学观点来解释电磁现象和光现象，发展了"以太学说"，这是典型的机械自然观的表现。在科学发展的早期，机械自然观对于打破神学的迷信虽然曾经起过积极的作用，然而随着科学的发展，其局限性越发明显，已经阻碍了科学的迅速发展。19世纪建立的热力学和电动力学已经背离了机械自然观，但是还没有动摇机械自然观的根基。20世纪的相对论和量子理论才真正地打破了机械自然观。否定牛顿的绝对的时空概念，建立相对论的时空概念；否定传统的物质不灭的观念，建立相对论的质能相当的关系；否定某些对宇宙的看法，建立相对论的宇宙学说；否定绝对的因果律，建立量子理论的统计规律性，等等。所有这些，都是对某些传统的哲学观念的冲击，特别是对机械自然观的冲击。因此，相对论和量子理论的成功，迫使哲学家们不得不依据物理学的新思想和新成果来重新考察他们的哲学立论。

如果说相对论是在对经典物理的反思中诞生的，是集19世纪物理学之大成的登峰造极之作，那么量子理论则是在物理学走向未知世界时跨出的崭新的一步。量子理论描述了微观世界中那些最基本的粒子的运动规律，是洞察物质世界的最有力的工具。量子的思想几乎深入所有的自然科学，它将物理学、化学、天文学和生物学密切相连，并发展出许多极具发展前途的边缘科学。现在最先进的技术如核技术、激光技术、纳米技术、半导体技术、计算机技术等无不与量子理论相关。

第12章　相　对　论

虽然在创建狭义相对论之前，有许多科学家为它的诞生准备了必要的条件，在创建广义相对论的过程中，格罗斯曼和希尔伯特等人也对爱因斯坦有过帮助，但是狭义相对论和广义相对论的系统思想和完整理论的建立，都是由爱因斯坦独自完成的。

“对不起，牛顿。”爱因斯坦幽默地说。1687 年，牛顿出版了《自然哲学的数学原理》，推翻了神学千年的根基并建立了完整而严密的经典力学体系。两个多世纪后，爱因斯坦建立了相对论，颠覆了牛顿的经典力学，开辟了现代理论力学的新纪元。**相对论包括狭义相对论和广义相对论。**

狭义相对论是 1905 年由爱因斯坦提出的，仅适用于惯性系。爱因斯坦把伽利略力学运动的相对性原理扩展开来，使之包括所有物理规律，又把观测和实验得来的“光速不变”也提升为公理。如果两者同时成立，不同的惯性系的各个坐标之间必然存在一种确定的数学关系，这就是洛伦兹变换。通过这种变换，他推导出同时性也具有相对性，运动的尺子要缩短，运动的时钟要变慢，任何物体的运动速度都不能超过光速。自然现象在运动学方面显示出统一性，这就是狭义相对论。狭义相对论第一次阐明了时间和空间的相互联系及其与物质运动的相互关系；将高速运动和低速运动规律纳入同一个理论框架；使质量和运动、质量和能量的概念水乳交融。狭义相对论的建立过程，充满了与传统决裂的勇气和开拓未知领域的大无畏精神。

1916 年，爱因斯坦发表了《广义相对论的基础》，这标志着广义相对论的诞生。爱因斯坦发现现实的有物质存在的空间，不是平坦的欧几里得空间，而是弯曲的黎曼空间；空间的弯曲程度取决于物质的质量及其分布状况，空间曲率就体现为引力场的强度。这就否定了牛顿的绝对时空观。广义相对论实质上是一种引力理论，它把几何学和物理学统一起来，用空间结构的几何性质来表述引力场。爱因斯坦提供了三个可供实验验证的推论：一是水星近日点的进动，这在当时就得到完满解决；二是在强引力场中，时钟要走得慢些，因此从巨大质量的星体表面射到地球上的光的光谱线，必定显得要向光谱的红端移动，这在 1925 年得到观测验证；三是光线在引力场中的偏移，这也在第一次世界大战结束后人们对日全食的观测中得到了验证。正因如此，广义相对论顷刻间闻名于世，以它思想的深湛、丰富和形式的完整、美丽而令人赞叹。

爱因斯坦是千年以来最伟大的科学家之一。相对论是历史上最伟大的思想之一。爱因斯坦曾说，世界上可能只有 12 个人能看懂相对论，但是世界上却有几十亿人借此明白没有什么是绝对的。爱因斯坦一生都不赞成将相对论应用于物理学之外，但在他生前以及身后，相对论却不断被引向文学、艺术、哲学、宗教等几乎所有学科。相对论的理论结果往往因超越传统而显得奇怪，但近代物理实验和事实却总是支持相对论而无一例外的。

12.1 狭义相对论的基本假设

12.1.1 伽利略坐标变换式 经典力学的绝对时空观

1. 伽利略坐标变换式

在力学篇中我们已经知道，为了定量研究物体的运动，必须选定适当的参考系，力学物理量如位矢、速度、加速度等都是针对一定的参考系才有意义的。在处理实际问题时，为了研究问题的方便，我们可以选择不同的参考系。而伽利略坐标变换式则给出了在两个坐标系之间物体的位置变换、速度变换、加速度变换的关系。

这里针对牛顿定律所适用的惯性参考系（即在这种参考系中观察，物体在不受力的作用下将保持静止或匀速直线运动的状态；相对于某一惯性系静止或做匀速直线运动的任何其他参考系）中做进一步讨论。

如图 12.1 所示，有两个惯性参考系 S 和 S'，它们对应的坐标轴相互平行，且 S' 系相对于 S 系以速度 $\boldsymbol{u}$ 沿 Ox 轴的正方向做匀速直线运动。开始时（$t=t'=0$）两惯性参考系重合。本章后面提到的惯性参考系 S 和 S' 的定义与此相同。由 $\boldsymbol{r}=\boldsymbol{R}+\boldsymbol{r}'$ 可知，在 t 时刻，空间中任一质点 P 在这两个惯性参考系中的位置坐标有如下关系：

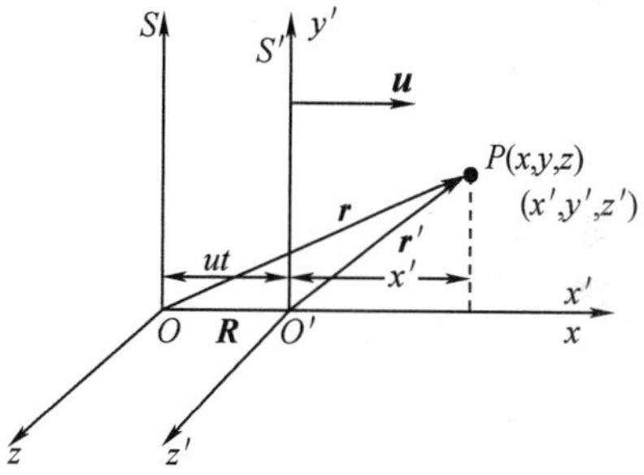

图 12.1 坐标变换

$$\text{正变换式为}\begin{cases}x'=x-ut\\y'=y\\z'=z\\t'=t\end{cases}\text{；逆变换式为}\begin{cases}x=x'+ut\\y=y'\\z=z'\\t=t'\end{cases}\tag{12.1}$$

这就是 S 系和 S' 系之间空间坐标和时间的伽利略坐标变换式，通常简称为**伽利略变换**。

分别将式（12.1）中正变换式和逆变换式的前三式对时间求一阶导数，考虑到 $t=t'$ 即可得到经典力学中的速度变换式。

$$\text{正变换式为}\begin{cases}\dfrac{\mathrm{d}x'}{\mathrm{d}t'}=\dfrac{\mathrm{d}x}{\mathrm{d}t}-u\\[2mm]\dfrac{\mathrm{d}y'}{\mathrm{d}t'}=\dfrac{\mathrm{d}y}{\mathrm{d}t}\\[2mm]\dfrac{\mathrm{d}z'}{\mathrm{d}t'}=\dfrac{\mathrm{d}z}{\mathrm{d}t}\end{cases}\text{；逆变换式为}\begin{cases}\dfrac{\mathrm{d}x}{\mathrm{d}t}=\dfrac{\mathrm{d}x'}{\mathrm{d}t'}+u\\[2mm]\dfrac{\mathrm{d}y}{\mathrm{d}t}=\dfrac{\mathrm{d}y'}{\mathrm{d}t'}\\[2mm]\dfrac{\mathrm{d}z}{\mathrm{d}t}=\dfrac{\mathrm{d}z'}{\mathrm{d}t'}\end{cases}\tag{12.2}$$

亦即

$$\text{正变换式为}\begin{cases}v'_x = v_x - u\\ v'_y = v_y\\ v'_z = v_z\end{cases};\text{逆变换式为}\begin{cases}v_x = v'_x + u\\ v_y = v'_y\\ v_z = v'_z\end{cases} \tag{12.3}$$

式中，v'_x、v'_y、v'_z是质点 P 相对于 S'系的速度分量，v_x、v_y、v_z 是质点 P 相对于 S 系的速度分量，其矢量形式可写为

$$\boldsymbol{v} = \boldsymbol{v}' + \boldsymbol{u} \tag{12.4}$$

式(12.4)就是两个坐标系的速度变换，也称为伽利略速度变换。

由于 S'系相对于 S 系做匀速直线运动，$\boldsymbol{u}$ 是个常量。将式(12.4)对时间求导可得伽利略加速度变换为

$$\begin{cases}a_x = a'_x\\ a_y = a'_y, \text{其矢量形式为 } \boldsymbol{a} = \boldsymbol{a}'\\ a_z = a'_z\end{cases} \tag{12.5}$$

式(12.5)表明，同一质点的加速度在不同的惯性系之间的伽利略变换不改变质点运动的加速度，即加速度在伽利略变换下是一个不变量。

由于经典力学认为质点的质量和运动速度无关，也不受参考系的影响，且质点的受力也与参考系无关，因此有

$$\boldsymbol{F} = \frac{\mathrm{d}\boldsymbol{p}}{\mathrm{d}t} = m\boldsymbol{a} \text{ 和 } \boldsymbol{F}' = \frac{\mathrm{d}\boldsymbol{p}'}{\mathrm{d}t'} = m\boldsymbol{a}' \tag{12.6}$$

这表明，在两个不同的惯性参考系 S 和 S'中，牛顿第二定律的形式完全相同。由于经典力学中的各重要的定律（如动量守恒定律、角动量守恒定律和机械能守恒定律）都可以看作牛顿运动定律的推论，因此它们在两个惯性参考系中也应该完全相同，即力学定律在伽利略变换下的数学表达式保持不变。由于 S 和 S'是两个任意的惯性参考系，由此推出，**对一切惯性系，牛顿定律及其他力学规律的形式都是一样的（即在一切惯性系中，力学定律的数学表达式相同）**。因此，在任何惯性系中观察，同一力学现象将按同样的形式发生和演变，这个结论叫作**经典力学相对性原理或牛顿相对性原理**，也称为**伽利略相对性原理**。这个思想是由伽利略首先提出的，力学定律在一切惯性系中具有相同的形式，在一个惯性系中做任何力学实验都不能区分该惯性系相对于其他惯性系是静止或是做匀速直线运动的。他曾对此进行了生动的描述："设想把你和你的朋友关进一艘大船的甲板底下的大房间里，随身带上几只苍蝇、蝴蝶以及诸如此类有翅膀的小动物，再在房间中放一只盛满水的大桶，里面放几条鱼，再把一只盛了水的瓶子挂起来让水一滴一滴地滴出，并在瓶孔的下面放一只敞口罐。当船静止不动时，你会看到苍蝇、蝴蝶等飞虫以等速向舱内各个方向飞行，它们绝不会向船尾集中，鱼向各个方向自由游动，水滴落进下面的敞口罐。当你把什么东西扔给你的朋友时，只要距离相等，朝不同方向扔东西所需的力相等。如果你立定跳远，向各个方向会跳得同样远。当你仔细观察了上述现象之后，用你想用的任何速度开船，只要运动是匀速的，也不左右摇摆，你就看不出上述各种运动有丝毫变化。你也无法靠其中任何一个现象来推断船是在运动还是静止不动的。"这种思想早在我国西汉时期的《尚书纬・考灵曜》中就有记载："地恒动不止而人不知，譬如人在大舟中，闭牖而坐，舟行而不觉也"，这就意味

着所有的惯性系在力学上等价,即不存在任何一个特殊的(绝对静止的)惯性系。

2. 经典力学的绝对时空观

经典力学认为,空间只是物质运动的场所,是与其中的物质完全无关而独立存在的,并且是永恒不变、绝对静止的;时间也是与物质的运动无关而在永恒地、均匀地流逝着的;时间和空间都是绝对的,时间测量和空间测量均与参考系的运动状态无关,即时间间隔、空间间隔的度量绝对不变;时间与空间互不相关,彼此独立。这也就是说,自然界存在着与物质运动无关的,而且彼此独立的"绝对时间"和"绝对空间"。牛顿曾说过:"绝对空间就其本质而言,是与任何外界事物无关的,而且永远是相同的和不动的。"他还说:"**绝对的、真正的和数学的时间自身在流逝着,而且由于其本性在均匀地、与任何其他外界事物无关地流逝着。**"例如,一细棒相对于图12.1中的S'系静止,在S'系中测得其长度为l',在S系中观察到细棒是运动的,但其长度l与l'应该完全相等,这是空间的绝对性。又如在S'系中先后发生了两个事件A、B,测得其时间间隔为$\Delta t'$,在S系中测量它们的时间间隔为Δt,Δt与$\Delta t'$也应该完全相等,这是时间的绝对性。

牛顿的相对性原理体现了经典力学的绝对时空观,而伽利略变换则是以数学形式表述了经典力学的绝对时空观。在上述例子中,在S'系中测得的细棒长度l'可以用它的两个端点的坐标(x_1',y_1',z_1')和(x_2',y_2',z_2')表示为

$$l' = \sqrt{(x_2'-x_1')^2+(y_2'-y_1')^2+(z_2'-z_1')^2} \tag{12.7}$$

若在S系中测量,则必须保证同时测量两个端点的坐标。设在t时刻测得的两个端点的坐标分别为(x_1,y_1,z_1)和(x_2,y_2,z_2),则在S系中测得的细棒长度为

$$l = \sqrt{(x_2-x_1)^2+(y_2-y_1)^2+(z_2-z_1)^2} \tag{12.8}$$

通过伽利略变换将S'系中的测量值变换到S系中,并注意到同时测量两个端点的坐标,即$t_1=t_2=t$,由式(12.1)有

$$\begin{cases} x_1' = x_1 - ut \\ y_1' = y_1 \\ z_1' = z_1 \end{cases},\quad \begin{cases} x_2' = x_2 - ut \\ y_2' = y_2 \\ z_2' = z_2 \end{cases} \tag{12.9}$$

将式(12.9)代入式(12.7)即得

$$l' = \sqrt{(x_2'-x_1')^2+(y_2'-y_1')^2+(z_2'-z_1')^2} = \sqrt{(x_2-x_1)^2+(y_2-y_1)^2+(z_2-z_1)^2} = l \tag{12.10}$$

即在两个参考系中测得的细棒长度相等。仔细追究起来,伽利略变换的成立原本就是基于长度测量的绝对性的。这是因为在$\boldsymbol{r}=\boldsymbol{R}+\boldsymbol{r}'$中,$\boldsymbol{r}$和$\boldsymbol{R}$是在$S$系中测量的,$\boldsymbol{r}'$是在$S'$系中测量的,它们是相对于不同的参考系测得的距离。而位移的合成应该是相对于同一参考系的位移来说的。因此,$\boldsymbol{r}=\boldsymbol{R}+\boldsymbol{r}'$要成立,就要求$\boldsymbol{r}'$这段位移无论是在$S'$系中测量,还是在$S$系中测量,其结果都是一样的,同一长度的测量与参考系的相对运动无关。由此可知伽利略变换满足空间的绝对性。同样,还可以证明伽利略变换也满足时间的绝对性。所以说,**伽利略变换是绝对时空观的数学表现形式**。可以说,绝对时空观和牛顿相对性原理并非人为的主观臆想,它同样来自人类千百年来的实践,只不过长期以来人类的实践都只是在宏观

低速运动范围内的实践，此时绝对时空观与实验是一致的。对于高速运动，绝对时空观和牛顿相对性原理还是否与实验一致呢？

12.1.2 狭义相对论产生的历史背景

相对论是科学技术发展到一定阶段的必然产物，是电磁理论合乎逻辑的继续和发展，用爱因斯坦的话说是“一条可以回溯几个世纪的路线的自然继续”，是“对麦克斯韦和洛伦兹的伟大构思画了最后一笔”，是物理学各有关分支又一次综合的结果。确如上面所说，物体在低速运动范围内，伽利略变换与牛顿力学相对性原理是协调一致的。原则上，利用牛顿力学定律和伽利略变换可以解决所有惯性系中的一切问题。

随着力学研究的不断深入，人们对其他物理现象的研究也开始逐步深入。到了19世纪中叶，已经形成了比较完善的麦克斯韦电磁理论。它成功预言了光是一种电磁波，并且这一预言随后被赫兹证实。人们自然要问：电磁学规律是否也具有伽利略不变性？电磁学规律符合经典力学相对性原理吗？是否可以通过在一个惯性系中的电磁学实验来确定它相对于其他惯性系的运动呢？

1. 经典电磁场方程组对于伽利略变换不具有不变性　电磁现象服从相对性原理

在回答这个问题时，经典力学相对性原理和伽利略变换却遇到了不可克服的困难。例如在图12.2中的 S 系中，两个静止电荷间只有静电力，而在 S' 系中来看，两电荷是运动的，两电荷间除了有静电力还有磁力，且与速度有关。同样，如果用伽利略变换对电磁现象的基本规律进行变换，会发现这些规律对不同的惯性系并不具有相同的形式。

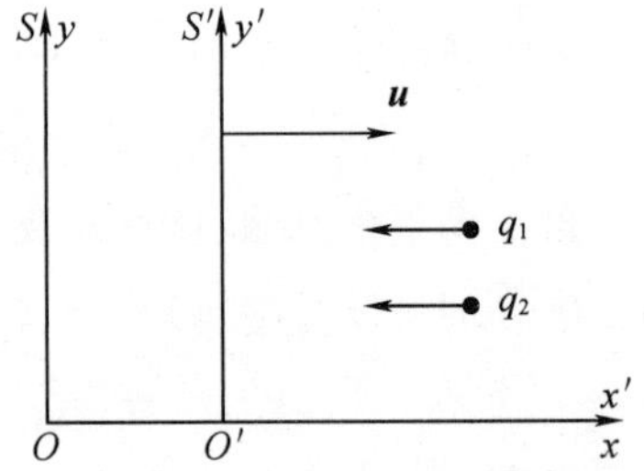

图 12.2　电荷在不同惯性系中的规律

例如，按照麦克斯韦理论，电磁场遵循方程

$$\nabla^2 \boldsymbol{E}-\frac{1}{c^2}\frac{\partial^2}{\partial t^2}\boldsymbol{E}=0,\nabla^2 \boldsymbol{B}-\frac{1}{c^2}\frac{\partial^2}{\partial t^2}\boldsymbol{B}=0 \tag{12.11}$$

式中，c 是光速。如果运用伽利略变换，那么一维方程 $\frac{\partial^2}{\partial x^2}\varphi-\frac{1}{c^2}\frac{\partial^2}{\partial t^2}\varphi=0$ 将变成 $\frac{\partial^2}{\partial x'^2}\varphi-\frac{1}{c^2}\frac{\partial^2}{\partial t'^2}\varphi+\frac{2u}{c^2}\frac{\partial^2}{\partial x'\partial t'}\varphi-\frac{u^2}{c^2}\frac{\partial^2}{\partial t'^2}\varphi=0$。可见，在不同的惯性系中，波动方程呈现不同的形式（相对速率为 u），这显然与伽利略变换是有根本冲突的。麦克斯韦方程组的基础是电磁实验定律，而电磁实验是在地球上的实验室做的，所以麦克斯韦方程组对地球参考系（惯性系）成立，有理由相信，它对相对于地球做匀速直线运动的所有惯性系仍然成立，例如，在电磁感应想象中，决定线圈内产生感应电动势的只是磁体和线圈的相对运动，即无论是以磁体为参考系还是以线圈为参考系，感应电动势都相同。这说明电磁感应现象在相对做匀速直线运动的不同惯性系里的规律是相同的。

在这个问题中，光速的数值起着特别重要的作用。以 c 表示在某一参考系 S 中测得的光在真空中的速率，以 c' 表示在另一参考系 S' 中测得的光在真空中的速率，如果根据伽利略变换，就应该有

$$c = c' \pm u \tag{12.12}$$

式中的正负号由 c 和 u 的方向相反或相同而定。但是麦克斯韦的电磁场理论给出的结果与此不相符。该理论给出的光在真空中的速率由式(12.13)决定。

$$c = \frac{1}{\sqrt{\varepsilon_0 \mu_0}} \tag{12.13}$$

由于 ε_0、μ_0 是两个电磁学常数,与参考系无关,因此 c 也应该与参考系无关。这就是说,在任何参考系中测得的光在真空中的速率都应该是这一数值,即真空中的光速对所有惯性系都是相同的,这与伽利略速度变换格格不入。也就是说,光或电磁波的运动不服从伽利略变换。此外,由于机械波的传播需要弹性介质,例如,声波能够在空气、水中传播,却不能在真空中传播,因此人们自然会想到光和电磁波的传播也需要一种弹性介质作为载体。那么,在所有这些惯性系中是否应该存在一个绝对静止的参考系呢?如果存在,似乎所有的问题又可以迎刃而解了。因为描述地面上的物体时一般以地球为参考系,但地球并非绝对静止的,同样,太阳、银河系中心也不是绝对静止的,于是 19 世纪的物理学家称这种介质为以太(ether 或 aether,在古希腊,以太是指青天或上层大气,也称为“上帝的呼吸”)。他们认为以太无所不在,没有质量,绝对静止,充满整个宇宙,电磁波可在其中传播。在相对以太静止的参考系中,光的速度在各个方向都是相同的,这个参考系被称为绝对静止系(即以太系)。其他惯性系的观察者所测得的光速应该是以太系的光速与这个观察者在以太系上的速度之矢量和。然而,用什么方法可以证明以太的存在呢?

可以想象,如果能借助某种方法测出运动参考系相对于以太的速度,那么,作为绝对参考系的以太也就被确定了。为此,历史上确曾有许多物理学家做过很多实验来寻求绝对参考系,但都得出了否定的结果。其中最著名的实验是 1881 年迈克耳孙探测地球在以太中运动速度的实验以及后来迈克耳孙和莫雷在 1887 年所做的更为精确的实验。

2. 迈克耳孙 - 莫雷实验

迈克耳孙 - 莫雷实验装置原理图如图 12.3 所示。如图 12.3(a)所示,由光源 S 发出的波长为 λ 的光在入射到半透半反镜 G 后,被分成两部分。光束②反射到平面镜 M_2 上,再由 M_2 反射回来,透过 G 到达望远镜 T;光束①则透过 G 到达 M_1,再由 M_1 和 G 反射也到达 T。光束①和②在 T 相遇并产生干涉条纹。G′为补偿板。设 G 到 M_1 和 M_2 的距离均为 l,且 M_1 和 M_2 不严格垂直,那么,在望远镜的目镜中将看到干涉条纹。

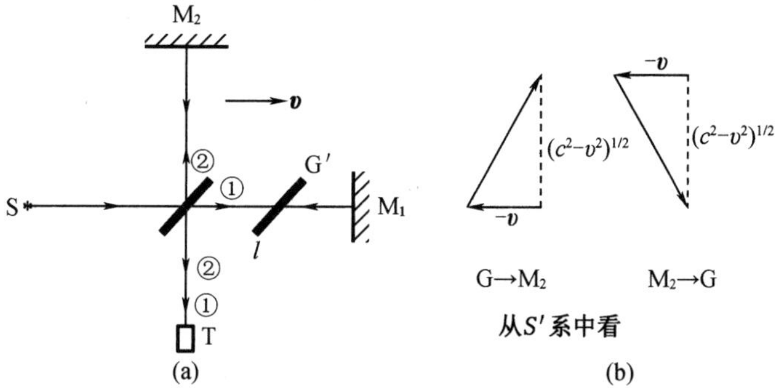

图 12.3 迈克耳孙 - 莫雷实验原理图

现把固定在地球上的整个实验装置作为运动参考系 S'（也称实验室参考系），它相对于以太参考系 S 沿 GM_1 的方向以速度 $\boldsymbol{v}$ 运动。但如从实验室参考系 S' 来看，以太参考系则以 $-\boldsymbol{v}$ 的速度相对于实验室参考系运动。而光在以太参考系中不论沿哪个方向的速度均为 c。根据式(12.12)可知，从 S' 系来看，光束①从 G 到 M_1 的速度为 $c-v$，而光束从 M_1 到 G 的速度为 $c+v$。于是，从 S' 系来看，光束从 G 到 M_1，然后再由 M_1 回到 G 所需的时间为

$$t_1=\frac{l}{c-v}+\frac{l}{c+v}=\frac{2l}{c\left(1-\dfrac{v^2}{c^2}\right)} \tag{12.14}$$

另外，如图 12.3(b) 所示，从 S' 系来看，光束②从 G 到 M_2 和从 M_2 到 G 的速度均为 $\sqrt{c^2-v^2}$，所以，从 S' 系来看，光束从 G 到 M_2，然后再由 M_2 回到 G 所需的时间为

$$t_2=\frac{2l}{(c^2-v^2)^{1/2}}=\frac{2l}{c\left(1-\dfrac{v^2}{c^2}\right)^{1/2}} \tag{12.15}$$

由式(12.14)和式(12.15)可以看出，从 S' 系来看，G 点发出的两束光到达望远镜 T 的时间差应为

$$\Delta t=t_1-t_2=\frac{2l}{c\left(1-\dfrac{v^2}{c^2}\right)}-\frac{2l}{c\left(1-\dfrac{v^2}{c^2}\right)^{1/2}}=\frac{2l}{c}\left[\left(1+\frac{v^2}{c^2}+\cdots\right)-\left(1+\frac{v^2}{2c^2}+\cdots\right)\right] \tag{12.16}$$

由于 $v\ll c$，式(12.16)可写成

$$\Delta t=\frac{l}{c}\,\frac{v^2}{c^2} \tag{12.17}$$

于是两光束的光程差为

$$\delta=c\Delta t\approx l\,\frac{v^2}{c^2} \tag{12.18}$$

若把整个仪器旋转 90°，光程差将变号，则前后两次的光程差为 2δ。在此过程中，我们在望远镜的视场内应看到干涉条纹移动 ΔN 条，即

$$\Delta N=\frac{2\delta}{\lambda}=\frac{2lv^2}{\lambda c^2} \tag{12.19}$$

在 λ、c 和 l 均已知的情况下，如果能测出干涉条纹移动的数目 ΔN，就可以由式(12.19)算出地球相对于以太参考系的绝对速度，从而就可以把以太参考系作为绝对参考系了。

在迈克耳孙－莫雷的实验中，l 约为 10 m，光的波长 $\lambda=5\,000$ Å（1 Å $=10^{-10}$ m），v 取地球公转的速度（$3\times10^4\ \mathrm{m\cdot s^{-1}}$）。由式(12.19)可算出，干涉条纹移动的数目 ΔN 约为 0.4。当时的迈克耳孙干涉仪的精度可观测到 0.01 条条纹的移动，但实验的结果却是条纹纹丝未动，尽管迈克耳孙等人在不同的时间和不同的地点进行了多次实验，但他们始终没有观察到条纹的移动。物理学史称之为迈克耳孙－莫雷的零漂移结果。迈克耳孙－莫雷的零漂移结果无疑是对以太学说的否定，结论就是不存在所谓的“地球相对于以太参考系的运动”，以太参考系是不存在的，真空中的光速在任何参考系中都是相同的。为了挽救“以太”，物理学家们又提出了若干假设，做了大量的实验，但均与愿违。一切实验都表明，一束光，无论它是从哪里发出的，无论是在哪个惯性系中测量，其速率均为 c。这个结果显然违

背伽利略变换,这让当时的物理学家非常困惑。

12.1.3 狭义相对论的两个基本假设

伽利略变换和电磁规律的矛盾促使人们思考下述问题:是伽利略变换是正确的,而电磁现象的基本规律不符合相对性原理呢?还是已发现的电磁现象的基本规律是符合相对性原理的,而伽利略变换具有局限性并需要修正呢?1905年,26岁的爱因斯坦另辟蹊径,他不固守绝对时空观和经典力学的观念,而是在对实验结果和前人工作进行仔细分析和研究的基础上,从一个新的角度来考虑所有问题。他领悟到伽利略变换中牛顿绝对时空观原来是头脑中的抽象推测,并没有实验事实的支持。他坚信世界的统一性和合理性。首先,他认为自然界是对称的,包括电磁现象在内的一切物理现象和力学现象一样,都应满足相对性原理,即在所有惯性系中物理定律及其数学表达式都是相同的,因而用任何方法都不能发现特殊的惯性系。其次,他指出,许多实验都已表明,在所有惯性系中测量得到的真空中的光速都相同,因此,这一点也应作为基本假设被提出来。于是,爱因斯坦在1905年发表的《论动体的电动力学》中,把下述"思想"提升为"公设"(即基本假设)。

假设Ⅰ　在所有惯性系中,一切物理学定律都相同,即一切同一物理学的规律具有相同的数学表达式。或者说,对于描述一切物理现象的规律来说,所有惯性系都是等价的。这也称为**狭义相对论的相对性原理**。

假设Ⅱ　在所有惯性系中,真空中的光沿各个方向传播的速率具有相同的值 c,与光源的运动及参考系无关。这也称为**光速不变原理**。

就是在看来这样简单而且最一般的的两个假设的基础上,爱因斯坦建立了一套完整的理论——狭义相对论,并把物理学推进到了一个新的阶段。由于这个理论涉及的只是无加速运动的惯性系,因此称之为狭义相对论,以别于后来爱因斯坦发展的广义相对论,广义相对论中讨论了做加速运动的参考系。

既然选择了相对性原理,就必须彻底摒弃绝对时空观念,修改伽利略变换和力学定律等,使之符合狭义相对论的相对性原理及光速不变原理的要求。爱因斯坦开始寻找与相对性原理和麦克斯韦电磁理论和谐一致的新的时空变换。但我们应注意到,伽利略变换和牛顿力学定律是在长期实践中被证明是正确的,因此它们应该是新的坐标变换式和新的力学定律在一定条件下的近似。于是,爱因斯坦由他的两个基本假设出发,从考虑同时性的相对性开始导出了一套新的时空变换公式——洛伦兹变换式。

当然,狭义相对论的这两条基本假设的正确与否,最终仍要以由它们导出的结果与实验事实是否相符来判定。

爱因斯坦提出"相对性原理"好比是"画龙",提出"光速不变原理"才是他的"点睛"之"笔"。正是由光速不变原理导出的洛伦兹变换式,才保证了不同惯性系中的一切描写运动规律的方程式的形式保持不变。

12.1.4 洛伦兹变换　相对论速度变换

1. 洛伦兹变换

由于伽利略变换与狭义相对论的基本原理不相容,因此需要寻找一个满足狭义相对论的基本原理的变换式。这个变换式应满足以下两个条件：

第一，满足相对性原理和光速不变原理。

第二，当物体运动速度远小真空中的光速 c 时，该变换应能使伽利略变换重新成立。

如图 12.4 所示，这里的惯性参考系 S 和 S' 的定义与前述相同。初始时刻（$t=t'=0$）两坐标系重合，并于该时刻由原点发出一个光信号，某时刻该光信号传到空间某处 P，此时、此处作为一个事件。其时空坐标对 S 系而言为(x,y,z,t)，对 S' 系而言为(x',y',z',t')，下面寻找这两套坐标值之间的关系。

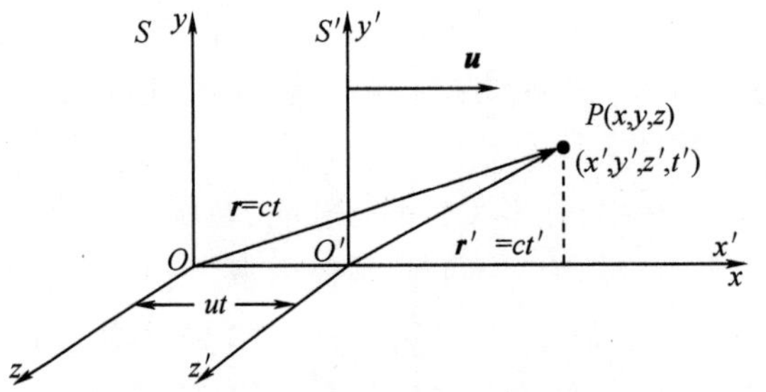

图 12.4 洛伦兹变换的推导

根据光速不变原理，光信号在空间中的传播速度无论是对 S 系还是对 S' 系而言都等于 c，所以有

$$r=\sqrt{x^2+y^2+z^2}=ct \text{ 或 } x^2+y^2+z^2-c^2t^2=0 \tag{12.20}$$

$$r'=\sqrt{x'^2+y'^2+z'^2}=ct' \text{ 或 } x'^2+y'^2+z'^2-c^2t'^2=0 \tag{12.21}$$

式(12.20)和式(12.21)分别是 S 系和 S' 系中光信号传播的规律，根据相对性原理，一切物理规律应在坐标变换时保持形式不变，所以有

$$x^2+y^2+z^2-c^2t^2\equiv x'^2+y'^2+z'^2-c^2t'^2=0 \tag{12.22}$$

由于 S 系与 S' 系的相对运动只发生在 x 和 x' 方向上，因此可以认为 $y=y'$、$z=z'$，于是，式(12.22)可写为

$$x^2-c^2t^2\equiv x'^2-c^2t'^2=0 \tag{12.23}$$

可以看出，伽利略变换 $x'=x-ut, t=t'$ 是不满足式(12.23)的。下面寻找满足式(12.23)的新变换关系。根据相对性原理，新的时空变换关系必须是线性的。因为若变换是非线性的，那么从 S' 系看来，就不再会是匀速直线运动。这样，对 S' 系的原点 O' 而言，有 $x'=0$ 和 $x=ut$，即 $x-ut=0$，因而可以设

$$x'=k(x-ut) \tag{12.24}$$

对 S 系的原点 O 而言，有 $x=0$ 和 $x'=-ut'$，即 $x'+ut'=0$，因而也可以设

$$x=k'(x'+ut') \tag{12.25}$$

这里的 k 和 k' 只能是与 u、c 有关的常系数，否则不满足线性关系。根据相对性原理，式(12.24)与式(12.25)应具有对称性，u 前面的正负号只反映两参考系相对运动的方向相反，所以应有

$$k=k' \tag{12.26}$$

由于在垂直于 x 轴方向上无相对运动，为简单起见把 P 点选择在 x 和 x' 轴上考虑，则有

$$\begin{cases} y = y' = 0 \\ z = z' = 0 \end{cases} \tag{12.27}$$

于是

$$r' = x' = ct' \tag{12.28}$$

$$r = x = ct \tag{12.29}$$

将式(12. 24)和式(12. 25)等号两边相乘,有

$$xx' = k^2(x - ut)(x' + ut') \tag{12.30}$$

由式(12. 30)可得

$$k = k' = \frac{1}{\sqrt{1 - \frac{u^2}{c^2}}} \tag{12.31}$$

将上述结果分别代入式(12. 24)和式(12. 25)可得

$$x' = \frac{x - ut}{\sqrt{1 - \frac{u^2}{c^2}}} \tag{12.32}$$

$$x = \frac{x' + ut'}{\sqrt{1 - \frac{u^2}{c^2}}} \tag{12.33}$$

将式(12. 32)代入式(12. 33),消去 x' 可得

$$t' = \frac{t - \frac{u}{c^2}x}{\sqrt{1 - \frac{u^2}{c^2}}} \tag{12.34}$$

将式(12. 33)代入式(12. 34),消去 x 可得

$$t = \frac{t' + \frac{u}{c^2}x'}{\sqrt{1 - \frac{u^2}{c^2}}} \tag{12.35}$$

这样,就得到了**相对论的时空坐标变换**关系,因为其与洛伦兹变换一致,所以仍称之为**洛伦兹变换式**,其正变换式为

$$\begin{cases} x' = \dfrac{x - ut}{\sqrt{1 - \frac{u^2}{c^2}}} = \gamma(x - ut) \\ y' = y \\ z' = z \\ t' = \dfrac{t - \frac{u}{c^2}x}{\sqrt{1 - \frac{u^2}{c^2}}} = \gamma\left(t - \dfrac{ux}{c^2}\right) \end{cases} \tag{12.36}$$

其逆变换式为

$$\begin{cases} x=\dfrac{x'+ut'}{\sqrt{1-\dfrac{u^2}{c^2}}}=\gamma(x'+ut') \\ y=y' \\ z=z' \\ t=\dfrac{t'+\dfrac{u}{c^2}x'}{\sqrt{1-\dfrac{u^2}{c^2}}}=\gamma\left(t'+\dfrac{ux'}{c^2}\right) \end{cases} \tag{12.37}$$

式中，$\gamma=\dfrac{1}{\sqrt{1-\beta^2}}$；$c$ 为光速。可以验证，洛伦兹变换满足式(12.22)和式(12.23)，说明该变换满足光速不变原理和相对性原理。由以上推导过程可以看出，洛伦兹变换是爱因斯坦狭义相对论的两个基本假设的必然结果，如果物体运动速度远小于真空中的光速 c，则 $\gamma=1$，$\dfrac{u}{c^2}\approx 0$，洛伦兹变换将过渡到伽利略变换。与伽利略变换相比，洛伦兹变换中的时间坐标明显和空间坐标相互关联，即 t 是 t' 和 x' 的函数，t' 是 t 和 x 的函数。这说明，在相对论中，时间和空间的测量是不可分离的。因此，在相对论中常把一个事件发生时的位置和时刻联系起来，称为它的时空坐标。

2. 相对论速度变换

利用洛伦兹变换可以得到**相对论速度变换**。将式(12.36)对 t' 求导可得

$$\begin{cases} \dfrac{\mathrm{d}x'}{\mathrm{d}t'}=\dfrac{\dfrac{\mathrm{d}x'}{\mathrm{d}t}}{\dfrac{\mathrm{d}t'}{\mathrm{d}t}}=\dfrac{\dfrac{\mathrm{d}x}{\mathrm{d}t}-u}{1-\dfrac{u}{c^2}\dfrac{\mathrm{d}x}{\mathrm{d}t}} \\ \dfrac{\mathrm{d}y'}{\mathrm{d}t'}=\dfrac{\dfrac{\mathrm{d}y'}{\mathrm{d}t}}{\dfrac{\mathrm{d}t'}{\mathrm{d}t}}=\dfrac{\dfrac{\mathrm{d}y}{\mathrm{d}t}\sqrt{1-\dfrac{u^2}{c^2}}}{1-\dfrac{u}{c^2}\dfrac{\mathrm{d}x}{\mathrm{d}t}} \\ \dfrac{\mathrm{d}z'}{\mathrm{d}t'}=\dfrac{\dfrac{\mathrm{d}z'}{\mathrm{d}t}}{\dfrac{\mathrm{d}t'}{\mathrm{d}t}}=\dfrac{\dfrac{\mathrm{d}z}{\mathrm{d}t}\sqrt{1-\dfrac{u^2}{c^2}}}{1-\dfrac{u}{c^2}\dfrac{\mathrm{d}x}{\mathrm{d}t}} \end{cases} \tag{12.38}$$

利用 S 系和 S' 系中的速度分量定义式$\begin{cases} v_x=\dfrac{\mathrm{d}x}{\mathrm{d}t}, v_y=\dfrac{\mathrm{d}y}{\mathrm{d}t}, v_z=\dfrac{\mathrm{d}z}{\mathrm{d}t} \\ v'_x=\dfrac{\mathrm{d}x'}{\mathrm{d}t'}, v'_y=\dfrac{\mathrm{d}y'}{\mathrm{d}t'}, v'_z=\dfrac{\mathrm{d}z'}{\mathrm{d}t'} \end{cases}$可得**相对论速度变换公式**（也叫相对论速度加法公式）。

$$\begin{cases} v'_x = \dfrac{v_x - u}{1 - \dfrac{uv_x}{c^2}} \\ v'_y = \dfrac{v_y - u}{\gamma\left(1 - \dfrac{\beta}{c}v_x\right)} \\ v'_z = \dfrac{v_z - u}{\gamma\left(1 - \dfrac{\beta}{c}v_x\right)} \end{cases} \tag{12.39}$$

可以明显看出，当 u 和 v 都比光速 c 小很多时，式(12.39)就过渡到伽利略速度变换式(12.4)。对于光，设在 S 系中有一束光沿 x 轴方向传播，其速率 $v_x = c$，则在 S' 系中，按式(12.39)，光的速率应为

$$v'_x = \frac{c - u}{1 - \dfrac{uc}{c^2}} = c \tag{12.40}$$

这说明真空中的光的传播速度与惯性系的相对速率 u 无关，光在任何惯性系中的速率都是 c，这正是狭义相对论的光速不变原理。

在式(12.39)中，将带撇的量和不带撇的量互相交换，同时把 u 换成 $-u$，可得相对论速度变换公式的逆变换式，即

$$\begin{cases} v_x = \dfrac{v'_x + u}{1 + \dfrac{uv'_x}{c^2}} \\ v_y = \dfrac{v'_y}{\gamma\left(1 + \dfrac{\beta}{c}v'_x\right)} \\ v_z = \dfrac{v'_z}{\gamma\left(1 + \dfrac{\beta}{c}v'_x\right)} \end{cases} \tag{12.41}$$

我们利用式(12.41)可以验证，在 u 和 v 都比光速 c 小很多的情况下，v 不可能大于 c。如果 $v' = c$，则仍然是 $v = c$，再次说明了光速不变原理。

爱因斯坦依据相对性原理和光速不变原理得到了狭义相对论的坐标变换式，即洛伦兹变换式。但洛伦兹早于爱因斯坦的狭义相对论，在1904年研究电磁场理论时就给出了此变换式，但其在当时未给予正确的解释，他已经走到了相对论的边缘。但是由于受到根深蒂固的绝对时空观的影响，他没有从中找到正确的物理含义。他说 t 是真正的时间，t' 是辅助量，仅为数学表示方便而引入的。第二年，爱因斯坦从狭义相对论的基本原理出发，独立地导出了这个变换式，这个变换式仍以洛伦兹命名。洛伦兹到1909年还不能完全相信相对论。

为了方便，根据洛伦兹变换式先导出几个时空坐标差变换公式以备后用。设两个事件在两个惯性系中的时空坐标：在 S 系中为 $A(x_1, y_1, z_1, t_1)$、$B(x_2, y_2, z_2, t_2)$，在 S' 系中为 $A(x'_1, y'_1, z'_1, t'_1)$、$B(x'_2, y'_2, z'_2, t'_2)$，则根据式(12.36)和式(12.37)可得

$$\begin{cases}\Delta x' = \dfrac{\Delta x - u\Delta t}{\sqrt{1 - \dfrac{u^2}{c^2}}} & (1)\\ \Delta y' = \Delta y \\ \Delta z' = \Delta z \\ \Delta t' = \dfrac{\Delta t - \dfrac{u}{c^2}\Delta x}{\sqrt{1 - \dfrac{u^2}{c^2}}} & (2)\end{cases} \quad \text{和} \quad \begin{cases}\Delta x = \dfrac{\Delta x' + u\Delta t'}{\sqrt{1 - \dfrac{u^2}{c^2}}} & (3)\\ \Delta y = \Delta y' \\ \Delta z = \Delta z' \\ \Delta t = \dfrac{\Delta t' + \dfrac{u}{c^2}\Delta x'}{\sqrt{1 - \dfrac{u^2}{c^2}}} & (4)\end{cases} \tag{12.42}$$

式中，$\Delta x' = x_2' - x_1'$，$\Delta x = x_2 - x_1$，$\Delta t' = t_2' - t_1'$，$\Delta t = t_2 - t_1$。

例 12.1 在地面上测到有两个飞船分别以 $0.9c$ 和 $-0.9c$ 的速度向相反方向飞行，求一飞船相对于另一飞船的速度。

解 设 S 为相对于速度是 $-0.9c$ 的飞船保持静止的参考系，则地面相对于 S 系以速度 $u=0.9c$ 运动，以地面为 S' 参考系，则另一飞船相对于 S' 系的速度 $v_x'=0.9c$，

过去的回答很简单：由伽利略变换式立即可得 $v_x = 1.8c$。

爱因斯坦根据追光理想实验，早就断言上面的计算是大错特错了。应该遵从相对论速度变换公式的逆变换式(12.41)，即

$$v_x = \frac{v_x' + u}{1 + \dfrac{uv_x'}{c^2}} = \frac{0.9c + 0.9c}{1 + 0.9 \times 0.9} = \frac{1.80}{1.81}c = 0.994\ 5c$$

由此可见，比光速 c 还差 0.005 5。进一步加大 v_x' 或 u，能否使 v_x 超过 c 呢？比如说，令 $v_x' = c$，则 $v_x = \dfrac{c+u}{1+\dfrac{uc}{c^2}}$，甚至假设 $u=c$，仍有 $v_x = \dfrac{c+c}{1+\dfrac{c^2}{c^2}} = c$。

由此得出结论：一切物体的运动速度都不能超过光速，光速是物质运动（信号或能量传播）速度的极限。就一物体而言，相对于任何其他物体或参考系，其速度的大小是不可能大于真空中的光速 c 的。

12.2 狭义相对论的时空观

前面由狭义相对论的两个基本假设导出了洛伦兹变换式，运用洛伦兹变换式或直接由两个假设出发可以得到一系列违反“常识”的惊人结论。这对牛顿的绝对时空观提出了挑战，建立了崭新的相对论时空观。

12.2.1 同时性的相对性

爱因斯坦对相对论的论述是从同时性的概念开始的。他写道：“如果要描述一个质点的运动，就以时间的函数来给出它的坐标值。现在必须记住，这样的数学描述只有在十分清楚地懂得‘时间’在这里指的是什么以后才有物理意义。应当考虑到，凡是时间在里面起

作用的一切判断,总是对同时事件的判断。比如说:‘那列火车 7 点钟到达这里,这就是说,表短针指到 7 与火车到达是同时的事件’。”

如何科学地判断两个事件是否同时呢? 爱因斯坦提出:在同一惯性系中,如果从 A 和 B 两处各发出一个光脉冲信号,这就构成了在不同地点发生的两个事件,若 A、B 连线的中点 C 处同时收到这两个光信号,那么发生在 A、B 处的两个事件是同时的,否则就是不同时的。当然,也可以由 C 点向 A、B 两地发射对钟的光信号,A、B 处收到此信号的时刻被认定是同时的。这就是爱因斯坦的异地对钟准则。由洛伦兹变换可知,在相对论的讨论中,测量一般是指即时测量。在低速世界中,光速被当作无限大,可以通过“看”一个地方的时钟来记录另一个地方发生的事件的时间,而不带来明显的误差。但是在高速运动领域,光的传播速度就不能被当作无限大,也不能用异地时钟来记录发生事件的时间,而必须采用当地的时钟。按爱因斯坦的说法,在记录一个事件发生的位置和时间时,除了设立一个参考系以测量事件的空间坐标外,还应该在参考系中每一点都设置一个时钟以测量事件发生的时间。在高速运动情况下,信息传递的一点点延迟都可能带来很大的误差。那么怎样才能将这些时钟校准(同步)呢? 设参考系中各处的时钟都是理想的——走时准确、规格一致,为了将它们校准,可以在其中一个时钟为零时,让它向其他时钟发送一个编码的电磁波(使用光的特殊性——光速不变),其他时钟在接收到这个编码时就将自己的时间调整为$\frac{l}{c}$(l 为该时钟与发射编码时钟的间距),则参考系中的时钟就都被校准了。比如,一个时钟与发射编码时钟的距离为 3×10^8 m,当它接收到编码时就将自己的时间调整为 1 s,这样两个时钟就校准了。这样的一个每点都有时钟并进行了校准的参考系叫作时空坐标系。

以上同时性判断准则适用于一切惯性系,于是就产生了一个问题:在某一惯性系中看是两地同时发生的两个事件,在另一个惯性系中看是否也是同时事件呢? 根据“常识”和牛顿绝对时空观,结论显然是肯定的。但根据爱因斯坦的光速不变原理,结论却是否定的,这可以由下面的理想实验来说明。

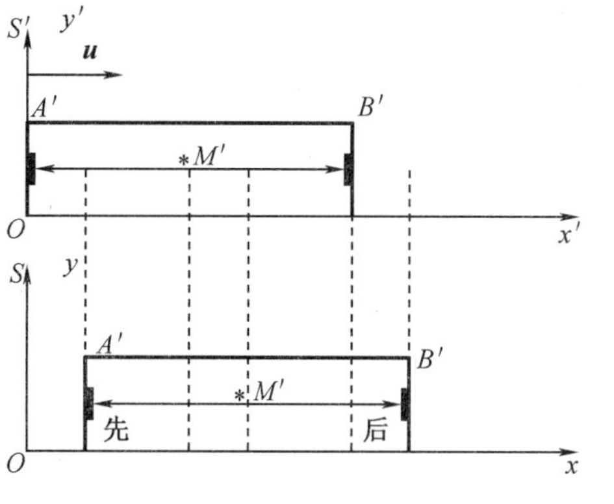

图 12.5 同时性的相对性

如图 12.5 所示,设一列火车以速度 $\boldsymbol{u}$ 匀速通过一车站,车站为 S 系,火车为 S' 系,火车中点 M' 上有一闪光光源,火车首、尾两点 A'、B' 处各放有一个接收器,现设光源发出一闪光,由于 $M'A'=M'B'$,而且向各个方向的光速是一样的,因此闪光将同时传到两个接收器,也就是说,光到达 A' 和到达 B' 这两个事件在 S' 系中观察是同时发生的。在 S 系中观察这两个同样的事件还是同时发生的吗? 在光从 M' 发出到达 A' 的这段时间内,A' 相对于 S 系已迎着光走了一段距离,而在光从 M' 发出到达 B' 的这段时间内,B' 相对于 S 系却背着光走了一段距离。显然,光从 M' 发出到达 A' 的距离比到达 B' 的距离要小。但根据光速不变原理,光速与光源和观察者的相对运动无关,光相对于 S' 系和相对于 S 系的速度都是 c,所以光一定先到达 A' 而后到达 B'。光到达 A' 和到达 B' 这两个事件在 S' 系中观察是同时发生的，而在 S 系中观察则不同时发生。同样，在 S 系中不同地点同时发生的两个事件，在 S'系中观察也不同时发生，这就是说，同时性也具有相对性。通过分析还可得出以下结论：沿两个惯性系相对运动方向发生的两个事件，在其中一个惯性系中观察表现为同时的，在另一惯性系中观察，则总是**在前一惯性系运动的后方的那一事件先发生**。

按牛顿的绝对时空观和伽利略速度合成法则，从 S 系观察，M'向 A'发出的光的速度为 $c-u$，而 M'向 B'发出的光的速度为 $c+u$，所以虽然光从 M'发出到达 A'的距离小于到达 B'的距离，但光仍然同时到达 A'、B'。由此可见，**同时性的相对性是同光速不变紧密联系在一起的**。

事实上，利用洛伦兹变换来讨论相对论的时空观更为简洁明了。

设在 S'系中测量某两个事件是**异地同时**事件，即 $\Delta x'\neq 0$，而 $\Delta t'=t_2'-t_1'=0$，则由式(12.42)中的式(4)可得在 S 系中测量这两个事件的时间间隔为

$$\Delta t=t_2-t_1=\frac{\frac{u}{c^2}\Delta x'}{\sqrt{1-\frac{u^2}{c^2}}} \tag{12.43}$$

也就是说，只要在运动方向上 $\Delta x'\neq 0$，Δt 就不为0，这表明同时性确实是相对的。式(12.43)还表明，若 $\Delta x'>0$，则 $\Delta t>0$，即若 $x_2'>x_1'$，则 $t_2>t_1$。这给出了在 S 系中测量到的两个事件的时间顺序，即沿 S'系相对运动方向前方的事件发生得晚，或沿 S 系相对运动方向前方的事件发生得早。这与上面分析的结论一致。

在理解同时性的相对性时，应注意以下几点。

第一，只有不同地点的事件才有同时性的相对性，发生在同一地点的事件是没有同时性的相对性的。按式(12.42)，若 $\Delta x'=0$，$\Delta t'=0$，则必有 $\Delta x=0$，$\Delta t=0$，即**在一个参考系同时同地发生的两个事件，在任何惯性系中观察都是同时同地发生的**。

第二，同时性的相对性只发生在相对运动方向上。容易证明在垂直于运动方向上的两个地方同时发生的事件（即 $\Delta t'=0$，$\Delta x'=0$，而 $\Delta y'\neq 0$ 或 $\Delta z'\neq 0$），在 S'系上看还是同时的（即 $\Delta t=0$）。

第三，对于低速问题即 $u\ll c$ 时，由式(12.43)可以看出 $\Delta t\to 0$，即若在 S'系中测得两个事件是同时的，则在 S 系中测得二者也是同时的。可见对于低速情况，同时性问题的结论回归到经典时空观，经典时空观表现为相对论时空观在低速条件下的极限近似。

第四，同时性的相对性否定了各个惯性系具有统一时间的可能性，即所谓的“时钟不同步”，在一个参考系中已校准（同步）的时钟在另一个参考系中来看是没有校准（不同步）的。例如，在站台（S 系）上有很多不同地点的校准了的时钟，它们在 S 系中来看都在同一时刻指向12点（同时事件），然而在列车上（S'系）来看，列车运动前方站台上的时钟将先到达12点，后方的时钟后到达12点，即在列车上来看，运动前方的时钟快了，后方的时钟慢了。

12.2.2 空间长度的相对性——长度的收缩

同时性也具有相对性，这将直接导致空间长度（长度测量）的相对性问题。要知道，长度测量是和同时性的概念密切相关的。例如，假设图12.6中 $A'B'$为运动的火车车厢，要测

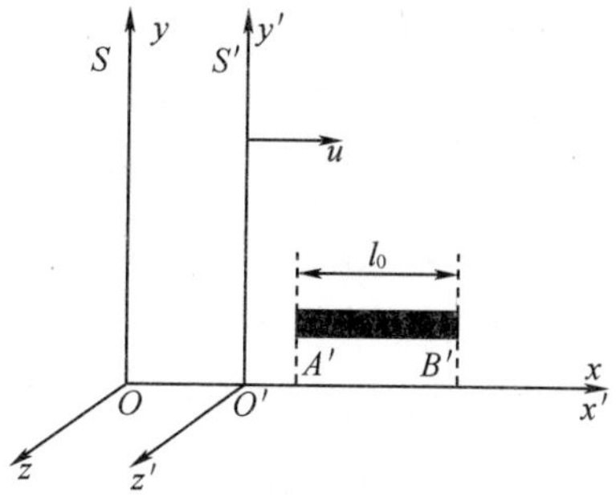

图 12.6 长度的收缩

量运动的火车车厢的长度，对 S 系（车站）测量者而言，必须要同时测量出车厢两端点 A'、B' 的位置 x_1、x_2（A' 与 x_1 重合，B' 与 x_2 重合），车厢的长度为 $l = x_2 - x_1$。如果先记录 A' 的位置 x_1，后记录 B' 的位置 x_2，则由于火车相对于车站测量者向前运动，x_2 数值变大，$x_2 - x_1$ 的数值显然不代表车厢的长度。对 S' 系（火车）测量者而言，由于他与火车保持相对静止，因此不管是否同时记录两端点 A'、B' 的位置，测量长度的结果总是相同的。由于光速不变原理导致的同时性的相对性，当车站测量者认为是同时测量车厢两端点位置时，火车测量者则认为不是同时测量的，而是先测量 B' 的位置，后测量的 A' 位置，因此火车测量者认为，长度 $l = x_2 - x_1$ 小于车厢在 S' 系中的长度。反过来，当火车测量者认为是同时测量车厢两端点位置，且长度为 l_0 时，车站测量者认为不是同时测量的，而是先测量 A' 的位置，后测量的 B' 位置，这样测得的长度 $l = x_2 - x_1$ 比实际的长了，那么，实际的长度应比 l_0 小。这就是所谓的**长度收缩效应**。

下面由洛伦兹变换得出其定量关系式。

设有两个观察者分别静止于惯性参考系 S 系和 S' 系中。假设图 12.6 中的 $A'B'$ 为静止于 S' 系中并沿 Ox' 轴放置的细棒。考虑到要测得棒的长度应该在同一时刻测量棒两端点的坐标，如果 S' 系观察者同时测得棒两端点的坐标 x_1'、x_2'，则棒长 $l' = x_2' - x_1'$。

通常把在相对于棒静止的惯性系中所测得的长度称为棒的**固有**（**本征**）**长度**（原长或静长），用 l_0 表示，在此处，$l_0 = l'$。而 S 系中的观察者认为棒相对于 S 系运动，并且也同时（$t_1 = t_2$）测量其两端点的坐标为 x_1、x_2，即棒的长度 $l = x_2 - x_1$。利用洛伦兹变换式（12.42）中的式（1）可得

$$x_2' - x_1' = \frac{x_2 - x_1}{\sqrt{1 - \dfrac{u^2}{c^2}}} \tag{12.44}$$

即

$$l = l_0\sqrt{1 - \frac{u^2}{c^2}} = l_0\sqrt{1 - \beta^2} \tag{12.45}$$

从式（12.45）可以看出，由于 $\sqrt{1-\beta^2} < 1$，故 $l < l_0$，这就是说固有长度（原长）最长，而运动物体在其运动方向上的长度缩短了，变为原长（静止时的长度）的 $\sqrt{1-\beta^2}$ 倍，这就是所谓的**长度收缩或洛伦兹收缩**，$\sqrt{1-\beta^2}$ 称为长度收缩因子。容易证明，若细棒静止于 S 系中，此时在 S 系中测得的棒长为固有长度 l_0，则在 S' 系中测得的棒长也只有其固有长度 l_0 的 $\sqrt{1-\beta^2}$ 倍。这也符合相对性原理，即如果有两个人分别坐在两列相向而过的火车上（惯性系），每个人手里都拿着一根相同的尺，尺身沿着火车行驶的方向，则两个人都将“看到”（指同时测量尺两端的位置）对方手上的尺比自己手中的尺要短。这是因为这种长度收缩效应是时空本身的一种属性，并不是由于运动引起物质之间的相互作用而产生的实在的收缩。所以长度收缩效应也必须符合相对性原理。

应该指出，长度收缩效应只在运动方向上产生，在垂直运动的方向上不会出现该效应。由于在垂直运动方向上并不存在同时性的相对性，因此空间长度的相对性只发生在平行于运动的方向上，这一点可以通过一个假想实验来说明。设在山洞外停有一列火车，车厢高度与洞顶高度相等。现在使车厢匀速地向山洞开去。这时它的高度是否和洞顶高度还相等呢？假设高度由于运动而变小了，这样在地面上观察，由于运动的车厢高度减小，它当然能顺利地通过山洞；如果在车厢上观察，则山洞是运动的，由相对性原理，洞顶的高度应减小，这样车厢无法通过山洞。这里就发生了矛盾，但车厢能否穿过山洞是一个确定的物理事实，应该和参考系的选择无关，因而上述矛盾不应产生。因此，在满足相对性原理的条件下，车厢和洞顶的高度都不应该随运动而发生变化，也就是说，垂直于相对运动方向的长度测量与运动无关。由此可以推断，物体的形状将会随参考系的不同而不同。请注意：刚才推导的条件是“在 S 系同一时刻”去测量一把运动尺的两端坐标，实际操作是很难的。通常是用眼睛去看，那时运动尺两端发出的光一般不能同时到达瞳孔；反过来说，同时进入瞳孔的光一般不可能是同时发出来的。所以，实际观察到的图像会发生一定的畸变。由此可解释为什么一个高速运动的圆球看起来仍是一个圆，这是因为上述引起畸变的因素恰好抵消了洛伦兹收缩。这一关于洛伦兹收缩在观察上的复杂性直到1959年才被指出，这也是科学史上一件有趣的事情。

还应注意，在长度收缩效应 $l = l_0\sqrt{1-\dfrac{u^2}{c^2}} = l_0\sqrt{1-\beta^2}$ 中，由于 $\sqrt{1-\beta^2}$ 是正值，因此 l 和 l_0 的大小不同但符号相同，即长度会缩短，但不会反转。也就是说，若在 S' 系中测得一支箭的长度为 1 m，箭头指向 x 轴正方向，在 S 系中可能测得的箭长只有 0.5 m，但箭头一定也指向 x 轴正方向。

那为什么我们在日常生活中没有感觉到长度收缩效应呢？那是因为我们在日常生活和技术领域中所遇到的运动，其速度远远小于光速 c，即当 $\beta \ll 1$ 时，$l \approx l_0$，长度测量与参考系无关，这就是绝对时空观。这再次表明，绝对空间概念只不过是狭义相对论空间概念在低速情况下的近似。

12.2.3 时间间隔的相对性——时间的延缓

在狭义相对论中，如同长度不是绝对的那样，时间间隔也不是绝对的。设在 S' 系中有一只静止的钟，有两个事件先后发生在同一地点（$x_1' = x_2'$），此钟记录的时刻分别 t_1' 和 t_2'，于是在 S' 系中所记录两事件的时间间隔 $\Delta t' = t_2' - t_1'$。把某一参考系中同一地点先后发生的两个事件之间的时间间隔称为**原时**或**固有**（**本征**）**时间**，它表示相对于物体（或观察者）静止的钟所显示的时间间隔，用 τ_0 表示。这里的 $\tau_0 = \Delta t' = t_2' - t_1'$。而在 S 系中所记录的两个事件的时间间隔 $\Delta t = t_2 - t_1$。若 S' 系以速度 $\boldsymbol{u}$ 沿 x 轴运动，则根据洛伦兹变换式（12.42）中的式（4）$\Delta t = \dfrac{\Delta t' + \dfrac{u}{c^2}\Delta x'}{\sqrt{1-\dfrac{u^2}{c^2}}}$ 可得

$$\Delta t = \frac{\Delta t'}{\sqrt{1-\frac{u^2}{c^2}}} = \frac{\tau_0}{\sqrt{1-\beta^2}} = \gamma\tau_0 \tag{12.46}$$

式中，$\beta = \frac{u}{c}$；$\gamma = \frac{1}{\sqrt{1-\beta^2}}$。由于 $\gamma > 1$，故 $\Delta t > \tau_0$。这就是说，如果在某一参考系 S' 中发生在同一地点的两个事件相隔的时间是 τ_0，则在另一参考系 S 中测得的这两个事件相隔的时间 Δt 总要长一些。也就是说，在一个惯性系中，运动的钟比静止的钟走得慢，S 系中的观察者把相对于他运动的那只 S' 系中的钟和与自己相对静止的许多同步的钟对比，发现运动的钟慢了，这个效应叫作时间膨胀效应或时间延缓效应、钟慢效应。γ 有时被称为时间膨胀因子。

需要注意的是：第一，时间膨胀效应是一种相对论效应，它既符合光速不变原理，也符合相对性原理，也就是说，S' 系中的观察者会发现静止于 S 系中而相对于自己运动的任一个钟比自己的参考系中的一系列同步的钟走得慢，这时在 S 系中测量的时间间隔为原时 τ_0。另外，时间膨胀效应是说明运动参考系的时间节奏变缓了，在其中的一切物理、化学、生物过程的节奏都变缓了，而绝不是说钟出了毛病。

第二，在时间膨胀公式（12.46）中，γ 一侧的时间间隔必须是固有时间，另一侧是膨胀后的时间。并不是两个事件在任意两个惯性系中的时间间隔都满足上述关系。比如，有两个事件在两个惯性系中测量都是在不同地点发生的，这时 Δt 和 τ_0 的关系就不是 $\Delta t = \gamma\tau_0$，而是洛伦兹差值变换式中的一般的时间差变换公式。

第三，时间膨胀效应常用于讨论物体在一个过程中所经历的时间，如一个粒子的寿命、一艘飞船的行程等。一个过程可用发生和结束这两个事件来标志，两个事件的时间差即为过程经历的时间。如果过程进行始终是在同一地点，则测到的过程时间为固有时间，否则为运动时间。一个过程的固有时间只有一个，而运动时间却有很多，与物体相对于参考系的速度有关。例如测量一个粒子的寿命时，只有在相对于粒子静止的惯性系中测得的粒子生存时间才是固有时间，即粒子的本征寿命，它只取决于粒子本身的物理性质；而在其他相对于粒子运动的惯性系中测到的是运动时间，即粒子运动时的寿命，粒子相对于这个惯性系的速度越大，寿命越长。

下面再用图 12.7 更形象化地来说明“运动钟变慢”的现象。

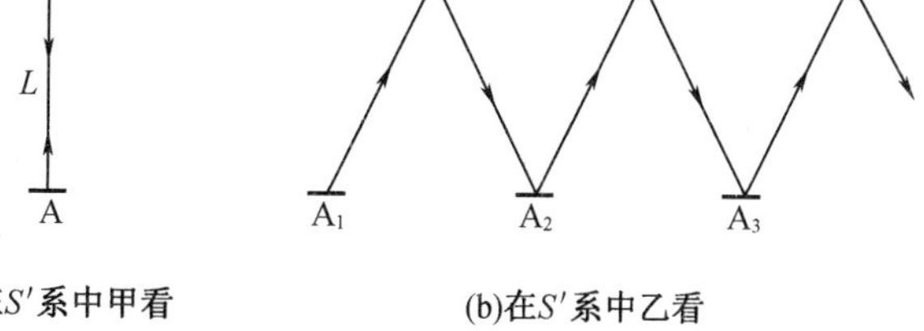

(a)在 S' 系中甲看　　(b)在 S' 系中乙看

图 12.7　运动钟变慢

这个“钟”是用两块相距为 L 的反射镜（A 和 B）制成的，光在它们中间来回反射，往复一次算作时间基本单位。当这个钟放在静止在运动坐标系（S'系）中的甲的手里时，甲看到的相对于自己静止的钟的基本单位 $\tau_0=\frac{2L}{c}$，所以是标准钟[图 12.7(a)]。但在乙（S 系）看来，钟沿镜面方向有速度 u，结果光跑的路径是较长的折线（长度为 $c\Delta t/2$），由于光速不变，因此要经过较长的 Δt 时间才能来回一次从 A_1 回到 A_2 位置[图 12.7(b)]。从直角三角形关系 $\left(c\frac{2L}{2}\right)^2=\left(u\frac{2L}{2}\right)^2+L^2$ 易得

$$\Delta t=\frac{2L}{c\sqrt{1-\frac{u^2}{c^2}}}=\frac{\tau_0}{\sqrt{1-\frac{u^2}{c^2}}}=\frac{\tau_0}{\sqrt{1-\beta^2}}>\tau_0 \tag{12.47}$$

于是在地面上的乙认为：运动钟中光往复一次历时（即时间单位）$\Delta t>\tau_0$，与式(12.46)完全一致，这表示甲的“钟”慢了。请注意：如果这个钟放在乙的手里，则甲也会说乙的“钟”慢了。其中的奥妙全在“光速不变”的性质。

由式(12.46)可以看出，当 $u\ll c$ 时，$\gamma=1$，这时 $\Delta t=\tau_0$。在这种情况下，同样的两个事件之间的时间间隔在各参考系中的测量结果都一样，即时间测量与参考系运动无关，这就是牛顿的绝对时间观念。可以看出，牛顿的绝对时间观念实际上是相对论时间观念在低速下的近似。在日常生活中，宏观物体的运动速度远低于光速，人们很难察觉到钟慢效应，绝对时间观念成为人们的传统固有观念也就不足为奇。但在运动速度接近光速的微观领域，钟慢效应就变得十分重要。该效应在高能物理领域得到了大量实验的证实。

12.2.4 同时性的相对性不会改变相关事件的因果关系

由洛伦兹变换式(12.42)中的式(2) $\Delta t'=t_2'-t_1'=\frac{(t_2-t_1)-\frac{u(x_2-x_1)}{c^2}}{\sqrt{1-\beta^2}}$ 可以看出：对一个参考系同一地点（即 $x_1=x_2$），同时（即 $t_1=t_2$）发生的两个事件，其他参考系也一定同时（即 $t_1'=t_2'$）发生；如果是对同一地点（即 $x_1=x_2$），不同时（即 $t_1\neq t_2$）发生的两个事件，由 $\Delta t'=t_2'-t_1'=\frac{t_2-t_1}{\sqrt{1-\beta^2}}$ 可知时序不会颠倒；如果是对不同地点（即 $x_1\neq x_2$），不同时（即 $t_1\neq t_2$）发生的两事件，如 $t_2>t_1$，即在 S 系中观察，B 事件迟于 A 事件发生，则对于不同的 x_2-x_1 值，$t_2'-t_1'$ 可以大于、等于或小于零，即在 S'系中观察，B 事件可能迟于、同时或先于 A 事件发生。这就是说，两个事件发生的时间顺序，在不同的惯性系中观察，有可能颠倒。不过，这只限于两个互不相干的事件。而对于有因果关系的两个相关事件，它们发生的时间顺序在任何惯性系中观察都不会发生颠倒。所谓两个事件有因果关系，是指一个事件是由另一个事件引起的。例如，甲向乙开枪，乙中弹倒地，乙中弹这一事件是由甲开枪事件引起的，在 S 系中观察甲开枪（t_1 时刻）在先，乙中弹（t_2 时刻）在后，即 $t_2>t_1$，是否会出现，在 S'系中观察乙中弹（t_2'时刻）在先，而甲开枪（t_1'时刻）在后的情况呢？一般来说，存在因果关系的两个相关事件，必然是一个事件向另一个事件传递了一种作用（或信号）。正如上面所说的子弹由甲处（x_1）飞到了乙处（x_2），子弹在 t_1 时刻到 t_2 时刻这段时间内，由 x_1 到达 x_2 处，在 S 系中

观察其飞行速度为

$$v_S = \frac{x_2 - x_1}{t_2 - t_1} \tag{12.48}$$

这种作用(或信号)的传递速度永远不可能大于真空中的光速 c(光速是一切实物粒子和场运动速度的极限),由式(12.48)可知

$$\Delta t' = t_2' - t_1' = \frac{(t_2 - t_1)}{\sqrt{1-\beta^2}}\left[1 - \frac{u}{c^2}\left(\frac{x_2 - x_1}{t_2 - t_1}\right)\right] = \frac{(t_2 - t_1)}{\sqrt{1-\beta^2}}\left(1 - \frac{uv_S}{c^2}\right) \tag{12.49}$$

因为 $u<c$,$v_S<c$,所以 uv_S/c^2 永远小于1,$t_2'-t_1'$ 总与 t_2-t_1 同号,这说明,当 $t_2>t_1$ 时,始终有 $t_2'>t_1'$,如果在 S 系中观察到是甲先开枪而乙后中弹,那么在 S' 系中观察到的也仍然是甲开枪在先,乙中弹在后。狭义相对论的时间同时性的相对性不会改变相关事件之间的因果关系。

例 12.2 一对孪生兄弟,哥哥告别弟弟并乘宇宙飞船以 $0.8c$ 的速度飞向一3光年远的天体,然后立即以同样的速率返回地球,相遇时兄弟之间比较谁更年轻,年轻了多少?

解 如图12.8所示,设以地球为 S 系,去时的飞船为 S' 系,返回时的飞船为 S'' 系。在地球和天体上各有一 S 钟,彼此是对准了的。起飞时地球上的 S 钟和飞船上的 S' 钟的指示为 $t=t'=0$,现在来求对应于哥哥所在的参考系起飞、到达天体和返回地球这三个时刻所有钟的读数。

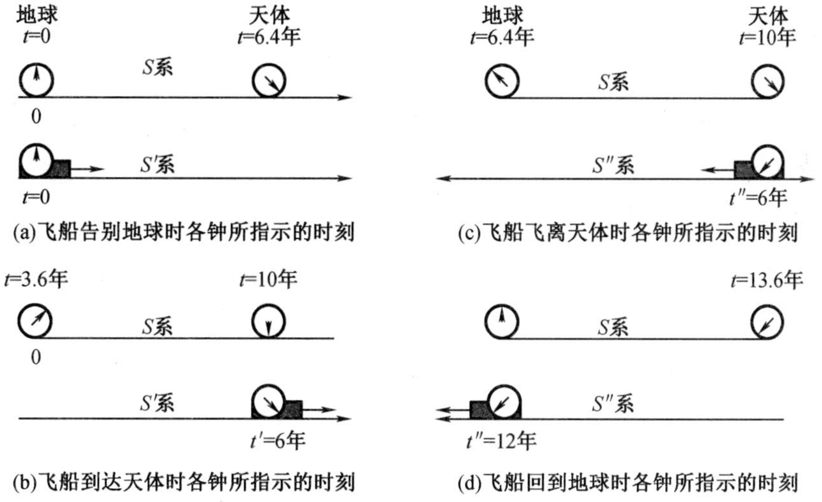

图 12.8 孪生子效应

因为 $\beta = u/c = 0.8$,$\gamma^{-1} = \sqrt{1-\beta^2} = 0.6$,所以对于 S' 系:哥哥乘飞船起飞时,天体上的 S 钟并未与地球上的 S 钟对准,而是先走了,$t = \gamma(t' + \beta x'/c) = \gamma\beta x'/c = \beta x/c = 6.4$ 年[图12.8(a)],计算时应注意 $t'=0$,天体到地球距离 $\gamma x' = x = 8c$ 年。

由于洛伦兹收缩,宇航员观测到自己的旅程长度 $x' = x/\gamma = 8c$ 年 $\times 0.6 = 4.8c$ 年,单程所需时间 $t' = 4.8c$ 年$/0.8c$,即当他到达天体时,S' 钟指示为6年。在此期间,由于时间延缓

效应,S 钟只走了 $t=t'/\gamma=6$ 年 $\times 0.6=3.6$ 年,即对于 S' 系,此刻地球和天体上的 S 钟的读数分别为 3.6 年和 6.4 年 +3.6 年 =10 年[图 12.8(b)]。

到达天体时,哥哥立即迅速调头(设这段时间很短,忽略掉),相当于换乘 S''系的飞船以同样的速率返航,这时他飞船上的 S''钟仍然指示 $t''=6$ 年。对于 S''系,此刻地球上 S 钟的读数 $t_{地}$ 比当地 S 钟的读数 $t_{天}=10$ 年超前了 6.4 年(理由同前),即 $t_{地}=10$ 年 +6.4 年 =16.4 年[图 12.8(c)],也就是说,在哥哥从 S' 系换到 S''系时,地球上的 S 钟一下子从 3.6 年跳到 16.4 年,突然增加了 12.8 年。做与离去时同样的分析,可知在返程中 S''钟走过 6 年,S''系观测 S 钟走过 3.6 年,即当哥哥返回地球时,$t''=6$ 年 +6 年 =12 年,$t_{天}=10$ 年 +3.6 年 =13.6 年,$t_{地}=16.4$ 年 +3.6 年 =20 年[图 12.8(d)],回到地球的哥哥发现同胞兄弟比自己老了 8 年。这就是孪生子效应。

以上分析结果在逻辑上似乎说不通,按照相对论,哥哥和弟弟做相对反方向运动,弟弟看哥哥变年轻,哥哥看弟弟也应变年轻,为什么上面的分析结果却不对称了呢?这便是通常所说的“孪生子佯谬”。实际上,认真思考一下,这种“佯谬”并不存在,因为哥哥(飞船参考系)、弟弟(地球参考系)这两个参考系在上面的分析中并不对称,狭义相对论只适于惯性参考系之间,哥哥和弟弟相遇的结果,只能说明如果地球是一个惯性系,飞船就不可能是一个惯性系,否则将一去不复返,兄弟之间永远不会有机会直接看到对方的年龄。如果飞船返回,则必然存在加速度(并出现第三个惯性系),这就超出了狭义相对论的理论范围,需要用广义相对论去讨论。而广义相对论认为孪生子效应是能够发生的。1971 年,有人将精度极高的铯原子钟放在飞机上,使之分别沿赤道向东和向西绕地球一周,回到原处后,分别比静止在地面上的钟慢 59 ns 和快 273 ns($1\ \mathrm{ns}=10^{-9}\ \mathrm{s}$)。因为地球以一定的角速度从西向东转,地面不是惯性系,而从地心指向太阳的参考系是惯性系。飞机的速度总小于太阳的速度,无论是向东还是向西,它相对于惯性系都是向东转的,只是前者转速大,后者转速小,而地面上的钟的转速介于二者之间。上述实验表明,相对于惯性系转速越大的钟走得越慢,这和孪生子问题所预期的效应是一致的,在实验误差范围内相符。

例 12.3 π 介子的半衰期为 1.8×10^{-8} s,一束 π 介子以 $0.8c$ 速率离开加速器,经实验室操作人员测出 π 介子在半衰期时间内飞越的距离为 7.2 m,试解释此实验结果。

解 根据经典理论,π 介子飞越的距离 $l=v\cdot\Delta t=0.8c\cdot\Delta t=4.3$ m,与实验结果不符。问题出在 π 介子的半衰期为在与它处于相对静止的参考系中测出的原时(静时)τ_0,因此在实验室参考系中测出的 π 介子的半衰期 Δt,根据时间膨胀效应为

$$\Delta t=\frac{\tau_0}{\sqrt{1-\frac{v^2}{c^2}}}=3.0\times10^{-8}\ \mathrm{s}$$

故在实验室参考系中,π 介子飞越的距离 $l=v\cdot\Delta t=7.2$ m,此结果与实验结果相符。

此问题也可以用运动长度收缩效应来理解,$l=7.2$ m 是在实验室参考系中测量的结果,在 π 介子参考系中观察,这段距离收缩 $l'=l\cdot\sqrt{1-\frac{v^2}{c^2}}=4.3$ m。故在与 π 介子保持相

对静止的 π 介子参考系中测得的半衰期 $\tau_0 = l'/v = 1.8 \times 10^{-8}$ s。

12.3 狭义相对论质点动力学

前面讨论的是狭义相对论的运动学,着眼于在空间、时间中观察到的现象,本节将讨论狭义相对论质点动力学,涉及运动规律更本质的原因。

由于爱因斯坦相对性原理的要求,在一切惯性系中物理规律等价,即在一切惯性系中物理规律的数学表达式应该具有完全相同的形式。而在相对论情形下,不同惯性系之间的时空坐标是遵守洛伦兹变换的,这就要求各种物理规律的数学表达式在洛伦兹变换下应保持不变。然而,很容易证明经典的牛顿力学在洛伦兹变换下其数学表达式不可能保持不变(它在伽利略变换下保持不变)。这表明从相对论的角度看,牛顿力学的规律不满足相对性原理。是牛顿力学错了,还是相对论错了呢? 经过严谨的思索和分析,爱因斯坦发现牛顿力学只是在低速运动领域经过实验验证的物质运动的基本规律,而在高速运动领域它并没有经过实验的验证。因此,完全有可能存在一个新理论来描述高速运动的规律,更完美的情况是这个新理论能包含所有情形并将牛顿力学规律作为它的一个特例。在这个思想的指导下,经过严密的数学分析和推导,爱因斯坦建立了相对论质点动力学,其正确性也完全被近代物理实验证实。我们发现,相对质点论动力学是一个非常完美的理论,动力学中的一系列基本物理概念和物理量被重新定义,当速度远小于光速 c 时,新定义的物理量又趋于经典物理学中对应的量,同时在保证逻辑上的自洽性的基础上,又尽量使基本守恒定律能继续成立,牛顿力学只是它在低速非相对论极限下的一个近似。

12.3.1 相对论动量、质量、质点动力学方程

在相对论中仍把动量定义为

$$\boldsymbol{p} = m\boldsymbol{v} \tag{12.50}$$

并且仍然把式(12.50)中的动量和速度的比例系数 m 定义为该质点的质量,并认为质量守恒定律和动量守恒定律仍然成立(这一点已被现代大量实验证实)。也就是说,要使动量守恒定律与惯性系的选择无关(即满足相对性原理的要求),则必须认为物体质量和自身的速率有关(由于空间各向同性,认为 m 只依赖于速度 $\boldsymbol{v}$ 的大小,而不再与它的方向有关)。这就是说,在相对论中,质量是与参考系的选择有关的量,从而否定了牛顿力学中的绝对质量的概念。下面通过一个理想的碰撞实验来寻求 m 与 $\boldsymbol{v}$ 之间的数量关系。

图 12.9 中,两个全同粒子 A 和 B 沿 x 方向发生完全非弹性正碰后结合成为一个复合粒子,下面从 S 和 S' 两个惯性参考系中来讨论这个事件。

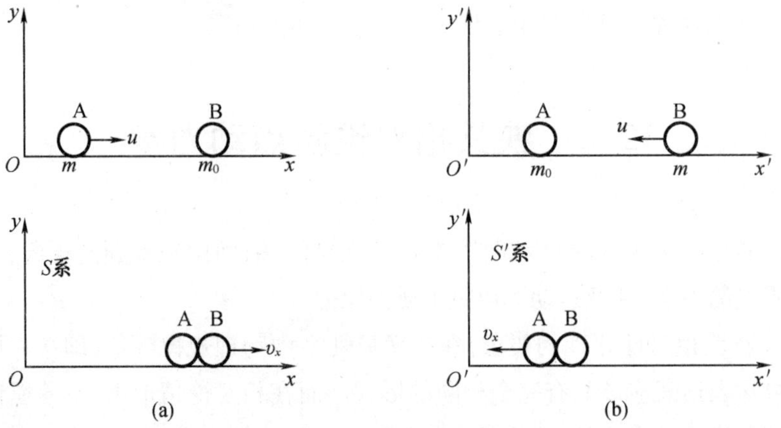

图 12.9 导出质速关系的理想实验

设相对于参考系静止的粒子质量为 m_0，称为**静止质量**，而相对于参考系运动的粒子质量为 m。设在 S 系中观察，碰撞前 B 静止，其质量 $m_B = m_0$，A 以速率 u 向右运动，其质量 $m_A = m$；在 S'系中观察，碰撞前 A 静止，其质量 $m_A = m_0$，B 以速率 u 向左运动，其质量 $m_B = m$。显然，S'系相对于 S 系以速率 u 沿 x 方向向右运动。设碰撞后复合粒子在 S 系中的速度为 v_x，在 S'系中的速度为 v'_x，由对称性可看出 $v'_x = -v_x$，由质量守恒定律和动量守恒定律可得

在 S 系中观察

$$mu = (m + m_0)v_x \tag{12.51}$$

即

$$v_x = \frac{mu}{m + m_0} \tag{12.52}$$

在 S'系中观察

$$-mu = (m + m_0)v'_x \tag{12.53}$$

即

$$v'_x = -\frac{mu}{m + m_0} = -v_x \tag{12.54}$$

由于 v_x 和 v'_x是分别从 S 系和 S'系观察 A、B 碰撞后的共同速度所得的结果，根据洛伦兹速度变换公式，即

$$v'_x = \frac{v_x - u}{1 - \frac{uv_x}{c^2}} \tag{12.55}$$

将式(12.54)代入式(12.55)并化简，得

$$1 - \frac{uv_x}{c^2} = \frac{u}{v_x} - 1 \tag{12.56}$$

将式(12.52)代入式(12.56)，得

$$1 - \frac{u^2}{c^2}\frac{m}{m + m_0} = \frac{m + m_0}{m} - 1 \tag{12.57}$$

化简后,可得

$$m=\frac{m_0}{\sqrt{1-\frac{u^2}{c^2}}} \tag{12.58}$$

式(12.58)说明,如果把 m_0 看作某一物体相对于某一惯性参考系保持静止时的质量,而把 m 看作该物体以速度 $\boldsymbol{v}$ 相对于同一惯性系运动时的质量,则式(12.58)可写为

$$m=\frac{m_0}{\sqrt{1-\frac{v^2}{c^2}}} \tag{12.59}$$

式(12.59)为**相对论质速关系式**,m 称为**相对论质量**。式(12.59)给出了一个物体的相对论质量和它的速率的关系,需要注意,这里的速率 v 是物体相对于某一参考系的速率,而不是某两个惯性参考系之间的相对速度(当然,如果其中一个参考系是固定在粒子上的,也可以这样理解)。一个粒子只有一个静止质量(或本征质量),但由于粒子相对于不同的参考系一般具有不同的速度,因此在各个参考系中测得的该粒子的(相对论)质量是各不相同的。

在低速领域,所有粒子的运动速度都很小(远小于光速),则显然有 $m\approx m_0$。此时,完全可以认为物体质量与其运动速度无关,都等于其静止质量。这就是牛顿力学会认为物体质量与其运动无关的原因(有时人们又把 m_0 称为经典质量)。可见,牛顿力学的结论是相对论力学在速度很小时的近似。实际上,在宏观物体所能达到的速度范围内,质量随速率的变化非常小,因而可以忽略不计。例如,当 $v=10^4\ \mathrm{m\cdot s^{-1}}$时,代入相对论质速关系式可以算出,物体质量的相对变化只有 5.6×10^{-10}。但在高速微观领域中,粒子速率常常接近光速,这时质量随速率的增大就十分明显。例如,当电子的速率达到 $v=0.98c$ 时,按式(12.59)可以算出此时电子的质量为其静止质量的5.03倍。质量随速率的变化非常明显。

由式(12.59)还可看出,若 m_0 不为零,当 $v=c$ 时,m 将无限大;当 $v>c$ 时,m 将是一个虚数。在这两种情况下,m 都没有物理意义。这也说明,真空中的光速 c 是一切物体运动速度的极限。若某种物质在真空中运动速度恒为 c,则该物质的静止质量 m 必然恒为零。例如,光子的静止质量为零。

图12.10为质速实验曲线,给出了$\frac{m}{m_0}-\frac{v}{c}$关系曲线,可以看出,当质点速度接近光速 c 时,其质量变得很大,欲使之再加速就很困难,这就是一切物体的速度都不可能达到和超过光速 c 的**动力学原因**。实验证明,在高能加速器中的粒子,随着能量大幅度增加,其速度只是越来越接近光速,而从来没有达到或超过真空中的光速 c。实验证实了式(12.59)的正确性。

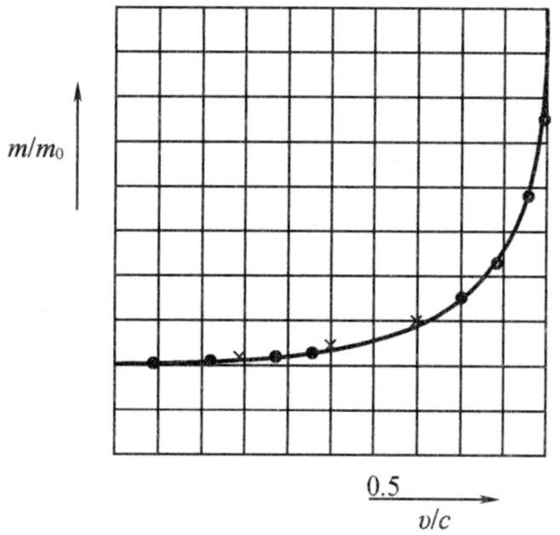

∘—考夫曼; •—彼歇勒; ×—盖伊和拉范。

图12.10 质速实验曲线

根据式(12.59)和式(12.50),可以写出相对论动量的完整表达式,即

$$\boldsymbol{p}=m\boldsymbol{v}=\frac{m_0\boldsymbol{v}}{\sqrt{1-\frac{v^2}{c^2}}} \tag{12.60}$$

可以证明，式(12.60)满足相对性原理，即如果在具有相对运动的惯性参考系 S 系和 S'系中，静止质量为 m_0 的质点的运动速度和动量分别为 $\boldsymbol{v}$、$\boldsymbol{p}$ 和 $\boldsymbol{v}'$、$\boldsymbol{p}'$，则它们的表达式之间的关系是与从洛伦兹变换所得到的关系相一致的。此外可以看出，当 $v\ll c$ 时，相对论动量表达式与经典力学的动量表达式相同。近代物理实验也证明，在高速运动的情况下，相对论动量仍然遵从守恒定律，而经典动量却并不守恒。

爱因斯坦进一步的研究表明，质点所受合力满足

$$\boldsymbol{F}=\frac{\mathrm{d}\boldsymbol{p}}{\mathrm{d}t}=\frac{\mathrm{d}}{\mathrm{d}t}(m\boldsymbol{v})=m\frac{\mathrm{d}\boldsymbol{v}}{\mathrm{d}t}+\boldsymbol{v}\frac{\mathrm{d}m}{\mathrm{d}t} \tag{12.61}$$

式(12.61)叫作**相对论动力学方程**。它与牛顿定律的形式完全一样，不同的是公式中的动量是相对论动量，质量是动质量。式(12.61)表明，力不仅可以改变速度，还可以改变质量，物体在恒力的作用下不会有恒定的加速度，且加速度$\frac{\mathrm{d}\boldsymbol{v}}{\mathrm{d}t}$的方向与力 $\boldsymbol{F}$ 的方向也不一致。可见，由于质量 m 随速度 $\boldsymbol{v}$ 的变化，在相对论中，直接用加速度 $\boldsymbol{a}$ 表示的牛顿第二定律不再成立，$\boldsymbol{F}=\frac{\mathrm{d}\boldsymbol{p}}{\mathrm{d}t}$与 $\boldsymbol{F}=m\boldsymbol{a}$ 不再等价。当 $v\ll c$ 时，此式才可回到牛顿第二定律 $\boldsymbol{F}=m\boldsymbol{a}$ 的形式。当 $v\to c$ 时，则 $m\to\infty$，$\frac{\mathrm{d}\boldsymbol{v}}{\mathrm{d}t}\to 0$，这也说明，无论使用多大的力，力的持续时间有多长，都不可能把物体的速度加速到等于或大于光速，所以光速是物体运动速度的极限。近年来，相对论运动方程已被用于高能质子加速器和电子加速器的设计，质子加速器已在 m/m_0 高达 200 的比值下工作，而电子加速器的这一比值已高达 40 000。这些加速器的成功运转，再次证明了相对论结论的正确性。

12.3.2 相对论中的功和动能

上面已经讨论了高速运动物体满足的动力学方程，下面来讨论高速运动领域中的功和动能的问题。

在相对论中，假定功能关系和动能定理仍具有经典力学中的形式。设一个静止质量为 m_0 的质点，在合力 $\boldsymbol{F}$ 作用下，由静止状态加速到速度为 $\boldsymbol{v}$，在此过程中，合力所做的功为

$$A=\int\boldsymbol{F}\cdot\mathrm{d}\boldsymbol{r}=\int\frac{\mathrm{d}\boldsymbol{p}}{\mathrm{d}t}\cdot\mathrm{d}\boldsymbol{r}=\int\boldsymbol{v}\cdot\mathrm{d}\boldsymbol{p}=\int\frac{\boldsymbol{p}\cdot\mathrm{d}\boldsymbol{p}}{m}=\int\frac{\mathrm{d}p^2}{2m} \tag{12.62}$$

利用相对论质速关系式 $m=\frac{m_0}{\sqrt{1-\frac{v^2}{c^2}}}$及 $p^2=m^2v^2$，可得

$$m^2c^2-p^2=m_0^2c^2 \tag{12.63}$$

对式(12.63)等号两边微分，可得

$$\mathrm{d}p^2=2mc^2\mathrm{d}m \tag{12.64}$$

将此关系式代入功的表达式，可得

$$A = \int_{m_0}^{m} c^2 \mathrm{d}m = (m - m_0)c^2 \tag{12.65}$$

式中，m_0 为质点的静止质量；m 为质点速度为 $\boldsymbol{v}$ 时的动质量。根据动能定理，初态质点在速度 $\boldsymbol{v}_1 = 0$ 时的动能 $E_{k1} = 0$，终态质点在速度 $\boldsymbol{v}_2 = \boldsymbol{v}$ 时的动能 $E_{k2} = E_k$，可以得到质点在速度为 $\boldsymbol{v}$ 时所具有的动能为

$$E_k = \int_{m_0}^{m} c^2 \mathrm{d}m = mc^2 - m_0c^2 = c^2 \Delta m \tag{12.66}$$

式(12.66)就是**相对论的质点动能表达式**。可见，在相对论中，质点的动能等于质点因运动速度的增加而引起的质量的增加乘以光速的平方。这似乎与经典力学的动能表达式 $\frac{1}{2}mv^2$ 或 $\frac{1}{2}m_0v^2$ 毫无相似之处，然而在 $v \ll c$ 时，由于

$$\frac{1}{\sqrt{1 - \frac{v^2}{c^2}}} = 1 + \frac{1}{2}\frac{v^2}{c^2} + \frac{3}{8}\frac{v^4}{c^4} + \cdots \approx 1 + \frac{1}{2}\frac{v^2}{c^2} \tag{12.67}$$

因此

$$E_k = \frac{m_0c^2}{\sqrt{1 - \frac{v^2}{c^2}}} - m_0c^2 \approx m_0c^2\left(1 + \frac{1}{2}\frac{v^2}{c^2} - 1\right) = \frac{1}{2}m_0v^2 \tag{12.68}$$

即相对论的质点动能表达式在低速条件下又回到了经典力学的动能表达式。

利用相对论动能公式(12.64)和相对论质速关系式(12.59)，消去相对论质量 m 可得

$$v^2 = c^2\left[1 - \left(1 + \frac{E_k}{m_0c^2}\right)^{-2}\right] \tag{12.69}$$

式(12.69)表明，当粒子的动能由于外力 $\boldsymbol{F}$ 对它做功增多而不断增大时，它的速率不能无限增大，而是有一个极限值 c。这再次说明了实物粒子存在一个极限速率，即真空中的光速 c。而按照经典力学动能公式 $v^2 = 2E_k/m_0$，则不存在这样的速率极限。实物粒子存在速率极限的结论已被很多现代物理实验证实。

12.3.3 相对论能量和质能关系式

在相对论的质点动能公式 $E_k = mc^2 - m_0c^2$ 中，等号右端的两项都具有能量的量纲。对此，爱因斯坦做出了独特的解释。他把与物体静止状态相对应的 m_0c^2 称为物体的**静止能量**（即物体的总内能），用 E_0 表示，简称为**静能**（或**固有能量**、**本征能量**）

$$E_0 = m_0c^2 \tag{12.70}$$

将式(12.70)代入式(12.66)得到 $mc^2 = E_k + E_0$，即物理量 mc^2 等于静能和动能之和，爱因斯坦称它为物体的**能量**（即**总能量或运动能量**），用 E 表示，有

$$E = mc^2 \tag{12.71}$$

这样，式(12.66)也可以写成

$$E_k = E - E_0 \tag{12.72}$$

式(12.71)就是著名的**爱因斯坦质能关系式**(简称质能关系式),它阐明了能量和质量的普遍关系,揭示了质量与能量不可分割的内在联系和对应关系,表示一定的质量相应于一定的能量,二者的数值只相差一个恒定的因子 c^2。把粒子的能量 E 和它的质量 m(特别是静止质量 m_0)直接联系起来的结论是相对论最有意义的结论之一。

在历史上,能量守恒和质量守恒是分别被发现的两条相互独立的自然规律。在相对论中,这两条自然规律竟然被质能关系式完全统一起来。

按相对论的观点,几个粒子在相互作用的过程中,最一般的能量守恒可以表示为

$$\sum_i E_i = \sum_i (m_i c^2) = \text{常量} \tag{12.73}$$

由式(12.73)可得

$$\sum_i m_i = \text{常量} \tag{12.74}$$

这表示质量守恒关系。

应该指出,在粒子相互作用的过程中,系统的相对论总质量 $\sum_i m_i$ 是守恒的,但其静止质量 $\sum_i m_{0_i}$ 并不守恒。在科学史上,质量守恒只涉及粒子的静止质量,它只是相对论质量守恒在粒子能量变化很小时的近似。

使用时,质能关系式的常见形式是:

$$\Delta E = (\Delta m) c^2 \tag{12.75}$$

也就是说,物体的能量每增加 ΔE,相应的惯性质量也必定增加 $\Delta m = \Delta E / c^2$;反之,每减少 Δm 的质量,就意味着物体能量减少 $\Delta E = (\Delta m) c^2$,这就是原子能(核能)利用的理论根据,所以,式(12.75)被称为“改变世界的方程”。

系统的质量发生变化时,必然伴随有相应的能量变化。在日常生活中,观测系统的能量变化一般不难,但其相应的质量变化却很微小,不易被觉察到。例如,把 1 kg 水由 0 ℃加热到 100 ℃时,水所增加的能量 $\Delta E = 4.18 \times 10^3 \times 100 = 4.18 \times 10^5$ J,而质量相应地只增加了 $\Delta m = \dfrac{\Delta E}{c^2} = 4.6 \times 10^{-12}$ kg,但是,核反应实验却完全验证了质能关系式。

1932 年,英国青年物理学家考克饶夫和爱尔兰物理学家瓦耳顿利用他们设计的质子加速器进行了人工核蜕变实验,这也是质能关系获得实验验证的第一例,为此他们于 1951 年获诺贝尔物理学奖。在实验中,他们使加速的质子束(^1_1H)射到威耳逊云室内的锂(^7_3Li)靶上,锂原子核俘获一个质子后成为不稳定的铍原子核,然后又蜕变为两个氦原子核(^4_2He),并在接近于 180°的角度下,以很大的速度飞出(图 12.11)。这个核反应式如下:

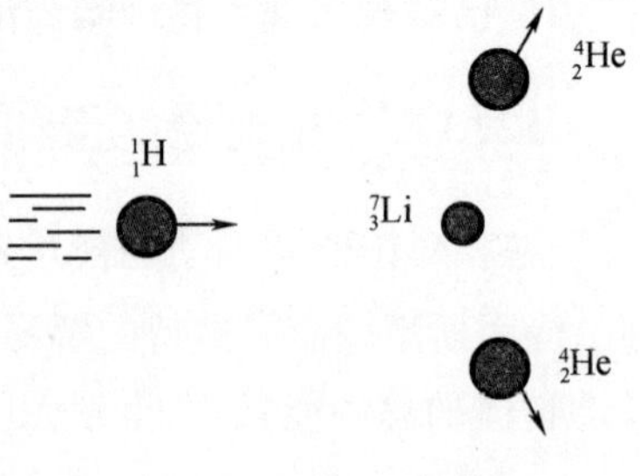

图 12.11　锂原子的核反应

$$^7_3Li + ^1_1H \rightarrow ^8_4Be \rightarrow ^4_2He + ^4_2He \tag{12.76}$$

经实验测得两个氦原子核(α 粒子)的总动能为 17.3 MeV(1 MeV = 1.60×10^{-13} J),由式(12.66)可知,两 α 粒子的质量就应比其静止质量增加了

$$\Delta m=\frac{E_k}{c^2}=\frac{17.3\times1.60\times10^{-13}}{(3\times10^8)^2}\text{ kg}=3.08\times10^{-29}\text{ kg} \tag{12.77}$$

此外,由质谱仪测得各粒子的静止质量分别为

$$m_0({}_1^1\text{H})=1.672\ 997\ 8\times10^{-27}\text{ kg}$$

$$m_0({}_3^7\text{Li})=1.164\ 657\ 66\times10^{-26}\text{ kg}$$

$$m_0({}_2^4\text{He})=6.644\ 316\times10^{-27}\text{ kg}$$

如果反应前粒子的动能很小,可忽略不计,则反应前后静止质量减少量所对应的能量减少量即为动能的增量,也即反应前后静止质量减少量也就是两 α 粒子的质量增加量。

$$\begin{aligned}\Delta m &=(1.672\ 997\ 8\times10^{-27}\text{ kg}+1.164\ 657\ 66\times10^{-26}\text{ kg})-2\times6.644\ 316\times10^{-27}\text{ kg}\\&=3.09\times10^{-29}\text{ kg}\end{aligned} \tag{12.78}$$

比较式(12.77)和式(12.78)的结果可知,理论计算与实验结果是相符合的(相对误差小于0.5%)。

质能关系式在原子核反应等过程中得到了有力的证实。在某些原子核反应如重核裂变和轻核聚变过程中,会发生静止质量减小的现象,称为**质量亏损**。由质能关系式可知,这时静止能量也相应减少。但在任何过程中,总质量和总能量又是守恒的,因此这意味着,有一部分静止能量转化为反应后粒子所具有的动能,而后者又可以通过适当的方式转变为其他形式能量释放出来,这就是某些核裂变和核聚变反应能够释放出巨大能量的原因。通常,把任何两个或多个粒子结合成一种新物质时释放的能量定义为**结合能**。例如,实验发现,当一个动能近似为零的自由电子和一个动能近似为零的质子结合成一个氢原子时就会以发光的形式释放出 13.6 eV 的能量,这个能量叫作氢原子的结合能。结合能为正表明合成反应是放能反应,生成的新物质的稳定性好;结合能为负表明合成反应为吸能反应,生成的新物质是不稳定的,容易分解还原成原来的粒子。原子弹、核电站等的能量来源于裂变反应,氢弹和恒星的能量来源于聚变反应。

12.3.4　原子核的裂变和聚变

同核反应一样,原子核的裂变(如原子弹)和聚变(如氢弹)过程都会有巨大的能量被释放出来,并遵守能量守恒定律。所释放的能量可用质能关系式进行计算。

1. 核裂变

重原子核能分裂成两个较轻的核,同时释放出能量,这个过程称为**裂变**。以铀原子核(${}_{92}^{235}\text{U}$)的裂变过程为例。${}_{92}^{235}\text{U}$ 中有 235 个核子,其中 92 个为质子,143 个为中子。在热中子的轰击下,${}_{92}^{235}\text{U}$ 裂变为 2 个新的原子核和 2 个中子,并释放出能量 Q,其反应式为

$${}_{92}^{235}\text{U}+{}_0^1\text{n}\rightarrow{}_4^8\text{Be}\rightarrow{}_{54}^{139}\text{Xe}+{}_{38}^{95}\text{Sr}+2{}_0^1\text{n} \tag{12.79}$$

实际上,Q 是在核裂变过程中,铀原子核与生成的原子核和中子之间的能量之差。在这种情况下,生成物的总静止质量比${}_{92}^{235}\text{U}$ 的质量要减少 3.66×10^{-28} kg,因此,由质能关系式可知,一个${}_{92}^{235}\text{U}$ 在裂变时释放的能量为

$$\begin{aligned}Q&=\Delta E\\&=(\Delta m)c^2\end{aligned}$$

$=3.66\times10^{-28}\times(3\times10^{8})^{2}$

$=3.3\times10^{-11}$ J

图 12.12　1958 年我国建成的首座重水反应堆

这个能量值看似很小，其实不然，因为 1 g 铀 -235 的原子核数 $N\approx6.02\times10^{23}/235=2.56\times10^{21}$。所以，1 g 铀 -235的原子核全部裂变时所释放的能量可达 $3.3\times10^{-11}\times2.56\times10^{21}=8.5\times10^{10}$ J。值得注意的是，在热中子轰击铀 -235 核的生成物中有多于一个的中子，若它们被其他铀核俘获，将会发生新的裂变。这一连串的裂变称为**链式反应**，利用链式反应可制成各种型号和用途的反应堆。世界上第一座链式裂变反应堆于 1943 年建成，第一颗原子弹于 1945 年制造出，第一座核电站于 1954 年建成。图 12.12 为 1958 年我国建成的首座重水反应堆。

2. 轻核聚变

轻核聚变有许多种，它们都是由轻核结合在一起形成较大的核，同时还有能量被释放出来的过程，这个过程称为聚变。一个典型的轻核聚变是两个氘核（${}_{1}^{2}$H，氢的同位素）聚变为氦核（${}_{2}^{3}$He），其反应式为

$$ {}_{1}^{2}\mathrm{H}+{}_{1}^{2}\mathrm{H}\rightarrow{}_{2}^{3}\mathrm{He}+{}_{0}^{1}\mathrm{n}+3.27\ \mathrm{MeV} \qquad (12.80)$$

式中${}_{0}^{1}$n 为中子，3.27 MeV 则为在核聚变过程中释放出的能量。

应当强调指出，似乎聚变过程释放的能量比裂变过程释放的能量要小，其实不然。因为氘核的质量轻，1 g ${}_{1}^{2}$H 的原子核数 N 的数量级约为 10^{23}，所以就单位质量而言，轻核聚变释放的能量要比重核裂变释放的能量多得多。

虽然轻核聚变能释放出巨大的能量为建造轻核聚变反应堆、发电厂提供了美好的前景，但是，要实现轻核聚变，必须要克服两个${}_{1}^{2}$H 核之间的库仑排斥力。据计算，只有当${}_{1}^{2}$H 具有 10 keV 的动能时，才可以克服库仑排斥力引起的障碍，这就是说，只有当温度达到 10^{8} K 时，才能使${}_{1}^{2}$H 的动能为 10 keV，从而实现两轻核的聚变。在恒星（如太阳）内部，温度已超过 10^{8} K，所以在太阳内部充斥着等离子体（带正、负电的粒子群），进行着剧烈的核聚变。太阳内部的核聚变为地球上的生命提供了强大的能量，这是因为太阳的强大的引力能把 10^{8} K 高温的等离子体控制在太阳的内部。然而，在地球上的实验室里想把等离子体控制在一定的区域内却要困难得多。

12.3.5　相对论能量和动量的关系

相对论动量 $\boldsymbol{p}$、静能 E_0 和总能量 E 之间的关系，是非常简单而又很有用的，下面给出这一关系。

由相对论质速关系式（12.59）很容易得到

$$m^{2}c^{2}=m^{2}v^{2}+m_{0}^{2}c^{2} \qquad (12.81)$$

式（12.81）等号两边同乘 c^{2}，并利用 $p^{2}=m^{2}v^{2}$ 和 $E=mc^{2}$ 则可以得到

$$E^{2}=p^{2}c^{2}+m_{0}^{2}c^{4}=p^{2}c^{2}+E_{0}^{2} \text{ 或 } E=\sqrt{p^{2}c^{2}+m_{0}^{2}c^{4}} \qquad (12.82)$$

这就是**相对论的能量动量关系式**。如果以 E、m_0c^2 和 pc 分别表示一个三角形三边的长度，则它们正好构成一个直角三角形，E 为斜边，这就是相对论动质能三角形，如图 12.13 所示。根据相对论的能量动量关系式(12.82)可以看出，当粒子的静止质量 $m_0=0$ 时，该粒子只具有动量和能量，这类粒子没有静能，没有静止状态，由式(12.82)可得到这类粒子动量的大小和能量的关系式：

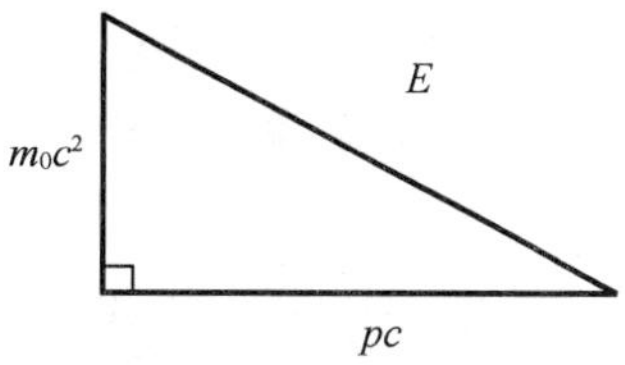

图 12.13 相对论动质能三角形

$$E=pc \tag{12.83}$$

利用相对论能量公式 $E=mc^2$ 和动量公式 $\boldsymbol{p}=m\boldsymbol{v}$ 消去 m 后可得

$$\boldsymbol{v}=\frac{c^2}{E}\boldsymbol{p} \tag{12.84}$$

将式(12.83)代入式(12.84)可知，静止质量为零的粒子一出现，其速率在任何惯性系中都是光速 c。迄今为止，光子是物理学中主要的静止质量为零的粒子。与弱相互作用相联系的中微子，由于它们的静止质量极小，通常也被认为是静止质量为零的粒子。太阳是丰富的中微子源，由于中微子与物质的相互作用太弱，以致来自太阳的绝大多数中微子径直穿过地球，而与地球毫不发生作用。以光速 c 运动的粒子，其动质量可定义为 $m=E/c^2$，但这时由于其运动速度 c 不变，质量已丧失了惯性方面的含义，几乎成了能量的同义词。一个电子和一个正电子相遇，可以因湮没而变为两个 γ 光子，这是静能全部转化为动能的例子。

上面叙述了狭义相对论的时空观和相对论力学的一些重要结论。狭义相对论的建立是物理学发展史上的一个里程碑，具有深远的意义。它揭示了空间和时间之间，以及时空和运动物质之间的深刻联系。这种联系把牛顿力学中认为互不相关的绝对空间和绝对时间结合成一种统一的运动物质的存在形式。

与经典物理学相比较，狭义相对论更客观、更真实地反映了自然的规律。目前，狭义相对论不但已经被大量的实验事实证实，而且已经成为研究宇宙星体、粒子物理以及一系列工程物理（如反应堆中能量的释放、带电粒子加速器的设计）等问题的基础。当然，随着科学技术的不断发展，一定还会有新的、目前尚不知道的事实被发现，甚至还会有新的理论出现。然而，以大量实验事实为根据的狭义相对论在科学中的地位是无法否定的。这就像在低速、宏观物体的运动中，牛顿力学仍然是十分精确的理论一样。

例 12.4 已知某电子的总能量为其静能的 5 倍，试求这个电子的速率。

解 由题意

$$E=5(m_0c^2)$$

由相对论的能量动量关系式(12.82)可知

$$p^2c^2=E^2-m_0^2c^4=(5m_0c^2)^2-(m_0c^2)^2=24m_0^2c^4$$

因而有 $p=\sqrt{24}\,m_0c$。

将上述结果代入式(12.84)得

$$v=\frac{c^2}{E}p=\frac{c^2\sqrt{24}\,m_0c}{5m_0c^2}=0.980c$$

例 12.5 在一种热核反应

$$^{2}_{1}H + ^{3}_{1}H \rightarrow ^{4}_{2}He + ^{1}_{0}n$$

中，各种粒子的静止质量如下：

氘核($^{2}_{1}H$)：$m_D = 3.343\,7 \times 10^{-27}$ kg；

氚核($^{3}_{1}H$)：$m_T = 5.004\,9 \times 10^{-27}$ kg；

氦核($^{4}_{2}He$)：$m_{He} = 6.642\,5 \times 10^{-27}$ kg；

中子($^{1}_{0}n$)：$m_n = 1.675\,0 \times 10^{-27}$ kg。

求：这一热核反应释放的能量。

解　这一反应的质量亏损为

$$\begin{aligned}\Delta m_0 &= (m_D + m_T) - (m_{He} + m_n) \\ &= [(3.343\,7 + 5.004\,9) - (6.642\,5 + 1.675\,0)] \times 10^{-27} \text{ kg} \\ &= 0.031\,1 \times 10^{-27} \text{ kg}\end{aligned}$$

相应释放的能量 $\Delta E = \Delta m_0 c^2 = 2.799 \times 10^{-12}$ J

这种燃料所释放的能量为$\dfrac{\Delta E}{m_D + m_T} = \dfrac{2.799 \times 10^{-12}}{8.348\,6 \times 10^{-27}}$ J·kg^{-1} $= 3.35 \times 10^{14}$ J·kg^{-1}

这一数值是 1 kg 优质煤燃烧所释放能量(约 2.93×10^7 J·kg^{-1})的 1.15×10^7 倍，即使这样，这一反应的释能效率，即所释放的能量占燃料的相对论静能之比，也不过是

$$\frac{\Delta E}{(m_D + m_T)c^2} = \frac{2.799 \times 10^{-12}}{8.348\,6 \times 10^{-27} \times (3 \times 10^8)^2} \times 100\% = 0.37\%$$

12.3.6　力和加速度的关系

由式(12.61)给出的

$$\boldsymbol{F} = m\frac{\mathrm{d}\boldsymbol{v}}{\mathrm{d}t} + \boldsymbol{v}\frac{\mathrm{d}m}{\mathrm{d}t} \tag{12.85}$$

为了具体说明力和加速度的关系，考虑运动的法向和切向，式(12.85)可写成

$$\boldsymbol{F} = \boldsymbol{F}_n + \boldsymbol{F}_t = m\left(\frac{\mathrm{d}\boldsymbol{v}}{\mathrm{d}t}\right)_n + m\left(\frac{\mathrm{d}\boldsymbol{v}}{\mathrm{d}t}\right)_t + \boldsymbol{v}\frac{\mathrm{d}m}{\mathrm{d}t} = m\boldsymbol{a}_n + m\boldsymbol{a}_t + \boldsymbol{v}\frac{\mathrm{d}m}{\mathrm{d}t} \tag{12.86}$$

由于 $a_n = v^2/R$，$a_\tau = \dfrac{\mathrm{d}v}{dt}$而且 $\boldsymbol{v}\dfrac{\mathrm{d}m}{\mathrm{d}t}$也沿切线方向，因此由式(12.86)可得法向分量式和切向分量式分别为

$$F_n = ma_n = \frac{m_0}{\left(1 - \dfrac{v^2}{c^2}\right)^{1/2}} a_n \tag{12.87}$$

$$F_t = m\frac{\mathrm{d}v}{\mathrm{d}t} + v\frac{\mathrm{d}m}{\mathrm{d}t} = \frac{\mathrm{d}(mv)}{\mathrm{d}t} = \frac{m_0}{\left(1 - \dfrac{v^2}{c^2}\right)^{3/2}}\frac{\mathrm{d}v}{\mathrm{d}t}$$

即

$$F_T = \frac{m_0}{\left(1 - \dfrac{v^2}{c^2}\right)^{3/2}} a_t \tag{12.88}$$

由式(12.87)和式(12.88)可知,在高速运动情况下,物体受的力不但在数值上不等于质量乘以加速度,而且因为两式中 a_n 和 a_t 的系数不同,所以力的方向和加速度的方向也不相同(图12.14)。还可以看出,随着物体速度的增大,要再增大物体的速度,就需要越来越大的外力,因而也就越来越困难,而且增加速度的大小比改变速度的方向更加困难。近代粒子加速器的建造正是遇到了并逐步克服着这样的困难。

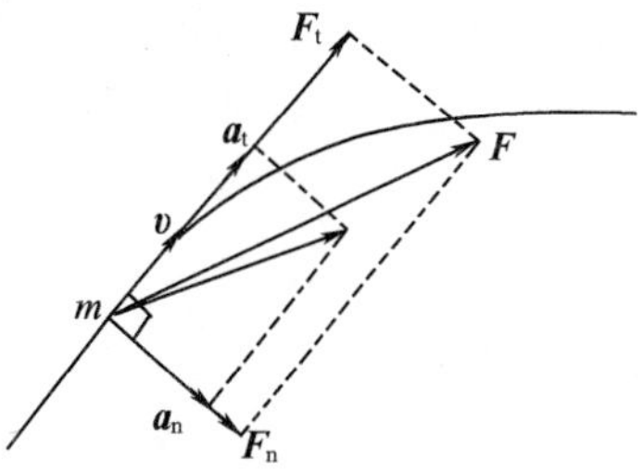

图12.14　力和加速度的关系

对于匀速圆周运动,由于 $a_t=0$,因此质点的运动就只由式(12.87)决定。这一公式和此情况下的牛顿力学的公式相同,所以关于力、速度、半径、周期的计算都可以套用牛顿力学给出的结果,不过其中的质量要用式(12.59)表示的相对论质量。

12.3.7　相对论力、动量和能量的变换关系

1. 动量和能量的变换

在研究高速物体的运动时,会需要在不同的参考系之间对动量和能量进行变换。下面介绍这种变换的公式。

仍如前所述设 S、S'两惯性系(图12.4),动量在 x'方向的分量为

$$p'_x=\frac{m_0v'_x}{\sqrt{1-\frac{v'^2}{c^2}}} \tag{12.89}$$

利用速度变换公式可先求得

$$\sqrt{1-\frac{v'^2}{c^2}}=\sqrt{1-\frac{v'^2_x+v'^2_y+v'^2_z}{c^2}}=\frac{\sqrt{\left(1-\frac{u^2}{c^2}\right)\left(1-\frac{v^2}{c^2}\right)}}{1-\frac{uv_x}{c^2}} \tag{12.90}$$

将式(12.90)和 v'_x的变换式(12.39)代入 p'_x,并利用 $m=\frac{m_0}{\sqrt{1-\frac{v^2}{c^2}}}$和 $E=mc^2$,得

$$\begin{aligned}p'_x&=\frac{m_0(v_x-u)}{\sqrt{\left(1-\frac{u^2}{c^2}\right)\left(1-\frac{v^2}{c^2}\right)}}\\&=\frac{m_0v_x}{\sqrt{\left(1-\frac{u^2}{c^2}\right)\left(1-\frac{v^2}{c^2}\right)}}-\frac{m_0uc^2}{\sqrt{\left(1-\frac{u^2}{c^2}\right)\left(1-\frac{v^2}{c^2}\right)}c^2}\\&=\frac{1}{\sqrt{1-\frac{u^2}{c^2}}}\left(p_x-\frac{uE}{c^2}\right)\end{aligned} \tag{12.91}$$

同理可得

$$p'_y=\frac{m_0v'_y}{\sqrt{1-\frac{v'^2}{c^2}}}=\frac{m_0v_y\sqrt{1-\frac{u^2}{c^2}}}{\sqrt{\left(1-\frac{u^2}{c^2}\right)\left(1-\frac{v^2}{c^2}\right)}}=\frac{m_0v_y}{\sqrt{1-\frac{v^2}{c^2}}}=p_y \tag{12.92}$$

$$p'_z=p_z \tag{12.93}$$

而

$$E'=m'c^2=\frac{m_0c^2}{\sqrt{1-\frac{v'^2}{c^2}}}=\frac{m_0c^2\left(1-\frac{uv_x}{c^2}\right)}{\sqrt{\left(1-\frac{u^2}{c^2}\right)\left(1-\frac{v^2}{c^2}\right)}} \tag{12.94}$$

将上述有关变换式列在一起，可得相对论动量－能量变换式如下：

$$\begin{cases}p'_x=\gamma\left(p_x-\frac{\beta E}{c}\right)\\p'_y=p_y\\p'_z=p_z\\E'=\gamma(E-\beta cp_x)\end{cases} \tag{12.95}$$

式中，$\gamma=(1-u^2/c^2)^{-1/2}$，$\beta=u/c$。将带撇的和不带撇的量交换，并把 β 换成 $-\beta$，可得其逆变换式如下：

$$\begin{cases}p_x=\gamma\left(p'_x+\frac{\beta E'}{c}\right)\\p_y=p'_y\\p_z=p'_z\\E=\gamma(E'+\beta cp'_x)\end{cases} \tag{12.96}$$

值得注意的是，在相对论中，动量和能量在变换时紧密地联系在一起了，这一点实际上是相对论时空量度的相对性及紧密联系的反映。更有趣的是，式(12.96)所表示的 $\boldsymbol{p}$ 和 E/c^2 的变换关系和洛伦兹变换式(12.37)所表示的 $\boldsymbol{r}$ 和 t 的变换关系一样，即用 p_x、p_y、p_z 和 $\frac{E}{c^2}$ 分别代替式(12.37)中的 x、y、z 和 t 就可以得到式(12.96)。

2. 力的变换

在相对论中，力仍等于动量变化率。导出了动量变化率的变换，也就导出了力的变换公式。力和动量变化率的关系 $\boldsymbol{F}=\frac{\mathrm{d}\boldsymbol{p}}{\mathrm{d}t}$ 的分量式是

$$F_x=\frac{\mathrm{d}p_x}{\mathrm{d}t},F_y=\frac{\mathrm{d}p_y}{\mathrm{d}t},F_z=\frac{\mathrm{d}p_z}{\mathrm{d}t} \tag{12.97}$$

由式(12.96)和式(12.37)可得

$$F_x=\frac{\mathrm{d}p_x}{\mathrm{d}t}=\frac{\frac{\mathrm{d}p_x}{\mathrm{d}t'}}{\frac{\mathrm{d}t}{\mathrm{d}t'}}=\frac{\gamma\left(\frac{\mathrm{d}p'_x}{\mathrm{d}t'}+\frac{u}{c^2}\frac{\mathrm{d}E'}{\mathrm{d}t'}\right)}{\gamma\left(1+\frac{u}{c^2}\frac{\mathrm{d}x'}{\mathrm{d}t'}\right)}=\frac{F'_x+\frac{u}{c^2}\frac{\mathrm{d}E'}{\mathrm{d}t'}}{1+\frac{\beta}{c}v'_x} \tag{12.98}$$

为了求出$\frac{\mathrm{d}E'}{\mathrm{d}t'}$,利用公式 $E^2=p^2c^2+m_0^2c^4$,在 S'系中有

$$E'^2=\boldsymbol{p}'^2c^2+m_0^2c^4=c^2\boldsymbol{p}'\cdot\boldsymbol{p}'+m_0^2c^4 \tag{12.99}$$

将式(12.99)对 t'求导,可得

$$E'\frac{\mathrm{d}E'}{\mathrm{d}t'}=c^2\boldsymbol{p}'\cdot\frac{\mathrm{d}\boldsymbol{p}'}{\mathrm{d}t'}+m_0^2c^4=c^2\boldsymbol{p}'\cdot\boldsymbol{F}' \tag{12.100}$$

再将 $E'=m'c^2$ 和 $\boldsymbol{p}'=m'\boldsymbol{v}'$代入式(12.100)可得

$$\frac{\mathrm{d}E'}{\mathrm{d}t'}=\boldsymbol{F}'\cdot\boldsymbol{v}' \tag{12.101}$$

将此结果代入式(12.98),即可得 x 方向分力的变换式。用同样的方法还可以得到 y 方向和 z 方向分力的变换式。把它们列在一起,即为

$$\begin{cases}F_x=\dfrac{F_x'+\dfrac{\beta}{c}\boldsymbol{F}'\cdot\boldsymbol{v}}{1+\dfrac{\beta}{c}v_x'}\\[2ex] F_y=\dfrac{F_y'}{\gamma\left(1+\dfrac{\beta}{c}v_x'\right)}\\[2ex] F_z=\dfrac{F_z'}{\gamma\left(1+\dfrac{\beta}{c}v_x'\right)}\end{cases} \tag{12.102}$$

如果一粒子在 S'系中静止(即 $\boldsymbol{v}=0$),它受的力为 $\boldsymbol{F}'$,则依据式(12.102)给出在 S 系中观测,该粒子受的力为

$$F_x=F_x',F_y=\frac{1}{\gamma}F_y',F_z=\frac{1}{\gamma}F_z' \tag{12.103}$$

因为 $\boldsymbol{v}=0$,所以在 S 系中观察,粒子的速度 $\boldsymbol{v}=\boldsymbol{u}$。这样式(12.103)又可以这样理解:在粒子静止于其中的参考系内测得的粒子受的力是 $\boldsymbol{F}'$,则在粒子以速度 $\boldsymbol{v}$ 运动的参考系中测量时,此力沿运动方向的分量不变,而沿垂直于运动方向的分量减小到$\frac{1}{\gamma}$,其中 $\gamma=\left(1-\frac{v^2}{c^2}\right)^{-\frac{1}{2}}$。

最后,这里提出一个很有意思的问题,由于狭义相对论诞生于1905年,在20年后,即到1925年,才建立量子力学,因此不少书上都说狭义相对论是一种经典理论,这种说法对吗?从物理学的发展来看,正是量子力学与狭义相对论的结合才产生了富有生命力的高能物理学。这一事实启迪人们:不应当只看到量子力学和狭义相对论有区别的一面,更重要的是探索它们在本质上相同的一面。有兴趣的读者请见参考文献[11],文献中对狭义相对论的本质和它与量子力学的关系展开了讨论,认为狭义相对论效应即隐藏的反物质效应。

12.4 广义相对论简介

1905 年,在爱因斯坦建立狭义相对论以后,有一个问题一直困扰着他,这就是狭义相对论只适用于惯性系。通常以地球作为惯性系,然而地球有自转和公转,所以从严格意义上来讲地球并不是惯性系,即使在地面的小区域里(如实验室),也只能将其当作近似的惯性系。为了将非惯性系也包括在相对论中,爱因斯坦于 1915 年提出了包括非惯性系在内的相对论,即广义相对论。广义相对论是研究物质在空间和时间中如何进行引力相互作用的理论。爱因斯坦将相对性原理推广到一切惯性和非惯性的参考系,并指出引力与惯性力局部等效。由于在引力场中的任何质点均具有相同的加速度,当它们的初始位置和初始速度相同时,必有相同的运动。因此,在引力场中运动的动力学问题,变成了与动力学性质(物性)无关,纯属时空中的几何问题,引力场的几何性是其他力场所没有的,爱因斯坦把引力场的这一性质看成是纯粹的时空几何属性,他认为引力来源于时空弯曲,这种弯曲影响光和天体的运动,使它们按照现在的实际的方式运动。太阳对光或行星并没有任何力的作用,它只是使时空发生弯曲,而光或行星只是沿着这一弯曲时空中可能的最短的路线运动。广义相对论实际上是一种关于引力场的几何理论。100 多年来,广义相对论已得到了一系列实验和天文观测的验证。在理论上,20 世纪 60 年代以来,奇性理论和黑洞物理的研究取得了很大的进展,关于正能定理的猜测得到了证明,有关引力的量子理论以及把引力与其他相互作用统一起来的研究也极为活跃。这些不仅丰富了人们对广义相对论理论基础的认识,同时也揭示了广义相对论本身所不能解决的一些重大的疑难问题,为进一步探索引力相互作用以及时间、空间和宇宙的奥秘提出了新的课题。比起狭义相对论来,广义相对论所用的数学知识要艰深得多,这里只做简略地介绍。

12.4.1 广义相对论的基本原理

广义相对论基于两个基本原理:等效原理和广义相对性原理。其中,等效原理是整个广义相对论的基础和出发点。等效原理所基于的实验事实是物质惯性质量与引力质量的等价性。

1. 惯性质量与引力质量的等价性

大家知道,两个物体之间的万有引力是与它们的质量的乘积成正比的。这里所说的质量从理论上讲是和反映惯性大小的物体质量不同的。通常,前者叫引力质量,后者叫惯性质量。引力质量反映的是物体间引力相互作用的强弱,而惯性质量反映的是物体惯性的大小。在牛顿力学诞生后不久,科学家就注意到这两种质量似乎有什么本质的联系。例如,伽利略在其著名的自由落体实验中发现,不同质量的物体从相同高度同时下落,到达地面的时间是相同的(即加速度相同)。由物体所受的重力为 mg(其中的 m 是引力质量),并根据牛顿运动定律,它应该等于 $m\boldsymbol{a}$(这里的 m 是惯性质量)。伽利略的实验表明,物体的引力质量和惯性质量之间最多相差一个与物体无关的比例因子。近几百年的多次反复测量,包

括精度达 10^{-12} 的精确测量都证实了物体的引力质量和惯性质量是成正比的固定关系。通过对质量标准单位的标定，可以将这一比例系数确定为1，即引力质量和惯性质量相等。很多时候对它们不做区分。

2. 等效原理

如果引力质量与惯性质量相等是由于它们等效（本质上没有区别），则由爱因斯坦质能关系（质能关系中的质量是惯性质量）可知，能量也会参与万有引力相互作用。此外，在地球表面测得物体的重力是 mg，但如果在宇宙中选一个没有引力的地方让一部电梯以加速度 $\boldsymbol{g}$ 前进，在电梯上也可以测量出物体受到一个大小为 mg 的"重力"。前者是真实重力，即万有引力，而后者是在牛顿力学中所学过的惯性力。大家知道，以电梯为参考系并不能确定物体的受力是惯性力还是真的受到引力作用，即至少在力学的范围内不能区分这两种力。那么，这两种力的不能区分是技术上不能呢，还是它们有内在的等效关系，本来就不该有所区分呢？（这里所说的不能区分是对以加速运动的电梯为参考系来说的，对于电梯以外的参考系来说两种力是可以区分的）。在牛顿力学范围内可以证明，引力质量与惯性质量的等效性就会导致惯性力与引力的等效性。显然，在上面的例子中，所谓的"重力"——惯性力正比于惯性质量，而真实重力（万有引力）正比于引力质量。若引力质量与惯性质量是等效的，那么惯性力就等效于引力。基于上述分析，我们自然会问：引力质量与惯性质量是否等效呢？是否在物理上确实不能从实验上区分引力质量和惯性质量呢？爱因斯坦大胆地假设：**引力质量与惯性质量是等效的并且惯性力与引力局部等效**，即**引力场与匀加速运动的参考系局部等效**。也就是说，**一个物体在均匀引力场中的动力学效应与此物体在加速参考系中的动力学效应是不可区分的、等效的**，这就是所谓的**等效原理**。等效原理是爱因斯坦广义相对论的基本假设之一。有时为了更细致地区分，还将"引力质量与惯性质量是等效的"叫作**弱等效原理**，而将"惯性力等效于引力"叫作**强等效原理**。

这里强调，其实，弱等效原理在爱因斯坦之前曾被人们提出来过，它直接来自力学实验事实。但在弱等效原理的基础上不能构建新的引力理论。爱因斯坦的贡献是将弱等效原理推广为强等效原理并在此基础上导出了全新的引力几何化解决途径。**局部**等效是指惯性力与引力的任何物理效应在一个局部区域内等效。例如，选一个附着在引力场中自由下落的质点作为参考系，则在此参考系中就可以等效成没有引力，但在引力场的其他地方，引力仍然存在。同时，引力与惯性力在局域内等效并不意味着引力与惯性力等同。引力与惯性力有本质的区分。引力场由物质产生，充满整个宇宙，而惯性力是由选择非惯性系引起的，换成惯性系就没有惯性力，或者说消除了惯性。

3. 广义相对性原理

一切参考系，无论是惯性系还是非惯性系，对所有的物理定律都等价。或者说，物理定律必须在任意参考系中都具有相同的形式。这一原理称为广义相对性原理。爱因斯坦把狭义相对论所考察的惯性参考系之间的相对性，推广到了做任意加速运动的参考系之间的相对性。这样对物理规律而言，一切参考系都是平等的，彻底消除了惯性系的特殊地位。只不过当参考系是非惯性系时，将其惯性力根据等效原理等效成一个引力来表达而已。

4. 马赫原理

爱因斯坦在马赫对牛顿绝对时空观的批判中汲取了精华，提出了“时间和空间的性质应当由物质及其运动所决定”的思想，这就是所谓的**马赫原理**。在广义相对论中，空间、时间和物质运动是相互紧密关联着的，爱因斯坦曾经说过：“空间－时间未必能被看作一种可以离开物理实在的实验客体而独立存在的东西。物理客体不是在空间之中，而是这些客体有着空间的广延。因此，空虚空间这一概念就失去了它的意义。”在广义相对论中，坐标已不具有直接的度量意义，而仅仅作为一种记号，只有把坐标和由物质的分布和运动决定的度规张量结合起来，才有度量意义。

12.4.2　引力几何化和时空弯曲

根据马赫原理，不可能先行规定时空的几何性质，其性质应由物质及其运动来确定。由于引力引起的加速度与运动物体的固有性质无关，因此引力场的效果可以用时空的几何性质来描述。在广义相对论中，爱因斯坦从等效原理出发，论证有引力场存在的四维物理时空应当是弯曲的黎曼空间，引力场空间的曲率大小与引力场源的强度（即质量的大小）联系在一起。任何质量都使它周围的空间区域产生向着它的弯曲，以使所有自由运动的物体都沿着这个弯曲的路径运动。这就像在绷紧的塑料薄膜上放一个重物，它所引起的膜面下陷或弯曲会使放置在其上的其他小球滚向重物，从而造成了重物“吸引”其他小球的现象。可见，时空是由于在它中间的质量和能量的分布而变弯曲，引力则是这种时空弯曲的直接后果。物体并非由于引力而沿着弯曲轨道运动，而是该物体沿着弯曲时空的最短路径（四维时空中的直线）运动。下面用等效原理来举例说明质量所产生的时空弯曲。

设想一太空船正向着太阳自由下落。由于在太空船内引力已消失，在太空船中和在真正的惯性系中一样，从太空船一侧垂直于船壁射向另一侧的光将直线前进。但在太阳坐标系中观察，由于太空船在引力的作用下加速下落，因此光线将沿曲线传播。根据等效原理，光线将沿引力的方向偏折。光线在太阳附近的偏折意味着光速在太阳附近要减小，但这一点与等效原理所要求的光速不变相矛盾，为此只能认为太阳附近的空间在引力的作用下变长了，因而光经过太阳附近时的时间也要长些，并不是因为光速变小了，而是因为距离变长了，空间不再是平展的，而是被引力弯曲了的，或者说太阳及其质量的周围空间发生弯曲，而引力来源于这种弯曲。离太阳越近的空间弯曲得越厉害，如一个由相互垂直的四边组成的正方形，靠近太阳的一边比远离太阳的一边要长，显然，欧几里得几何学在这里已经失效了。我们不可能想象出一个弯曲的三维空间图像，但可以采用下述方法查知三维空间的弯曲。考虑一个小甲虫在一个二维曲面上活动而不能离开，如果曲面是一个球面，则它将发现球面上圆的周长总是小于其半径的 2π 倍，或球面上的三角形的内角和总是大于 $180°$。如果小甲虫在一个双曲面上活动，它将发现圆的周长大于半径的 2π 倍，或三角形的内角和总是小于 $180°$。这样一来，小甲虫就可以知道它活动的空间是弯曲的。根据广义相对论，在太阳或其质量内部的空间具有类似于上述球面的特点，而外部的空间则具有类似于上述双曲面的特点。

广义相对论指出，质量使其周围不但产生空间弯曲，还会产生与之相联系的时间弯曲，即不但正方形靠近太阳的那一边比远离太阳的那一边长,而且靠近太阳的地方的时间也要长些,或者说,靠近太阳的钟比远离太阳的钟走得要慢一些,这种效应叫作**引力时间膨胀**。设想在地面建造一间实验室,在室内地板和天花板上各安装一只同样的钟。为了比较这两只钟的快慢,设下面的钟和一个无线电发报机联动,每秒向上发出一信号,同时上面的钟上附有一收报机,它可以把收到的信号的频率与自己走动的频率相比较。现在应用等效原理,将此实验室用一太空船代替。如果此船以加速度 $-\boldsymbol{g}$ 运动,则在船内发生的一切将和地面实验室中发生的一样。为方便起见,设太空船在太空惯性系中从静止开始运动时,下面的发报机开始发报。因为太空船做加速运动,所以当信号经过一定的时间到达上面的收报机时,该收报机已具有一定的速度。又因为这一速度的方向和信号传播的方向相同,所以收报机收到的连续两次信号之间的时间间隔一定比它近旁的钟所示的 1 s 的时间长。由于上下两只钟的快慢是通过这无线电信号加以比较的,因此下面的钟比上面的钟走得慢。用等效原理再回到地球上的实验室里,就得到“靠近地面的钟比上面的钟慢”的结论。一般而言,强引力场中的钟比弱引力场中的钟慢,引力强处时间变长。这种效应叫作**引力时间膨胀**,也叫作**时间弯曲**。广义相对论的时空弯曲实际上就是引力场(或非惯性系)中的尺缩时缓效应。

12.4.3 广义相对论效应的实验验证

1. 光线引力偏折

光线引力偏折是广义相对论的实验检验之一。根据广义相对论,光经过质量为 M 的引力中心附近时,将会由于时空弯曲而偏向引力中心。爱因斯坦于 1915 年计算了星光从太阳近旁通过时的偏折角为 1.75″。虽然把牛顿力学用于光子,光线也会偏折,但偏折只及相对论预言值的一半。1919 年 5 月 29 日,在地球上的一些地区发生日全食,爱丁顿和戴森率领的两个探测小组分赴西非的普林西北岛和巴西的索勃拉市拍摄日全食太阳附近的星空照片,与太阳不在这一天区的星空照片相比较,得出的光线偏折值分别为 1.61″±0.40″和 1.98″±0.16″,与爱因斯坦的理论预言符合得很好,曾引起世界的轰动。以后几乎每逢有便于进行日全食观测的时机,各国的天文学家都要做此项观测。20 世纪 70 年代以后,随着射电天文学的发展,人们在射电波段进行观测,观测精度大为提高,观测结果与理论预言符合得更好。

如图 12.15 所示,当太阳出现在星体与地球之间时,光线会发生弯曲。

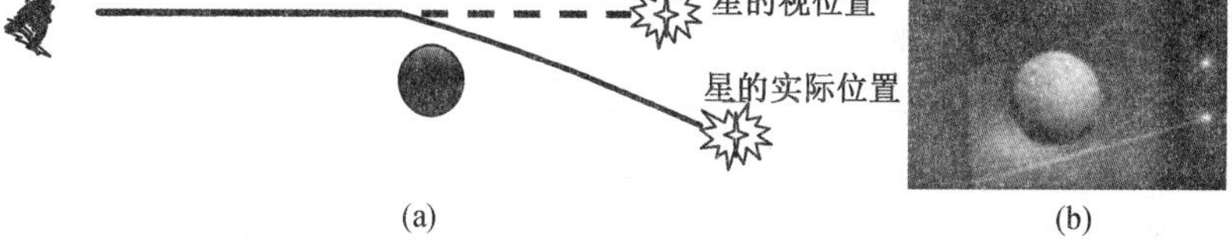

图 12.15 当太阳出现在星体与地球之间时,光线会发生弯曲

2. 引力红移

引力红移是对引力时间膨胀效应或时间弯曲的实验验证。由于任何周期性过程都可以用来测量时间，爱因斯坦提出，引力场引起的钟慢效应可以通过原子振动周期的变化来观测。由于引力时间效应，太阳表面上原子的发光频率比远离太阳的地方的同种原子的发光频率要低。例如，当光在引力场中传播时，它的频率或波长会发生变化。对于一个在太阳表面的氢原子发射的光，在它到达地球时，将发现它的频率比地球上氢原子发射的光的频率要低一点，即产生红移了（在可见光中，红光频率最低，所以一般把频率降低的现象叫作**红移**；反之叫作**蓝移**）。这是因为太阳表面上的引力场比地球上的强，如果有人在太阳表面上去接收从地球上发来的光，他会发现频率都要变高一点，即产生蓝移了。根据广义相对论，太阳引起的引力红移将使频率减小 2×10^{-6} Hz，对太阳光谱的分析证明了这一点。1960 年，美国哈佛大学的地面实验室也测到了引力红移现象。庞德等人在一个 22.6 m 高的塔底部安装了一个 γ 射线光源，在塔顶安装了接收器。由于 γ 射线的吸收过程严格地和频率有关，因此可以测出 γ 射线由楼底到楼顶时频率的改变，广义相对论预言这一高度引起的引力红移只有 2×10^{-15} Hz，但实验还是成功了，他们的测量结果与理论预言非常一致，准确度达到了 1%。1971 年，哈费尔和吉丁完成了铯原子钟环球飞行实验，扣除由运动引起的狭义相对论时间膨胀效应，得到“高空的钟比地面的钟快 1.5×10^{-7} s”的结论，与广义相对论引力时间膨胀计算结果相符。1976 年，人们还进行了用火箭把原子钟带到 10^4 kg 高空来测定引力的时间效应的实验，在这一高度的钟比地面的钟快 4.5×10^{-10} s，与理论值只差 0.01%。

3. 水星近日点的进动

水星近日点的进动（图 12.16）是对空间弯曲的实验验证。人们早已发现水星绕太阳的运动轨迹不是严格在一个平面上的椭圆，而是每转一圈，它的长轴也略有转动，长轴的这种转动称为行星近日点的进动（旋进）。在计算了其他行星对水星运动的作用以后，还有每百年 43 s 的剩余旋进无法用牛顿引力理论加以解释。广义相对论对这一现象用空间弯曲做了模拟说明，并从理论上计算出水星近日点方位角的变化率是每百年 43 s。其他行星也存在由空间弯曲引起的近日点旋进，理论值与观测值都十分接近。水星近日点的进动被看作广义相对论初期的重大验证之一。

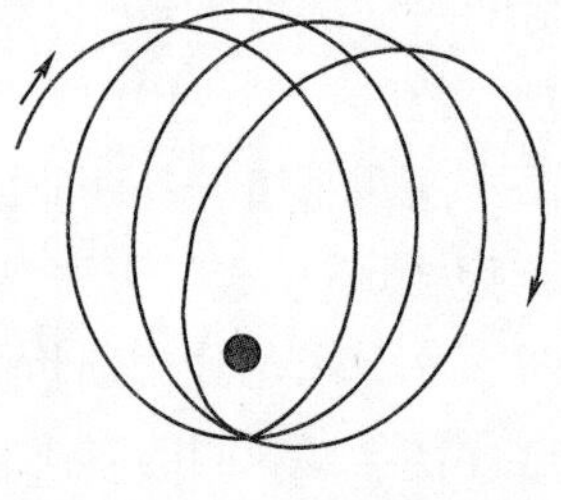

图 12.16　水星近日点的进动

4. 雷达回波的延迟

雷达回波的延迟也是反映空间弯曲的另一个实验验证。1964—1968 年，美国科学家在地球上利用雷达发射一束电磁波（即雷达波）脉冲，这些电磁波到达其他行星之后将发生反射，然后再回到地球，被雷达接收到。可以测出来回一次的时间，并对比两种不同的情况：一种是电磁波来回的路程远离太阳，这时太阳的影响可以不计；另一种是电磁波来回的路程要经过太阳附近，受到引力场的作用。实测表明，后一种情况中，雷达波的往返时间比雷达波不经过太阳附近时要长一些，太阳引力场所造成的雷达信号传播时间的加长，叫作**雷达回波的延迟**。这种信号延迟测量目前提供了对广义相对论空间弯曲效应的最好验证。

例如,地球与水星之间的雷达回波最大延迟时间可达 240 μs。为了避免行星表面的复杂因素的影响,也有人用人造天体作为雷达信号的反射靶进行实验。雷达回波延迟的观测结果和它们的理论预言的两方面的符合同样是令人非常满意的。

5. 引力波、黑洞

广义相对论的另一个有趣的预言是宇宙中存在黑洞和引力波。

根据广义相对论,做加速运动的物体将向外辐射引力波,它将时空的形变传播出去。实际上,它是一种以光速传播的时空度规波,其辐射强度极弱,但贯穿力极强。由于引力波与物质的相互作用很弱,因此很难被探测到。早在 1918 年,爱因斯坦就预言了引力波的存在。1974 年,美国天文学家泰勒和赫尔斯首次探测到了发自一对脉冲双星的信号。这一对脉冲双星由两颗以椭圆轨道相互绕转的中子星组成,两星之间的平均距离仅比地球与月亮间的距离大几倍,轨道周期仅约 8 h,由于这两颗星具有大而致密的质量,运动速度很快且相距很近,根据广义相对论,它们会发出大量的引力波而损失能量,这将使它们的运行轨道逐渐缩小,轨道运行周期逐渐变短。脉冲双星被发现后,他们经过长时间的连续观测,确实发现其轨道周期正以每年$(2.71\pm0.10)\times10^{-9}$的相对速率在减小,这一观测结果与广义相对论预言的理论值符合得相当好,从而成为引力波存在的有力证据。为此,他们获得了 1993 年的诺贝尔物理学奖。

1939 年,美国科学家奥本海默和斯奈德尔从广义相对论出发提出了这样一个观点:如果一个星体的密度非常巨大,那么它的引力也非常巨大,以至于在某一个半径(通常叫临界半径)之内,任何物体甚至电磁波都不能从它的引力作用下逃逸出来。这个临界半径之内的区域就叫作**黑洞**。从理论上讲,黑洞是星体演化的“最后”阶段(恒星—白矮星—中子星—夸克星—黑洞)。这时星体由于其本身质量的相互吸引而塌缩成体积无限小而密度无限大的奇态。在这种状态下,星体只表现为极强的引力场,任何物质包括光子也不可能逃出黑洞。黑洞不让任何其边界以内的任何事物被外界看见,这就是这种物体被称为“黑洞”的缘故。“黑洞”的引申义为无法摆脱的境遇。

对于一个半径为 r、质量为 M 的均匀球状星体,牛顿定律给出的逃逸速度是

$$v=\sqrt{\frac{2GM}{r}} \tag{12.104}$$

如果星体质量 M 足够大,或星体半径 r 足够小,以致这一公式给出的速度比光速还大时,任何物体甚至电磁波都不能逃脱该星体的引力束缚,光也就不能从中射出了,从而形成黑洞。用光速 c 代替式(12.104)中的 v,可以得到质量为 M 的物体成为黑洞所应具有的最大半径 r_s。

$$r_s=\frac{2GM}{c^2} \tag{12.105}$$

r_s 又叫施瓦西半径。对应于地球的质量(约 6×10^{24} kg),这一半径为 9 mm,即要把地球变成黑洞,必须把它压缩到和一个手指肚的大小差不多。当恒星的半径小到施瓦西半径时,就连垂直于表面发射的光都被捕获了。到这时,恒星就变成了黑洞。说它“黑”,是指它就像宇宙中的无底洞,任何物质一旦掉进去,“似乎”就再不能逃出。因为黑洞中的光无法逃逸,所以人们无法直接观测到黑洞。既然黑洞是看不见的,如何证实它们的存在呢? 可以

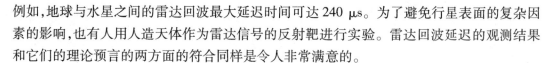

通过测量它对周围天体的作用和影响来间接观测或推测到它的存在。天文学家认为，宇宙中的一些双星系统中，如果一个是亮星，而另一个是黑洞，则黑洞不断地从亮星中拉出物质，这些物质先是绕着黑洞旋转，在进入黑洞前要被黑洞强大的引力加速，并且由于被压缩而发热，温度可达 1×10^{8}℃，这样的高温下的物质中的粒子发生碰撞时就能向外发射 X 射线。这样，可以利用黑洞周围物质发射的 X 射线来判断黑洞的存在。1964 年，天文学家发现宇宙中有一颗星的光谱线周期性地变红和变紫，经计算，在这颗星的附近应有一颗质量很大而半径很小的伴星，但又观察不到这颗伴星的谱线，因此天文学家猜测这颗伴星实际上就是一个黑洞。这也可以称为人类首次发现黑洞。此后，天文学家又陆续发现了一些黑洞，并认为黑洞是由恒星在其引力坍缩下形成的。恒星晚期核燃料耗尽时，若其质量大于奥本海默极限（2~3 个太阳质量），则没有任何力量能够抵挡住强大的引力，它将塌缩成为黑洞。黑洞无疑是21 世纪最具有挑战性，也最让人激动的天文学说之一。许多科学家正在为揭开它的神秘面纱而辛勤工作着，新的理论也将不断地被提出。图 12. 17 为天文学家首次找到超大质量的黑洞撕裂恒星的证据。

图 12. 17　天文学家首次找到超大质量的黑洞撕裂恒星的证据

相对论预言了引力波的存在，发现了引力场与引力波都是以光速传播的，否定了万有引力定律的超距作用。当光线由恒星发出，遇到大质量天体时，光线会重新汇聚，也就是说，可以观测到被天体挡住的恒星。一般情况下，我们看到的重新汇聚的光线是个环，称为爱因斯坦环。爱因斯坦将场方程应用到宇宙时，发现宇宙不是稳定的，它要么膨胀，要么收缩。当时宇宙学认为，宇宙是无限的、静止的，恒星也是无限的。于是他不惜修改场方程，加入了一个宇宙项，得到了一个稳定解，提出了有限无边宇宙模型。不久后，哈勃发现了著名的哈勃定律，提出了宇宙膨胀学说。爱因斯坦为此后悔不已，放弃了宇宙项，称这是他一生中最大的错误。在以后的研究中，物理学家们惊奇地发现，宇宙何止是在膨胀，简直是在爆炸。极早期的宇宙分布在极小的尺度内，宇宙学家们需要研究粒子物理的内容来提出更全面的宇宙演化模型，而粒子物理学家们需要宇宙学家们的观测结果和理论来丰富和发展粒子物理。物理学中研究最大和最小的两个目前最活跃的分支——粒子物理学和宇宙学竟这样相互结合起来，如同一头怪蟒咬住了自己的尾巴。值得一提的是，虽然爱因斯坦的静态宇宙被抛弃了，但他的有限无边宇宙模型却是宇宙未来三种可能的命运之一，而且是最有希望的。近年来宇宙项又被重新重视起来了。黑洞与大爆炸虽然是相对论的预言，但它们的内容却已经超出了相对论的限制，与量子力学、热力学结合得相当紧密。今后的理论有希望在这里找到突破口。

总之，由广义相对论的基本原理得出了引力导致时空弯曲，时空弯曲取决于物质的分布和运动，并可以用引力场来描述。爱因斯坦建立的引力场方程指出，每一时空点的曲率与该处物质的动量 - 能量密度成正比，揭示了时间、空间与物质运动的相互关联。迄今为止，广义相对论已经令人惊叹地通过了所有的检验，但它仍在不断地发展、完善和进一步接受验证之中。

本章小结

1. 伽利略坐标变换式与经典力学的绝对时空观

(1)伽利略坐标变换式:

$$\text{正变换式为}\begin{cases}x'=x-ut\\y'=y\\z'=z\\t'=t\end{cases},\text{逆变换式为}\begin{cases}x=x'+ut\\y=y'\\z=z'\\t=t'\end{cases}$$

伽利略速度变换:

$$\text{正变换式为}\begin{cases}v'_x=v_x-u\\v'_y=v_y\\v'_z=v_z\end{cases},\text{逆变换式为}\begin{cases}v_x=v'_x+u\\v_y=v'_y\\v_z=v'_z\end{cases}$$

(2)经典力学的绝对时空观:经典力学认为,时间和空间都是绝对的,时间测量和空间测量均与参考系的运动状态无关,即时间间隔、空间间隔的度量绝对不变;时间与空间互不相关,彼此独立。

2. 狭义相对论的基本假设

(1)狭义相对论的相对性原理:**在所有惯性系中,一切物理学定律都相同,即一切同一物理学的规律具有相同的数学表达式。或者说,对于描述一切物理现象的规律来说,所有惯性系都是等价的。**

(2)光速不变原理:**在所有惯性系中,真空中的光沿各个方向传播的速率具有相同的值** c**,与光源的运动及参考系无关。**

3. 洛伦兹变换与相对论速度变换

(1)洛伦兹变换式

$$\begin{cases}x'=\dfrac{x-ut}{\sqrt{1-\dfrac{u^2}{c^2}}}=\gamma(x-ut)\\y'=y\\z'=z\\t'=\dfrac{t-\dfrac{u}{c^2}x}{\sqrt{1-\dfrac{u^2}{c^2}}}=\gamma\left(t-\dfrac{ux}{c^2}\right)\end{cases}\text{和}\begin{cases}x=\dfrac{x'+ut'}{\sqrt{1-\dfrac{u^2}{c^2}}}=\gamma(x'+ut')\\y=y'\\z=z'\\t=\dfrac{t'+\dfrac{u}{c^2}x'}{\sqrt{1-\dfrac{u^2}{c^2}}}=\gamma\left(t'+\dfrac{ux'}{c^2}\right)\end{cases}$$

（2）洛伦兹时空坐标差变换公式

$$\begin{cases}\Delta x'=\dfrac{\Delta x-u\Delta t}{\sqrt{1-\dfrac{u^2}{c^2}}} & (1)\\ \Delta y'=\Delta y \\ \Delta z'=\Delta z \\ \Delta t'=\dfrac{\Delta t-\dfrac{u}{c^2}\Delta x}{\sqrt{1-\dfrac{u^2}{c^2}}} & (2)\end{cases}\text{和}\begin{cases}\Delta x=\dfrac{\Delta x'+u\Delta t'}{\sqrt{1-\dfrac{u^2}{c^2}}} & (3)\\ \Delta y=\Delta y' \\ \Delta z=\Delta z' \\ \Delta t=\dfrac{\Delta t'+\dfrac{u}{c^2}\Delta x'}{\sqrt{1-\dfrac{u^2}{c^2}}} & (4)\end{cases}$$

（3）相对论速度变换公式

$$\begin{cases}v_x'=\dfrac{v_x-u}{1-\dfrac{uv_x}{c^2}}\\ v_y'=\dfrac{v_y}{\gamma\left(1-\dfrac{\beta}{c}v_x\right)}\\ v_z'=\dfrac{v_z}{\gamma\left(1-\dfrac{\beta}{c}v_x\right)}\end{cases}\text{和}\begin{cases}v_x=\dfrac{v_x'+u}{1+\dfrac{uv_x'}{c^2}}\\ v_y=\dfrac{v_y'}{\gamma\left(1+\dfrac{\beta}{c}v_x'\right)}\\ v_z=\dfrac{v_z'}{\gamma\left(1+\dfrac{\beta}{c}v_x'\right)}\end{cases}$$

4. 狭义相对论的时空观

（1）同时性的相对性：在一个参考系中的异地同时发生的两件事，在另一个参考系中来测量就不一定是同时发生的，总是相对运动的后方的那件事先发生。其中：异地是指在相对运动方向上的不同地方。

只有不同地点的事件才有同时性的相对性，发生在同一地点的事件是没有同时性的相对性的，即在一个参考系中同时同地发生的两个事件，在任何惯性系中来看都是同时同地发生的。

（2）长度收缩效应：$l=l_0\sqrt{1-\dfrac{u^2}{c^2}}=l_0\sqrt{1-\beta^2}$，其中，$l_0$ 是在相对于棒静止的惯性系中所测得的长度，称为棒的**固有（本征）长度**（原长或静长）。收缩只发生在相对运动方向。

（3）时间延缓效应：$\Delta t=\dfrac{\Delta t'}{\sqrt{1-\dfrac{u^2}{c^2}}}=\dfrac{\tau_0}{\sqrt{1-\beta^2}}=\gamma\tau_0$，其中，$\tau_0$ 是某一参考系中同一地点先后发生的两个事件之间的时间间隔，叫作**原时**或**固有（本征）时间**，它表示相对于物体（或观察者）静止的钟所显示的时间间隔。

（4）具有因果关系的时序不会颠倒。

5. 狭义相对论质点动力学

(1)相对论质速关系式

$$m=\frac{m_0}{\sqrt{1-\frac{v^2}{c^2}}}$$

(2)相对论动量

$$\boldsymbol{p}=m\boldsymbol{v}=\frac{m_0}{\sqrt{1-\frac{v^2}{c^2}}}\boldsymbol{v}$$

(3)相对论动力学方程

$$\boldsymbol{F}=\frac{\mathrm{d}\boldsymbol{p}}{\mathrm{d}t}=\frac{\mathrm{d}}{\mathrm{d}t}(m\boldsymbol{v})=m\frac{\mathrm{d}\boldsymbol{v}}{\mathrm{d}t}+\boldsymbol{v}\frac{\mathrm{d}m}{\mathrm{d}t}$$

(4)能量

静能： $E_0=m_0c^2$

能量： $E=mc^2,\Delta E=(\Delta m)c^2$

动能： $E_k=E-E_0=mc^2-m_0c^2$

(5)能量和动量关系： $E^2=p^2c^2+m_0^2c^4$

6. 广义相对论简介

思 考 题

12.1 什么是经典的力学相对性原理？在一个参考系内能否通过力学实验测出这个参考系相对于惯性系的加速度？什么是狭义相对论的相对性原理？

12.2 伽利略变换与洛伦兹变换的异同是什么？

12.3 如何理解同时性的相对性？为什么会出现同时性的相对性？在某一参考系中同一地点同时发生的两个事件，在任意其他参考系中观察一定是同时发生的吗？

12.4 什么是固有时？什么是固有长度？

12.5 相对论的时空观与牛顿时空观有何不同、有何联系？

12.6 你能将一个粒子的速度加速到光速吗，为什么？

习 题

12.1 在狭义相对论中，下列说法中哪些是正确的？

(1)一切运动物体相对于观察者的速度都不能大于真空中的光速。

(2)质量、长度、时间的测量结果都是随物体与观察者的相对运动状态而改变的。

(3)在一惯性系中发生于同一时刻不同地点的两个事件在其他一切惯性系中也是同时发生的。

(4)惯性系中的观察者观察一个与他做匀速相对运动的时钟时，会看到这时钟比与他相对静止的相同的时钟走得慢些。 (　　)

(A)(1)(3)(4)　　(B)(1)(2)(4)

(C)(1)(2)(3)　　(D)(2)(3)(4)

12.2　一宇航员要到离地球为5光年的星球去旅行。如果宇航员希望把这路程缩短为3光年，则他所乘的火箭相对于地球的速度应是(c表示真空中光速) (　　)

(A)$v=\frac{1}{2}c$　　(B)$v=\frac{3}{5}c$

(C)$v=\frac{4}{5}c$　　(D)$v=\frac{9}{10}c$

12.3　一火箭的固有长度为L，相对于地面做匀速直线运动的速度为v_1，火箭上有一个人从火箭的后端向火箭前端上的一个靶子发射一颗相对于火箭的速度为v_2的子弹。在火箭上测得子弹从射出到击中靶的时间间隔是(c表示真空中光速) (　　)

(A)$\frac{L}{v_1+v_2}$　　(B)$\frac{L}{v_2}$

(C)$\frac{L}{v_2-v_1}$　　(D)$\frac{L}{v_1\sqrt{1-\left(\frac{v_1}{c}\right)^2}}$

12.4　根据相对论力学，动能为0.25 MeV的电子，其运动速度约等于 (　　)

(A)$0.1c$　　(B)$0.5c$

(C)$0.75c$　　(D)$0.85c$

12.5　在惯性参考系S中，有两个静止质量都是m_0的粒子A和B，分别以速度v沿同一直线相向运动，相碰后合在一起成为一个粒子，则合成粒子的静止质量M_0的值为(c表示真空中光速) (　　)

(A)$2m_0$　　(B)$2m_0\sqrt{1-\left(\frac{v}{c}\right)^2}$。

(C)$\frac{m_0}{2}\sqrt{1-\left(\frac{v}{c}\right)^2}$　　(D)$\frac{2m_0}{\sqrt{1-\left(\frac{v}{c}\right)^2}}$

12.6　狭义相对论认为，时间和空间的测量值都是________，它们与观察者的________密切相关。

12.7　一门宽为a。今有一固有长度为$l_0(l_0>a)$的水平细杆，在门外贴近门的平面内沿其长度方向匀速运动。若站在门外的观察者认为此杆的两端可同时被拉进此门，则该杆相对于门的运动速率u至少为________。

12.8　π^+介子是不稳定的粒子，在它自己的参照系中测得其平均寿命是2.6×10^{-8} s，如果它相对于实验室以 $0.8c$（c 为真空中光速）的速率运动，那么在实验室坐标系中测得的 π^+ 介子的寿命是________ s。

12.9 设电子的静止质量为 m_e，将一个电子从静止加速到速率为 $0.6c$（c 为真空中光速），需做功________。

12.10 （1）在速度 $v=$________情况下，粒子的动量等于非相对论动量的两倍。

（2）在速度 $v=$________情况下，粒子的动能等于它的静止能量。

12.11 一体积为 V_0、质量为 m_0 的立方体沿其一棱的方向相对于观察者 A 以速度 v 运动。求观察者 A 测得的立方体的密度。

12.12 一电子以 $v=0.99c$（c 为真空中光速）的速率运动。试求：

（1）电子的总能量。

（2）电子的经典力学的动能与相对论动能之比。（电子静止质量 $m_e=9.11\times10^{-31}$ kg）

12.13 已知 μ 子的静止能量为 105.7 MeV，平均寿命为 2.2×10^{-8} s。那么动能为 150 MeV的 μ 子的速度 v 是多少？平均寿命 τ 是多少？

12.14 要使电子的速度从 $v_1=1.2\times10^8\ \mathrm{m\cdot s^{-1}}$ 增加到 $v_2=2.4\times10^8\ \mathrm{m\cdot s^{-1}}$，必须对它做多少功？（电子静止质量 $m_e=9.11\times10^{-31}$ kg）

12.15 由于相对论效应，如果粒子的能量增加，粒子在磁场中的回旋周期将随能量的增加而增大，计算动能为 1.0×10^4 MeV 的质子在磁感应强度为 1 T 的磁场中的回旋周期。（质子的静止质量为 1.67×10^{-27} kg，1 eV $=1.60\times10^{-19}$ J）

12.16 在 K 惯性系中观测到相距 $\Delta x=9\times10^8$ m 的两地点相隔 $\Delta t=5$ s 发生两个事件，而在相对于 K 系沿 x 方向以匀速度运动的 K' 系中发现两个事件恰好发生在同一地点。试求在 K' 系中两个事件的时间间隔。

12.17 火箭相对于地面以 $v=0.6c$（c 为真空中光速）的匀速度向上飞离地球。在火箭发射 $\Delta t'=10$ s 后（火箭上的钟），该火箭向地面发射一导弹，其相对于地面的速度 $v_1=0.3c$，问火箭发射后多长时间（地球上的钟），导弹到达地球。计算中假设地面不动。

12.18 静止的 π 介子的平均寿命 $\tau_0=2\times10^{-6}$ s。今在 8 km 的高空，π 介子由于衰变产生了一个速度 $v=0.998c$（c 为真空中光速）的 μ 子，试论证此 μ 子有无可能到达地面。

12.19 两个惯性系 K 与 K' 的坐标轴相互平行，K' 系相对于 K 系沿 x 轴做匀速运动，在 K' 系的 x' 轴上，相距为 L' 的 A'、B' 两点处各放一只已经彼此对准了的钟，那么在 K 系中的观测者看这两只钟是否也是对准了，为什么？

12.20 狭义相对论力学的基本方程若表示为

$$\boldsymbol{F}=\frac{m_0}{\sqrt{1-\dfrac{v^2}{c^2}}}\frac{\mathrm{d}\boldsymbol{v}}{\mathrm{d}t}$$

则这一方程是否正确？试说明理由。

12.21 对于下列一些物理量：位移、质量、时间、速度、动量、动能，试回答下列问题。

（1）哪些物理量在经典物理学和相对论中有不同的表达式？

(2)哪些是经典物理学中的不变量(即对于伽利略变换不变)?

(3)哪些是相对论中的不变量(即对于洛伦兹变换不变)?

12.22　设惯性系 S' 相对于惯性系 S 以速度 $\boldsymbol{u}$ 沿 x 轴正方向运动,如果从 S' 系的坐标原点 O' 沿 x'(x' 轴与 x 轴相互平行)正方向发射一光脉冲,则有下列说法:

(1)在 S' 系中测得光脉冲的传播速度为 c。

(2)在 S 系中测得光脉冲的传播速度为 $c+u$。

以上两种说法是否正确?如有错误,请说明为什么错误并予以改正。

第13章 量子物理

一直以来,人们都认为物质由一些最小的基本单元组成。最初,人们相信原子是构成物质的基本单元,而且这种基本单元是不可分的。1897 年,汤姆孙发现电子是比原子更基本的物质单元,随后,又相继发现了中子、质子、介子、超子等基本粒子。正是这些不连续的基元通过多样的组合方式,才构成了如此丰富多彩的物质世界。但在 20 世纪以前,人们从来不曾想过物质的能量是否也会是不连续的。在以牛顿为代表的经典力学理论,以玻尔兹曼为代表的统计物理理论,以麦克斯韦为代表的经典电磁理论中,人们一直认为能量是连续分布的,物体之间的能量传递也是以连续的方式进行的。这些观念根深蒂固,不言而喻。直到 1900 年,普朗克试图在理论上解释黑体辐射的实验规律时,才打破了能量连续变化这一传统的观念,首次提出了量子的概念,从而开创了物理学革命的新纪元,宣告了量子物理的诞生。

量子力学是关于微观粒子(分子、原子、原子核、基本粒子等)运动规律的科学,是 20 世纪 20 年代的研究人员在总结大量实验事实和前期量子论的基础上建立起来的。它和相对论、进化论一起并称为“20 世纪的三大发现”。

量子力学的发展大致可分为三个阶段。

第一个阶段是准备阶段,主要是对新的实验现象和有关经验规律的揭示。爱因斯坦的相对论已对以太这朵“乌云”给予了圆满的解释。第二朵“乌云”涉及物体的比热容,即观测到的物体的比热容总是低于经典统计物理学中能量均分定理给出的值。事实上,在这个时期,有一系列重大的实验发现都无法用经典物理学的理论来解释,如氢原子光谱、黑体辐射、光电效应等,这迫使物理学家们必须跳出传统的经典物理学的理论框架,去寻找新的解决途径,从而推动了量子理论的诞生。

第二个阶段是早期量子论阶段(1900—1923 年)。量子理论首先是从黑体辐射问题上得到突破的。1900 年,普朗克为了解决利用经典理论解释黑体辐射规律的困难,引入了量子的概念,导出了与实验符合的黑体辐射公式,为量子理论奠定了基础。随后,爱因斯坦针对光电效应实验与经典理论的矛盾,于 1905 年提出了光量子(简称光子)的假说,对光电效应给予了正确的解释,并在固体的比热容问题上成功地应用了能量子的概念,为量子理论的进一步发展打开了局面。1913 年,玻尔在卢瑟福原子有核模型的基础上,应用量子化概念解释了氢原子光谱。1922 年,康普顿发现并解释了以他的名字命名的康普顿散射现象。前人的这些工作使早期的量子论取得了很大的成功,为量子力学的建立打下了基础。

第三阶段是量子力学的建立阶段(1924—1927 年),主要内容包括:1924 年,德布罗意提出物质波的概念,指出微观实物粒子具有波动性;1925 年,海森伯创立矩阵力学;1926 年,薛定谔创立波动力学;1927 年,狄拉克创立相对论量子力学。

至此,量子力学的理论体系基本完成。

量子力学的建立,揭示了微观世界的基本规律,使人们对自然的认识从宏观到微观,产生了质的飞跃,开辟了人们认识微观世界的道路,原子和分子之谜被解开了,物质的属性以及在原子水平上的物质结构这个古老而又基本的问题也在原则上得以解决，引发了一场新的技术革命，如晶体管、集成电路、激光、超导材料等的出现，促进了生产力的发展。在量子力学中，人们找到了化学与物理学的紧密联系。大量事实证明，量子力学是许多高新技术的物理基础，离开了量子理论，任何一门近代物理学科及相关的边缘学科的发展都是不可思议的。可以毫不夸张地说，没有量子理论的建立，就没有人类的现代物质文明。

13.1 量子物理的诞生

13.1.1 黑体辐射

1. 热辐射的基本概念

加热铁块时，开始的时候看不出它发光，随着温度的不断升高，它变得暗红、赤红、橙色，最后成为黄白色。其他物体在被加热时发出的光的颜色也有类似的随温度而改变的现象。这似乎说明在不同温度下，物体能发出频率不同的电磁波。事实上，在任何温度下，任何物体都向外发射各种频率的电磁波，只是在不同的温度下，物体所发出的各种电磁波的能量按频率有不同的分布，这种能量按频率（波长）的分布随温度而不同的电磁辐射叫作**热辐射**（heat radiation）。当一个带电粒子相对于观察者静止或做匀速直线运动时，将建立稳定的电磁场，而当电荷加速运动时，将向周围辐射电磁波。一切物体，无论是固体还是液体，其内部的分子和原子都在不停地、无规则地运动着（这种运动称为热运动），所以也都不断地以电磁波的形式向外辐射能量。热辐射是物体中的分子、原子由于受到热激发而发射电磁辐射的现象。热辐射最明显的特征是与温度有关：温度越高，辐射的总功率就越大，随着温度的增加，辐射强度的分布由长波向短波方向移动。在常温下，物体热辐射的能量主要分布在红外波长区间，人的眼睛无法观察到，只能通过仪器测量。在较高温度下，热辐射能量的分布从红外波长区间逐渐移向可见光区，才能为人们所看到。

此外，任何物体在任何温度下都要接受外界射来的电磁波，除一部分反射回外界外，其余部分都被物体吸收。这就是说，物体在任何时候都存在着发射和吸收电磁辐射的过程。如果物体辐射出去的能量恰好等于它在同一时间内所吸收的能量，则称辐射过程达到了平衡，这种热辐射称为**平衡热辐射**或**平衡辐射**，此时物体具有确定的温度 T。以下讨论的就是这种平衡辐射。平衡辐射状态下，物体的热辐射、吸收以及反射的规律可以通过下列物理量和定律做定量的描述。

（1）辐射出射度

在单位时间内从物体表面单位面积上所辐射出来的各种波长的电磁波的能量的总和，称为该物体的辐射出射度（辐射本领），简称**辐出度**。它是辐射物体的热力学温度或绝对温度 T 的函数，用 $M(T)$ 或 $M_e(T)$ 表示。于是，在单位时间内从物体表面单位面积上所辐射出来的，波长在 λ 到 $\lambda+\mathrm{d}\lambda$ 范围内的电磁波的能量为 $\mathrm{d}M(T)$，把

$$M_\lambda(T)=\frac{\mathrm{d}M(T)}{\mathrm{d}\lambda} \tag{13.1}$$

称为该物体的**单色辐射出射度**(也称光谱辐射出射度),简称**单色辐出度**(也称光谱辐出度,表征物体的光谱辐射本领),用 $M_{\lambda}(T)$ 或 $M_{e\lambda}$ 表示。它是辐射物体的热力学温度 T 以及辐射波长 λ 的函数。显然,辐出度就是单色辐出度对各种波长的求和,即

$$M(T) = \int \mathrm{d}M(T) = \int_{0}^{\infty} M_{\lambda}(T)\,\mathrm{d}\lambda \tag{13.2}$$

(2)单色吸收比与单色反射比

当有外界的辐射入射到物体上时,被物体吸收的能量与入射能量的比值称为**吸收比**,被物体反射的能量与入射能量的比值称为**反射比**。吸收比和反射比都与温度 T 和波长 λ 有关。单位波长范围内的吸收比和反射比分别称为该物体的单色吸收比和单色反射比,分别用 $\alpha(\lambda,T)$ 和 $\rho(\lambda,T)$ 表示。显然,对于不透明的物体,应该有

$$\alpha(\lambda,T) + \rho(\lambda,T) = 1 \tag{13.3}$$

(3)基尔霍夫定律和黑体

实验表明,物体发出或吸收辐射的能力既与温度有关,还与物体材料及物体表面状况有关。1859 年,基尔霍夫利用热力学理论得到:对每一个物体来说,单色辐出度与吸收比的比值是一个与物体性质无关而只与温度和辐射波长有关的普适函数,即对于处于热平衡状态的任意种类和个数的物体,有

$$\frac{M_{1\lambda}(T)}{\alpha_1(\lambda,T)} = \frac{M_{2\lambda}(T)}{\alpha_2(\lambda,T)} = \cdots = M_0(\lambda,T) \tag{13.4}$$

这就是基尔霍夫辐射定律。该定律表明:凡是辐射本领大的物体,其吸收辐射的能力也强。如果一个物体能够百分之百地吸收外界辐射到其上的能量而不反射,即 $\alpha(\lambda,T)=1$,把这种能全部吸收照射到它上面的各种波长的电磁波的物体称为**绝对黑体**,简称**黑体**。黑体是完全的吸收体,也是最理想的辐射体,吸收本领最大,辐射本领也最大。它的单色辐出度是各种材料中最大的,而且只与频率和温度有关。因此,研究黑体辐射的规律就具有更基本的意义。自然界中也不存在理想的黑体,即使是煤烟也只能吸收 99% 的入射光能,所以黑体就如同质点、刚体理想气体等模型一样,是一种理想化的模型。

2. 黑体辐射的规律

在实验室中获得黑体时可以采用不透明材料制成一个空腔,在腔壁上开一个小洞,如图 13.1 所示。当电磁波通过小洞射入空腔之后,在空腔内被多次反射和吸收,不断损失能量,极少有可能再从小洞中射出来,这意味着射入空腔小洞的各种波长的入射电磁波的能量几乎全部被吸收,吸收比近似为 1。因此,空腔小洞可以看作绝对黑体的模型,而空腔中的电磁辐射常称为**黑体辐射**。应该注意,在常温下,所有物体的辐射都很弱,由于黑色物体或空腔小洞的反射又极少,故它们看起来很暗。例如,白天远处建筑物的窗口看起来特别黑暗,就是这个道理。然而在高温下,因为黑体的辐射最强,所以看起来它们最明亮。

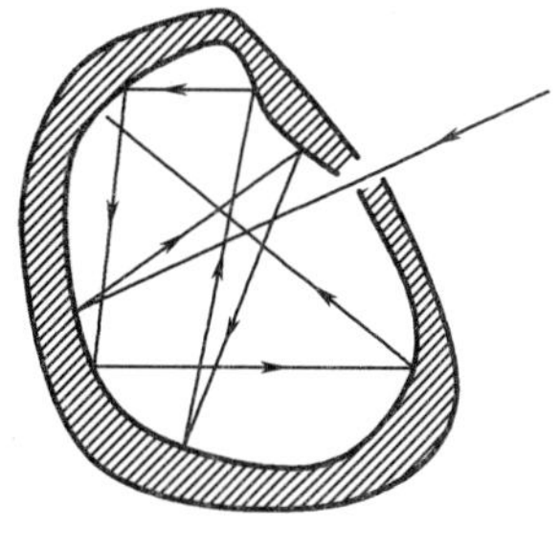

图 13.1 黑体模型

黑体是完全的吸收体,也是最理想的辐射体,同时其辐射本领只取决于黑体的温度而与组成黑体的物质无关,所以将它作为研究热辐射的理想模型。若用 $M_{\lambda}(T)$ 表示黑体的单

色辐出度，由于其吸收比 $\alpha_0(\lambda,T)=1$，因此根据基尔霍夫定律有

$$M_\lambda(T)=M_0(\lambda,T) \tag{13.5}$$

将这个空腔加热到不同温度，小洞就成了不同温度下的黑体。用分光技术测出由它发的电磁波的能量按频率的分布，就可以研究黑体辐射的规律了。

19 世纪末，在德国钢铁工业大发展的背景下，许多德国的实验和理论物理学家都很关注对黑体辐射的研究。有人用精巧的实验测出了黑体的 $M_\lambda(T)$ 和 λ 的关系曲线，有人就试图从理论上给予解释。图 13.2为黑体辐射的实验曲线，给出了在一定温度下，黑体的单色辐出度按波长分布的能谱实验曲线。在一般温度下(800 K 以下)，大多数物体所发出的热辐射处于电磁波谱的红外区。随着物体温度的升高，物体辐射能的分布逐渐向高频方向移动。按照辐出度的定义，黑体的辐出度 $M(T)$ 可表示为每一条曲线下的总面积。由此可总结黑体辐射的两条实验规律。

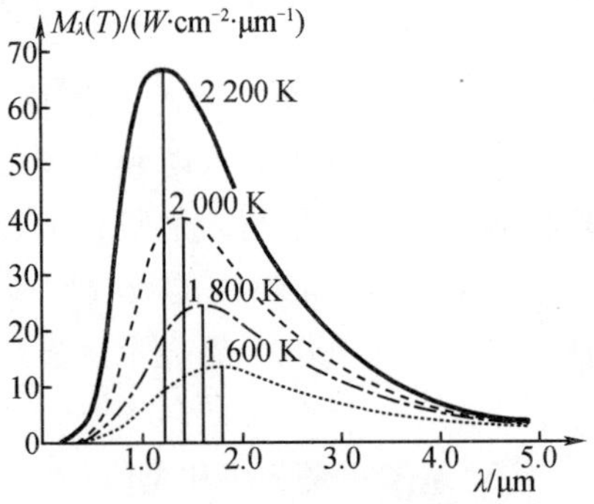

图 13.2 黑体辐射的实验曲线

(1)黑体的辐出度与黑体温度的四次方成正比，即

$$M(T)=\int_0^\infty M_\nu(T)\,d\nu=\int_0^\infty M_\lambda(T)\,d\lambda=\sigma T^4 \tag{13.6}$$

式中，$\sigma=5.670\ 51\times10^{-8}\ W\cdot m^{-2}\cdot K^{-4}$，称为斯特藩常量。1884 年，玻尔兹曼从理论上证明了这一结果。通常把式(13.6)称为**斯特藩－玻尔兹曼定律**。它说明对于黑体，温度越高，辐出度 $M(T)$ 越大且随 T 的升高而迅速增大。

(2)黑体辐射的能谱曲线峰值所对应的波长(即辐射最强波长)λ_m 与黑体温度 T 之间满足如下关系式：

$$\lambda_m T=b \tag{13.7}$$

式中，$b=2.897\ 756\times10^{-3}\ m\cdot K$，称为维恩常量，式(13.7)称为**维恩位移定律**。这说明当温度升高时，ν_m 向高频方向“位移”，其单色辐出度的峰值波长向短波方向传播。

斯特藩－玻尔兹曼定律和维恩位移定律反映了黑体辐射的基本规律，它们在现代科学技术中被广泛应用。例如，从太阳光谱测出太阳的 $\lambda_m=480$ nm，由式(13.7)即可计算出太阳表面温度约为6 000 K；又如由地面温度 $T=300$ K 可计算出地面辐射的峰值波长在红外波段，这样，地球卫星可利用红外遥感技术对地球进行资源、地质考察。另外，关于宇宙起源的大爆炸理论曾预言宇宙中残留有温度为2.7 K 的背景辐射，1964 年人们发现了这种背景辐射。1990 年，美国 COBE 卫星对宇宙背景辐射进行了精密观测，证实了其能谱分布与 $T=(2.735\pm0.06)$K 的黑体辐射能谱完全吻合。现代的高温测量、遥感技术、红外跟踪等实用技术正是以热辐射理论为基础而得到了快速发展的。

3. 经典物理学在解释实验曲线时遇到的困难

19 世纪末，物理学中最引人注目的课题之一是如何从理论上导出黑体单色辐出度的数学表达式，使之能与实验曲线相符合。但遗憾的是，根据经典物理学理论导出的公式都与实验结果不完全相符，其中最典型的是维恩公式和瑞利－金斯公式。

1896 年，维恩从经典的热力学和麦克斯韦分布律出发，分析实验数据，导出了半经验公式：

$$M_\lambda(T)=\frac{c_1}{\lambda^5}e^{-\frac{c_2}{\lambda T}} \tag{13.8}$$

式中，c_1 和 c_2 是两个需要用实验来确定的经验参数；T 为平衡时的热力学温度。维恩公式在短波波段与实验曲线符合得很好，但在长波波段与实验曲线有较大的偏差，如图 13.3 所示。

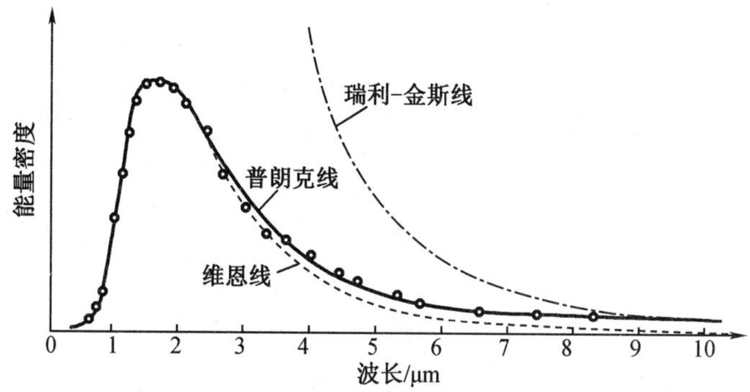

图 13.3　黑体辐射的理论公式与试验曲线的比较

1900 年 6 月，瑞利发表了根据经典电动力学和经典统计理论的能量均分定理（而能量均分定理又是从能量连续分布这一观念给出的）导出的公式（后来由金斯稍加修正），即瑞利－金斯公式：

$$M_\lambda(T)=\frac{2\pi ckT}{\lambda^4} \tag{13.9}$$

式中，$k=1.380\,658\times10^{-23}\ \mathrm{J\cdot K^{-1}}$，是玻尔兹曼常量；$c=2.997\,924\,58\times10^{8}\ \mathrm{m\cdot s^{-1}}$，为真空中的光速。如图 13.3 所示，式(13.9)只适用于长波（低频）波段，而在紫外区与实验曲线明显不符，在极高频（短波）下，由此公式得到的温度给定的黑体的单色辐出度 $M_\lambda(T)$ 将随着频率的增大（即波长的变短）而趋于无限大，这就意味着在一次紫外辐射发生时，能量将会被全部释放，从而引发物理学史上所谓的“紫外灾难”。但实验却给出，对于温度给定的黑体，在高频（短波）范围内，随着频率的增高（即波长的变短），单色辐出度 $M_\lambda(T)$ 将趋于零。热辐射的经典理论与实验事实之间的分歧是不可调和的，这使得许多物理学家感到困惑不解，也动摇了经典物理学理论的基础。

13.1.2　普朗克的量子假说

1900 年 12 月 14 日，普朗克发表了他导出的黑体辐射公式，即**普朗克黑体辐射公式（简称普朗克公式）**。

$$M_\lambda(T)=\frac{2\pi hc^2}{\lambda^5}\frac{1}{e^{\frac{hc}{k\lambda T}}-1} \tag{13.10}$$

式中，k 为玻尔兹曼常量；h 为**普朗克常量**，1986 年的推荐值为 $h=6.626\,075\,5\times10^{-34}\ \mathrm{J\cdot s}$。普朗克公式在全波段与实验惊人地吻合，从中还可以导出当时已被证实的两条实验定

律——斯特藩－玻尔兹曼定律和维恩位移定律，即

$$M(T)=\int_0^{\infty}M_\lambda(T)\mathrm{d}\lambda=\int_0^{\infty}\frac{2\pi hc^2}{\lambda^5}\frac{\mathrm{d}\lambda}{e^{\frac{hc}{k\lambda T}}-1}=\sigma T^4 \tag{13.11}$$

由$\frac{\mathrm{d}M_\lambda(T)}{\mathrm{d}\lambda}=0$得

$$\lambda_m T=b \tag{13.12}$$

在短波段，由于λ很小，即$e^{\frac{hc}{k\lambda T}}\gg 1$，故$M_\lambda(T)=\frac{c_1}{\lambda^5}e^{-\frac{c_2}{\lambda T}}$，此时普朗克公式就转化为维恩公式。

在长波段，由于λ很大，即$\frac{hc}{k\lambda T}\to 0$，故$M_\lambda(T)=\frac{2\pi ckT}{\lambda^4}$，此时普朗克公式就转化为瑞利－金斯公式。

能得到如此好的结果绝非偶然，普朗克在这期间经历了艰辛的努力和痛苦的抉择。为了和实验曲线更好地拟合，正如他本人所说，他幸运地猜到，绝望地、不惜任何代价地提出了**能量量子化**的假设（即量子假说）。这当然是普朗克的谦虚。洛伦兹在评论普朗克关于量子的这个大胆的假设时所说的话，才道出了问题的本质。他说："一定不要忘记，这样灵感观念的好运气，只有那些刻苦工作和深入思考的人才能得到。"经典物理学认为构成物体的带电粒子在各自的平衡位置附近振动成为带电的谐振子，这些谐振子以任意值既可以发射也可以吸收辐射能。普朗克假设，谐振子的能量不能连续变化，对于一定频率ν的电磁辐射，物体只能以$h\nu$为单位吸收或发射它，其中h是一个普适常量。换言之，物体吸收或发射电磁辐射只能以"**量子**"的方式进行，每个**能量量子**的能量$\varepsilon=h\nu$。谐振子的能量只能是**量子**能量的整数倍，即

$$E=nh\nu(n=0,1,2,\cdots) \tag{13.13}$$

能量只能具有不连续离散值的情形称为**能量量子化**。n只能取离散的正整数，用以表征能量的量子化，称为**量子数**。与各离散的能量值对应的，也即与不同量子数n对应的状态称为**量子态**。

普朗克把式(13.13)给出的每一个能量值称为量子，这是物理学史上第一次提出了量子的概念。它不仅解决了来自能量均分定理的瑞利－金斯公式所遇到的困难，而且引起了物理学发展史中一场伟大的深刻变革，其影响和所取得的辉煌成就，至今仍硕果频传，如日中天。由于这一概念的革命性和重要意义，普朗克获得了1918年的诺贝尔物理学奖。实际上，普朗克的贡献远远超出物理学范畴，他启发人们在新事物面前，敢于冲破传统思想观念的束缚，勇于建立新观点、新概念和新理论。

能量量子化的假设是根本不能由经典物理学导出的。普朗克的量子假说的成功同时揭示出经典理论处理黑体辐射问题失败的原因在于辐射能量连续分布的经典观念。量子假说提出了原子振动能量只能取一系列分立值的能量量子化观念，这是与经典物理格格不入的崭新概念，要迈出这一步是十分不容易的。普朗克在提出量子概念后的十余年中，一再想取消这个假说，长期尝试用经典物理学理论来解释它的由来，希望能从完全经典的角度导出普朗克公式，但都失败了。直到1911年，他才真正认识到量子化的全新的、基础性的

意义。普朗克在自传中写道:“我当时打算将基本作用量子 h 归并到经典范畴中去,但这个常量对所有这种企图的回答都是无情的……企图使量子与经典理论调和起来的这种徒劳无功的打算使我付出了巨大的精力。我的一些同事把这看成悲剧,但我有自己的看法,因为我从这种深入剖析中获得了极大的好处,起初我只是倾向于认为,而现在是确切地知道,这个量子在物理学中的地位远比我最初所想象的要重要得多。”按今天的观念来看,普朗克对黑体辐射的解释和推导并不是完美的,但普朗克的巨大贡献在于他提出了能量量子化的物理思想,这是人类对自然规律的认识从宏观领域进入微观领域的里程碑,标志着量子物理的开端,开启了人们认识微观世界之门。普朗克常量 h 是界定经典物理学适用范围的一个重要常量,如同光速 c 成为判断牛顿力学适用范围的一个重要常量一样。当普朗克常量 h 的影响趋于零时,量子力学问题将退化成经典物理学问题。

普朗克的量子假说完全背离了经典物理学的理论思想,正是由于这种思维模式上的“离经叛道”,才完成了从经典物理学到量子理论的第一个飞跃,从而开创了量子理论的先河。1900 年 12 月 14 日这一天被认为是量子理论的诞生日。

13.2 光的波粒二象性

13.2.1 光电效应

1887 年,迈克耳孙和莫雷企图从实验上寻找“以太”地球相对的绝对速度,最终以零漂移的实验结果宣告不存在绝对惯性参考系。就在这一年,赫兹发现了光电效应的实验规律。18 年后(1905 年),爱因斯坦发展了普朗克的量子假说,提出了光量子的概念,从理论上成功地解释了光电效应的实验规律,为此他获得了 1921 年的诺贝尔物理学奖。

1. 光电效应的实验规律

1887 年,德国物理学家赫兹在研究两个电极之间的放电现象时发现:当用紫外线照射电极时,放电强度增大。这说明金属中的电子可以吸收照射光的能量而逸出金属表面。把金属及其化合物在电磁辐射照射下发射电子的现象称为**光电效应**,逸出的电子称为**光电子**,光电子形成的电流叫作**光电流**。

图 13.4 所示是光电效应实验装置简图。GD 为光电管,管内被抽成真空,管的两端分别为阴极 K 和阳极 A。当用频率为 ν 的单色光通过石英窗口照射到金属材料制成的阴极 K 上,就有光电子从阴极表面逸出,在阴极 K 和阳极 A 之间加上直流电压 U,光电子在加速电场作用下飞向阳极 A,在回路中形成光电流 i。

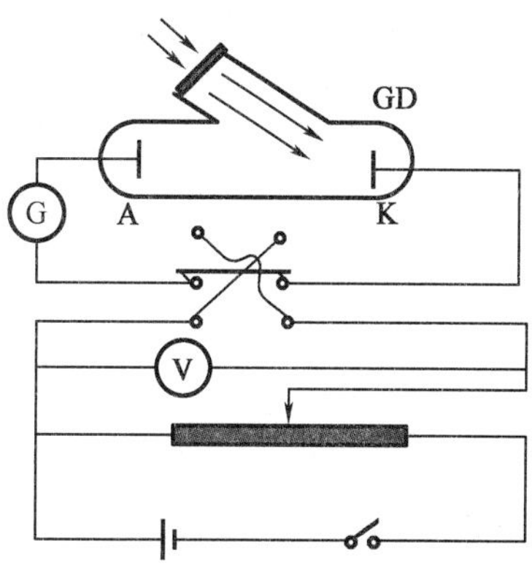

图 13.4 光电效应实验装置简图

对于不同频率、不同强度的照射光,分别研究光电流随两极间电压的变化,可以得出几条实验规律。

(1)当入射光频率一定时,光电流 i 随加速电压 U 的增大而增大，逐渐趋于饱和值 i_s，如图 13.5 所示。光电流的大小反映了单位时间内到达阳极的电子的数目，光电流呈现饱和表示阴极发射的光电子全部到达了阳极，故饱和光电流代表着单位时间内阴极发射出来的光电子数目。实验指出：当入射光频率一定时，饱和光电流 i_s 与入射光强度 I 成正比（$i_s = ne$），即单位时间内从金属表面逸出的光电子数和入射光强成正比。

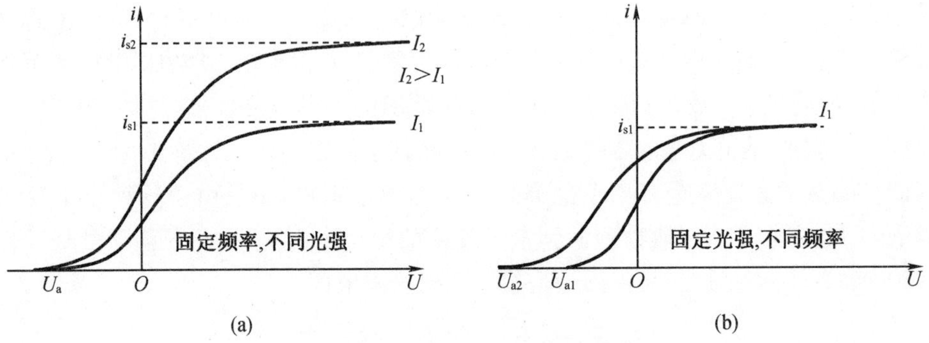

图 13.5 光电效应的伏安特性曲线

（2）KA 间的电压 U 减小时，光电流随之减小。当电压减小至零时，光电流并不为零，说明从阴极 K 逸出的光电子具有一定的初动能。在 KA 间加上反向电压至 U_a 时，光电流降为零。此时，具有最大初动能的电子由于受反向电场的阻碍也不能到达阳极了，故光电子的最大初动能为

$$\frac{1}{2}mv_m^2 = e|U_a| \tag{13.14}$$

式中，U_a 为**遏止电压**，典型的金属的遏止电压为几伏特。实验表明，**遏止电压与入射光光强无关，而随入射光的频率线性增长**，如图 13.6（a）所示，可用数学式表示为

$$U_a = K\nu - U_0 \tag{13.15}$$

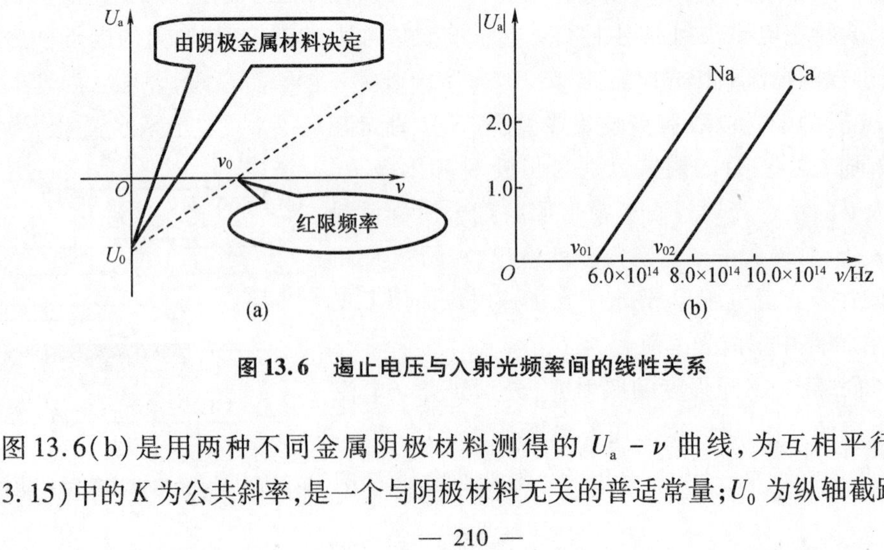

图 13.6 遏止电压与入射光频率间的线性关系

图 13.6（b）是用两种不同金属阴极材料测得的 $U_a-\nu$ 曲线，为互相平行的直线。式（13.15）中的 K 为公共斜率，是一个与阴极材料无关的普适常量；U_0 为纵轴截距，反映了

不同金属材料的性质。

将式(13.15)代入式(13.14)可得

$$\frac{1}{2}mv_{\mathrm{m}}^{2} = eK\nu - eU_{0} \tag{13.16}$$

由此可见,光电子的最大初动能随入射光频率的增加而线性增加,与入射光强度无关。

(3)对每一种金属都存在一个能够产生光电效应的入射光的最低频率 ν_0,只有入射光频率大于该频率值时,才会产生光电效应。而且只要 $\nu > \nu_0$,不管入射光光强多么微弱,都能产生光电效应。反之,如果 $\nu < \nu_0$,无论光强多强,照射时间多长,都不能产生光电子,不产生光电效应。ν_0 叫作该种金属光电效应的**红限频率**或**截止频率**,其对应的波长 $\lambda_0 = \frac{c}{\nu_0}$称为**红限波长**。不同金属材料的红限频率可由式(13.16)得出,由于从金属中逸出的光电子的初动能至少应等于零,因此其红限频率应为

$$\nu_0 = \frac{U_0}{K} \tag{13.17}$$

(4)光电效应是瞬时发生的。实验发现,只要入射光频率 $\nu > \nu_0$,无论光多微弱,从光照射阴极到光电子逸出所需时间的数量级约为 10^{-9} s 因此可认为光电效应是瞬时发生的,与入射光强度无关。

2. 经典物理学遇到的困难

人们在用经典物理学理论说明光电效应的实验规律时,遇到很大困难。这主要表现在:根据光的经典电磁理论,光波的能量与光波振幅有关,入射光波使金属中的电子做受迫振动,当电子能量积累到一定值时就可以克服原子的束缚而逸出。电子得到的能量与入射光波的振幅(光强)有关,与入射光照射时间有关,而与入射光频率无关。所以,不应该存在红限频率,无论何种频率的入射光,只要其强度足够大,就能使电子具有足够的能量而逸出金属。然而实验却表明,若入射光的频率小于红限频率,无论其强度有多大,光照时间有多长,都不能产生光电效应。逸出光电子的初动能应随光强的增大而增大,而与入射光的频率无关;电子逸出金属所需的能量,需要有一定的时间来积累,一直积累到足以使电子逸出金属表面为止。如果光强很小,则物质中的电子必须经过较长时间的积累,直到有足够的能量才能逸出,光电效应不会是瞬时发生的。然而实验却表明,光的照射与光电子的释放几乎是同时发生的,在 10^{-9} s 这一测量精度范围内观察不到滞后现象,即可认为光电效应是瞬时发生的。显然,在解释光电效应时,经典物理学理论又到了"山重水复疑无路"的地步。

13.2.2 爱因斯坦的光量子论

1. 光量子论

当普朗克还在苦苦找寻他的量子的经典根源时,当经典物理学理论在解释光电效应的实验规律中遇到重重困境时,年轻的爱因斯坦发展了普朗克的量子假说的思想,于 1905 年提出了**光量子**(即光子)的概念,将物理学引入了"柳暗花明的又一村"的阶段。

爱因斯坦认为,一束光就是一束以光速运动的粒子流,这些粒子称为光子;每个光子的

能量与辐射频率 ν 的关系为

$$\varepsilon = h\nu \tag{13.18}$$

式中，h 为普朗克常量。光子不能再分割，而只能整个地被吸收或产生出来。光强即为光子的能流密度：$I = Nh\nu$，其中 N 为单位时间内通过垂直于光传播方向上单位面积的光子数。

按照上述假设，可以将光电效应看作电子吸收入射光子的过程：当光照射到金属表面时，电子吸收入射光子的能量，一部分用于自金属表面逸出时做功（逸出功 A，即一个电子脱离该金属表面时为克服表面阻力所需做的功），其余部分成为光电子的初动能。由能量守恒定律可得

$$h\nu = \frac{1}{2}mv_m^2 + A \tag{13.19}$$

式（13.19）称为**爱因斯坦光电效应方程**（简称光电效应方程）。式中，A 为电子逸出功；$\frac{1}{2}mv_{\mathrm{m}}^2$ 为光电子的最大初动能。

爱因斯坦的光量子论圆满地解释了光电效应的实验规律。

（1）因为入射光强决定于单位时间内到达金属表面的光子数，光子数越多，形成的光电子越多，饱和光电流越大，所以入射光频率一定时，饱和光电流与入射光强成正比。

（2）由光电效应方程式（13.19）可知，光电子的最大初动能 $\frac{1}{2}mv_{\mathrm{m}}^2$ 与入射光频率 ν 呈线性关系，而与入射光强无关。还可以由动能定理得出光电子的最大初动能与遏止电压的关系式（13.14）。

于是，式（13.19）可写为

$$|U_{\mathrm{a}}| = \frac{h}{e}\nu - \frac{A}{e} \tag{13.20}$$

这就是图 13.6 中的实验曲线的方程式（13.16）。二者相比较可得 $h = eK, A = eU_0$，从而，通过测量遏止电压与入射光频率的关系实验曲线的斜率 K 和纵轴截距 U_0 值，即可计算出普朗克常量 h 和不同金属材料的逸出功 A。这是通过实验测定普朗克常量的方法之一。

（3）如果入射光子的能量小于逸出功，电子不可能逸出金属表面，所以存在光电效应的红限频率 ν_0。由于逸出光电子的初动能至少要等于零，根据爱因斯坦光电效应方程，可得红限频率 ν_0 与逸出功 A 的关系为

$$\nu_0 = \frac{A}{h} \tag{13.21}$$

ν_0 的意义在于，光电子吸收光子获得的能量 $h\nu$ 至少要能使光电子克服金属表面的束缚，即至少要等于逸出功 A。

（4）若光子频率大于红限频率，由于金属中电子一次性全部吸收入射光子的能量即能获得足够的能量而逸出金属表面，不需要能量积累过程，几乎是在瞬间完成的，因此光电效应是瞬时发生的，与光的强度即光子数的多少无关。

爱因斯坦于 1905 年提出光量子假说和光电效应方程，并直到 1916 年才由美国实验物理学家密立根经过对光电效应进行精确测量，用上述方法测定了 h（结果和用其他方法测量的结果符合得很好），从实验上直接验证了正确性。

2. 光的波粒二象性

光量子假说不仅成功地说明了光电效应等实验,而且加深了人们对光的本性的认识。许多实验(如光的干涉、衍射和偏振现象等)表明,光具有波动性,而包括上面提到的一些实验在内的许多实验又表明光是粒子(光子)流,具有粒子性,这就说明光兼有**波粒二象性**。

一般来说,光在传播过程中,其波动性表现得比较显著;当光与物质相互作用时,其粒子性表现得比较显著。光所表现出来的两重性,反映了光的本性。这里指出,光子具有粒子性并不意味着光子一定没有内部结构,光子也许是由其他粒子组成的,只是迄今为止尚无任何实验显露出光子存在内部结构的迹象。光的粒子性在下面讨论的康普顿效应中将得到进一步体现。

光子不仅具有能量,而且具有质量和动量等一般粒子共有的特性。由相对论质能关系式求出光子的静止质量 $m_0=0$,动质量为

$$m=\frac{E}{c^2}=\frac{h\nu}{c^2}=\frac{h}{c\lambda} \tag{13.22}$$

光子的动量为

$$\boldsymbol{p}=\frac{E}{c}\boldsymbol{n}=\frac{h\nu}{c}\boldsymbol{n}=\frac{h}{\lambda}\boldsymbol{n} \tag{13.23}$$

因此,对于频率为 ν 的光子,其能量和动量的大小分别为

$$E=h\nu, p=\frac{h}{\lambda} \tag{13.24}$$

光子具有动量这一点已在光压实验中得到证实。

通过普朗克常量 h 将描述光的粒子特性的能量 E 和动量 $\boldsymbol{p}$ 与描述其波动特性的频率 ν 和波长 λ 紧密联系了起来。

3. 光电效应的应用

光电效应不仅有重要的理论意义,而且在科学和技术的许多领域中都有着广泛的应用。由于光电效应中的光电流与入射光强成正比,可以利用它来实现光信号与电信号之间的相互转换,应用于电影、电视及其他现代通信技术中。光电效应的瞬时性在自动控制和自动计数等方面也有极为广泛的用途。这里只介绍常见的外光电效应的几种应用。

(1)光电管和光电继电器

图 13.7 中给出了光电管的结构。在密封的玻璃壳内,中心的小球或环形物构成阳极 A,涂在玻璃壳内表面的银、钾或锌等光电材料构成阴极 K。在两极之间接一电池组,当光照射到阴极 K 上时,电路中就有光电流通过,饱和电流 i_s 与入射光的功率之间有严格的线性关系,这就可以把光强的变化无畸变地转化成电流的变化,实现了光信号($\lambda<1.6\ \mu\text{m}$)与电信号之间的转换。例如,在无线电传真中把稿件和图片等转换成电信号以便传送等。

利用光电管制成的光控继电器可用于自动控制,如自动计数、自动报警、自动跟踪等。图 13.7 是光电继电器示意图,它的工作原理是:当光照在光电管上时,光电管电路中产生光电流,经过放大器放大,使电磁铁 M 磁化,进而把衔铁 N 吸住。当光电管上没有光照时,光电管电路中没有电流,电磁铁 M 就把衔铁 N 放开。将衔铁和控制机构相连接,就可以进行自动控制。

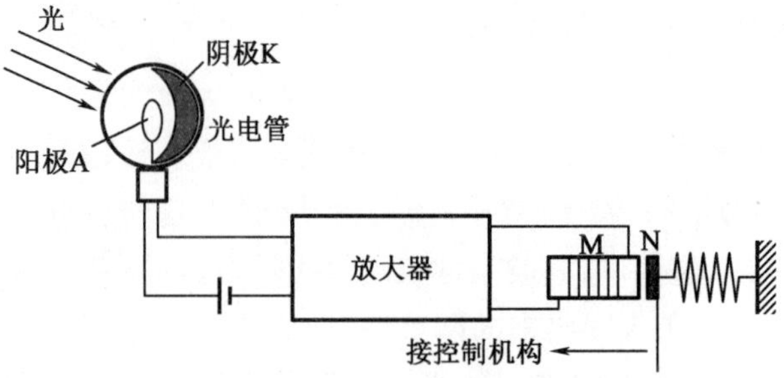

图 13.7　光电继电器示意图

光电光度计也是利用光电管制成的。它是利用光电流与入射光强度成正比的原理，通过测量光电流来测定入射光强度的。有些曝光表就是一种光电光度计。

(2)光电倍增管

除光电管外，利用光电效应还可以制造多种光电器件，如光电倍增管、电视摄像管等。这里介绍一下光电倍增管，这种管子可以测量非常微弱的光。图 13.8 给出了光电倍增管的大致结构，它的管内除有一个阴极 K 和一个阳极 A 外，还有若干个倍增电极 K_1、K_2、K_3、K_4、K_5 等。使用时不但要在阴极和阳极之间加上电压，在各倍增电极也要加上电压，使阴极电势最低，各个倍增电极的电势依次升高，阳极电势最高。这样，相邻两个电极之间都有加速电场。当阴极受到光的照射时就发射光电子，光电子在加速电场的作用下以较大的动能撞击到第一个倍增电极上。光电子能从这个倍增电极上激发出较多的电子，这些电子在电场的作用下，又撞击到第二个倍增电极上，从而激发出更多的电子。这样，激发出的电子数不断增加，最后阳极收集到的电子数将比最初从阴极发射的电子数增加了很多倍(一般为 $10^5 \sim 10^8$ 倍)。因而，这种管子只要受到很微弱的光照，就能产生很大的电流，它在工程、天文、军事等方面都有重要的应用。

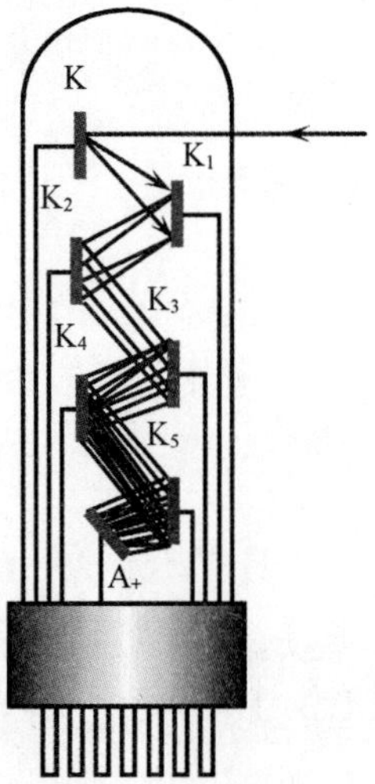

图 13.8　光电倍增管

(3)光电成像器件

光电导摄像管等光电成像器件，可以将辐射图像转换或增强为可观察、记录、传输、存储和进行处理的图像，广泛地应用于天文学、空间科学、X 射线放射学、高速摄影、电视和夜视等领域。

(4)光敏电阻

光敏电阻是利用光的照射会显著改变半导体的导电性能这个性质制成的。在可见光区，主要使用硫化锌、硫化镉和硒化镉等制成的光敏电阻；在近红外区，主要使用硅、锗、硫化铅和锑化铟等制成的光敏电阻。

13.2.3　康普顿散射

在光电效应中，光子与电子作用时，光子被电子吸收，电子得到光子的全部能量。若被吸收的光子能量大于金属的逸出功，电子就会携带一定的动能逸出金属表面，这些电子就是金属中的自由电子。光子与电子作用的形式还有其他种类。光的粒子性(光子概念)由康普顿的散射实验得以进一步证实。早在1904年，伊夫就发现，γ射线被物质散射后其波长有变长的现象。1923年5月的《物理评论》上，美国物理学家康普顿以《X射线受轻元素散射的量子理论》为题，发表了他所发现的散射效应，并用光量子假说做出解释。其后不久，吴有训也参与研究了X射线通过物质时向各方向散射的现象。图13.9为康普顿散射实验装置示意图，他们在实验中发现，在散射的X射线中，除了有波长与原射线相同的成分外，还有波长较长的成分，且波长改变量与入射光波长无关，而是随散射角θ的增大而增大，其关系式为

$$\Delta\lambda = 2\times 2.41\times 10^{-3}\sin^2\frac{\theta}{2}$$

这种波长变长的散射现象称为**康普顿散射**或**康普顿效应**。

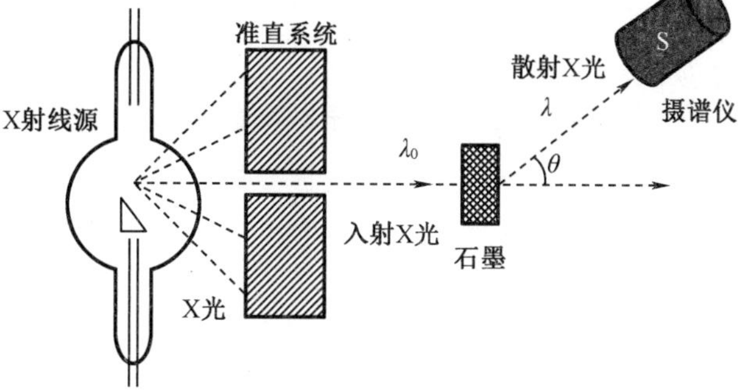

图13.9 康普顿散射实验装置示意图

按照经典电磁理论，入射X光引起散射物质中带电粒子的受迫振动，从而应该发出与入射光频率相同的散射波，即散射光波长是不会改变的。而应用光子理论来解释康普顿效应却取得了极大的成功。

光子理论认为，康普顿效应是光子与散射体原子中的外层电子弹性碰撞的结果。严格地说，这个过程应当是电子先吸收了入射光子，然后再释放出散射光子。因为原子对外层电子的束缚较弱(结合能为10~100 eV)，同时电子热运动能量与入射X光子能量($1.0\times 10^4\sim 1.0\times 10^5$ eV)相比也可以忽略不计，所以可以将散射体原子中的外层电子当作静止的自由电子。当X射线光子与这些自由电子发生弹性碰撞后，光子的运动方向改变，产生了散射，同时光子将一部分能量转移给电子，自身能量减少。假设碰撞过程中的能量与动量是守恒的。因而散射出去的光子的能量与动量都相应减小，即X射线频率变小而波长变长。

利用爱因斯坦提出的能量与动量之间的关系式(13.24)，可知光子的动量大小可以表示为

$$p = \frac{E}{c} = \frac{h\nu}{c} = \frac{h}{\lambda} \tag{13.25}$$

碰撞以前，入射 X 光子的能量为 $h\nu_0$，动量为$\frac{h\nu_0}{c}\boldsymbol{n}_0$，静止电子的能量为 m_0c^2，动量为零。碰撞以后，X 光子沿与入射方向成 θ 角的方向散射，能量为 $h\nu$，动量为$\frac{h\nu}{c}\boldsymbol{n}$，$\boldsymbol{n}_0$ 和 $\boldsymbol{n}$ 分别表示在其运动方向上的单位矢量。反冲电子的能量为 mc^2，动量为 $m\boldsymbol{u}$。光子与自由电子的碰撞及动量变化如图 13.10 所示。

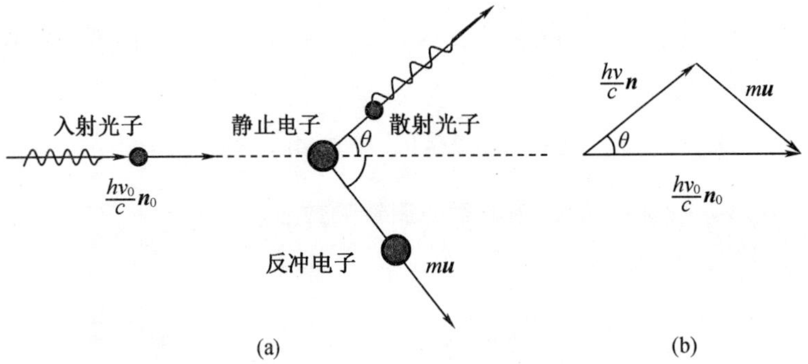

图 13.10　光子与自由电子的碰撞及动量变化

由于在碰撞过程中能量守恒、动量守恒，因此光子与电子的碰撞只能发生在一个平面内，由此得到碰撞过程中的能量守恒、动量守恒关系式：

$$h\nu_0 + m_0c^2 = h\nu + mc^2 \tag{13.26}$$

$$\frac{h\nu_0}{c}\boldsymbol{n}_0 = \frac{h\nu}{c}\boldsymbol{n} + m\boldsymbol{u} \tag{13.27}$$

实际上，这里已经假定了被散射的是整个光子。利用余弦定理，可将式(13.27)改写为

$$(mu)^2 = \left(\frac{h\nu_0}{c}\right)^2 + \left(\frac{h\nu}{c}\right)^2 - 2\left(\frac{h\nu_0}{c}\right)\left(\frac{h\nu}{c}\right)\cos\theta \tag{13.28}$$

或

$$(mu)^2c^2 = (h\nu_0)^2 + (h\nu)^2 - 2h^2\nu_0\nu\cos\theta \tag{13.29}$$

式(13.26)可改写为

$$mc^2 = h(\nu_0 - \nu) + m_0c^2 \tag{13.30}$$

将式(13.30)等号两边取平方后减去式(13.29)可得

$$m^2c^4\left(1 - \frac{u^2}{c^2}\right) = m_0^2c^4 - 2h^2\nu_0\nu(1 - \cos\theta) + 2m_0c^2h(\nu_0 - \nu) \tag{13.31}$$

利用相对论质量公式 $m = \frac{m_0}{\sqrt{1 - \frac{u^2}{c^2}}}$，式(13.31)可化为

$$m_0c^2h(\nu_0 - \nu) = h^2\nu_0\nu(1 - \cos\theta) \tag{13.32}$$

再利用 $\nu_0 = \frac{c}{\lambda_0}$，$\nu = \frac{c}{\lambda}$，由式(13.32)可得

$$\Delta\lambda = \lambda - \lambda_0 = \frac{h}{m_0 c}(1 - \cos\theta) = 2\lambda_C \sin^2\frac{\theta}{2} \tag{13.33}$$

式中，$\lambda_C = \frac{h}{m_0 c} = 2.43 \times 10^{-12}$ m，称为电子的康普顿波长，其值等于在 $\theta = 90°$ 方向上测得的波长改变量。这一简单的推理对于现代物理学家来说早已成为普遍常识，可是，对于那个时代的康普顿而言却是来之不易的。人们对这类现象的研究经历了一二十年，才在1923年由康普顿得出正确结果，而康普顿自己也走了5年的弯路，这段历史从一个侧面说明了物理学的产生和发展历程的不平坦。

式(13.33)表明，散射光波长的改变量 $\Delta\lambda$ 与散射物质及入射光波长均无关，仅取决于散射角 θ。$\Delta\lambda$ 随散射角 θ 的增大而增大，由式(13.33)计算的结果与康普顿测得的X射线在石墨中散射的实验结果完全吻合(图13.11)。图13.11还表明，随着散射角的增大，散射光中波长为原波长 λ_0 的成分的光强减少，波长为 λ 的成分的光强增大。

光子理论还可以解释康普顿散射实验中的一些其他现象：散射X射线中还有波长不变的成分，即它们与入射X射线的波长相同。这是因为当光子与原子中内层电子碰撞时，内层电子被原子核紧紧束缚住，这种碰撞实际上是光子与整个原子的碰撞，而原子的质量远大于光子的质量，所以在弹性碰撞时光子的能量几乎没有损失，从而散射光中仍有波长为原波长 λ_0 的成分。因为原子序数越大的物质的内层电子数比例越大，发生第二种碰撞的机会越多，所以散射光中保持原波长的成分的光强比原子序数小的物质要大。换句话说，散射物质的相对原子质量越小，康普顿效应越显著，即散射光中波长改变成分的光强越大(图13.12)。

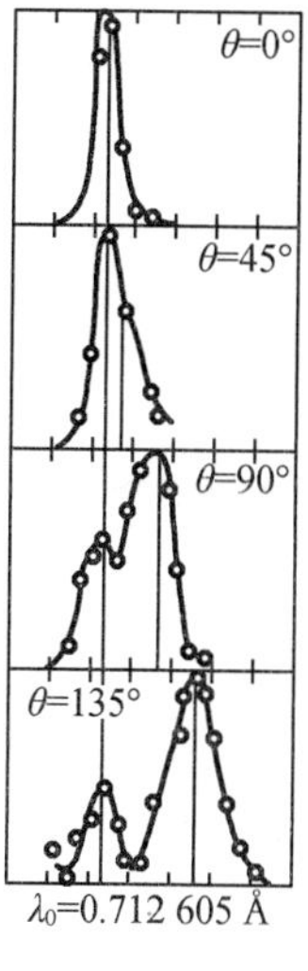

图13.11 康普顿散射与散射角的关系

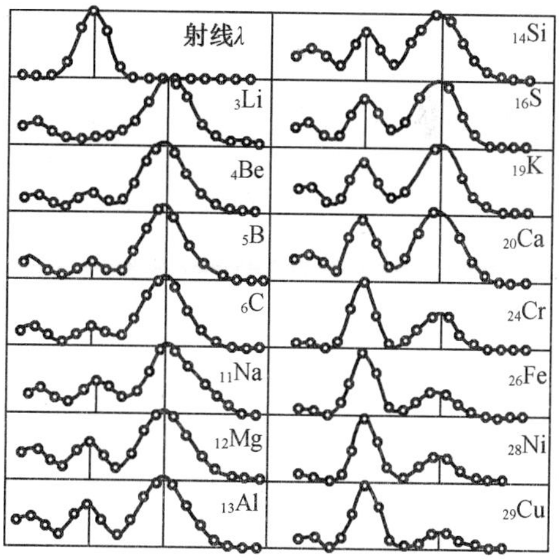

图13.12 同一散射角下 $\frac{I_\lambda}{I_{\lambda_0}}$ 随散射物质的变化

康普顿散射是继光电效应之后，对爱因斯坦光子理论最有力的实验支持。其重大意义还在于，它不仅有力地证明了光子能量、动量表示式的正确性，光具有波粒两象性，解决了一个2 000年来关于"光是波，还是粒子?"的重大科学争论，而且还首次证明了能量守恒定律和动量守恒定律在微观领域中也是完全适用的。

例 13.1 在入射光波长 $\lambda_0=400\ \text{nm}$，$\lambda_0'=0.05\ \text{nm}$ 两种情况下分别计算散射角 $\theta=\pi$ 时康普顿效应的波长偏移 $\Delta\lambda$ 和 $\Delta\lambda/\lambda_0$。

解 两种情况下，波长偏移量 $\Delta\lambda$ 是相同的：

$$\Delta\lambda=2\lambda_C\sin^2\frac{\theta}{2}=2\times0.002\ 4\times\sin^2 90°=0.004\ 8\ \text{nm}$$

当 $\lambda_0=400\ \text{nm}$ 时，$\dfrac{\Delta\lambda}{\lambda_0}=\dfrac{0.004\ 8}{400}=1.2\times10^{-5}=0.001\ 2\%$。

当 $\lambda_0'=0.05\ \text{nm}$ 时，$\dfrac{\Delta\lambda}{\lambda_0}=\dfrac{0.004\ 8}{0.05}=0.096=9.6\%$。

通过本题的计算可知，只有在入射光的波长与电子的康普顿波长 λ_C 可以相比拟时，康普顿效应才是显著的。在入射光子能量较低时（如可见光、紫外线或微波入射），康普顿效应不显著，主要观察到光电效应现象。

例 13.2 设康普顿效应中入射 X 射线波长 $\lambda=0.07\ \text{nm}$，散射 X 射线与入射 X 射线垂直。求：

(1) 反冲电子动能。

(2) 反冲电子运动方向与入射 X 射线的夹角。

解 (1) 散射 X 射线波长为

$$\begin{aligned}\lambda'&=\lambda+\Delta\lambda\\&=\lambda+2\lambda_C\sin^2\frac{\theta}{2}\\&=0.07+2\times0.002\ 4\times\sin^2\frac{\pi}{4}\\&=0.072\ 4\ \text{nm}\end{aligned}$$

由能量守恒可得，反冲电子动能即入射 X 光子损失的能量

$$E_k=mc^2-m_0c^2=hc\left(\frac{1}{\lambda}-\frac{1}{\lambda'}\right)=hc\frac{\Delta\lambda}{\lambda\lambda'}=9.42\times10^{-17}\ \text{J}$$

(2) 由动量守恒定律做出矢量图，由图 13.13 得

$$\varphi=\arctan\frac{p'}{p}=\arctan\left(\frac{\frac{h}{\lambda'}}{\frac{h}{\lambda}}\right)=\arctan\left(\frac{\lambda}{\lambda'}\right)$$

$$=\arctan\frac{0.07}{0.072\ 4}=44.0°$$

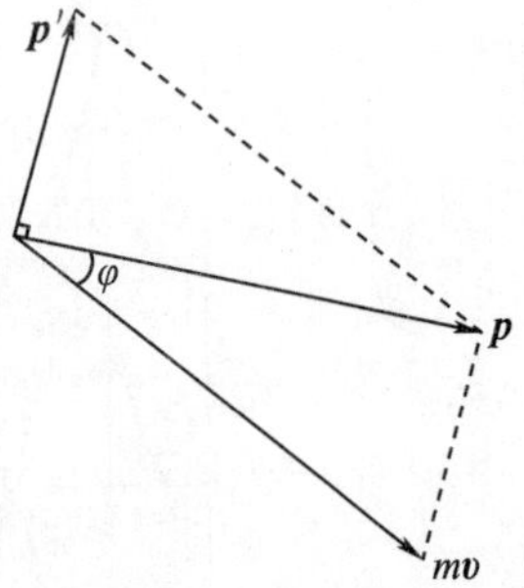

图 13.13 例 13.2 图

13.2.4 电子对的产生和湮没

光与物质相互作用的主要方式除了光电效应、康普顿效应外，还有电子对的产生和湮没。

1930 年，狄拉克在关于电子的相对论性量子力学理论中预言了正电子的存在。1932 年，安德森在宇宙射线中观测到了正电子，其质量与电子相同，电荷与电子等值异号。

当宇宙射线中的高能光子通过铅板时，高能光子与重原子核发生碰撞，光子转变成一个电子和一个正电子。

$$\gamma + Ze \rightarrow Ze + e^{+} + e^{-}$$

$$\gamma \rightarrow e^{+} + e^{-}$$

由于重原子核的反冲动能很小,因此可以忽略不计,由能量守恒定律可得

$$h\nu = E_{k+} + E_{k-} + 2m_0c^2$$

式中,E_{k+}和 E_{k-}分别为正电子和电子的动能,产生电子对的条件是入射光子的能量 $h\nu > 2m_0c^2$($2m_0c^2 = 1.02$ MeV),对应的最大波长为0.001 2 nm。

当正电子经过原子时又将与原子碰撞而失去大部分能量,并逐渐减速,然后可能被某原子捕获,最后与一个电子一道湮没。考虑到动量守恒,至少要产生两个 γ 光子,即

$$e^{+} + e^{-} \rightarrow n\gamma\ (n = 2,3,4,\cdots)$$

在 $n=2$ 的情况下,两个光子的动量数值相同、方向相反。设产生的光子的频率为 ν,波长为 λ,则按能量守恒定律有

$$2h\nu = 2m_0c^2$$

可得

$$\lambda = \frac{c}{\nu} = \frac{h}{m_0c} = \lambda_C = 0.002\ 4\ \text{nm}$$

由能量关系可知,每个光子的能量必然大于一个电子的静能 $m_0c^2 = 0.51$ MeV,即电子的康普顿波长 λ_C 所对应的能量。上述分析与实验结果一致,这再一次证实了在微观单个事件中,能量守恒定律和动量守恒定律仍然成立。此外,电子对湮没是爱因斯坦关于静止质量直接转化为能量这一理论的令人信服的例证之一。

在适当的条件下,一个正电子也可能与一个电子形成和氢原子类似的电子偶素,然后才湮没。电子偶素的寿命相当短,而氢原子的寿命却非常长。这种湮没也发生在其他的粒子和反粒子之间。例如,反质子与质子湮没将放出电子、正电子和中微子,同时还放出大量的电磁辐射。

综上所述,光与物质的相互作用只有用光子理论才能解释。当光子与原子中的束缚电子发生完全非弹性碰撞时,光子被电子吸收,产生光电效应现象。入射光子能量在可见光和紫外线范围内时可以观察到光电效应。当光子与自由电子或原子中的弱束缚电子发生弹性碰撞时发生康普顿散射。在入射光子能量在 X 射线范围内时,康普顿效应才比较显著。而当入射光子能量超过电子静能的2倍时,光子与物质作用的结果是产生电子对。光电效应中,一个光子一次性地被一个电子吸收;康普顿效应中,光子与外层自由电子或受束缚电子发生完全弹性碰撞。这也是二者对于光的粒子性的不同表现。

13.3 玻尔的氢原子理论

经典物理学不仅在说明热辐射时遇到严重困难,而且在说明原子光谱的线状结构及原子本身的稳定性方面也遇到了不可克服的困难。在量子理论发展的进程中,丹麦物理学家玻尔发挥了承上启下的作用。为了解决原子的稳定性问题,玻尔以氢原子的光谱实验规律为突破口,发展了普朗克的量子假说和爱因斯坦的光量子假说等,创立了关于氢原子结构

的半经典量子理论，开创性地提出了定态、能级、量子化跃迁等一系列概念，这些概念至今仍是量子力学中最重要的概念，相当成功地说明了氢原子光谱的实验规律。

13.3.1 氢原子光谱的实验规律

不同发光体发出的光按其波长的大小依次排列形成不同的光谱。原子发光形成的光谱称为原子光谱。不同原子的光谱各不相同，反映出原子的内部结构不同。通过光谱仪的测量去研究原子光谱，是获取原子内部结构信息的重要手段之一。

一般光谱按波长排列的情况不同分为三类，即线光谱、带光谱和连续谱。由若干离散谱线构成的光谱称为线光谱。线光谱中的每一条谱线对应一波长确定的单色光，独立的原子发射的光谱就是线光谱。若光谱分段密集，形成一系列密度不等、波长范围不同的光带，称之为带光谱，由分子发射的光谱即为带光谱。在整个波长范围内，波长连续分布的光谱则是连续谱，如白光光谱以及炽热的固体、液体或高压气体发射的光谱。

实验发现，各种元素的原子光谱都由分立的谱线组成，并且谱线的分布具有确定的规律。氢原子是最简单的原子，其光谱也是最简单的。对氢原子光谱的研究是进一步研究原子和分子光谱的基础，在研究原子、分子结构及物质分析等方面都有重要的意义。

图 13.14 是观测氢原子光谱的实验装置示意图。图 13.14(a)是作为光源的氢放电管，管内充有稀薄氢气，压强在 133 Pa 左右。在两极间加上 2 ~ 3 kV 的电压后，管内部分气体被电离，产生放电。此时，有些氢原子受到激发进入高能量状态，当它们再回到低能量状态时就能够以发光的形式释放能量。管壁材料是石英玻璃，使得紫外光能透射出来。图 13.14(b)是摄谱仪，主要部分是用棱镜（或光栅）做的分光计，可以把各种不同波长的光分解成为光谱，再把光谱拍成照片，由此就可以测量各条谱线的波长和光强。

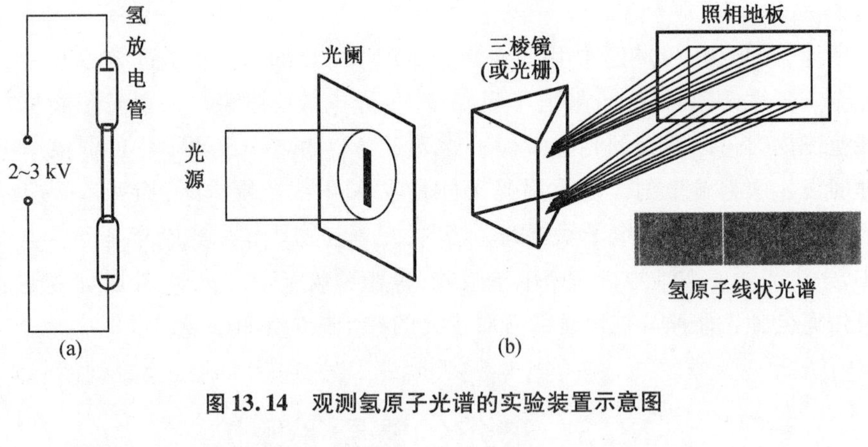

图 13.14 观测氢原子光谱的实验装置示意图

氢原子光谱的实验规律可归纳如下。

(1) 氢原子光谱是彼此分立的线状光谱，每一条谱线具有确定的波长（或频率）。

(2) 每一条谱线的波数 $\tilde{\nu}=\dfrac{1}{\lambda}$ 都可以表示为两项之差，即

$$\tilde{\nu}=\frac{1}{\lambda}=R_{\infty}\left(\frac{1}{m^2}-\frac{1}{n^2}\right)=T(m)-T(n) \tag{13.34}$$

式中，$m=1,2,3,4,\cdots$；$n=m+1,m+2,m+3,\cdots$；R_∞ 为里德伯常量，近代测量值为 $R_\infty=1.097\ 373\ 153\ 4\times10^{7}\ \mathrm{m^{-1}}$；$T$ 为光谱项。式(13.34)称为里德伯－里兹并合原则。

(3)当 m 取不同值时，得出原子光谱的不同谱线系；当 m 一定而 n 取不同值时，得出同一谱线系的各条谱线。在各谱系中，对应于 $n\to\infty$ 的波长为该谱系的最短波长，称为该谱系的线系限。

氢原子光谱分布在紫外区到红外区的五个主要谱线系如下。

莱曼系($m=1$)：$\tilde{\nu}=R_\infty\left(\frac{1}{1^2}-\frac{1}{n^2}\right)$($n=2,3,4,\cdots$)；紫外区。

巴耳末系($m=2$)：$\tilde{\nu}=R_\infty\left(\frac{1}{2^2}-\frac{1}{n^2}\right)$($n=3,4,5,\cdots$)；可见光。

帕邢系($m=3$)：$\tilde{\nu}=R_\infty\left(\frac{1}{3^2}-\frac{1}{n^2}\right)$($n=4,5,6\cdots$)；红外区。

布拉开系($m=4$)：$\tilde{\nu}=R_\infty\left(\frac{1}{4^2}-\frac{1}{n^2}\right)$($n=5,6,7,\cdots$)；红外区。

普丰德系($m=5$)：$\tilde{\nu}=R_\infty\left(\frac{1}{5^2}-\frac{1}{n^2}\right)$($n=6,7,8,\cdots$)；红外区。

各谱线系的波长如图 13.15 所示。

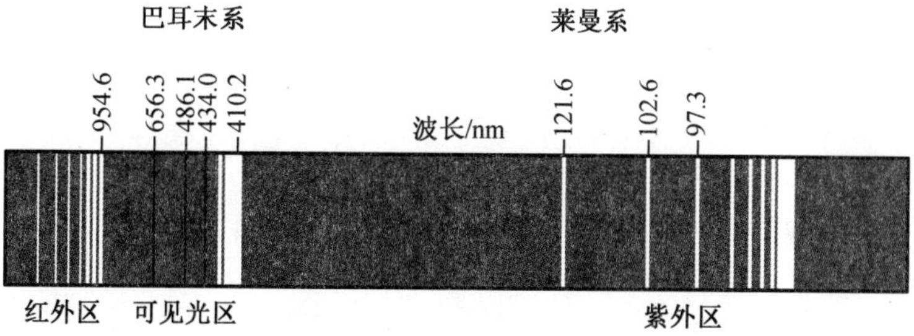

图 13.15 各谱线系的波长

在原子的有核模型的基础上，利用麦克斯韦的电磁理论解释原子光谱实验规律时遇到了巨大困难。根据卢瑟福的原子结构模型，原子中的电子应该像太阳系中的行星绕日旋转那样围绕原子核做圆周或椭圆轨道运动。由于这是一种加速运动，因此电子必然要不断地发射电磁波，而电子本身由于能量损失而不断减速，轨道半径不断缩小，以致最后被吸引到原子核上，致使整个原子塌陷。同时，电子加速运动所发射的电磁波的频率与电子做圆周或椭圆轨道运动的频率相同。在电子轨道不断缩小的过程中，电子运动周期不断减小，所发射电磁波的频率不断增大。从大量原子平均来看，它们发射的电磁波谱应该是连续的。这样，由经典物理学理论出发将得出原子不稳定、原子光谱是连续光谱的结论。这与原子是稳定的、发射线状光谱的实验事实尖锐对立。而且，经典物理学理论无法解释原子光谱的上述定量的实验规律。

13.3.2 玻尔的量子论

经过认真思考，玻尔意识到，在原子领域里，经典的电磁辐射理论已经不再适用，必须以普朗克和爱因斯坦的辐射量子论重新认识原子领域的现象。玻尔分析：既然 $h\nu$ 代表着原子辐射或者吸收的一个光子，而巴耳末公式又恰好是两项之差，并且是不随时间变化的，那么，这两项是否代表着原子在辐射或者吸收光子前后的两个稳定状态？而原子在不同的稳定状态之间变化（跃迁）时就向外辐射或者吸收频率（波长）单一的光子。因此，玻尔在卢瑟福的原子有核模型、里德伯－里兹并合原则、普朗克的量子假说和爱因斯坦的光子理论的基础上，于 1913 年创立了氢原子结构的半经典量子理论，将人们对于原子结构的认识向前推进了一大步。

1. 玻尔假设

（1）定态假设

玻尔提出了三条基本假设。

原子只能处在一系列具有不连续能量的稳定状态（$E_1, E_2, \cdots$），简称定态。处于定态的原子，其核外电子在一系列不连续的稳定圆轨道上运动，但并不辐射电磁波。原子的能量只能在原子从一个定态跃迁到另一个定态的时候才发生变化。

（2）跃迁条件

原子能量的任何变化，包括发射或吸收电磁辐射，都只能在两个定态之间以跃迁的方式进行。原子在两个定态（分别属于能级 E_n 和 E_m，设 $E_n > E_m$）之间跃迁时，发射或吸收电磁辐射的频率由两个定态的能量差决定，即

$$h\nu = E_n - E_m \tag{13.35}$$

式（13.35）称为**频率条件**。

（3）轨道角动量量子化假设

为了定量地确定原子的离散能级。玻尔提出了所谓的对应原理：在大量子数的极限情况下，量子体系的行为将趋于与经典体系相同。

根据对应原理，玻尔给出了轨道角动量量子化条件：定态与电子绕核运动的一系列分立轨道相对应，电子的轨道角动量只能是 $\hbar$（$\hbar = h/2\pi$）的整数倍，即

$$L = rm_e v = n\hbar = n\frac{h}{2\pi} \tag{13.36}$$

式中，$\hbar = h/2\pi$，称为约化普朗克常量；$n = 1, 2, 3, 4, \cdots$，称为量子数。

在假设（1）中，玻尔首先解决了原子的稳定性问题，提出了定态以及定态的能量量子化的概念，其次在量子化跃迁的频率法则中预示了原子光谱是线状谱的规律，最后给出了定态满足的条件。现在从玻尔提出的三条基本假设出发来得出玻尔的氢原子理论，并解释氢原子光谱。

2. 玻尔的氢原子理论

玻尔的三条基本假设既有量子论的思想和规则，又有经典力学轨道运动的图像，在此基础上形成的玻尔氢原子理论，可以成功地解释氢原子光谱的实验规律。

（1）轨道量子化

玻尔认为，在氢原子中，质量为 m_e 的电子在半径为 r_n 的定态圆轨道上以速率 v 绕核做圆周运动时，向心力就是库仑力，根据牛顿第二定律有

$$\frac{1}{4\pi\varepsilon_0}\frac{e^2}{r_n^2}=m_e\frac{v^2}{r_n} \tag{13.37}$$

由式(13.36)和式(13.37),消去 v,即可得原子处于第 n 个定态时的电子轨道半径为

$$r_n=n^2\left(\frac{\varepsilon_0 h^2}{\pi m_e e^2}\right)=n^2 a_0(n=1,2,3,\cdots) \tag{13.38}$$

式中,a_0 是氢原子中电子的最小轨道半径,称为**玻尔半径**,它代表着原子大小的数量级,其值 $r_1=a_0=\frac{\varepsilon_0 h^2}{\pi m_e e^2}=0.529$ Å。

式(13.38)表明,由于轨道角动量不能连续变化,电子轨道半径也不能连续变化。

电子的运动速率也是量子化的,

$$v_n=\frac{1}{m}\frac{e^2}{2\varepsilon_0 h}(n=1,2,3,\cdots) \tag{13.39}$$

(2)能量量子化与能级

氢原子的能量由电子的动能(将原子核近似处理为静止不动)和氢原子系统静电势能两部分组成。氢原子系统的能量为

$$E_n=E_k+E_p=\frac{1}{2}m_e v_n^2+\left(\frac{-e^2}{4\pi\varepsilon_0 r_n}\right)=\frac{e^2}{8\pi\varepsilon_0 r_n}+\left(\frac{-e^2}{4\pi\varepsilon_0 r_n}\right)=\frac{-e^2}{8\pi\varepsilon_0 r_n} \tag{13.40}$$

将式(13.38)代入式(13.40)即得到能量的量子化公式:

$$E_n=-\frac{1}{n^2}\frac{m_e e^4}{8\varepsilon_0^2 h^2}(n=1,2,3,\cdots) \tag{13.41}$$

由此可见,由于电子轨道角动量不能连续变化,氢原子的能量也只能取一系列不连续的值,这称为**能量量子化**,这种量子化的能量值称为**能级**。把 $n=1$ 的定态叫作氢原子的**基态**,其余定态($n=2,3,4,\cdots$)叫作**激发态**。氢原子的基态能量为

$$E_1=\frac{-m_e e^4}{8\varepsilon_0^2 h^2}\approx -13.6\ \text{eV} \tag{13.42}$$

氢原子各激发态能量又可以表示为

$$E_n=\frac{1}{n^2}E_1 \tag{13.43}$$

由于 E_1 为负值,因此氢原子各能态的能量都为负值,能量小于零表示氢原子中的电子处于束缚状态。能级可以用能级图形象地表示出来。图13.16是氢原子能级图,n 值越大,相邻能级差越小,能级越密。当 n 很大时,能级间距非常小,以至于可以看成是准连续变化的。当 $n\to\infty$ 时,$E_n=0$,此时由式(13.38)有 $r_n\to\infty$,即为电离态,表明这时的电子已经脱离原子核的束缚而成为自由电子。使电子从基态到脱离原子核束缚所需要外界提供的最小能量值称为**电离能**(E_b),显然 $E_b=E_{n\to\infty}-E_1=13.6$ eV。

根据跃迁条件,当氢原子从能量较高的定态 E_n 跃迁到能量较低的定态 E_m 时,就向外发射一个频率为 ν 的光子(反之则吸收一个光子),有

$$h\nu=E_n-E_m=\frac{1}{n^2}E_1-\frac{1}{m^2}E_1=|E_1|\left(\frac{1}{n^2}-\frac{1}{m^2}\right) \tag{13.44}$$

波数为

$$\tilde{\nu}=\frac{1}{\lambda}=\frac{\nu}{c}=\frac{|E_1|}{hc}\left(\frac{1}{n^2}-\frac{1}{m^2}\right) \tag{13.45}$$

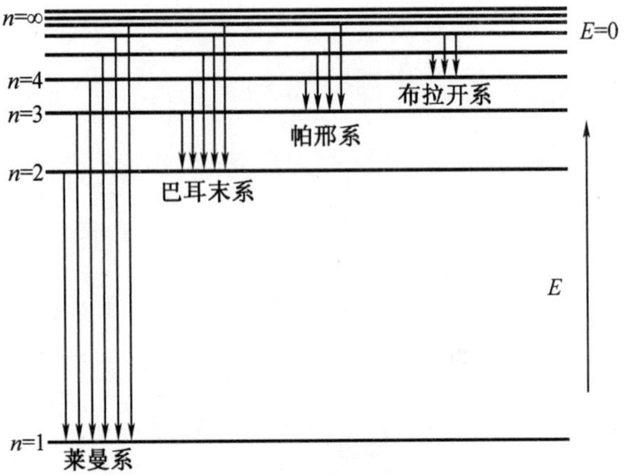

图 13.16　氢原子能级图

令

$$R_\infty=\frac{|E_1|}{hc}=1.097\ 373\ 153\ 4\times10^7\ \text{m}^{-1}$$

可得

$$\tilde{\nu}=R_\infty\left(\frac{1}{n^2}-\frac{1}{m^2}\right)(m=1,2,3,\cdots;n=m+1,m+2,m+3,\cdots) \tag{13.46}$$

这正是巴耳末公式的形式。由玻尔理论得到的波数公式与实验规律中的巴耳末公式一致，且里德伯常量的理论值与实验值惊人地相符。氢原子在不同能级之间跃迁时发射或者吸收光子。由于能级是分立的，所发射或吸收的光子的能量 $h\nu=E_n-E_m$ 必然也是分立的，其对应的光一定是波长和频率确定的单色光，因此氢原子光谱为线状谱。

玻尔的量子论不仅成功地解释了氢原子光谱，而且，玻尔所提出的一些最基本的概念，例如定态、能级（原子能量的量子化）和量子跃迁等，至今仍然是正确的。德国物理学家索末菲在氢原子的定态中进一步引入了椭圆轨道、电子质量的相对论修正和电子轨道平面在空间取向的量子化等，从而解释了氢原子、类氢原子光谱的精细结构，氢原子光谱在磁场中分裂的塞曼效应，氢原子光谱在电场中分裂的斯塔克效应等。然而，玻尔的量子论也存在一定的问题和局限性。玻尔的量子论只能说明氢原子及类氢离子的光谱规律，不能解释比氢原子复杂一点的氦原子和碱金属的光谱，对光谱线的相对强度分布、宽度、偏振等问题也无能为力，而且也不能处理非束缚态问题如散射问题等。玻尔的量子论的不足在于它仍然保持了浓厚的经典色彩，如采用了轨道这一经典概念来描述电子运动，把微观粒子看成是遵守经典力学的质点，用牛顿定律进行计算等。同时又赋予它们量子化的特征（能量量子化、角动量量子化）。这使得玻尔的量子论成为一个半经典、半量子的过渡理论。即使如此，玻尔的量子论对量子力学的发展仍有重大的先导作用和影响，其更深刻的意义在于它首先明确指出了经典物理学理论在原子内部不再适用，应该使用新的量子规律，这是原子物理学的一个里程碑。玻尔的氢原子理论和普朗克的量子假说、爱因斯坦的光子理论一起组成了早期的量子论，为量子力学的诞生和发展打下了基础。

13.3.3 弗兰克－赫兹实验

在玻尔的氢原子理论被提出的第二年（1914 年），弗兰克和赫兹用实验证实了原子定态能级的存在，对玻尔的氢原子理论给予了有力支持。

当两个原子发生碰撞时，有时会发生平动动能转变成原子内能的情形，称之为**非弹性碰撞**。但是，如果原子的内能只能取分立的值，那么非弹性碰撞的发生就要求有足够的动能使两相互碰撞的原子之一从开始的能态上升到某一较高能态，否则碰撞将是弹性的，没有动能被吸收。但是，如果一个原子从它的最低能态上升到某一较高能态，那么它随后可以以辐射的形式将其吸收的能量释放出来，辐射的能量等于较高能态和较低能态的能量差。

弗兰克－赫兹实验如图 13.17 所示。其装置如图 13.17(a)所示。将一玻璃管抽成真空后注入水银(汞)蒸气，管中有一个热灯丝阴极 K 和一个阳极 P，靠近阳极的地方有一个加速栅极，选取灯丝的温度使它放出的电子只具有很小的动能。在阳极和栅极之间存在一个遏止电压以阻止电子向阳极运动，即通过栅极的缝隙时具有很小动能的电子将不能到达阳极。然后，用一个接在阳极回路中的电流计来测量阳极电流随加速电压的增大而变化的情况。

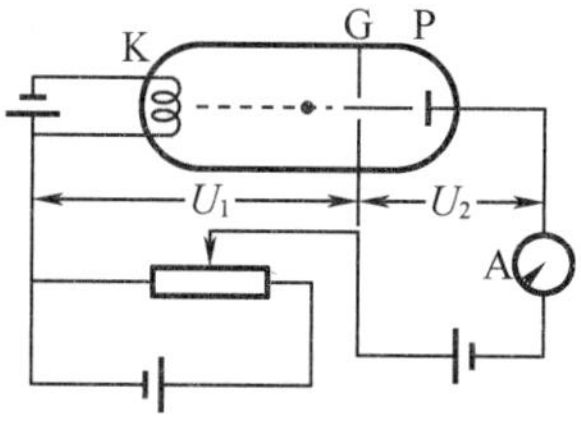

(a)弗兰克-赫兹实验装置

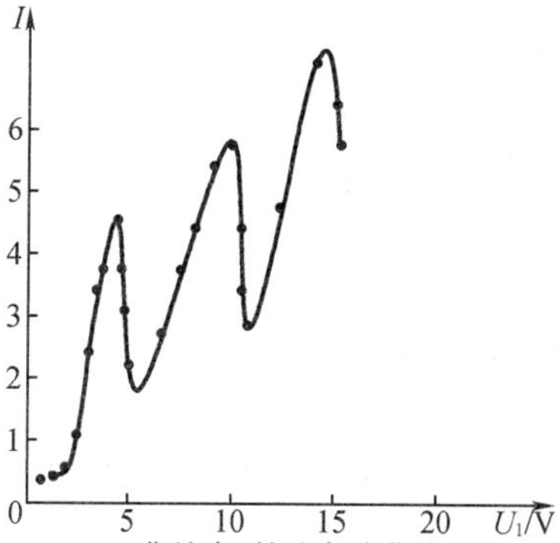

(b)弗兰克-赫兹实验曲线

图 13.17 弗兰克－赫兹实验

图 13.17(b)给出了管中充满水银蒸气时所得的结果。当加速电压 U_1 不大时，阳极电流 I 随电压 U_1 的增大而增大；当电压达到 4.9 V 时电流开始下降，形成一个峰；继续增大电压 U_1，I 降到一个极小值后又开始上升。当加速电压每增加 4.9 V 时，该过程即重复一次。这可以解释为：设汞原子的基态能量为 E_1，第一激发态的能量为 E_2，当动能为 $E_k < E_2 - E_1$ 时，电子不能使汞原子激发，电子的动能没有损失，相当于电子和汞原子之间的碰撞为弹性碰撞。在这种情况下，阳极电流 I 将随加速电压 U_1 的增大而增大。当电子的动能 $E_k \geqslant E_2 - E_1$ 时，汞原子从电子那里得到能量，从而使汞原子由基态跃迁到激发态，这时相当于电子和汞原子之间的碰撞为非弹性碰撞。在这种情况下，由于电子把全部或绝大部分的能量传递给了汞原子，电子的动能急剧减小，故阳极电流 I 也急剧减小，这是图 13.17 中出现第

一个波谷的原因。图 13.17(b) 中给出了当电子的能量正好在栅极前面达到 4.9 eV 时，就在与管中的水银原子做非弹性碰撞的过程中失去了大部分能量。于是它们剩下的能量很小以致不能克服遏止电压而到达阳极，因此阳极电流下降。通过与电子碰撞，汞原子吸收了能量而处于一种激发状态。当电压超过 4.9 V 并继续增加时，电子在碰撞过程之后还有足够的动能去克服遏止电压而到达阳极，所以电流再一次增加。当加速电压足够大，以致电子在它们从阴极到栅极的途中有足够的动能与汞原子做两次非弹性碰撞，则电流再次下降，出现第二个波谷，依次类推。因此，在电压增大的过程中，弗兰克和赫兹观察到一系列电流的降落，电压相隔大致相等，都是 4.9 V。也就是说，两相邻板极电流峰值所对应的电压都为 4.9 V。因此可以认为，4.9 V 是把汞原子从基态激发到第一激发态所需要的能量，4.9 V 也称为汞原子的第一激发态电势。

受激发的汞原子从第一激发态跃迁到基态时，就会有光发射出来，所发射的光的波长可以由式(13.35)算得，$\lambda=\dfrac{ch}{E_2-E_1}=\dfrac{3\times10^8\times6.63\times10^{-34}}{4.9\times1.6\times10^{-19}}\ \text{nm}=2.54\times10^2\ \text{nm}$。在实验中，确实观察到一条 $\lambda=2.4\times10^2\ \text{nm}$ 的谱线，这个实验值与理论计算值符合得很好。

弗兰克－赫兹实验是关于原子内能量量子化的直接证据，实验表明汞原子吸收电子的能量是不连续的，汞原子的第一激发态在它的最低能态之上大约 4.9 eV。被激发的汞原子，当它们从第一激发态返回到最低能态（基态）时，可能通过辐射放出这份能量。在较后的实验中，赫兹观察了管中水银蒸气的发射光谱。他发现当入射电子的能量小于 4.9 eV 时没有任何谱线发射，但当能量达到 4.9 eV 时，光谱中出现汞原子的一根谱线，甚至当电子动能略大于 4.9 eV 时，也只有这一根谱线。

弗兰克－赫兹实验表明，原子能级是确实存在的，原子被激发到激发态的过程需要吸收一定的能量，而这些能量是不连续的、量子化的。这无可辩驳地证实了存在分立的原子能级这一事实。弗兰克和赫兹因此同获 1925 年的诺贝尔物理学奖。

13.4 实物粒子的波粒二象性

13.4.1 德布罗意波

物理学家十分看重自然界的和谐和对称，常运用对称性思想研究新问题，发现新规律，甚至在科学上取得突破性成就，这在物理学史上屡见不鲜。例如，知道了变化的磁场能产生电场，法拉第等就根据对称性原则推测变化的电场也应能产生磁场，这一设想随后在实践中得到确认，从而将电磁学理论发展到一个崭新的阶段，为人类进入电气化时代奠定了基础。

既然光具有波粒二象性，人们自然会想到，运动的实物粒子是否也具有波粒二象性呢？受此启发，法国的一位年轻人德布罗意生成了一个大胆的想法：光波是粒子，那么粒子是不是波呢？也就是说，光的波粒二象性是不是可以推广到电子这类的粒子呢？他猜测波粒二象性可能是一切物质的基本属性。他提出了这样的问题："整个世纪以来，在辐射理论方面,比起波动的研究方法来,(人们)过于忽略了粒子的研究方法;那么在实物理论上,是否产生了相反的错误,把粒子的图像想象得太多,而过于忽略了波的图像?”他企盼把粒子的观点和波动的观点统一起来,给予“量子”以真正的含义。于是,1923 年,他接连发表三篇论文,提出“物质波(即德布罗意波)”的新概念,他坚信大至一颗行星,小至一个电子,都能生成物质波。1924 年,德布罗意在他的博士论文中大胆地提出了**实物粒子也具有波动性**的假设,完成了从经典物理学到量子理论的**第二个飞跃**,也因此获得了诺贝尔物理学奖。

德布罗意波假设:包括光子在内的所有微观实物粒子在运动中既表现出粒子的行为,也表现出波动的行为,此即**波粒二象性**。德布罗意把表示粒子波动特性的物理量(波长 λ、频率 ν)与表示其粒子特性的物理量(质量 m、动量 $\boldsymbol{p}$ 和能量 E)用下述关系式联系起来。

$$\boldsymbol{p} = m\boldsymbol{v} = \frac{h}{\lambda}\boldsymbol{n} \tag{13.47}$$

$$E = mc^2 = h\nu \tag{13.48}$$

也可写成

$$\lambda = \frac{h}{p} = \frac{h}{mv} = \frac{h}{m_0 v}\sqrt{1 - \frac{v^2}{c^2}} \tag{13.49a}$$

$$\nu = \frac{E}{h} = \frac{mc^2}{h} = \frac{m_0 c^2}{h\sqrt{1 - \frac{v^2}{c^2}}} \tag{13.49b}$$

式(13.49)称为**德布罗意关系式**,这种与实物粒子相联系的波称为**德布罗意波**,又称为**物质波**。

德布罗意关系式与表示光的波粒二象性的爱因斯坦关系式[式(13.23)、式(13.24)]完全一致,是自然界一切物质的普适关系,只不过前者突出了实物粒子的波动性,而后者突出了光的粒子性。在两式中,普朗克常量 h 都起着重要的作用。由于普朗克常量很小,可以预见,宏观物体由于其质量相对很大,因此物质波的波长极短,以至于难以观测。而微观粒子,例如电子,其质量很小,物质波的波长可以观测到。

以经电场加速后的电子为例。初速度忽略不计,静止质量为 m_e 的电子,经电势差为 U 的电场加速后,将获得 $E_k = eU$ 的动能。根据相对论的动量与能量的关系 $c^2p^2 = E^2 - E_0^2 = (E_0 + E_k)^2 - E_0^2 = E_k^2 + 2E_0E_k$,可得电子的动量为

$$p = \frac{1}{c}\sqrt{E_k^2 + 2E_0E_k} = \frac{1}{c}\sqrt{e^2U^2 + 2eUm_ec^2} \tag{13.50}$$

由德布罗意关系式,电子的德布罗意波长为

$$\lambda = \frac{h}{p} = \frac{hc}{\sqrt{e^2U^2 + 2eUm_ec^2}} \tag{13.51}$$

如果加速电压不大,以致加速后电子的速率 $v \ll c$,可以忽略相对论效应,直接由动量 $p = \sqrt{2em_eU}$ 得到

$$\lambda = \frac{h}{mv} = \frac{h}{\sqrt{2em_eU}} = \frac{1.225}{\sqrt{U}}\ \text{nm} \tag{13.52}$$

式中,U 以 V 为单位。

例 13.4 分别计算电子经过(1) $U=1.0\times10^6$ V,(2) $U=150$ V 电压加速后的德布罗意波长。

解 (1)电子经电场加速后的德布罗意波长可由式(13.51)计算得到。

$$\lambda=\frac{hc}{\sqrt{e^2U^2+2eUm_ec^2}}=\frac{1.225}{\sqrt{U(1+0.9785\times10^{-6}U)}}\ \text{nm}=8.71\times10^{-4}\ \text{nm}$$

此时电子的波长极短。电子显微镜中就多采用这样的电压加速电子,以获得波长极短的电子波,从而大大提高显微镜的分辨率。

(2)加速电压为 150 V 时,$1\gg0.9785\times10^{-6}U$,因而可采用非相对论的波长公式,即

$$\lambda=\frac{h}{\sqrt{2em_eU}}=\frac{1.225}{\sqrt{U}}\ \text{nm}=0.10\ \text{nm}$$

由此可知,动能 $E_k=150$ eV 的电子的德布罗意波长与 X 射线波长同数量级,因此观察电子衍射可采用与 X 射线衍射相同的方法,如用晶体作为天然光栅实现衍射。

例 13.5 计算质量 $m=10$ g,速率 $v=500\ \text{m}\cdot\text{s}^{-1}$的一粒子弹的德布罗意波长。

解
$$\lambda=\frac{h}{p}=\frac{h}{mv}=\frac{6.626\times10^{-34}}{0.01\times500}\ \text{m}=1.33\times10^{-34}\ \text{m}$$

由此看出,由于普朗克常量是个极微小的量,故宏观物体的德布罗意波长小到在实验中难以观测,因而宏观物体的波动性微弱得不足为虑,仅仅表现出粒子性。也就是说,当运动粒子的德布罗意物质波长远小于该粒子本身的尺度时,可以近似地用经典物理学理论来处理,否则要用量子理论来处理。

德布罗意是采用类比的方法提出他的假设的,当时并没有任何直接的证据。但是,爱因斯坦独具慧眼。当他得知德布罗意提出的假设后就评论说:“我相信这一假设的意义远远超出了单纯的类比。粒子的每一个运动都伴随着一个波场,这个波场的物理性质虽然现在还不清楚,但是原则上应该能够观察到。德布罗意干了一件大事,另一个物理世界的那幅巨大的帷幕,已经被轻轻地掀开了一角。”事实上,德布罗意的假设不久后就得到了实验证实,而且引发了一门新理论——**量子力学**的建立。

13.4.2 德布罗意波的实验验证

当电子的速度的数量级为 $10^6\ \text{m}\cdot\text{s}^{-1}$时,其德布罗意波长已与 X 射线的波长相当,所以用一般的可见光的衍射方法是难以测到像电子、质子、中子等物质的波动性的。1927 年,戴维孙和革末率先采用类似于布拉格父子解释 X 射线衍射现象的方法,认为晶体对电子物质波的衍射应与其对 X 射线的衍射满足相同的条件,从而用电子衍射证实了德布罗意的假设的正确性。下面先介绍戴维孙 - 革末实验。

1. 戴维孙 - 革末实验

图 13.18(a)是戴维孙 - 革末实验装置的示意图。由热阴极 K 发出的电子经加速电场 U 加速后,通过狭缝 D 形成很细的电子射线束,入射到镍晶体上,在反射方向上用电子探测器 B 测量沿不同方向散射的电子束的强度,电子束的强度由灵敏电流计 G 的电流 I 反映。实验时,保持电子束的入射角与反射角相等,单调改变阴极电压,观察电流随阴极电压的变化曲线。实验结果如图 13.18(b)所示。

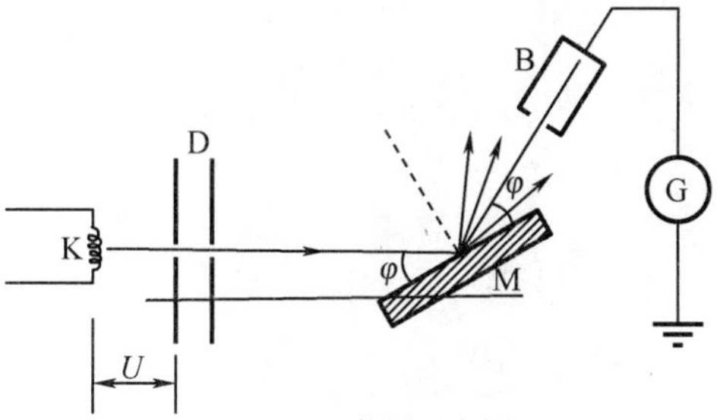

(a)装置示意图

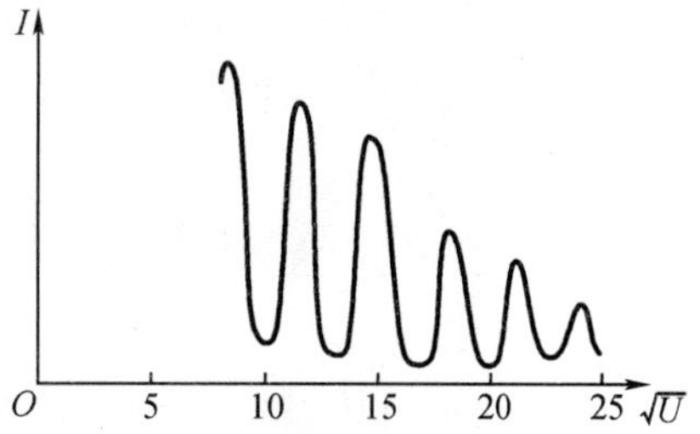

(b)实验结果

图 13.18 戴维孙－革末实验

实验结果表明，随着加速电压 U 的增加，电流并未随之单调增加，而是当电压取某些特定值时，电流才呈现峰值，显示了有规律的选择性。例如，只有在加速电压 $U=54\ \text{V}$，且 $\varphi=50°$时，探测器中的电流才有极大值。下面从电子的波动性的角度来解释上述实验结果。

按类似于 X 射线在晶体表面衍射的分析，散射电子束极大的方向应满足布拉格公式：

$$2d\sin\varphi=k\lambda \tag{13.53}$$

已知镍晶面上的原子间距 $d=2.15\times10^{-10}\ \text{m}$，由式(13.53)可得电子波的波长应为

$$\lambda=d\sin\varphi=2.15\times10^{-10}\times\sin 50°\ \text{m}=1.65\times10^{-10}\ \text{m}$$

按德布罗意假设，该电子波的波长应为

$$\lambda=\frac{h}{mv}=\frac{h}{\sqrt{2em_eU}}=\frac{1.25}{\sqrt{U}}\ \text{nm}=1.67\times10^{-10}\ \text{m}$$

这一结果和上面的实验结果符合得很好。这表明，电子确实具有波动性，德布罗意关于实物粒子具有波动性的假设首次得到实验证实。

2. 汤姆孙电子衍射实验

在戴维孙和革末利用电子在晶面上的散射证实了电子的波动性的同一年，英国物理学家汤姆孙独立地从实验中观察到电子透过多晶薄片时的衍射现象。电子从灯丝逸出后，经过加速电场加速，再通过小孔，成为一束很细的平行电子束，其能量约为数千电子伏。当电子束穿过一多晶薄片(如铝箔)后，再射到照相底片上，就得到了电子衍射的环状图样，与X射线衍射图样十分相似，如图 13.19 所示。汤姆孙的父亲曾因发现电子(1897 年)而于 1906 年获得诺贝尔物理学奖。父子二人，一个发现了电子，另一个证实了电子的波动性，都获得了诺贝尔物理学奖。这一巧合在物理学史上是罕有的趣事。

其实，证实电子波动性的最直观的实验应该是电子通过狭缝的衍射实验，但要将狭缝做得极细是很困难的。直到 1961 年，约恩孙才制出长为 50 μm、宽为 0.3 μm、缝间距为 1.0 μm的多缝。他用 50 kV 的加速电压加速电子，使电子束分别通过单缝、双缝……五缝，均可得到衍射图样。图 13.20(a)是电子通过双缝的衍射图样，这个图样与可见光通过双缝的衍射图样在模式上完全一样。

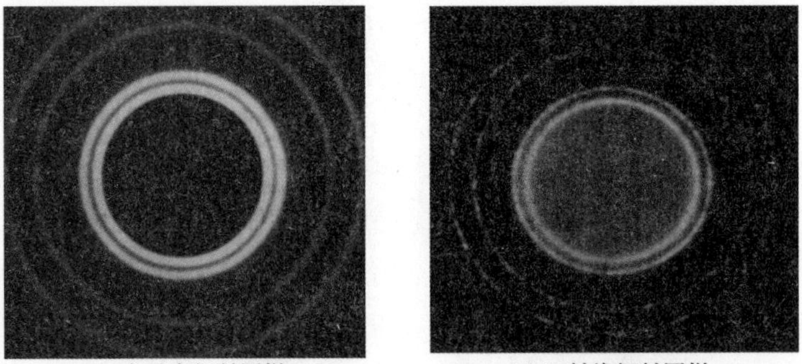

(a)电子束衍射图样 (b)X射线衍射图样

图 13.19　电子束衍射图样和 X 射线衍射图样的对比

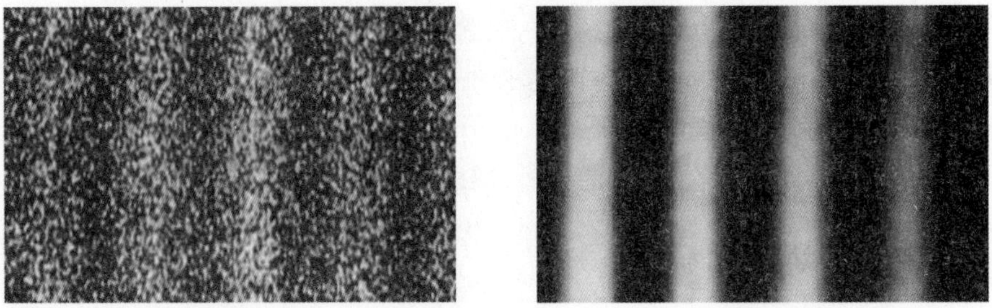

(a)电子双缝衍射图样 (b)可见光的双缝衍射图样

图 13.20　电子双缝衍射图样和可见光的双缝衍射图样的对比

这些实验直接证明了德布罗意关系式 $\lambda = h/p$，从而证明了电子确实具有波动性。为此，戴维孙和汤姆孙共获 1937 年的诺贝尔物理学奖。

此后的大量事实表明，不仅是电子，其他实物粒子如质子、中子、氦原子和氢分子等都有衍射现象，都是具有波动性的。所以可以说，波动性乃是粒子自身固有的属性，而德布罗意关系式正是反映实物粒子波粒二象性的基本公式。

13.4.3　不确定关系

1. 不确定关系

在经典力学中，粒子（质点）的运动状态是用位置坐标和动量来描述的，而且这两个量都可以同时准确地予以测定，即一旦知道了某一时刻粒子的位置和动量，则在一般情况下，在此之后的任意时刻，原则上粒子的位置和动量都可以被精确地预言。这就是以前讲述过的牛顿力学的确定性。因此可以说，同时准确地测定粒子（质点）在任意时刻的坐标和动量是经典力学赖以保持有效的关键。然而，对于具有二象性的微观粒子来说，是否也能用确定的坐标和确定的动量来描述呢？下面以电子通过单缝衍射为例来进行讨论。

设有一束电子沿 Ox 轴射向缝宽为 b 的狭缝 AB。在照相底片 CD 上可以观察到如图 13.21所示的衍射图样（类似于单缝衍射光强分布），设单缝的缝宽为 Δy，根据单缝衍射公式，第一级暗纹对应的衍射角满足下列条件：

$$\Delta y \sin\theta = \lambda \tag{13.54}$$

如果仍用坐标和动量来描述这束电子的运动状态,那么,一个电子在通过狭缝的瞬时是从缝上的哪一点通过的呢?也就是说,电子通过狭缝的瞬时,其坐标 y 为多少?显然,这是无法确定的,即不能准确地确定该电子通过狭缝时的坐标。然而,该电子确实通过了狭缝,因此,可以认为电子在 Oy 轴上的坐标的不确定范围 $\Delta y = b$。在同一瞬时,由于衍射的缘故,电子沿 Ox 轴运动,即它在通过缝前的动量的 y 分量 $p_y = 0$,显然,通过缝后,$p_y \neq 0$,否则电子就要沿原方向前进而不会发生衍射现象了,即使电子的动量的大小未改变,但动量的方向也发生了改变。对于通过缝后的电子,仍然无法确定它究竟会落在检测屏上何处,它可以出现在中央明条纹的任何地方,还可以出现在一级或 k 级明条纹内。作为近似,如果只考虑一级(即$k=1$)衍射图样,则电子被限制在一级最小的衍射角范围内,设电子的总动量为 $\boldsymbol{p}$,y 方向的动量为 p_y,其取值范围为

$$0 \leqslant p_y \leqslant p\sin\theta \tag{13.55}$$

因此,电子动量沿 Oy 轴方向的分量的不确定范围为

$$\Delta p_y = p\sin\theta \tag{13.56}$$

由式(13.54)及德布罗意式 $\sin\theta = \dfrac{\lambda}{\Delta y}$,$\lambda = \dfrac{h}{p}$,根据式(13.56)可得

$$\Delta p_y = \frac{h}{\Delta y} \tag{13.57}$$

于是有

$$\Delta y \cdot \Delta p_y = h \tag{13.58}$$

如果把衍射图样的次级也考虑在内,式(13.58)应改写成 $\Delta y \cdot \Delta p_y \geqslant h$,这说明在电子通过狭缝的瞬间,其坐标和动量都存在着各自的不确定范围,并且二者互相关联着,缝越窄(Δy 越小),电子在底片上产生的衍射图样的中心极大区就越宽(Δp_y 越大)。也就是说,位置 y 确定得越准确,动量 p_y 确定得就越不准确。反之,如果粒子的动量 p_y 完全确定,它的位置 y 就完全不确定。

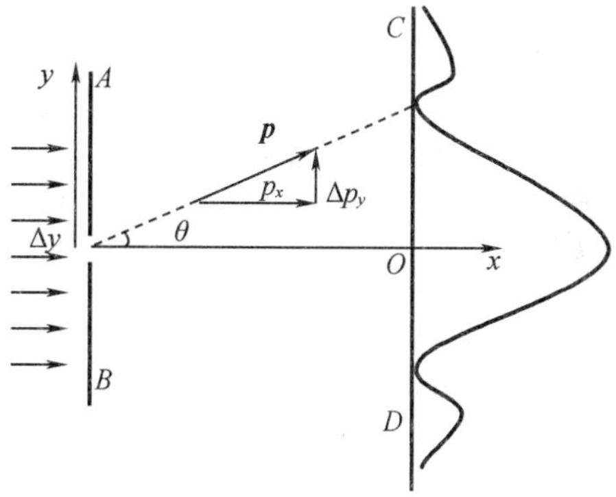

图 13.21 用电子衍射说明不确定关系

以上只是粗略估算,严格的推导是于 1927 年由德国物理学家海森伯根据量子力学进行的,如果测量一个粒子的位置坐标具有一个不确定范围 Δx,则同时测量其同方向的动量也有一个不确定范围 Δp_x,Δx 与 Δp_x 的乘积总是大于一定的数值 $\hbar$,即有

$$\Delta x \cdot \Delta p_x \geqslant \frac{\hbar}{2}\left(\text{或 } \hbar、\frac{h}{2}、h\right) \tag{13.59}$$

式(13.59)称为海森伯坐标和动量的**不确定关系(不确定原理)**,有时人们也称之为**测不准原理**。量子力学认为,对于微观粒子来说,企图同时确定其位置和动量是办不到的,也是没有意义的。并且对这种企图给出了定量的界限,即坐标的不确定量和动量的不确定量的乘积不能小于作用量子 h,h 是一个极小的量,所以不确定关系只对微观粒子起作用,而对宏观物体(质点)就不起作用了,这也说明了为什么经典力学对宏观物体(质点)研究仍是十分

有效的。这种位置和动量的不能同时测定性，不是由仪器和测量方法引起的，而完全是由微观粒子的波粒二象性造成的。它反映了微观粒子运动的基本规律。在处理微观世界中的现象时，无论是做定性分析，还是做粗略的估计，不确定关系都很有用。

如果是在三维空间中，则在其他两个方向上同样存在类似的关系，即

$$\Delta y \cdot \Delta p_y \geqslant \frac{\hbar}{2}（或\ \hbar、\frac{h}{2}、h） \tag{13.60}$$

$$\Delta z \cdot \Delta p_z \geqslant \frac{\hbar}{2}（或\ \hbar、\frac{h}{2}、h） \tag{13.61}$$

需要强调的是：所谓的位置坐标和动量的不确定关系，仅仅是对于同方向的坐标和动量而言的。对于不同方向的坐标和动量，不确定关系并不成立，即它们是可以同时有确定值的，如 $\Delta x \cdot \Delta p_y = 0$；$\Delta y \cdot \Delta p_x = 0$；…。

不确定关系也存在于能量和时间之间。若一个体系处于某一状态的时间为 Δt，则它的能量必有一个不确定范围 ΔE。设一个运动的粒子的动量为 p，能量为 E，根据相对论，有

$$p^2c^2 = E^2 - m_0^2c^4$$

其动量的不确定量为

$$\Delta p = \Delta \frac{1}{c}\sqrt{E^2 - m_0^2c^4} = \frac{E}{c^2 p}\Delta E \tag{13.62}$$

Δt 时间内粒子可能发生的位移，也就是在这段时间内粒子位置的不确定量，即

$$\Delta x = v\Delta t = \frac{p}{m}\Delta t \tag{13.63}$$

将式(13.62)和式(13.63)相乘得，$\Delta x\Delta p = \frac{E}{mc^2}\Delta E\Delta t$，由于 $E = mc^2$，再根据不确定关系式(13.59)可得**能量和时间的不确定关系**为

$$\Delta E \cdot \Delta t \geqslant \frac{\hbar}{2}（或\ \hbar、\frac{h}{2}、h） \tag{13.64}$$

如果一个粒子在能量状态 E 附近只能停留 Δt 时间，Δt 为粒子的平均寿命，则在这一段时间内，粒子的能量状态并非完全确定，它有一个弥散 $\Delta E \geqslant \frac{\hbar}{2\Delta t}$，$\Delta E$ 称为**能级宽度**。只有当粒子的停留时间为无限长时，该粒子的能量状态才是完全确定的，即只有当 $\Delta t \to \infty$ 时，才有 $\Delta E = 0$。将此关系应用于原子能级及跃迁，可以看到原子基态是稳定的，即原子基态能量有确定值；而原子的激发态不稳定，其能量不确定，即具有一定的能级宽度。所以，原子在两个定态间跃迁时放出或吸收的能量不是完全确定的；由激发态跃迁到低能态时辐射的光子频率也不是单一的，这就是原子光谱存在自然宽度的根源。

2. 不确定关系的物理意义

(1)不确定关系说明经典描述手段对于微观粒子不再适用

经典力学用位矢和动量来描述质点的运动状态，并可以由质点各个时刻的状态来确定质点的运动轨迹。然而对于微观客体，不可能同时准确地知道它的动量和位置，由不确定关系得到

$$\Delta x \downarrow，则\ \Delta p_x \uparrow；\Delta x \to 0，则\ \Delta p_x \to \infty$$

$$\Delta p_x\downarrow\text{，则 }\Delta x\uparrow\text{；}\Delta p_x\to 0\text{，则 }\Delta x\to\infty$$

也就是说，要获得关于粒子空间位置的信息，就必须牺牲关于它的动量的信息。对于粒子的位置的了解越准确，对于它的动量的了解就越不准确，反之亦然。或者说，如果准确地确定了粒子的位置，就完全不知道它将向何方运动；如果准确地确定了粒子的动量，就根本无法知道粒子所处的位置。这样，对于微观粒子，轨道的概念完全失去意义。如果用相空间（$p-x$ 空间）来描述粒子的状态，那么经典粒子的状态可用相空间中的一个点来表示。当粒子运动时，这个点就在相空间中描绘出一条线。而对于微观粒子，可把相空间分为相胞，每个相胞的两边分别为 Δx 和 Δp，而且 $\Delta x\cdot\Delta p=\hbar$。在这种情况下，最多只能说每一时刻粒子的状态位于一个相胞内，随着时间的流逝，这一系列相胞连缀起来可成为相空间中的一条带。

（2）不确定关系说明微观粒子不可能静止

根据经典物理学理论，在温度 $T=0$ K 时，热运动消失，所以普朗克提出量子假说时认为谐振子的能量 $E=nh\nu(n=0,1,2,\cdots)$。然而根据不确定关系，在任何情况下，Δx 和 Δp 不能同时为零，所以微观粒子永远不可能静止，即使在 0 K 时，粒子的运动也不会停止。将0 K 时粒子具有的能量称为零点能。不确定关系说明零点能是存在的。量子力学对谐振子的计算得出，普朗克的量子假说应该修正为

$$E=\left(n+\frac{1}{2}\right)h\nu \tag{13.65}$$

式中，$n=0$ 时，$E=\frac{1}{2}h\nu$ 即为零点能。零点能是无法从谐振子中取出而始终存在的能量。任何一个原子、分子系统都存在着零点能。例如，氢原子的零点能就是氢原子的基态能量。正是零点能的存在，才使原子中的电子不会坍缩到原子核上，保持了原子的稳定性。

（3）不确定关系给出了宏观物理与微观物理的分界线

通过不确定关系，我们能够判断在所涉及的某个具体问题中，粒子能否被作为经典质点处理。在这里，起关键作用的是普朗克常量 h 的大小。设想，如果常量小到等于零，则 Δx 和 Δp 可以同时为零，任何粒子都可以同时具有确定的位置和动量，都可以用经典手段来描述，就不存在宏观世界和微观世界的根本差别了。反之，如果常量很大，那么由不确定关系可以算出一颗子弹由枪口射出时的横向速度也要达到几百米每秒，从而子弹也要和电子一样，在靶上形成衍射条纹。也就是说，宏观粒子也将表现出波粒二象性了。由此看来，正是普朗克常量划分了现实中宏观世界和微观世界的界限。也就是说，不确定关系确定了经典粒子图像可应用的程度。

例 13.6 一颗质量为 10 g 的子弹，具有 200 $\mathrm{m\cdot s^{-1}}$的速率。若其动量的不确定范围为动量的 0.01%（这在宏观范围内是十分精确的了），则该子弹位置的不确定量范围为多大？

解 子弹的动量为

$$p=mv=0.01\ \mathrm{kg}\times 200\ \mathrm{m\cdot s^{-1}}=2\ \mathrm{kg\cdot m\cdot s^{-1}}$$

动量的不确定范围为

$$\Delta p=0.01\%\times p=2\times 10^{-4}\ \mathrm{kg\cdot m\cdot s^{-1}}$$

由不确定关系式（13.59）得子弹位置的不确定范围为

$$\Delta x=\frac{\hbar}{2\Delta p}=\frac{6.63\times10^{-34}}{4\pi\times2\times10^{-4}}\text{ m}=2.64\times10^{-31}\text{ m}$$

大家知道，原子核的数量级为 10^{-15} m，所以，子弹的这个位置的不确定范围是微不足道的。可见，子弹的动量和位置都能精确地确定。换言之，不确定关系对宏观物体来说，实际上是不起作用的。

例 13.7 一电子具有 200 $\text{m}\cdot\text{s}^{-1}$的速率，若其动量的不确定范围为动量的 0.01%（这是足够精确的了），则该电子的位置的不确定范围为多大？

解 电子的动量为

$$p=mv=9.1\times10^{-31}\text{ kg}\times200\text{ m}\cdot\text{s}^{-1}=1.8\times10^{-28}\text{ kg}\cdot\text{m}\cdot\text{s}^{-1}$$

动量的不确定范围为

$$\Delta p=0.01\%\times p=1.0\times10^{-4}\times1.8\times10^{-28}\text{ kg}\cdot\text{m}\cdot\text{s}^{-1}=1.8\times10^{-32}\text{ kg}\cdot\text{m}\cdot\text{s}^{-1}$$

由不确定关系式（13.59）得电子位置的不确定范围为

$$\Delta x=\frac{\hbar}{2\Delta p}=\frac{6.63\times10^{-34}}{4\pi\times1.8\times10^{-32}}\text{ m}=4.2\times10^{-3}\text{ m}$$

原子大小的数量级为 10^{-10} m，电子则更小，在这种情况下，电子位置的不确定范围甚至比原子的还要大几亿倍。可见，电子的位置和动量不可能都精确地被确定。

13.5 概率波与波函数

由实物粒子的波动性导致的位置和动量的不确定关系指出，位置和动量不能同时被精确地测量。因而，对于微观粒子不能再用位置和动量来描述其运动状态，那么用什么来描述其运动状态呢？为了定量描述微观粒子的状态，量子力学引入了波函数（概率幅），并且对物质波进行了诠释。

13.5.1 物质波的统计诠释——概率波

粒子概念和波动概念是物理学的基本概念，它们代表着仅有的两种可能的能量输送方式。粒子概念和波动概念又是两个截然不同的概念，在经典物理学中，波动代表着某一物理量在时空中周期性地变化。波是扩展的，弥漫在空间某一区域。波还是兼容的，同一区域中，几列波可以互相叠加，产生干涉、衍射现象。粒子的空间广延性却等于零，并且具有排他性。粒子在确定的轨道上运行，撞击在屏幕上会显示出一个点，表现为颗粒性。当性质如此迥异的两个概念互相联系着统一到了同一个客体上时，人们自然要问：与实物粒子的波动性相联系的波的物理图像究竟是什么？物理学家们包括德布罗意本人都试图描述这一图像，目前得到公认的关于物质波的实质的解释是玻恩在 1926 年提出的概率波的概念。在玻恩之前，爱因斯坦谈及他本人论述的光子和电磁波的关系时曾提出电磁场是一种“鬼场”。这种场引导光子的运动，而各处电磁波振幅的平方决定在各处的单位体积内一个光子存在的概率。玻恩发展了爱因斯坦的思想。他保留了粒子的微粒性，而认为实物粒子的波动性是一种统计行为，物质波描述了粒子在各处被发现的概率。这就是说，**物质波是**

概率波。下面用电子的双缝衍射实验来具体地说明这种波动性的物理意义。

电子通过双缝衍射到感光屏上，在感光屏上就会形成衍射图样。如果实验一开始，射向双缝的电子流的强度就很大，很短时间内就有大量的电子通过双缝到达衍射屏，屏上很快就会出现清晰的衍射图样，和光的双缝衍射图样完全一样，显示不出粒子性，更没有什么概率那样的不确定特征。如图 13.20(a)所示，此时电子的波动性确定无疑。如果减弱入射电子束的强度以使电子是一个一个地依次通过双缝的，则随着电子数的积累，衍射图样将依次如图 13.22 各图所示。

从图 13.22(a)和(b)可看出电子确是粒子，因为图像是由点(表示电子落点的感光点)组成的。它们同时也说明，电子的去向是完全不确定的，一个电子到达何处完全是概率事件。随着入射电子总数的增多，落点的位置分布就逐渐显示出一定的规律性了，且电子的数目越多，这种规律性就越明显，衍射图样依次如图 13.22(c)(d)(e)所示，电子的堆积情况逐渐显示出了条纹[电子分布最集中的地方正好是衍射图样图 13.22(e)中衍射极大也是明条纹中心的位置，电子分布几乎为零的地方则正好是衍射极小也是暗纹中心的位置]，最后就呈现出明晰的衍射条纹。而且，在实验条件相同的情况下，不管开始时电子落点的分布是多么的不规则，最终由大量电子的落点形成的衍射图样都是一样的。这些条纹把单个电子的概率行为完全淹没了。这又说明，尽管单个电子的去向是概率性的，但其概率在一定条件(如双缝)下还是有确定的规律的。这些就是玻恩概率波概念的核心。这一现象说明，大量电子不规则落点的群体行为遵从统计规律。用统计的观点来解释这种现象：在衍射极大处即明条纹的地方，到达的电子数目多，说明电子在这些地方出现的概率大；在衍射极小处即暗条纹的地方，到达的电子数目少，说明电子在这些地方出现的概率小，衍射条纹的明暗分布与到达该处的电子数目成正比，也即**某处物质波的强度是与粒子在该处出现的概率成正比**。

实验表明，一个一个地发射电子，等到一个电子到达屏幕后，再发射第二个电子，使得电子之间不可能有相互作用，只要时间足够长，屏幕上仍然会出现衍射条纹。这条纹和在相同条件下大量电子短时间内通过双缝后形成的条纹[图 13.20(a)]一样。这说明单个电子就具有波动性，是电子自身与自身的干涉形成了衍射图样。波动性是微观粒子自身具有的特性，并非是粒子之间相互作用的结果。

图 13.22 的实验结果明确地说明了物质波并不是经典的波。经典的波是一种运动形式。在双缝衍射实验中，不管入射波强度如何小，经典的波在缝后的屏上都应该显示出强弱连续分布的衍射条纹，只是亮度微弱而已。但图 13.22 明确地显示出物质波的主体仍是粒子，而且该种粒子的运动并不具有经典的振动形式。

图 13.22 表示的实验结果也说明了微观粒子并不是经典的粒子。在电子双缝衍射实验(图 13.23)中，大量电子形成的衍射图样是若干条强度大致相同的较窄的条纹，如图 13.23(d)所示。如果只开一条缝而使另一条缝闭合，则会形成单缝衍射条纹，其特征是几乎只有强度较大的较宽的中央明条纹[图 13.23(b)中的 P_1 和 P_2]。如果先开缝 1，同时关闭缝 2，经过一段时间后改开缝 2，同时关闭缝 1，这样做实验的结果所形成的总的衍射图样 P_{12}将是两次单缝衍射图样的叠加，其强度分布和同时打开两缝时的双缝衍射图样是不同的。

如果是经典的粒子，它们通过双缝时都各自有确定的轨道，不是通过缝 1 就是通过缝 2。

通过缝 1 的那些粒子如果也能衍射的话，将形成单缝衍射图样；通过缝 2 的那些粒子将形成另一幅单缝衍射图样。不管是两缝同时开，还是依次只开一个缝，最后形成的衍射条纹都应该是图 13.23(c)那样的两个单缝衍射图样的叠加。但实验结果并不是这样，这就说明，微观粒子并不是经典的粒子。在只开一条缝时，实际粒子形成单缝衍射图样。在两条缝同时打开时，实际粒子的运动就有两种可能：或是通过缝 1，或是通过缝 2。实际上不可能从实验上测知某个微观粒子到底是通过了哪条缝，只能说它通过双缝时有两种可能。

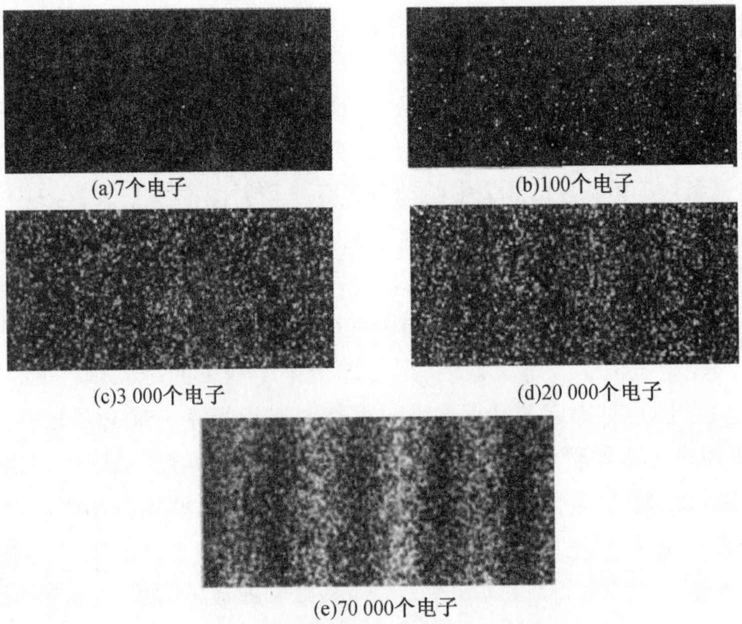

图 13.22　电子逐个穿过双缝的衍射实验结果

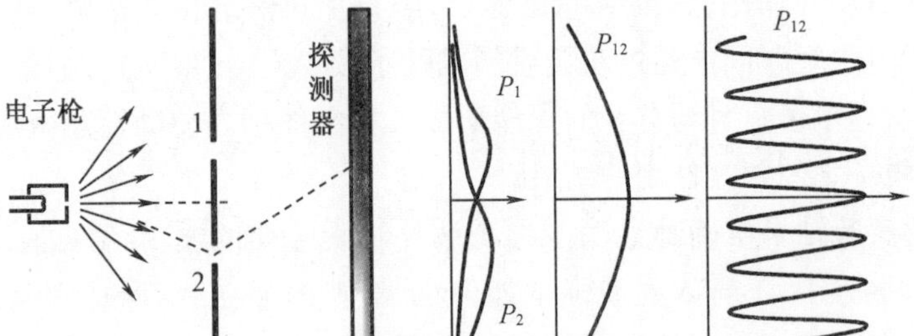

图 13.23　电子双缝衍射实验示意图

13.5.2　波函数及其物理意义

为了定量地描述微观粒子的状态，1925 年，奥地利物理学家薛定谔首先提出用物质波波函数描述微观粒子的运动状态，就如同用电磁波波函数描述光子的运动一样。一般情况

下，物质波波函数是时间和空间坐标的函数，并且是复函数形式，用 $\Psi(\boldsymbol{r},t)$ 表示。1926 年，薛定谔给出了一个粒子的波函数应遵守的微分方程，即著名的薛定谔方程（也称薛定谔波动方程）。遗憾的是，波函数的物理意义到底是什么，他并没有给出一个恰当的解释。玻恩在 1926 年提出了**德布罗意波是概率波**的统计诠释，才把人们的思想从经典物理学理论的束缚下解放出来。为此，玻恩与博特（德国物理学家）共获 1926 年的诺贝尔物理学奖。概率波的数学表达式即为波函数 $\Psi(\boldsymbol{r},t)$。波恩指出，物质波的波函数 $\Psi(\boldsymbol{r},t)$ 是描述粒子在空间概率分布的概率振幅，是复数形式，它本身并不代表任何可观测的物理量，但其模的平方 $|\Psi(\boldsymbol{r},t)|^2=\Psi(\boldsymbol{r},t)^*\Psi(\boldsymbol{r},t)$ 代表 t 时刻，在 $\boldsymbol{r}$ 点处单位体积中发现粒子的概率，称之为概率密度（ρ）。则 t 时刻，在 $\boldsymbol{r}$ 点附近体积元 $\mathrm{d}V$ 内发现粒子的概率为 $|\Psi(\boldsymbol{r},t)|^2\mathrm{d}V$，这就是波恩对波函数的概率波诠释，即波函数所代表的波是概率波。$|\Psi(r,t)|^2$ 大的地方，粒子出现得多；$|\Psi(r,t)|^2$ 小的地方，粒子出现得少。这是量子力学的**第一基本原理**。对单个粒子，$|\Psi(\boldsymbol{r},t)|^2$ 给出了粒子概率密度分布；对大量粒子，$N|\Psi(\boldsymbol{r},t)|^2$ 给出了粒子数的分布。

下面分别用三种不同的入射对象（子弹、光波和电子）来研究一个假想的双缝实验，从而进一步理解波函数的物理意义。实验的装置可简化为有两条狭缝的屏及其后面的探测器（参考图 13.23）。每次实验都进行多次入射。采用每种入射对象的实验都分三步进行。首先，关闭狭缝 2，只留狭缝 1，在探测器上得到入射对象在探测器附近的概率幅 $\Psi_1(\boldsymbol{r},t)$ 分布或强度分布 $P_1=|\Psi_1(\boldsymbol{r},t)|^2$，即入射对象在探测器上的概率分布；其次，关闭狭缝 1，只留狭缝 2，在探测器上得到入射对象在探测器附近的概率幅 $\Psi_2(\boldsymbol{r},t)$ 分布或强度（概率）分布 $P_2=|\Psi_2(\boldsymbol{r},t)|^2$；最后，将两个狭缝全部开放，在探测器上得到入射对象在探测器附近的概率幅 $\Psi(\boldsymbol{r},t)$ 分布或强度分布 $P=|\Psi(\boldsymbol{r},t)|^2$。

实验的结果是：使用子弹时，显然有 $P=P_1+P_2$；而用光波入射时，$P\neq P_1+P_2$，这是光波的干涉现象造成的；在电子的双缝实验中，随着入射电子总数的增多，感光底片上就逐渐显示出有规律的图案，其强度分布与光波的结果相似，而与宏观的子弹的情况完全不同。显然，对于电子而言，在 $\boldsymbol{r}$ 附近衍射图案的强度与落在那里的电子的数目成正比，即它与电子出现在 $\boldsymbol{r}$ 附近的概率成正比。

13.5.3 波函数状态叠加原理

由上面双缝实验结果可知，波函数不是概率相叠加，而是**概率幅相叠加**，即

$$\Psi_{12}=\Psi_1+\Psi_2 \tag{13.66}$$

相应的概率分布为

$$P_{12}=|\Psi_{12}|^2=|\Psi_1+\Psi_2|^2 \tag{13.67}$$

这样最后的结果就会出现 Ψ_1 和 Ψ_2 的交叉项。正是这交叉项给出了两缝之间的干涉效果，使双缝同开的衍射图样与光波的双缝衍射图样相似。

在经典物理中，由于波动满足叠加原理，因此有干涉和衍射现象发生。在量子力学中，运动粒子具有波粒二象性，所谓运动粒子也具有波动性指的就是其概率波的叠加性。换句话说，状态服从叠加原理。状态叠加原理作为量子力学的**第二基本原理**，其表述为：如果 $\Psi_1,\Psi_2,\cdots,\Psi_n$ 所描写的都是体系可能实现的状态（即它们都是薛定谔方程的解），那么这些可能状态的任意线性叠加（组合）

$$\Psi = c_1\Psi_1 + c_2\Psi_2 + \cdots + c_n\Psi_n = \sum_n c_n\Psi_n \tag{13.68}$$

也是这个体系的一个可能实现的状态(即也是这个方程的解),其中,$c_1, c_2, \cdots, c_n$ 为任意复常量。如果这些可能的状态是连续的,则需要将式(13.68)中的求和号改为积分号。

为了加深对状态叠加原理的理解,下面举个简单的例子。假设某个量子体系只有两个可能的状态(本征态)Ψ_1 和 Ψ_2。当体系处于 Ψ_1 时,测得某一力学量 $\boldsymbol{F}$ 的值(本征值)为 $\boldsymbol{F}_1$;当体系处于 Ψ_2 时,测得 $\boldsymbol{F}$ 的值为 $\boldsymbol{F}_2$。根据状态叠加原理可知,状态 Ψ_1 和 Ψ_2 的叠加态 $\Psi = c_1\Psi_+ c_2\Psi_2$ 也一定是该体系可以实现的一个状态。那么在这个叠加态下测量力学量 $\boldsymbol{F}$,每次测得的值是不确定的,但必定是 $\boldsymbol{F}_1$ 和 $\boldsymbol{F}_2$ 中的一个,绝不会出现其他值,并且两者出现的概率是相对确定的。于是,量子力学中的这种态的叠加,导致了线性叠加态下观测结果的不确定性。可以认为,处在状态 Ψ 的粒子,部分地处于本征态 Ψ_1,部分地处于本征态 Ψ_2。只有这样才能理解为什么测量力学量 $\boldsymbol{F}$ 时有时得到 $\boldsymbol{F}_1$,有时得到 $\boldsymbol{F}_2$,且量子力学理论可证明:当粒子处于本征态 Ψ_1 和 Ψ_2 的线性叠加态 $\Psi = c_1\Psi_1 + c_2\Psi_2$ 时,测得 $\boldsymbol{F}_1$ 和 $\boldsymbol{F}_2$ 的概率分布分别为 $w_1^2 = |c_1|^2$ 和 $w_2^2 = |c_2|^2$,推广至更一般的情况,叠加态的展开系数的模平方 $|c_i|^2$ 即代表粒子处于本征态 Ψ_i,也就是测得本征值 $\boldsymbol{F}_i$ 的概率。可见,一旦确定了波函数 Ψ 的具体形式,不仅粒子空间分布的概率密度完全确定了,而且任何一个力学量 $\boldsymbol{F}$ 取多种可能值的概率 $|c_i|^2 (i = 1, 2, 3, \cdots)$ 也完全确定了。所以说**波函数完全描述了微观粒子的运动状态**。而这从经典概念来看是无法理解的。在经典力学中,当谈到一个波由若干个子波叠加而成时,只不过表明这个合成的波含有各种成分的子波而已,其性质是完全确定的。

由上述讨论可以看到,由于波函数的统计诠释,状态叠加原理与经典波动的叠加性概念有着本质的区别。经典波的叠加是波动着的物理量本身的叠加,而量子力学中状态的叠加导致观测结果的不确定性,而不是导致概率本身的叠加。也就是说,不能将粒子的波动性仅仅理解为概率分布。在量子力学中,必须采用带有相位的复值波函数或概率幅的叠加。正如狄拉克在1970年说过的,在原子理论中所得到的概率,是作为一种更加基本的量的数值的模方而出现的,这种量叫作**概率幅**。存在这种概率幅的直接结果,就是引起了充满整个原子世界的干涉现象。

13.5.4 统计诠释及其他物理条件对波函数提出的要求

(1)根据统计诠释,要求在空间内任何有限体积元中找到粒子的概率为有限值。

一般情况下,这意味着要求 $|\Psi(\boldsymbol{r},t)|$ 取有限值,但并不排除在空间某些孤立奇点处 $|\Psi(\boldsymbol{r},t)| \to \infty$。

例如,即使 $\boldsymbol{r} = \boldsymbol{r}_0$ 是 $\Psi(\boldsymbol{r},t)$ 的孤立奇点,τ_0 是包括 $\boldsymbol{r}_0$ 在内的任何有限体积,则按统计诠释,只有

$$\int_{\tau_0} |\Psi(\boldsymbol{r},t)|^2 \mathrm{d}^3 r = \text{有限值} \tag{13.69}$$

这是物理上可接受的,其中 $\mathrm{d}^3 r = \mathrm{d}x\mathrm{d}y\mathrm{d}z$。如取 $r_0 = 0$,τ_0 是半径为 r 的小球,则式(13.69)相当于要求当 $r \to 0$ 时,$r^3 |\Psi(\boldsymbol{r},t)|^2 \to 0$。

(2)根据统计诠释,由于粒子要么出现在空间的这个区域,要么出现在其他区域,因此某时刻在整个空间内发现粒子的概率应为1,即要求该粒子在空间各点的概率的总和为1,

$$\iiint_V |\Psi(\boldsymbol{r},t)|^2 \mathrm{d}x\mathrm{d}y\mathrm{d}z = 1 \tag{13.70}$$

这称为波函数的**归一化条件**，满足式(13.70)的波函数称为**归一化波函数**，该条件要求波函数的平方可积。

应该强调，对于概率分布来说，重要的是相对概率分布。如果 C 是常量(可以是复数)，则 $\Psi(\boldsymbol{r},t)$ 和 $C\Psi(\boldsymbol{r},t)$ 所描述的相对概率分布是完全相同的，因为在空间内任意两点 $\boldsymbol{r}_1$ 和 $\boldsymbol{r}_2$ 处，总有 $\frac{|C\Psi(\boldsymbol{r}_1,t)|^2}{|C\Psi(\boldsymbol{r}_2,t)|^2}=\frac{|\Psi(\boldsymbol{r}_1,t)|^2}{|\Psi(\boldsymbol{r}_2,t)|^2}$。这就是说，$C\Psi(\boldsymbol{r},t)$ 和 $\Psi(\boldsymbol{r},t)$ 所描写的是同一个概率波。所以，波函数有一个常量因子的不确定性。例如，根据状态叠加原理可知，状态 Ψ_1 和 Ψ_2 的叠加态 $\Psi=c_1\Psi_1+c_2\Psi_2$，若 $\Psi_1=\Psi_2$，则 $\Psi=(c_1+c_2)\Psi_1=c\Psi_1$。如前所述，$\Psi$ 与 Ψ_1 表示的是同一个状态，即一个状态和自身叠加不能形成任何新的状态。在这一点上，概率波与经典波有着本质的差别。一个经典波的波幅若增大一倍，则相应的波的能量将为原来的四倍，因而代表完全不同的波动状态。两列相同经典波的叠加，因其振幅增加一倍而形成新的波。正因为如此，经典波根本谈不上归一化，而概率波却可以进行归一化。

应该注意到，即使加上了归一化条件的限制，波函数仍然有一个模为1的因子的不确定性，或者说有一个相位的不确定性。如果 $\Psi(\boldsymbol{r},t)$ 是归一化的波函数，则对于任意的实常数 α，$\mathrm{e}^{\mathrm{i}\alpha}\Psi(\boldsymbol{r},t)$ 也是归一化的波函数，即 $\Psi(\boldsymbol{r},t)$ 与 $\mathrm{e}^{\mathrm{i}\alpha}\Psi(\boldsymbol{r},t)$ 描述的是同一个概率波。也就是说，归一化常数可以更一般地表示为 $C\mathrm{e}^{\mathrm{i}\alpha}$。

此外，在量子力学中也不排除使用一些不能归一化的理想波函数。例如，在散射理论中，入射粒子态常用平面波来描述。对于平面波，有 $\Psi(\boldsymbol{r},t)\approx \mathrm{e}^{\mathrm{i}\boldsymbol{p}\cdot\boldsymbol{r}/\hbar}$，它的模方在全空间的积分必定是无限大。以后我们将知道，平面波的归一化可以用 δ 函数的形式表示出来。

(3)根据统计诠释，要求 $|\Psi(\boldsymbol{r}_1,t)|^2$ 单值，从而保证概率密度在任意时刻 t 都是确定的。

在物理上对波函数 $\Psi(\boldsymbol{r}_1,t)$ 所提出的要求中，除了根据波函数的统计诠释提出来的以外，还有些是根据具体的物理情况提出来的。例如，由于粒子在空间内的概率分布不会发生突变，因此波函数必须是连续的。

总之，在一般情况下，$\Psi(\boldsymbol{r}_1,t)$ 作为可以接受的波函数，从物理上往往要求其是单值、有限、连续和归一的，这称为**波函数的标准条件**。

13.5.5 一维自由粒子波函数的表述形式

波函数 $\Psi(\boldsymbol{r}_1,t)$ 一般是空间和时间的函数。不同的粒子在不同的作用条件下，其波函数的具体形式不同。

粒子最简单的运动是一维自由运动。设某自由粒子沿 x 轴正方向运动，由于不受外力的作用，因此其能量 E 和动量 $\boldsymbol{p}$ 都是常量。由德布罗意关系式可知，其物质波的频率 $\nu=E/h$ 和波长也将保持不变。在波动理论中，频率和波长恒定的波为单色平面波，有

$$y(x,t)=A\left[\cos(2\nu t+\varphi)-\frac{2\pi x}{\lambda}\right] \tag{13.71}$$

对机械波和电磁波来说，单色平面波的波函数 $y(x,t)$ 可以用下列复函数的实数(或虚数)部分表示，即

$$y(x,t)=A\mathrm{e}^{-\mathrm{i}2\pi\left(\nu t-\frac{x}{\lambda}\right)} \tag{13.72}$$

类似地，在量子力学中，自由粒子的物质波的波函数可表示为

$$\Psi(x,t)=\Psi_0\mathrm{e}^{-\mathrm{i}2\pi\left(\nu t-\frac{x}{\lambda}\right)}=\Psi_0\mathrm{e}^{-\frac{\mathrm{i}}{\hbar}(Et-px)} \tag{13.73}$$

式中，Ψ_0 是一个待定常量，$\Psi_0\mathrm{e}^{-\frac{\mathrm{i}}{\hbar}px}$ 相当于 x 处波函数的复振幅，而 $\mathrm{e}^{-\frac{\mathrm{i}}{\hbar}Et}$ 则反映了波函数随时间的变化。式(13.73)引入了反映微观粒子波粒二象性的德布罗意关系和虚数 $\mathrm{i}=\sqrt{-1}$，这使得 $\Psi(x,t)$ 从形式到本质都与经典波有着根本性的区别。量子力学的波函数一般都用复数表示。对于三维空间的自由粒子，其波函数可表示为

$$\Psi(\boldsymbol{r},t)+\Psi_0\mathrm{e}^{-\frac{\mathrm{i}}{\hbar}(Et-\boldsymbol{p}\cdot\boldsymbol{r})}$$

对于在各种外力场中运动的粒子，它们的波函数是下面就要讲到的薛定谔方程的解。

例 13.8 一微观粒子沿 x 轴方向运动，描述其运动的波函数为 $\Psi(x,t)=\dfrac{A}{1+\mathrm{i}x}\mathrm{e}^{-\frac{\mathrm{i}}{\hbar}Et}$，式中，$E$ 为粒子的能量，A 为一待定的常量，试求：

(1)概率密度函数。

(2)x 轴上粒子出现的概率密度最大的地方及概率密度的大小。

(3)粒子出现在[0,1]区间内的概率。

解 (1)概率密度函数为

$$\rho(x,t)=|\Psi(x,t)|^2=\Psi(x,t)\cdot\Psi^*(x,t)=\frac{A}{1+\mathrm{i}x}\mathrm{e}^{-\frac{\mathrm{i}}{\hbar}Et}\cdot\frac{A}{1+\mathrm{i}x}\mathrm{e}^{\frac{\mathrm{i}}{\hbar}Et}=\frac{A^2}{1+x^2}$$

再利用波函数的归一化条件确定待定常量 A：

$$\int_{-\infty}^{+\infty}|\Psi(x,t)|^2\mathrm{d}V=\int_{-\infty}^{+\infty}\frac{A^2}{1+x^2}\mathrm{d}x=A^2\arctan x\Big|_{-\infty}^{+\infty}=A^2\pi=1$$

故 $A=\dfrac{1}{\sqrt{\pi}}$，概率密度函数 $\rho(x,t)=\dfrac{1}{\pi(1+x^2)}$，此概率密度与时间无关，只由位置决定。

通常情况下，若波函数 $\Psi(x,t)=\phi(x)\mathrm{e}^{-\frac{\mathrm{i}}{\hbar}Et}$，那么概率密度函数 $\rho(x,t)=|\Psi(x)|^2=\Psi\cdot\Psi^*=\phi(x)\mathrm{e}^{-\frac{\mathrm{i}}{\hbar}Et}\phi(x)\mathrm{e}^{\frac{\mathrm{i}}{\hbar}Et}=|\phi(x)|^2$ 与时间无关，则 $\phi(x)$ 称为粒子的**定态波函数**。下面介绍利用定态薛定谔方程求解出的波函数就为定态波函数 $\phi(x)$。

(2)对 $\rho(x,t)=\dfrac{1}{\pi(1+x^2)}$ 求一阶导数 $\dfrac{-2x}{\pi(1+x^2)}$，易得在 $x=0$ 处，$\rho(x,t)$ 最大，其值为

$$\rho(0,t)=\frac{1}{\pi(1+x^2)}=\frac{1}{\pi}$$

(3)在某一区间内粒子出现的概率应为概率密度在该区间的积分，粒子在 x 轴上[0,1]区间出现的概率应为

$$\int_0^1\rho(x,t)\,\mathrm{d}x=\frac{1}{\pi}\int_0^1\frac{1}{1+x^2}\mathrm{d}x=\frac{1}{\pi}\arctan x\Big|_0^1=\frac{1}{4}=25\%$$

13.6 薛定谔方程

在经典力学中，质点的运动状态用位置和动量来描述，如果知道质点的受力情况，以及质点在起始时刻的坐标和速度，那么由牛顿运动方程可求得质点在任意时刻的运动状态。在量子力学中，微观粒子的运动状态是由波函数描述的，不同的粒子（量子系统）处于不同的力学环境中，波函数的具体形式是不一样的。怎样求解各种具体问题中的波函数，找出波函数随时间、空间演化的规律呢？如果人们也能找到一个它所遵循的运动方程，那么，由其起始状态和能量，就可以求解粒子的状态。

1925 年，在瑞士，德拜让他的学生薛定谔做一个关于德布罗意波的学术报告。报告后，德拜提醒薛定谔："对于波，应该有一个波动方程。"薛定谔此前就注意到爱因斯坦对德布罗意假设的评论，此时又受到了德拜的鼓励，于是就努力钻研。几个月后，他就拿出了一个非相对论的波动方程（即薛定谔方程），从而完成了从经典物理学到量子理论的**第三个飞跃**，这也成为量子力学的**第三基本原理**。

薛定谔方程在量子力学中的地位和作用相当于牛顿方程在经典力学中的地位和作用。人们用薛定谔方程可以求出在给定势场中的波函数，从而了解粒子的运动情况。作为一个基本方程，薛定谔方程不可能由其他更基本的方程推导出来，它只能通过某种方式建立起来，然后主要看所得的结论应用于微观粒子时是否与实验结果相符。薛定谔当初就是采用"猜"加"凑"的方法得到该方程的（薛定谔方程的建立过程见本节【注】），方程如下：

$$-\frac{\hbar^2}{2m}\nabla^2\Psi+U\Psi=\mathrm{i}\hbar\frac{\partial\Psi}{\partial t} \tag{13.74}$$

式中，$\nabla^2=\frac{\partial^2}{\partial x^2}+\frac{\partial^2}{\partial y^2}+\frac{\partial^2}{\partial z^2}$，为拉普拉斯算符；$\Psi=\Psi(\boldsymbol{r},t)$，是粒子（质量为 m）在势场 $U=U(\boldsymbol{r},t)$［粒子在外力场中的势能函数（所处条件）］中运动的波函数。式（13.74）就是一般（三维）情况下的**含时薛定谔方程**。对于微观粒子的一维运动情况，含时薛定谔方程为

$$-\frac{\hbar^2}{2m}\cdot\frac{\partial\Psi^2}{\partial x^2}+U\Psi=\mathrm{i}\hbar\frac{\partial\Psi}{\partial t} \tag{13.75}$$

本书不讨论含时薛定谔方程，只着重讨论定态薛定谔方程。

13.6.1 定态薛定谔方程

一类比较简单的问题是粒子在不随时间变化的稳定力场中运动，势能函数 $U=U(\boldsymbol{r},t)$，粒子能量 $E=\frac{p^2}{2m}+U$（动能与势能之和）是一个不随时间变化的常量，这时粒子处于定态，其波函数可以写成坐标函数（只含空间变量的函数）$\phi(\boldsymbol{r})$ 与时间函数（只含时间变量的函数）$\mathrm{e}^{-\frac{\mathrm{i}}{\hbar}Et}$ 的乘积，即

$$\Psi(\boldsymbol{r},t)=\phi(\boldsymbol{r})\mathrm{e}^{-\frac{\mathrm{i}}{\hbar}Et} \tag{13.76}$$

显然，粒子在定态时，它在空间各点处出现的概率密度 $|\Psi(x)|^2=\Psi\cdot\Psi^*=\phi(x)\mathrm{e}^{-\frac{\mathrm{i}}{\hbar}Et}\cdot$

$\phi(x)e^{\frac{i}{\hbar}Et}=|\phi(x)|^2$ 与时间无关，即概率密度在空间形成稳定分布。另外，任何不显含时间变量的力学量的平均值不随时间改变；任何不显含时间变量的力学量的取值概率分布不随时间改变。定态时波函数的空间部分 $\phi(\boldsymbol{r})$ 通常也叫作**定态波函数**。将式(13.76)代入薛定谔方程(13.74)可得到 $\phi(\boldsymbol{r})$ 所满足的方程：

$$\left(\frac{\partial^2}{\partial x^2}+\frac{\partial^2}{\partial y^2}+\frac{\partial^2}{\partial z^2}\right)\phi(\boldsymbol{r})+\frac{2m}{\hbar^2}(E-U)\phi(\boldsymbol{r})=0 \tag{13.77}$$

式(13.77)为**定态薛定谔方程**，也称**不含时的薛定谔方程**。

如果粒子在一维空间运动，式(13.77)可简化为

$$\frac{\partial^2}{\partial x^2}\phi(x)+\frac{2m}{\hbar^2}(E-U)\phi(x)=0 \tag{13.78}$$

式(13.78)称为**一维定态薛定谔方程**。

在微观粒子的各种定态问题中，将势能函数 $U=U(\boldsymbol{r})$ 的具体形式$\left[\text{如对氢原子中的电子，}U(r)=-\frac{e^2}{4\pi\varepsilon_0 r}\text{；对一维线性谐振子，}U(x)=\frac{1}{2}m\omega^2x^2\text{ 等}\right]$代入定态薛定谔方程式(13.77)或式(13.78)，通过求解可得到定态波函数 $\phi(\boldsymbol{r})$，则粒子的波函数为 $\Psi(\boldsymbol{r},t)=\phi(\boldsymbol{r})e^{-\frac{i}{\hbar}Et}$，同时也就确定了概率密度的分布 $|\Psi(\boldsymbol{r})|^2$，各种力学量的平均值 $\bar{x}=\int_0^\infty x|\Psi(x)|^2\mathrm{d}x$，以及能量和角动量等各种量子化结论。

薛定谔方程是线性微分方程，这就意味着作为它们的解的波函数或概率幅 φ 和 Ψ 都满足叠加原理，这正是前面提到的“量子力学第二原理”所要求的。此外，从数学上来说，对于任何能量 E 的值，式(13.78)都有解，但并非对所有 E 值的解都能满足物理上的要求。最一般的要求是，作为有物理意义的波函数，这些解必须是单值、有限和连续的。这些条件叫作**波函数的标准条件**。令人惊奇的是，根据这些条件，由薛定谔方程“自然地”“顺理成章地”就能得出微观粒子的重要特征——量子化条件。这些量子化条件在普朗克和玻尔那里都是“强加”给微观系统的。作为量子力学基本方程的薛定谔方程当然还给出了微观系统的许多其他奇异的性质。

在应用薛定谔方程处理实际问题时，一般按以下步骤进行。

(1)根据具体问题确定势能函数的具体形式，从而建立相应的薛定谔方程。

(2)求解薛定谔方程。

(3)根据具体问题的边界条件、波函数的归一化条件和标准条件等确定积分常量。

(4)计算密度分布、能级分布等并讨论其物理意义。

在量子力学的发展史上，实现从经典物理学到量子理论的第三个飞跃有三种不同的途径：一是以薛定谔为代表的波动力学方法；二是以海森伯为代表的矩阵力学方法；三是由狄拉克提出而后又由费因曼发展的路径积分量子化方法。前两种几乎是同时发展起来的。经薛定谔证明，这三种力学是等价的，它们在内容和形式上互相补充，形成了由玻尔命名的量子力学。海森伯获得了1932年度的诺贝尔物理学奖，薛定谔与狄拉克共享了1933年的诺贝尔物理学奖。

【注】薛定谔方程的建立过程。

薛定谔注意到德布罗意波的相速度与群速度的区别。他发现德布罗意波的相速度为

$$u=\frac{E}{\sqrt{2m(E-U)}} \tag{13.79}$$

式中,m 为粒子的质量;E 为粒子的总能量;$U=U(x,y,z)$,为粒子在给定的保守场中的势能。这一公式是和德布罗意假设式(13.49a)和式(13.49b)相符的。因为,由式(13.49a)和式(13.49b)可得 $u=\lambda\nu=E/p$,而在非相对论情况下,$p=\sqrt{2mE_{\mathrm{k}}}=\sqrt{2m(E-U)}$,于是就有式(13.79)。对于一个波,薛定谔假设其波函数 $\Psi=\Psi(x,y,z,t)$ 通过一个振动因子 $\mathrm{e}^{-\mathrm{i}\omega t}=\mathrm{e}^{-2\pi\mathrm{i}\nu t}=\mathrm{e}^{-2\pi\mathrm{i}\frac{E}{h}t}=\mathrm{e}^{-\mathrm{i}\frac{Et}{\hbar}}$ 和时间有关,式中,$\mathrm{i}=\sqrt{-1}$ 为虚数单位。于是有

$$\Psi(x,y,z,t)=\phi(x,y,z)\mathrm{e}^{-\mathrm{i}\frac{E}{\hbar}t} \tag{13.80}$$

式中,$\phi(x,y,z)$ 可以是空间坐标的复函数。下面先就一维的情况进行讨论,即 Ψ 取 $\Psi(x,t)=\phi(x)\mathrm{e}^{-\mathrm{i}\frac{Et}{\hbar}}$ 的形式,即

$$\Psi(x,t)=\phi(x)\mathrm{e}^{-\mathrm{i}\frac{E}{\hbar}t} \tag{13.81}$$

将式(13.79)和式(13.81)代入波动方程的一般形式,有

$$\frac{\partial^2\Psi}{\partial x^2}=\frac{1}{u^2}\frac{\partial^2\Psi}{\partial t^2}$$

稍加整理,即可得

$$-\frac{\hbar^2}{2m}\frac{\partial^2\phi}{\partial x^2}+U\phi=E\phi \tag{13.82}$$

式中,$\hbar=h/2\pi$。由式(13.81)可得粒子的概率密度为

$$|\Psi|^2=\Psi\cdot\Psi^*=\phi(x)\mathrm{e}^{-\mathrm{i}\frac{E}{\hbar}t}\cdot\phi(x)\mathrm{e}^{\mathrm{i}\frac{E}{\hbar}t}=|\phi(x)|^2$$

由于此概率密度与时间无关,所以式(13.81)中的 $\phi=\phi(x)$ 称为粒子的定态波函数,而决定这一波函数的微分方程式(13.82)就是定态薛定谔方程。这一方程是研究原子系统的定态的基本方程。

原子系统可以从一个定态转变到另一个定态,如氢原子的发光过程。在这一过程中,原子系统的能量 E 将发生变化。薛定谔注意到这种随时间变化的情况,认为这时 E 不应该出现在他的波动方程中,于是他用式(13.81)来消去式(13.82)中的 E。式(13.81)可换写为 $\phi(x)=\Psi\mathrm{e}^{\mathrm{i}\frac{E}{\hbar}t}$,回代入式(13.82)可以得到

$$-\frac{\hbar^2}{2m}\frac{\partial^2\Psi}{\partial x^2}+U\Psi=E\Psi \tag{13.83}$$

由式(13.81)可得

$$E\Psi=\mathrm{i}\hbar\frac{\partial\Psi}{\partial t} \tag{13.84}$$

所以由式(13.83)又可得

$$-\frac{\hbar^2}{2m}\frac{\partial^2\Psi}{\partial x^2}+U\Psi=\mathrm{i}\hbar\frac{\partial\Psi}{\partial t} \tag{13.85}$$

式中的 U 可以推广为时间 t 的函数。式(13.85)就是含时薛定谔方程。这是关于粒子运动

的普遍的运动方程，也是非相对论量子力学的基本方程。

从以上介绍可知，薛定谔建立方程时，虽然也有些根据，但推理过程并不是十分严格。实际上，可以说，薛定谔方程是"凑"出来的。这种根据少量的事实半猜半推理的思维方式常常萌发出全新的概念或理论。这是一种创造性的思维方式。这种思维得出的结论的正确性主要不是靠它的"来源"，而是靠它的预言与大量事实或实验结果是否相符来证明的。物理学发展史上这样的例子是很多的。普朗克的量子概念、爱因斯坦的相对论、德布罗意的物质波大致都是这样。薛定谔得出他的方程后，就把它应用于氢原子中的电子，所得结论和已知的实验结果相符，而且比当时用于解释氢原子的玻尔理论更为合理。这一尝试大大增强了他的自信，也使得当时的学者们对他的方程倍加关注，玻恩、海森伯、狄拉克等诸多物理学家经过努力，在几年的时间内就建成了一套完整的、和经典物理学理论迥然不同的量子力学理论。

13.6.2 一维无限深方势阱中的粒子

定态薛定谔方程能够解决的最简单的问题之一，是粒子在一维无限深方势阱中运动的问题。由于不涉及繁杂的数学运算，大家可以集中了解通过薛定谔方程求解波函数的一般性步骤，以及概率分布、量子化条件的物理意义，有助于加深对能量量子化和薛定谔方程意义的理解。

由前文的讨论可知，已知势能函数的具体形式，原则上就可由薛定谔方程求出波函数。但实际上，当 $U(x,y,z)$ 的形式较为复杂时，薛定谔方程的数学求解十分困难。因此，经常需要用一些简化的物理模型先将势能函数的形式简化。

一维无限深方势阱是从实际问题中抽象出来的一种理想模型。金属中的电子被限定在金属内部自由运动，如要逸出金属表面则必须克服正电荷的引力做功，因而并不是完全自由的，从势能的角度可以将其抽象为下列物理模型：在金属内部，势能为零，而在金属表面处势能突然增至电子无法逾越的无限大。因而金属中的电子可以认为处于以金属表面为边界的无限深势阱中。如图 13.24 所示，假定电子只能做沿 x 轴的一维运动，且其势能函数具有下面的形式：

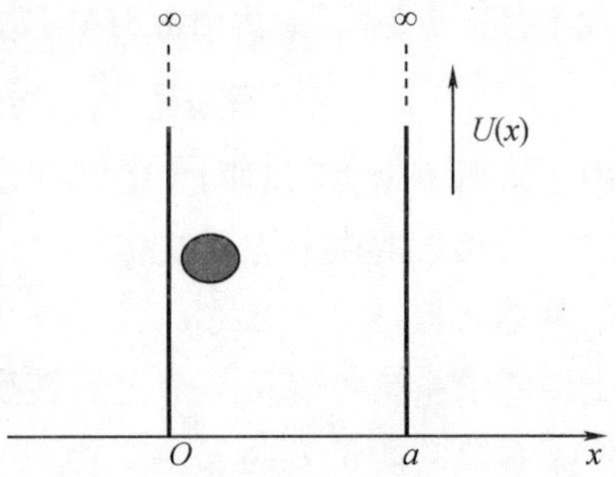

图 13.24 一维无限深方势阱模型

$$U(x)=\begin{cases}0\ (0<x<a)\\ \infty\ (x\leqslant 0,x\geqslant a)\end{cases} \tag{13.86}$$

由于力和势能有关系$\left(F_x=-\dfrac{\partial U}{\partial x}\right)$，电子在阱内（$0<x<a$ 区域）不受力作用；在阱壁（$x=0,a$）处，势能发生突变，并且是突然升高的，表明电子在这两处受到指向阱内的无限大作用力，或可形象地比喻为在阱壁处出现一突然升高的"势能墙"，阻止粒子向外运动，因此粒子只能被局限在阱内。例如，金属中的自由电子一方面受规则排列的晶体点阵的周期性势场作用，一方面相互碰撞，如果不计电子间的相互碰撞，同时略去势能的周期性变化，只考虑自由电子在边界上才受到突然升高的"势能墙"的阻挡，不能逸出金属表面，那么电子的运

动被局限在金属体内。又如原子核中的质子在其他核子的引力场、库仑场和强相互作用的势场中运动。考虑总效应,可对其进行十分简化的处理,即可以认为质子被局限在原子核范围内自由运动。在粗略地分析自由电子的运动时,凡局限在一定区域内自由运动的粒子的问题都可以简化为无限深方势阱这一模型。

下面就上述模型利用定态薛定谔方程进行定量分析,看看会得到什么结论。

根据一维定态薛定谔方程式(13.78),在势阱外即 $x\leqslant 0, x\geqslant a$ 区域,由于 $U=\infty$,而要求波函数必须有界,因此 $\phi=0$。这说明粒子不可能到达这一区域,这与经典观点相一致。

在势阱内,即 $0<x<a$ 的区域,由于 $U=0$,一维定态薛定谔方程可写为

$$\frac{\partial^2}{\partial x^2}\phi(x)+\frac{2m}{\hbar^2}E\phi(x)=0 \tag{13.87}$$

令

$$k=\frac{\sqrt{2mE}}{\hbar}=\frac{p}{\hbar} \tag{13.88}$$

则有

$$\frac{\mathrm{d}^2\phi}{\mathrm{d}x^2}+k^2\phi=0 \tag{13.89}$$

这个常见的微分方程的通解为 $\phi=A\sin(kx+\varphi)$,其中,A 和 φ 为待定常量,应符合波函数标准化条件的要求。

波函数必须连续。在阱外,波函数 $\phi=0$;在阱内,波函数在 $x=0$ 和 $x=a$ 处必须与阱外波函数连续地衔接,也必须为零。因而有

$$\phi(0)=A\sin\varphi=0$$

$$\phi(a)=A\sin(ka+\varphi)=0$$

显然 A 不等于零,否则阱内的波函数 φ 恒等于零,与事实不符,因此只能是

$$\begin{cases}\varphi=0\\ k=\dfrac{n\pi}{a}(n=1,2,3,\cdots)\end{cases} \tag{13.90}$$

则相应的波函数为

$$\phi_n(x)=A\sin\frac{n\pi}{a}x(n=1,2,3,\cdots) \tag{13.91}$$

利用归一化条件

$$\int_{-\infty}^{+\infty}|\phi_n(x)|^2\mathrm{d}x=\int_0^a A^2\sin^2\frac{n\pi}{a}x\mathrm{d}x=\frac{1}{2}A^2a=1$$

可得

$$A=\sqrt{\frac{2}{a}}$$

这样,一维无限深方势阱中运动粒子的定态波函数为

$$\begin{cases}\phi_n(x)=\sqrt{\dfrac{2}{a}}\sin\dfrac{n\pi}{a}x(0<x<a)\\ \varphi_n(x)=0(x\leqslant 0,x\geqslant a)\end{cases} \tag{13.92}$$

式中，$n=1,2,3,\cdots$。

其波函数为

$$\begin{cases}\Psi_n(x,t)=\sqrt{\dfrac{2}{a}}\sin\dfrac{n\pi x}{a}\cdot e^{-\frac{i}{\hbar}E_n t}(0<x<a)\\ \Psi_n(x)=0(x\leqslant 0,x\geqslant a)\end{cases}\tag{13.93}$$

式中，$n=1,2,3,\cdots$。

下面讨论由薛定谔方程的解得出的结论。

(1)无限深方势阱中自由粒子的能量是量子化的，且无零值。

由式(13.88)和式(13.90)可得粒子在一维无限深方势阱中的能量为

$$E_n=n^2\frac{\pi^2\hbar^2}{2ma^2}=n^2\frac{h^2}{8ma^2}(n=1,2,3,\cdots)\tag{13.94}$$

式中，n 不能为0，且要舍弃负值。因为如果 $n=0$，则 $\phi_n(x)=\sqrt{\dfrac{2}{a}}\sin\dfrac{n\pi}{a}x=0$，$\int_{-\infty}^{\infty}|\Psi|^2\mathrm{d}x=\int_0^a\phi_{(x)}^2\mathrm{d}x\neq 1$，不满足归一化条件；如果 n 取负值，则只改变一个符号，而概率分布不变，故舍之。所以，n 只能是正整数，故粒子的能量只能取离散的值，这表明势阱中粒子能量的可能取值 E_n 是量子化的。量子力学将 n 称为**量子数**，将 E_n 称为**能量本征值**或**本征能量**，因为其是分立的，因此又称为能级。与能量本征值 E_n 相对应的波函数的空间部分 φ_n 称为**能量本征函数**，相应的波函数 Ψ_n 称为**能量本征波函数**。由每个本征波函数描述的粒子的状态称为粒子的**能量本征态**。

(2)无限深方势阱中粒子的能谱为离散谱。

由式(13.94)可知，粒子能级的分布是不均匀的，能级越高，n 值越大，能级间隔越大。粒子最低能级的能量为

$$E_1=\frac{\pi^2\hbar^2}{2ma^2}\tag{13.95}$$

可见，粒子具有零点能。把最低的能级量 E_1 称为**基态**，其上的能量较大的系统称为**激发态**。存在零点能 $E_1=\dfrac{\pi^2\hbar^2}{2ma^2}$，不等于零。这也符合不确定关系。因为量子粒子在有限空间内运动，其速度不可能为零，否则位置就完全确定，同时动量又完全确定(p_0)，这不符合海森伯不确定关系，因此粒子的最低能量即零点能不可能等于零(量子世界不允许粒子静止)。而经典粒子可能处于静止的能量为零的最低能态。

(3)势阱中粒子的波函数是驻波。

由 $E_n=\dfrac{n^2\pi^2\hbar^2}{2ma^2}=\dfrac{p^2}{2m}$可以得到粒子在势阱中运动的动量为

$$p_n=n\frac{h}{2a}(n=1,2,3,\cdots)\tag{13.96}$$

相应地，粒子的德布罗意波长为

$$\lambda_n=\frac{h}{p}=\frac{2a}{n}(n=1,2,3,\cdots)\tag{13.97}$$

此波长也量子化了,它只能是势阱宽度两倍的整数分之一。这使人们回想起两端固定的弦中产生驻波的情况。因此可以说,在无限深方势阱中,粒子的每一个能量本征态对应于德布罗意波的一个特定波长的驻波,在阱壁处只能为波节。与能级 $n=1,2,3,4$ 相应的波函数如图 13.25 中的虚线部分所示。由图 13.25 可见,除端点 $x=0$ 和 $x=a$ 之外,基态无节点。第一激发态有 1 个节点,第 k 激发态($k=n-1$)有 k 个节点。

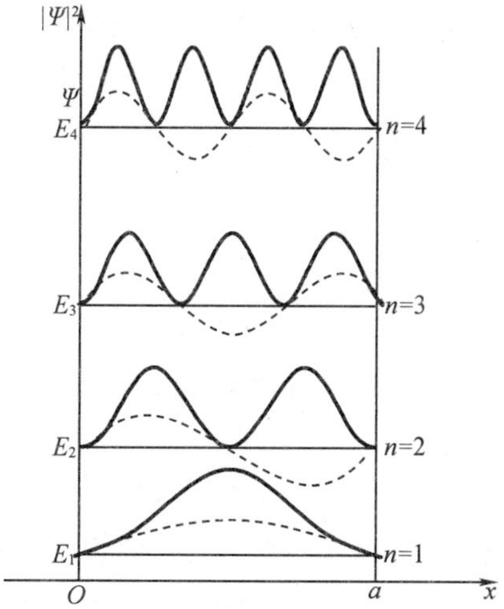

图 13.25 一维无限深方势阱中的粒子

(4)概率密度分布。

由 $|\phi_n(x)|^2=\frac{2}{a}\sin^2\frac{n\pi}{a}x$ 可知,在势阱中的不同位置,粒子出现的概率不等。在 $|\phi_n(x)|^2$ 的峰值处,粒子出现的概率最大,而在节点处,概率密度为零。粒子波在阱的两壁间来回反射,相干叠加形成驻波。干涉相长的地方,粒子出现的概率大;干涉相消的地方,粒子出现的概率小。当量子数 n 很大时,概率密度函数 $|\phi_n(x)|^2$ 的峰值数增多,极大值位置和极小值位置将靠得很近,特别是当 $n\to\infty$ 时,其密集程度在宏观上根本就无法分辨,势阱内的概率密度分布实际上可以认为是个常量,这是量子力学过渡到经典力学的情况。

13.6.3 单壁势垒、有限宽势垒和隧道效应

量子力学中的定态问题可分为两大类:一类是束缚态问题;另一类是游离态问题,也叫作散射态(或非束缚态)问题。由于势函数与时间无关,两类问题均满足相同的定态薛定谔方程,区别仅在于边界条件不同。

在一维情况下,束缚态的边界条件是 $x\to\pm\infty$,$\phi_n(x)\to0$。一维无限深方势阱中的粒子处于束缚态,其能量、动量具有离散的本征值。存在束缚态的必要条件是当 $x\to\pm\infty$ 时,$E<U(x)$。

如果粒子从远处来,或射向远处去,则构成散射问题。在散射问题中,不能认为波函数 $\phi_n(x)$ 在无限远处趋于零,粒子的能量可以取任意值,构成连续谱。实际上,对散射问题的求解,是由已知能量 E 来求解定态薛定谔方程的解,也就是求一个动量和能量已知的粒子在受到势场的作用后被散射到各个方向的概率。势垒情况下的粒子处于非束缚态。

1. 单壁势垒

设能量为 E 的粒子沿 x 轴正方向射向一势垒,势垒函数为

$$U(x)=\begin{cases}0(x<0)\\U_0(x\geq0)\end{cases}\tag{13.98}$$

如图 13.26 所示,这好像在 $x=0$ 处突兀而起的一个高度为 U_0 的势能垒台,称为**直角单壁势垒**。

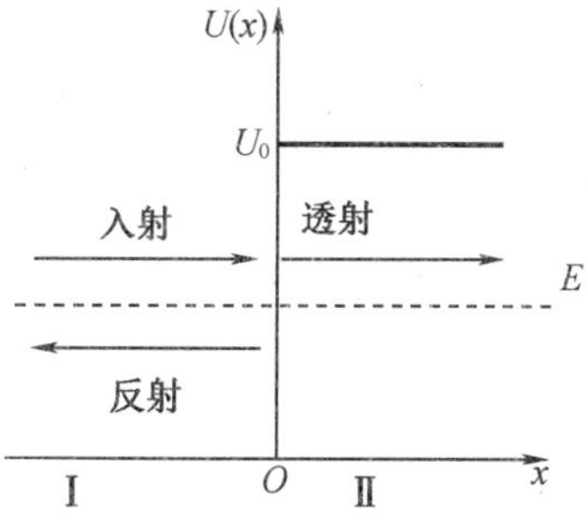

图 13.26 直角单壁势垒

在Ⅰ区，设波函数为 $\phi_1(x)$，定态薛定谔方程为

$$\frac{d^2\phi_1}{dx^2}+\frac{2mE}{\hbar^2}\phi_1=0 \tag{13.99}$$

令 $k_1=\sqrt{\frac{2mE}{\hbar^2}}>0$ 有

$$\frac{d^2\phi_1}{dx^2}+k_1^2\phi_1=0 \tag{13.100}$$

波函数 $\phi_1(x)$ 的通解为

$$\phi_1(x)=Ae^{ik_1x}+Be^{-ik_1x} \tag{13.101}$$

式中，A、B 为一组待定常量。$\phi_1(x)$ 中的第一项 Ae^{ik_1x} 代表沿 x 轴正方向向右传播的入射波，$\phi_1(x)$ 中的第二项 Be^{-ik_1x} 代表沿 x 轴负方向向左传播的反射波，它是入射波经势垒壁反射而成的。从波动的理论看，这是一个很自然的结论。

在Ⅱ区，势函数为 U_0，设波函数为 $\phi_2(x)$，定态薛定谔方程为

$$\frac{d^2\phi_2}{dx^2}+\frac{2m}{\hbar^2}(E-U_0)\phi_2=0 \tag{13.102}$$

考虑到 $E<U_0$，令 $ik_2=\sqrt{\frac{2m(E-U_0)}{\hbar^2}}$，$k_2>0$，有

$$\frac{d^2\phi_2}{dx^2}+(ik_2)^2\phi_2=0 \tag{13.103}$$

波函数 $\phi_2(x)$ 的通解为

$$\phi_2(x)=Ce^{-k_2x}+De^{k_2x} \tag{13.104}$$

当 $x\to\infty$ 时，$\phi_2(x)$ 应有限，得 $D=0$，于是有

$$\phi_2(x)=Ce^{-k_2x} \tag{13.105}$$

式中，C 为待定常量。$\phi_2(x)$ 只含一项，它是进入Ⅱ区的透射波，且不是一个周期性的波，而具有随进入深度指数式衰减的形式，亦可称为**隐失波**。

图 13.27 给出了波函数在两个区域的分布情况。由于波函数的模的平方 $|\phi(x)|^2$ 体现了粒子出现的概率，因此可以看到，在Ⅱ区，尽管粒子的总能量 $E<U_0$，粒子波函数 $\phi_2(x)$ 却不为零，在Ⅱ区也有找到粒子的概率，此时粒子的动能将为一负值，这是经典力学无法想象的情况。但是按上述薛定谔方程的解，以及波具有透射的性质，粒子确实是有可能进入Ⅱ区的，只是概率密度是按指数规律随进入该区域的深度而快速衰减的，即粒子可透入势垒。例如，电子可逸出金属表面，在金属表面形成一层电子气。

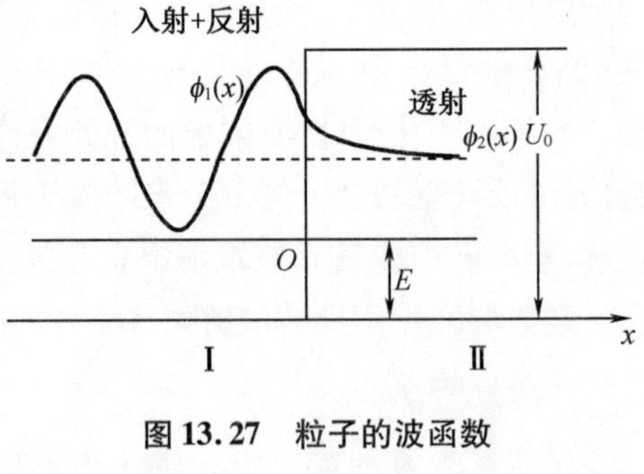

图 13.27　粒子的波函数

怎样理解量子力学给出的这一结果呢？为什么粒子的动能可能是负值呢？只是因为粒子有波动性，遵从不确定关系，根据式(13.93)，粒子在 $E<U_0$ 的区域的概率密度为 $|\phi_2(x)|^2=C^2e^{-2k_2x}$。把 $x=1/(2k_2)$ 看作粒子进入该区域的典型深度，在此处发现粒子的概率已降为 $1/e$。可以认为这一距离是在此区域内发现粒子的位置不确定量，即

$$\Delta x=\frac{\hbar}{2\sqrt{2m(U_0-E)}} \tag{13.106}$$

根据不确定关系,粒子在这段距离内的动量不确定度为

$$\Delta p\geqslant\frac{\hbar}{2\Delta x}=\sqrt{2m(U_0-E)} \tag{13.107}$$

粒子进入的速度可认为是

$$v=\Delta v=\frac{\Delta p}{m}\geqslant\sqrt{\frac{2m(U_0-E)}{m}} \tag{13.108}$$

于是粒子进入的时间不确定度为

$$\Delta t=\frac{\Delta x}{v}\leqslant\frac{\hbar}{4(U_0-E)} \tag{13.109}$$

再由能量-时间的不确定关系式得粒子能量的不确定度为

$$\Delta E\geqslant\frac{\hbar}{2\Delta t}\geqslant 2(U_0-E) \tag{13.110}$$

这时,粒子的总能量将为 $E+\Delta E$,而其动能的不确定度为

$$\Delta E_{\mathrm{k}}=E+\Delta E-U_0\geqslant U_0-E \tag{13.111}$$

这就是说,粒子在到达的区域内,其动能的不确定度大于其名义上的负动能的值。因此,负动能被不确定关系“掩盖”了,它只是一种观察不到的“虚”动能。这和实验中能观察到的能量守恒并不矛盾。这实质上是说明薛定谔方程给出的粒子的行为是符合量子力学不确定关系的要求的。

2. 有限宽势垒和隧道效应

设想势垒有一定的宽度 a,如图 13.28 所示,势函数如下:

$$U(x)=\begin{cases}0(x<0,x>a)\\U_0(0\leqslant x\leqslant a)\end{cases} \tag{13.112}$$

上述势能分布也称为**一维方势垒**。在经典力学中,只有能量 E 大于 U_0 的粒子才能穿过势垒,运动到 $x>a$ 的区域;能量 E 小于 U_0 的粒子运动到势垒左边缘 $x=0$ 处就会被反射回去,不能穿过势垒进入 $x>a$ 的区域。以上分析,从经典物理学看来确实是无可非议的。然而,量子力学却给出了与此不同的答案。依据量子力学的观点,粒子可以进入 $E<U_0$ 的区域,如果这一高势能区域是有限宽的,即粒子在运动中为一势垒所阻(如图 13.28 所示),则粒子就有可能穿过势垒而到达势垒的另一侧。这一量子力学现象叫作**势垒穿透**或**隧道效应**。粒子的能量虽不足以超越势垒,但由于在势垒中似乎有一个“隧道”,能使少量粒子穿过而进入 $x>a$ 的区域,所以人们就形象地称之为**隧道效应**。

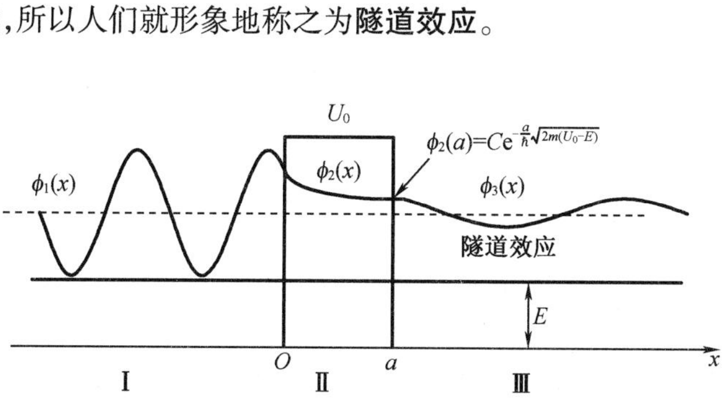

图 13.28 势垒穿透

略去具体的求解过程，直接给出各区域的波函数。Ⅰ区的波函数与上述单壁势垒的Ⅰ区的情况相同，即 $\phi_1(x)=Ae^{ik_1x}+Be^{-ik_1x}$。Ⅱ区除向右的呈指数衰减的透射波外，还应有一项由右壁向左的反射波，$\phi_2(x)=Ce^{k_2x}+De^{-k_2x}$。Ⅲ区的势函数 $U_0=0$ 与Ⅰ区相同，波函数应为 $\phi_3(x)=A'e^{ikx}$，且Ⅲ区没有反射波，$\phi_3(x)$ 仅为一向右传播的周期性波。由于波函数在势垒的两壁处要满足波函数连续的条件，因此，$\phi_3(x)$ 的强度比 $\phi_1(x)$ 弱得多，如图 13.28 所示。结论是：粒子在势垒左边出现的概率很大，在势垒内出现的概率小一些，在势垒右边出现的概率更小一些，但不等于零。一般来讲，定义粒子穿过势垒的穿透系数 $T\propto e^{-\frac{2a}{\hbar}\sqrt{2m(U_0-E)}}$，势垒壁越窄，隧道效应越明显；粒子的能量 E 越大，贯穿的概率也就越大。当势垒很宽，粒子质量很大或能量差 U_0-E 很大时，粒子穿透势垒的概率几乎为零，量子力学与经典力学的结论趋于一致。

量子力学的隧道效应来源于微观粒子的波粒二象性，这已为许多实验所证实。1981 年宾尼和罗雷尔利用电子的隧道效应制成的扫描隧道显微镜（STM）以及 1986 年宾宁在 STM 的基础上研制成的原子力显微镜（AFM）等，无一不是在量子论和量子力学理论的启发下的产物。由此可见，先进的科学技术离不开先进的科学理论的指导，两者是相辅相成的。

隧道效应的一个例子是 α 粒子从放射性核中逸出，即 α 衰变。核半径为 R，α 粒子在核内由于核力的作用而具有很低的势能。在核边界上有一个因库仑力而产生的势垒。对 ^{238}U 核，这一库仑势垒可高达 35 MeV，而这种核在 α 衰变过程中放出的 α 粒子的能量 E_α 不过为 4.2 MeV。理论计算表明，这些 α 粒子就是通过隧道效应穿透库仑势垒而逸出的。电子的冷发射（在强电场作用下电子从金属逸出）、半导体和超导隧道器件（隧道二极管等）的基本原理都是隧道效应。

黑洞的边界是一个物质（包括光）只能进而不能出的单向壁。这单向壁对黑洞内的物质来说就是一个绝高的势垒。理论物理学家霍金认为黑洞并不是绝对黑的，黑洞内部的物质能通过量子力学隧道效应而逸出。但他估计这种过程很慢。

13.7 原子中的电子

利用薛定谔方程所取得的第一个突出成就是更合理圆满地解决了当时有关氢原子的问题，从而开始了量子力学理论的建立。因为数学运算的复杂性已超出了本课程的教学要求，所以在这里只简要介绍用量子力学处理氢原子的方法，并涉及多电子原子，从而得出除能量量子化外，还有原子内电子的角动量（包括自旋角动量）的量子化的重要结论，归纳出四个量子数来描述原子中电子的运动状态，并借助泡利不相容原理和能量最低原理形象地给出了电子的壳层排布规律，从而对元素周期律给予了正确的理论解释。

13.7.1 氢原子的量子力学处理

氢原子是结构最简单的原子。质量为 m、电荷为 $-e$ 的电子与原子核的距离为 r，在原子核的库仑电场中运动，其势能函数为

$$U(r)=-\frac{e^2}{4\pi\varepsilon_0 r} \tag{13.113}$$

考虑到电子呈现三维运动,则氢原子的定态薛定谔方程为

$$\nabla^2\phi(x,y,z)+\frac{2m}{\hbar^2}[E-U(r)]\phi(x,y,z)=0 \tag{13.114}$$

即

$$\frac{\partial^2\phi}{\partial x^2}+\frac{\partial^2\phi}{\partial y^2}+\frac{\partial^2\phi}{\partial z^2}+\frac{2m}{\hbar^2}\left(E+\frac{e^2}{4\pi\varepsilon_0 r}\right)\phi=0 \tag{13.115}$$

由于库仑电场是有心力场,势函数 $U(r)$ 只与电子到核的距离有关,具有球对称性,因此可利用薛定谔方程的球坐标形式,即

$$\frac{1}{r^2}\frac{\partial}{\partial r}\left(r^2\frac{\partial\phi}{\partial r}\right)+\frac{1}{r^2\sin\theta}\frac{\partial}{\partial\theta}\left(\sin\theta\frac{\partial\phi}{\partial\theta}\right)+\frac{1}{r^2\sin^2\theta}\frac{\partial^2\phi}{\partial\varphi^2}+\frac{2m}{\hbar^2}\left(E+\frac{e^2}{4\pi\varepsilon_0 r}\right)\phi=0 \tag{13.116}$$

由于势函数 $U(r)$ 只与 r 有关,因此在球坐标系中,可以将定态波函数 $\phi(r,\theta,\varphi)$ 表示为 r、θ、φ 三个独立变量函数的乘积,即

$$\phi(r,\theta,\varphi)=R(r)\Theta(\theta)\Phi(\varphi) \tag{13.117}$$

通过分离变量,将式(13.117)代入式(13.116)可得三个简化的且分别只含一个变量的微分方程,即

$$\begin{cases}\dfrac{1}{r^2}\dfrac{\mathrm{d}}{\mathrm{d}r}\left[r^2\dfrac{\mathrm{d}R(r)}{\mathrm{d}r}\right]+\dfrac{2m}{\hbar^2}\left(E+\dfrac{e^2}{4\pi\varepsilon_0 r}-\dfrac{\hbar^2}{2m}\dfrac{A}{r^2}\right)R(r)=0\\ \dfrac{1}{\sin\theta}\dfrac{\mathrm{d}}{\mathrm{d}\theta}\left[\sin\theta\dfrac{\mathrm{d}\Theta(\theta)}{\mathrm{d}\theta}\right]+\left(A-\dfrac{B}{\sin^2\theta}\right)\Theta(\theta)=0\\ \dfrac{\mathrm{d}^2\Phi(\varphi)}{\mathrm{d}\phi^2}+B\Phi(\varphi)=0\end{cases} \tag{13.118}$$

从而分别解出 $R(r)=R_{n,l}(r)$、$\Theta(\theta)=\Theta_{l,m_l}(\theta)$、$\Phi(\varphi)=\Phi_{m_l}(\varphi)=C\mathrm{e}^{im_l\varphi}$,最终得到电子的波函数 $\phi(r,\theta,\varphi)=\phi_{n,l,m_l}(r,\theta,\varphi)=R_{n,l}(r)\Theta_{l,m_l}(\theta)\Phi_{m_l}(\varphi)$。

与势阱中的运动粒子一样,在求解氢原子的定态薛定谔方程的过程中,为了使电子的波函数满足归一、单值、连续、有限的标准化条件,自然而然地得出了(并非人为假设)量子化的结果,即氢原子的状态由三个量子数决定,记为 n、l、m_l,并由它们确定出氢原子的能量、电子对核的角动量、角动量的空间取向及其量子化条件。下面着重讨论这些重要结论。

13.7.2 求解波函数得出的一些重要结论

1. 主量子数 n 与能量量子化

由上述定态薛定谔方程的求解可得氢原子的能量为

$$E_n=-\frac{1}{n^2}\frac{me^4}{(4\pi\varepsilon_0)^2 2\hbar^2}\quad(n=1,2,3,\cdots) \tag{13.119}$$

当 $n=1$ 时,有 $E_1=-\dfrac{me^4}{(4\pi\varepsilon_0)^2 2\hbar^2}=-13.6\ \mathrm{eV}$,称为氢原子的**基态**能量。当 $n>1$ 时,有 $E_n=\dfrac{1}{n^2}E_1\ (n=2,3,\cdots)$,称为氢原子的**激发态**能量。由此可知,氢原子的能量是量子化的,

形成能级。n 称为**主量子数**，主要决定氢原子的能量，反映氢原子能量的量子化。氢原子的能量是不连续的，这些不连续的能量值称为**能级**，相应的稳定运动状态称为定态。式(13.119)与玻尔的氢原子理论的氢原子能级公式完全一致。由此，氢原子的能级图、电离能以及能级跃迁时的波长计算和谱线的分布规律等，也都与玻尔的氢原子理论相同。

2. 角量子数 l 与角动量量子化

由上述定态薛定谔方程的求解可得电子在核周围运动的角动量 L 的可能取值为

$$L=\sqrt{l(l+1)}\,\hbar\,(l=0,1,2,\cdots,n-1) \tag{13.120}$$

由此可看出，电子在核周围运动的角动量也是量子化的。为了区别于稍后讨论的电子自旋角动量，也常借助于经典术语，将电子在核周围运动的角动量称为**轨道角动量**。l 决定了电子在核周围运动的角动量的数值，故称其为**角量子数**，受主量子数 n 的限制。对于一个确定的主量子数 n，角量子数 l 的取值从 $0,1,2,\cdots$，直到 $n-1$，一共有 n 个可能的取值。这表明在主量子数 n 确定的能量状态下，电子有 n 种可能的运动方式，对应 n 个可能的轨道角动量值。比较精确的计算表明，电子处在主量子数 n 相同、角量子数 l 不同的状态时，其能量略有差别。

例如，主量子数 $n=3$ 时，角量子数 l 可以取 0，1，2 这三个可能的值，对应的电子轨道角动量分别为 $L=0(l=0)$，$L=\sqrt{2}\hbar(l=1)$ 以及 $L=\sqrt{6}\hbar(l=2)$。

值得注意的是，玻尔的氢原子理论也提出了角动量的量子化条件 $L=n\hbar(n=1,2,3,\cdots)$，二者的差别在于：在玻尔的理论中，角动量量子化是作为假设提出的，且角动量的最小值为 $\hbar$，而量子理论得出的角动量的最小值为零，角动量量子化是通过解薛定谔方程得出的，并非人为假设。实验表明，量子理论的结论是正确的。

3. 磁量子数 m_l 与角动量的空间取向量子化

电子的角动量由角量子数 l 决定，式(13.120)只是给出了角动量的值，但角动量是一矢量，因此要完全确定电子的角动量，还需要知道它在空间中的方位。那么，角动量在空间中的取向是不是任意的呢？

求解氢原子波函数的角函数部分方程式，可得角动量 L 在某特定方向（如轴 z）上的分量 L_z 为

$$L_z=m_l\hbar\,(m_l=0,\pm1,\pm2,\pm3,\cdots,\pm l) \tag{13.121}$$

这就是说，角动量在空间中的方位不是任意的，它在某特定方向上的分量也是量子化的，这叫作**空间量子化**。通常情况下，自由空间是各向同性的，z 轴可以取任意方向，这一量子数没有什么实际意义。如果把原子放到磁场中，则磁场方向就是一个特定的方向，取磁场方向为 z 方向，m_l 就决定了电子绕核运动的角动量在外磁场中的投影（空间取向），因此称 m_l 为**磁量子数**，反映了角动量 L 空间取向的量子化。对于一确定的角量子数 l，磁量子数 m_l 有 $(2l+1)$ 个可能的取值，说明角动量 L 在 z 轴方向的投影也即角动量的空间取向只有这 $(2l+1)$ 种可能。

例如，角量子数 $l=2$，此时电子轨道角动量的大小 $L=\sqrt{6}\hbar$，轨道角动量在 z 轴方向的投影 L_z 的可能取值为 $-2\hbar$、$-\hbar$、0、$+\hbar$、$+2\hbar$，如图 13.29 所示。

可见,n、l、m_l 这三个量子数不仅决定了氢原子核外电子的能量、角动量的大小及其空间取向,而且还决定了电子波函数,因此,为简单起见,氢原子的状态可用三个量子数来描述。

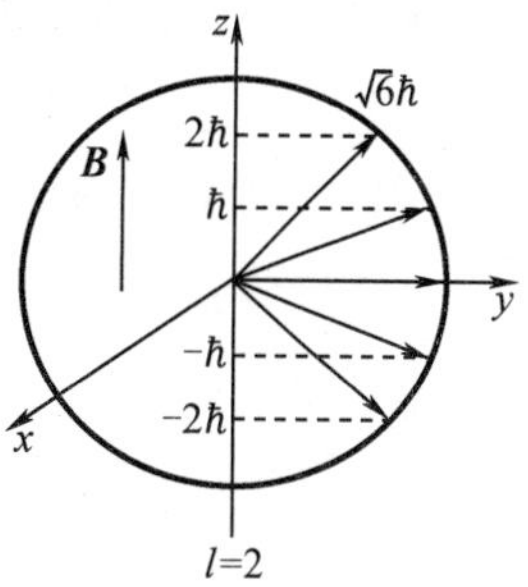

图 13.29 空间量子化的矢量模型

4. 电子在核外各处的概率分布——电子云

有确定量子数 n、l、m_l 的电子状态的波函数为

$$\phi(r,\theta,\varphi)=\phi_{n,l,m_l}(r,\theta,\varphi)=R_{n,l}\Theta_{l,m_l}(\theta)\Phi_{m_l}(\varphi) \tag{13.122}$$

对于基态,$n=1$,$l=0$,$m_l=0$,其波函数为

$$\phi_{1,0,0}=\frac{1}{\sqrt{\pi a_0^3}}e^{-\frac{r}{a_0}} \tag{13.123}$$

此状态下的电子概率密度分布为

$$|\phi_{1,0,0}|^2=\frac{1}{\sqrt{\pi a_0^3}}e^{-\frac{2r}{a_0}} \tag{13.124}$$

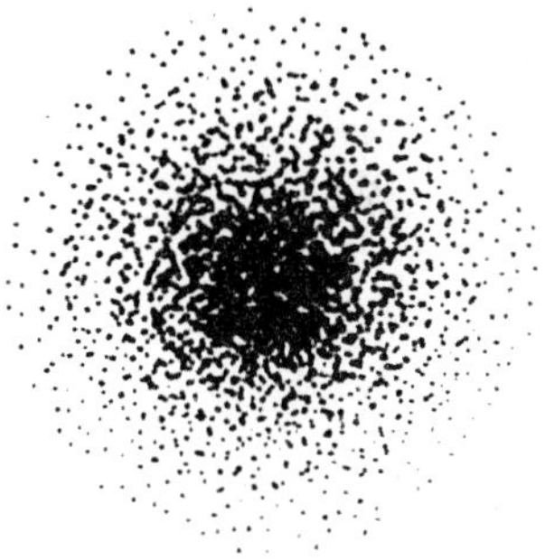

图 13.30 氢原子基态的电子云

由式(13.124)即可知道基态氢原子的电子在原子中的可能位置。式(13.124)反映了电子处于不同位置的概率分布,可以用点的疏密表示概率密度的大小,人们把核外电子的这种分布形象地称为“**电子云**”。注意:电子云是电子概率分布的形象化名词,并不表示电子真的弥散成云雾状包围在核的周围。图 13.30 是氢原子基态的电子云,概率密度呈球对称分布,并且随电子到核的距离的增大而指数递减。

考虑到势能的球对称性,现讨论电子的位置沿径向(r 方向)分布的径向概率密度 $P(r)$,则在半径为 r 和 $r+dr$ 的两球面间的体积内,电子出现的概率为 $P(r)dr$。对于氢原子基态,由于概率密度分布是球对称的,因此可以有

$$P_{1,0,0}(r)dr=|\phi_{1,0,0}|^2 4\pi r^2 dr=\frac{4}{a_0^3}r^2 e^{-\frac{2r}{a_0}}$$

由此可求得 $P_{1,0,0}(r)dr$ 的极大值出现在

$$r=a_0=\frac{4\pi\varepsilon_0\hbar^2}{me^2}=0.529\ \text{Å}$$

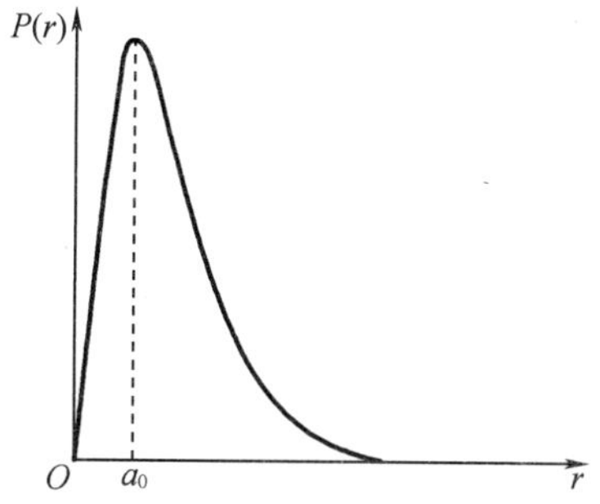

图 13.31 氢原子基态的电子径向概率密度分布

处,即从离原子核的远近来说,电子出现在 $r=a_0$ 附近的概率最大,如图 13.31 所示。在量子论早期,玻尔用半经典理论求出的氢原子中电子绕核运动的最小可能圆轨道的半径就是这个 a_0 值,也因此称 a_0 为**玻尔半径**。对于氢原子在基态时的电子分布,玻尔理论认为电子应处于半径为 a_0 的圆形轨道上。但从量子力学角度来看,电子可处于 $r=0$ 到 $r\to\infty$ 之间的任意位置,只不过电子在 $r=a_0$ 附近的相对概率最大而已。因此,在描述电子的分布时

用**电子云**取代了轨道半径的说法。

图 13.32 为 $n=2$ 时氢原子各状态的电子云及电子径向概率密度分布曲线，给出了 $n=2$ 时氢原子的电子分布情况。电子云是一种概率分布，只体现电子在某处出现的概率大小，并不说明具体位置。电子没有确定的轨道，所谓的“轨道”只是电子出现概率最大的地方。例如，处在 1s 态（$n=1,l=0$），2p 态（$n=2,l=1$）和 3d 态（$n=3,l=2$）的电子的径向分布的概率最大处恰巧与玻尔理论中给出的轨道半径 a_0、$4a_0$、$9a_0$ 相对应，由此可知，玻尔理论中所给出的轨道在某些情况下和量子力学所给出的概率最大的区域相接近，因此玻尔理论仅仅是在这些情况下给出了与实验相接近的结果。至于 2s 态（$n=2,l=0$），3s 态（$n=3,l=0$）和 3p 态（$n=3,l=1$）等，在两种理论中就很难找到明显接近的轨道与区域了。

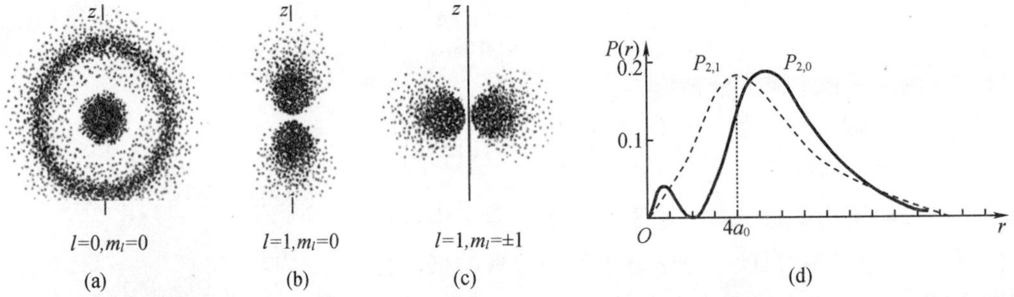

图 13.32　$n=2$ 时氢原子各状态的电子云及电子径向概率密度分布曲线

电子的位置随方位角（空间不同方向）分布的概率密度记为 $P_{l,m_l}(\theta,\varphi)$，则在 (θ,φ) 方向的立体角 $\mathrm{d}\Omega=\sin\theta\mathrm{d}\theta\mathrm{d}\varphi$ 内发现电子的概率为

$$P_{l,m_l}(\theta,\varphi)\mathrm{d}\Omega = |\Theta_{l,m_l}\Phi_{m_l}|^2\mathrm{d}\Omega\int_0^\infty R_{nl}^2(r) = |\Theta_{l,m_l}\Phi_{m_l}|^2\mathrm{d}\Omega \tag{13.125}$$

由 Φ 满足方程 $\dfrac{\mathrm{d}^2\Phi}{\mathrm{d}\varphi^2}+m_l^2\Phi=0$ 解得

$$\Phi_{m_l}=\frac{1}{\sqrt{2\pi}}\mathrm{e}^{\mathrm{i}m_l\varphi}$$

所以

$$P_{l,m_l}(\theta,\varphi)\mathrm{d}\Omega=\frac{1}{2\pi}|\Theta_{l,m_l}(\theta)|^2\mathrm{d}\Omega \tag{13.126}$$

式(13.26)表明 $P_{l,m_l}(\theta,\varphi)$ 只与 θ 有关，与 φ 无关，角分布对 z 轴是旋转对称的。因此可以用通过 z 轴的任何一个平面上的曲线来刻画概率密度随 θ 角的变化，例如，在 $y-z$ 平面上画出 P_{l,m_l} 随 θ 变化的曲线，然后把曲线绕 z 轴旋转就可得到概率在空间各方向的分布。如图 13.33 所示，在 $l=0,m_l=0$ 时，概率 $P_{0,0}=\dfrac{1}{4\pi}$，与 θ 也无关，呈球对称概率分布；在 $l=1$，$m_l=0$ 时，概率 $P_{1,0}=\dfrac{3}{4\pi}\cos^2\theta$，在 $\theta=\dfrac{\pi}{2}$ 方向为零，在 z 轴方向（$\theta=0$）最大，呈竖直哑铃形分布；在 $l=1,m_l=\pm1$ 时，概率 $P_{1,\pm1}=\dfrac{3}{8\pi}\sin^2\theta$，在 $\theta=\dfrac{\pi}{2}$ 方向最大，在 z 轴方向（$\theta=0$）为零，呈

水平的哑铃形概率分布。

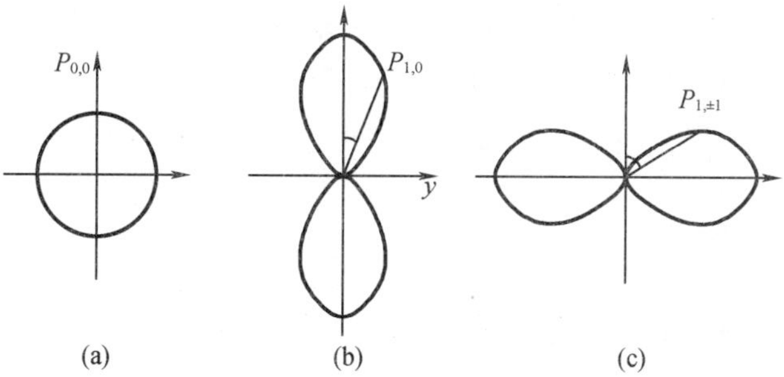

图 13.33 概率在空间各方向的分布的几种特例

13.7.3 施特恩－格拉赫实验

首次证实原子在磁场中取向量子化的实验，是由施特恩和格拉赫在1921年完成的。实验装置示意图如图13.34所示。

图13.34中，O为银原子射线源，加热原子炉使银在炉内蒸发，产生的银原子通过狭缝S_1、S_2形成细束，经过不均匀的磁场区域（磁场垂直于射束方向）后，打到照相底片P上。整个装置安置在高真空容器中。实验发现，将处于基态（$l=0$）的银原子射线源加热，使其发射的原子束通过狭缝S_1、S_2后，形成很细的一束原子射线，在没有外磁场时，照相底板P上将沉积一条正对狭缝的痕迹；当加上磁场后，照相底板P上出现两条上下对称的痕迹。实验者预言：由于电子绕核运动具有轨道角动量而形成圆电流，因而具有轨道磁矩

$$\mu_L = IS = \frac{v}{2\pi r}e\pi r^2 = \frac{e}{2m}(mvr) = \frac{e}{2m}L \tag{13.127}$$

式中，m为电子质量；e为电子电荷量；r为电子到核的距离；v为电子的速率。因为电子带负电，它的磁矩$\boldsymbol{\mu}_L$与角动量$\boldsymbol{L}$的方向相反，所以写成矢量式应为

$$\boldsymbol{\mu}_L = -\frac{e}{2m}\boldsymbol{L} \tag{13.128}$$

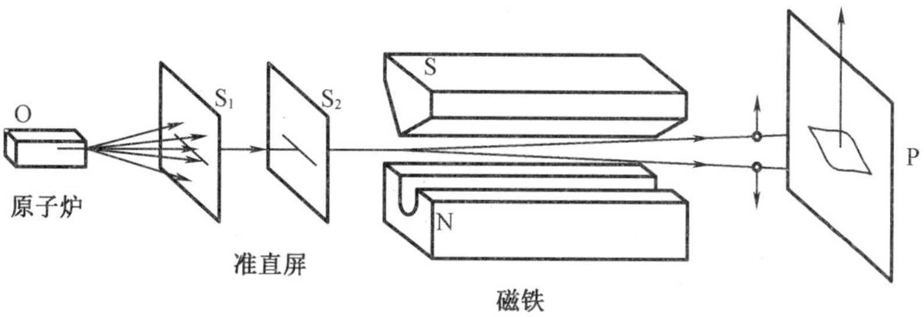

图 13.34 施特恩－格拉赫实验装置示意图

按照量子力学的结果，$L=\sqrt{l(l+1)}\hbar(l=0,1,2,\cdots,n-1)$，沿用历史上的叫法，$\boldsymbol{\mu}_L$称

为**电子轨道磁矩**，也是量子化的。

原子因原子内电子的运动而具有磁矩，原子的磁矩是原子中各电子磁矩的矢量和$\boldsymbol{\mu}$（不考虑原子核的磁矩）。根据电磁理论，当具有磁矩$\boldsymbol{\mu}$的原子进入N、S间的非均匀磁场时，要受到一个沿磁场方向（z方向）的净磁力的作用。设磁场沿z轴方向，磁感应强度$\boldsymbol{B}$沿z方向的变化率为$\frac{\mathrm{d}\boldsymbol{B}}{\mathrm{d}z}$，则原子所受磁力的大小为

$$F=\mu_z\frac{\mathrm{d}B}{\mathrm{d}z} \tag{13.129}$$

因此原子内所有电子磁矩的矢量和就使原子也具有了磁矩$\boldsymbol{\mu}$，μ_z是原子磁矩$\boldsymbol{\mu}$在磁场方向上的投影。由式(13.129)可知，磁矩$\boldsymbol{\mu}$在磁场中所处的方向不同，所受力的大小也不同。这样，具有不同μ_z值的原子在非均匀磁场中将受到不同的力，在力的作用下将有不同程度的偏转。如果原子的角动量及相应的磁矩可以取任意的方向，μ_z在底板上的沉淀因横向位移将是连续分布的；如果原子的角动量（即原子内各电子角动量的矢量和）在空间中的取向是量子化的，那么原子磁矩在空间中的取向也是量子化的，μ_z就只能取离散的值，底片上的原子沉淀就应呈现分立的线状谱。

施特恩－格拉赫实验观察到的是两条对称的线状原子沉淀，证实了原子磁矩以及相应的原子角动量的空间量子化，但同时也留下了当时无法解释的疑惑，那就是：如果只考虑电子的轨道角动量，角动量以及磁矩在外磁场方向的投影就应为$(2l+1)$种，底片上的线状谱就应该为奇数条。而当时的实验恰好采用基态的银原子（$l=0$）进行观察，银原子最外层只有一个电子，决定原子角动量和磁矩的也就只这一个电子，银原子处于基态时，电子的角动量L为零，相应的磁矩亦为零，谱线本应该只有一条而不应该分裂，更不应该分裂为偶数的两条。

施特恩－格拉赫实验是原子物理学和量力学的基础实验之一，它还提供了测量原子磁矩的实验方法，并为原子束和分子束实验技术奠定了基础。

13.7.4 电子自旋

为了解释施特恩－格拉赫实验中银原子束一分为二的结果及其他一些现象（如光谱线的精细结构），1925年，荷兰莱顿大学的两名毕业生乌仑贝克和哥德斯密特提出了电子自旋的假设。他们认为**不能把电子看成一个点电荷，电子除绕核运动而具有轨道角动量和轨道磁矩之外，还存在一种仅仅由电子自身性质决定的自旋运动，相应地有自旋角动量和自旋磁矩**。

与轨道角动量量子化一样，自旋角动量S也是量子化的，即

$$S=\sqrt{s(s+1)}\,\hbar \tag{13.130}$$

式中，s是自旋量子数，它只能取一个值，即$s=\frac{1}{2}$。

因而电子的自旋角动量为

$$S=\sqrt{\frac{1}{2}\left(\frac{1}{2}+1\right)}\,\hbar=\frac{\sqrt{3}}{2}\hbar \tag{13.131}$$

电子自旋角动量 S 在外磁场方向的投影也是量子化的，即

$$S_z = m_s \hbar \tag{13.132}$$

式中，m_s 为**电子自旋磁量子数**，它只能取两个值，即

$$m_s = \pm \frac{1}{2}$$

因而有

$$S_z = \pm \frac{1}{2}\hbar$$

每个电子具有的自旋磁矩 $\boldsymbol{\mu}_s$ 和自旋角动量 $\boldsymbol{S}$ 的关系是

$$\boldsymbol{\mu}_s = -\frac{e}{m}\boldsymbol{S}$$

因而自旋磁矩在外场方向的投影只能取两个数值，即

$$\mu_{s,z} = -\frac{e}{m}S_z = \pm\frac{e\hbar}{2m} = \pm\mu_{\mathrm{B}} \tag{13.133}$$

式中，$\mu_{\mathrm{B}} = \frac{e\hbar}{2m} = 9.27\times10^{-24}\ \mathrm{J\cdot T^{-1}}$，称为**玻尔磁子**。自旋角动量空间量子化如图 13.35 所示。

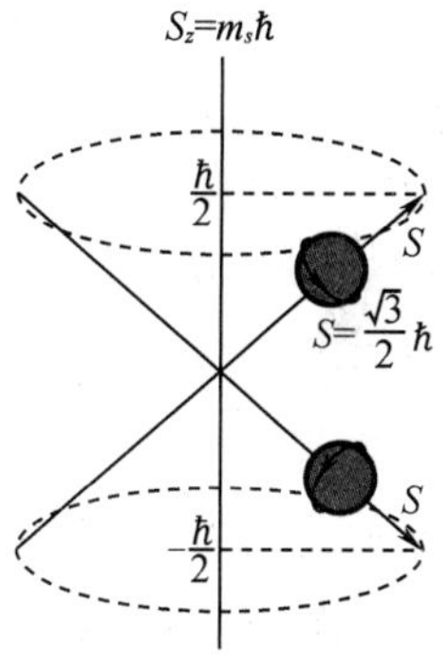

图 13.35 自旋角动量空间量子化

这样，对于在非均匀磁场内银原子射线中的原子，尽管电子轨道磁矩为零，但由于自旋磁矩在外场方向上有两个值，当原子射线通过非均匀磁场时自然就要分裂为两束射线了。

一个电子绕核运动时，既有轨道角动量 $\boldsymbol{L}$，又有自旋角动量 $\boldsymbol{S}$。这时电子的状态和总角动量 $\boldsymbol{J}$ 有关，总角动量为前二者的矢量和，即 $\boldsymbol{J}=\boldsymbol{L}+\boldsymbol{S}$，这一角动量的合成叫作**自旋轨道耦合**。由量子力学可知，$\boldsymbol{J}$ 也是量子化的。相应的总角动量量子数用 j 表示，则总角动量的值为

$$J = \sqrt{j(j+1)}\,\hbar \tag{13.134}$$

式中，j 的取值取决于 l 和 s。在 $l=0$ 时，$J=S$，$j=s=1/2$。在 $l\neq0$ 时，$j=l+s=l+1/2$ 或 $j=l-s=l-1/2$。

在电磁学中我们学过，磁矩 $\boldsymbol{\mu}_s$ 在磁场中是具有能量的，其能量 $E_s=-\boldsymbol{\mu}_s\cdot\boldsymbol{B}=-\mu_{s,z}B$。将式(13.133)代入，可知由于自旋轨道耦合，电子所具有的能量为

$$E_s = \mp\mu_{\mathrm{B}}B \tag{13.135}$$

式中，B 是电子在原子中所受到的磁场。

对孤立的原子来说，电子在某一主量子数 n 和轨道量子数 l 所决定的状态内，还可能有自旋向上($m_s=1/2$)和自旋向下($m_s=-1/2$)两个状态，其能量应为轨道能量正 $E_{n,l}$ 和自旋轨道耦合能量 E_s 之和，即

$$E_{n,l,s} = E_{n,l}+E_s = E_{n,l}\pm\mu_{\mathrm{B}}B \tag{13.136}$$

这样，$E_{n,l}$ 这一个能级就分裂成了两个能级($l=0$ 除外)，自旋向上的能级较高，自旋向下的能级较低。这就很好地解释了光谱线的精细结构。考虑到自旋轨道耦合，常将原子的状态用 n 的数值、l 的代号和总角动量量子数 j 的数值(作为下标)表示。如 $l=0$ 的状态记作

$ns_{1/2}$；$l=1$ 的两个可能状态分别记作 $np_{3/2}$，$np_{1/2}$；$l=2$ 的两个可能状态分别记作 $nd_{5/2}$，$nd_{3/2}$等。图 13.36 中钠原子的基态能级如 $3s_{1/2}$不分裂，3p 能级分裂为 $3p_{3/2}$和 $3p_{1/2}$两个能级，分别比不考虑自旋轨道耦合时的能级(3p)大 $\mu_B B$ 和小 $\mu_B B$。这样，人们原来认为钠黄光(D 线)只有一个频率或波长，现在可以看到它实际上是由两种频率很接近的光(D_1 线和 D_2 线)组成的。因为自旋轨道耦合引起的能量差很小(典型值为 10^{-5} eV)，所以 D_1 和 D_2 的频率或波长差也很小，但用较精密的光谱仪还是很容易观察到的。这样形成的光谱线组合叫作**光谱的精细结构**，组成 D 线的两条谱线的波长分别为 $\lambda_{D_1}=589.592$ nm 和 $\lambda_{D_2}=588.995$ nm。

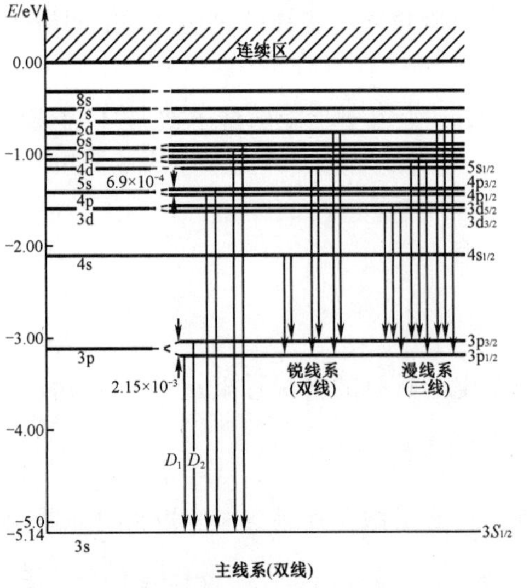

图 13.36　钠原子能级的分裂和光谱线的精细结构

至此，引入了描述原子中电子运动状态的四个量子数：n、l、m_l、m_s，前面三个量子数是由解薛定谔方程引入的，自旋磁量子数是由假设引入的。薛定谔方程不能预言电子的自旋，原因在于薛定谔方程没有考虑相对论效应。1928 年，狄拉克在非相对论量子力学的基础上，建立了描写高速运动粒子的相对论波动方程，电子的自旋性质能很自然地从这个方程中得到，因此，电子自旋是一种相对论性的量子效应。

13.7.5　多电子原子中电子的排布

1. 四个量子数

对于多电子原子，薛定谔方程虽不能完全精确地求解，但可以利用近似方法求得足够精确的解。其结果是在原子中每个电子的状态仍可以用(n,l,m_l,m_s)四个量子数的排列来描述，也称为**电子的量子态**。

(1) 主量子数 n。$n=1,2,3,\cdots$，决定了原子中电子能量的主要部分。

(2) 角量子数 l。$l=0,1,2,\cdots,n-1$，决定了电子角动量的大小。另外，由于轨道磁矩和自旋磁矩的相互作用、相对论效应等，角量子数 l 对能量也有稍许影响，即由 n 的一个值所决定的能级实际上包含了若干个与 l 有关、靠得很近的分能级(能级的简并)。

(3) 磁量子数 m_l。$m_l=0,\pm1,\pm2,\pm3,\cdots,\pm l$，决定了电子绕核运动的角动量在外磁场方向的分量，即角动量的空间取向。

(4) 电子自旋磁量子数 m_s。$m_s=\pm\dfrac{1}{2}$，决定了自旋角动量在外磁场方向的分量，对电子的能量也稍有影响。

1916 年，德国物理化学家柯塞尔提出多电子原子中核外电子按壳层分布的形象化模型。他认为主量子数 n 相同的电子组成一个壳层，n 越大的壳层，离原子核的平均距离越远，$n=1,2,3,4,5,6,\cdots$的各壳层分别用大写字母K、L、M、N、O、P…表示。一个壳层又按角量子数l的不同分为若干个支壳层，$l=0,1,2,3,4,5,\cdots$的各支壳层分别用小写字母s、p、d、f、g、h…表示。一般来说，主量子数n越大的壳层，能级越高；同一壳层中，角量子数l越大的支壳层，能级越高。由量子数n、l确定的支壳层通常这样表示：把n的数值写在前面，并排写出代表l值的字母，如1s、2s、2p、3s、3p、3d、4s等。

2. 两条基本原理

核外电子在这些壳层和支壳层上的分布情况还需遵守两条原理。

(1)泡利不相容原理

1925年，泡利根据对光谱实验结果的分析总结出如下规律：在一个原子中不能有两个或两个以上的电子处在完全相同的量子态。也就是说，一个原子中任意两个电子都不可能具有一组完全相同的量子数(n,l,m_l,m_s)，这称为泡利不相容原理。

根据四个量子数的取值范围，当n、l、m_l确定时，因m_s的不同可以有2个可能状态；当n、l确定时，因m_l、m_s的不同可以有$2(2l+1)$个可能状态，因此对每一个l可以有$2(2l+1)$个不同的状态。按照泡利不相容原理的规定，每一个支壳层最多可以容纳的电子数应为$2(2l+1)$，则每个壳层最多可以容纳的电子数应对所含的支壳层求和，即

$$N_n=\sum_{l=0}^{n-1}2(2l+1)=\frac{2+2[2(n-1)+1]}{2}n=2n^2 \tag{13.137}$$

表13.1就是根据泡利不相容原理计算出来的原子中各壳层和支壳层最多容纳的电子数。

表13.1 原子中各壳层和支壳层最多容纳的电子数

n	l							$N_n=2n^2$
	0 s	1 p	2 d	3 f	4 g	5 h	6 i	
1 K	2	—	—	—	—	—	—	2
2 L	2	6	—	—	—	—	—	8
3 M	2	6	10	—	—	—	—	18
4 N	2	6	10	14	—	—	—	32
5 O	2	6	10	14	18	—	—	50
6 P	2	6	10	14	18	22	—	72
7 Q	2	6	10	14	18	22	26	98

泡利不相容原理是研究微观世界物理规律的重要理论基础，泡利也因此获得了1945年的诺贝尔物理学奖。

(2)能量最低原理

当原子处在正常状态时，电子尽可能地会占据未被填充的最低能级，如原子的基态是原子能量最低的状态。因此，能级越低也就是离核越近的壳层首先被电子填满，其余电子

依次向未被占据的最低能级填充，直至所有 Z 个核外电子分别填入可能占据的最低能级为止。由于能量还和角量子数 l 有关，因此在有些情况下，n 较小的壳层尚未填满时，下一个壳层上就开始有电子填入了。关于 n 和 l 都不同的状态的能级高低问题，我国学者研究出一个判别式：对于原子的外层电子，能级高低可以用 $(n+0.7l)$ 值的大小来比较，其值越大，能级越高。例如，钾（K，$Z=19$）的电子排布为 $1s^22s^22p^63s^23p^64s^1$。3d 态能级比 4s 态能级高，因此钾的第 19 个电子不是填入 3d 态，而是填入 4s 态。氖（Ne，$Z=10$）的电子排布为 $1s^22s^22p^6$。由于各支壳层的电子都已成对，因此总自旋角动量为零。又由于 p 支壳层都已填满，这一支壳层中电子的总轨道角动量等于零。这一情况叫作**支壳层的闭合**。这一闭合使得氖原子不容易和其他原子结合而成为惰性原子。银（Ag，$Z=47$）的电子排布为 $1s^22s^22p^63s^23p^63d^{10}4s^24p^64d^{10}5s^1$。这一排布中，除了 4f（$l=3$）支壳层似乎应该填入而没有填入，最后一个电子填入了 5f 支壳层这种“反常”现象外，可以注意到已填入电子的各支壳层都已闭合，因而它们的总角动量为零，而银原子的总角动量就是这个 5f 电子的自旋角动量。在施特恩－格拉赫实验中，银原子束的分裂能说明电子自旋的量子化就是这个缘故。表 13.2 为原子序数小于 23 的元素的电子排布。

表 13.2　原子序数小于 23 的元素的电子排布

原子序数	元素	电子排布	原子序数	元素	电子排布
1	H	$1s^1$	12	Mg	$1s^22s^22p^63s^2$
2	He	$1s^2$	13	Al	$1s^22s^22p^63s^23p^1$
3	Li	$1s^22s^1$	14	Si	$1s^22s^22p^63s^23p^2$
4	Be	$1s^22s^2$	15	P	$1s^22s^22p^63s^23p^3$
5	B	$1s^22s^22p^1$	16	S	$1s^22s^22p^63s^23p^4$
6	C	$1s^22s^22p^2$	17	Cl	$1s^22s^22p^63s^23p^5$
7	N	$1s^22s^22p^3$	18	Ar	$1s^22s^22p^63s^23p^6$
8	O	$1s^22s^22p^4$	19	K	$1s^22s^22p^63s^23p^64s^1$
9	F	$1s^22s^22p^5$	20	Ca	$1s^22s^22p^63s^23p^64s^2$
10	Ne	$1s^22s^22p^6$	21	Sc	$1s^22s^22p^63s^23p^64s^23d^1$
11	Na	$1s^22s^22p^63s^1$	22	Ti	$1s^22s^22p^63s^23p^64s^23d^2$

按量子力学求得的各元素原子中的电子排布规律，很好地解释了元素的化学性质和物理性质随着原子序数的增大而发生周期性变化的原因。实际上，每当电子向一个新的壳层填入时，就开始了一个新的周期。可以说，元素的周期性是由原子中的电子的壳层结构决定的，这也是量子理论正确性的又一例证。

13.8　扫描隧道显微镜与纳米技术

新材料已成为当今高新技术的支柱，一个国家使用新材料的品种或数量的多寡已成为其科学技术和经济发展的重要标志。新材料的开发与研制是一个集物理、化学和工程技术等在内的跨学科的综合研究领域，其中，物理学特别是凝聚态物理学在新材料研制中的基础地位与作用是极其重要的。

研究新材料的目的是使材料的性能（如力、电、磁、光和热性能）达到最佳，或者根据高新技术的要求来设计具有特殊性能的材料。当今的新材料往往集多种功能于一身，又往往具备传统材料所不具备的特殊性能（如记忆、超导、超塑等）。从这个意义上说，新材料已脱离了传统材料的概念。目前把用新技术、新工艺研制的具有特殊性能或者比传统材料在性能上有重大突破（如超硬、超强、耐高温等）的一类材料称为**新材料**。新材料研究涉及的范围很广，如信息功能材料、能源与环保材料、各种复合材料、结构新材料、有机功能材料等。本节主要从物理基础及其应用的角度对纳米技术加以介绍。

长期以来，人们一直有一个愿望：有一天能够按自己的意愿去安排一个一个的原子以构成所需要的材料和器件。随着科学技术的发展，这个愿望已有可能变成现实。20 世纪 90 年代初，一门崭新的纳米科学技术（Nano ST）诞生了，它是以许多先进科学技术为基础的多学科技术，包括纳米材料学、纳米生物学、纳米化学、纳米电子学和纳米工程机械学。纳米是 nanometer 的译文，即为 10^{-9} m，通常用 nm 表示。但是要注意，在这里，纳米不仅仅意味着空间尺度小，而且是提出了一种新的思考方式，即生产过程要求越来越精细，甚至能实现直接操纵单个原子或分子以制造具有特定功能的产品。正因如此，纳米科学技术必将成为 21 世纪最重要的高新技术之一。我国也已把纳米科学技术列入“攀登计划”项目。

一旦进入纳米技术范围，量子力学效应就会出现。也就是说，要开发的这个新领域，量子力学是必不可少的工具。现如今，对量子力学的研究已不仅仅局限在理论上，而是将量子力学的理论研究成果应用于实际的开发中。纳米科学技术正是成功地把量子力学原理应用于技术领域的典范。要能直接安排原子、分子，必须先能直接观察到原子和分子。扫描隧道显微镜的发明使观察原子、分子乃至直接操纵单个原子成为可能。下面介绍扫描隧道显微镜。

13.8.1 扫描隧道显微镜

图 13.37 扫描隧道显微镜

受到电子的隧道效应的启发，1982 年，宾尼和罗雷尔成功研制了世界上第一台扫描隧道显微镜。1986 年，宾尼又在 STM 的基础上研制成了原子力显微镜。两位发明者因此与德国物理学家鲁斯卡（电子显微镜的发明者）共享了 1986 年的诺贝尔物理学奖。STM 和下面要介绍的原子力显微镜是继光学显微镜（也称第一代显微镜）、电子显微镜（也称第二代显微镜）后出现的第三代显微镜，为扫描探针显微镜，也称纳米显微镜。第三代显微镜的发明及其广泛应用，直接促进了纳米科学技术的诞生和发展。1990 年，在低温下，人们利用 STM 第一次实现了直接操纵原子和排布原子。人们操纵单个原子并使之构成具有一定物理效应的原子组合，大大推动了关于纳米技术的研究，实现了按人类意愿重新排布单个原子的愿望。与此同时，我国也做了类似的原子级水平的实验，从而进入了能实现原子级操纵的世界先进行列。现在，STM 已成为纳米科学技术的重要工具，那么它究竟是一个什么样的仪器，又是如何工作的呢？

1. STM 的工作原理

众所周知，金属中有大量的可以自由运动的传导电子，而金属表面相当于势垒，将阻碍电子的溢出。但按照量子力学的观点，微观粒子具有波粒二象性，电子是有可能穿过势垒并越过金属表面的。因此，靠近金属外表面处的电子密度并不是突然降到零，而是按离开金属表面的距离呈指数式衰减的方式分布着，衰减的长度约为 1 nm 数量级。如果势垒宽度在 1 nm 以下，则电子就存在一定的概率可穿过势垒。这就是量子力学中的隧道效应。STM 正是利用导体中的电子穿过表面势垒的隧道效应制成的。

STM 的特点是不用光源也不用透镜，其显微部件是一枚细而尖的金属（如钨丝、铂－铱丝）探针，其基本构成示意图如图 13.38 所示。

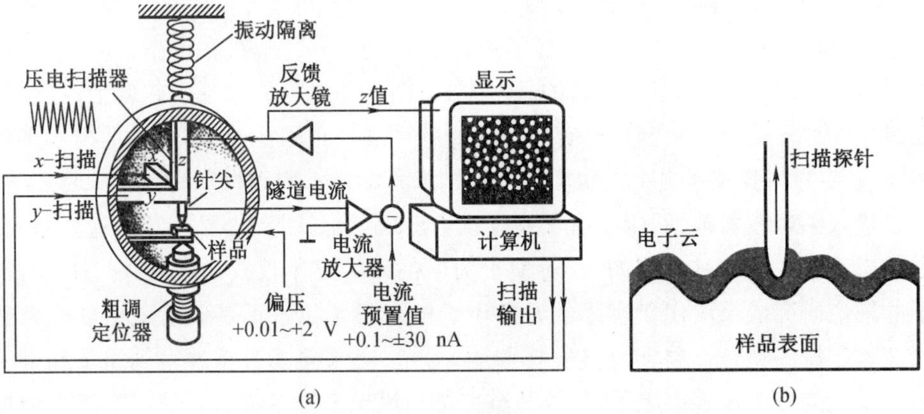

图 13.38　扫描隧道显微镜基本构成示意图

在样品的表面有一表面势垒阻止其内部的电子向外运动。但正如量子力学所指出的那样，表面内的电子能够穿过表面势垒，到达表面外并形成一层电子云。这层电子云的密度随着与表面的距离的增大而按指数规律迅速减小。这层电子云的纵向和横向分布由样品表面的微观结构决定，STM 就是通过显示这层电子云的分布而考察样品表面的微观结构的。STM 用一非常细小的针尖和被研究物质的表面作为两个导体，形成两个电极，使用时，先将探针（一个极细的尖针，针尖头部为单个原子）推向样品，直至二者的电子云略有重叠为止。这时在探针和样品间加上电压，电子便会通过电子云形成隧道电流（纳安级）。由于电子云的密度随距离迅速变化，因此隧道电流对针尖与表面间的距离极其敏感。例如，距离改变一个原子的直径，隧道电流会变化 1 000 倍。隧道电流对针尖与表面间的距离的变化十分敏感是扫描隧道显微镜工作的基本依据。1979 年 1 月 5 日，宾尼在思考 STM 探针的制造时在笔记本中写下了这样一段话："针尖的球形表面与样品平表面之间的隧道电流呈指数衰减，足以把电流孔径限制在 0.5 nm 之内。"显然，考虑到隧道电流随距离的指数衰减是宾尼成功发明 STM 的关键一步。当探针在样品表面上方进行全面横向扫描时，根据隧道电流的变化,利用一反馈装置控制探针针尖使之与样品表面间保持一恒定的距离。把探针针尖扫描和起伏运动的数据输入计算机进行处理,就可以在荧光屏或绘图机上显示出样品表面的三维图像,和实际尺寸相比,这一图像可放大到1亿倍。因此,可以根据隧道电流与两极之间距离的关系设置工作模式。

通常有两种工作模式。一种是恒电流工作模式,如图13.39所示。当针尖在样品表面做二维扫描时,通过电子反馈线路维持隧道电流恒定不变。由于样品的表面是起伏不平的(加工得再光平的样品在原子大小的数量级范围内也是起伏不平的),因此,针尖必须随样品表面的起伏而起伏。针尖起伏的情况被记录下来,经过计算机处理后被还原在屏幕上,就给出了样品表面的三维图像。这种扫描方式可用于观察表面形貌起伏较大的样品,且可以通过在 z 向驱动器上的电压值推算表面起伏高度的数值,这是一种常用的扫描模式。

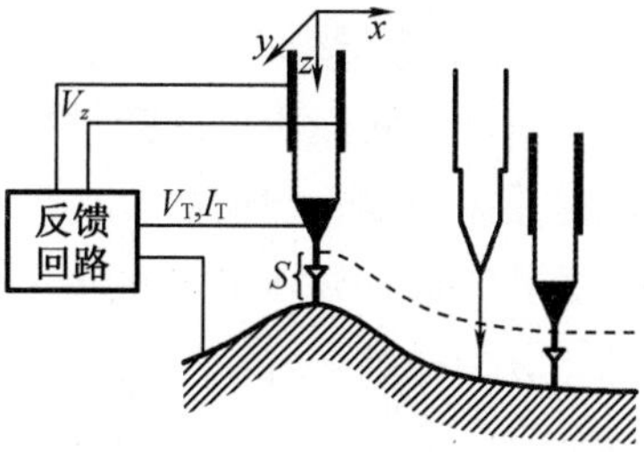

图13.39 恒电流工作模式

另一种是恒高度工作模式,如图13.40所示。针尖在样品表面做二维扫描时,保持针尖的绝对高度不变,这样针尖与样品表面的距离就随样品表面的起伏而发生变化,从而隧道电流的大小也随样品表面的起伏而发生变化。记录下隧道电流的变化情况,经计算机处理并将其还原在屏幕上,也可得到样品表面的三维形貌。这种扫描方式的特点是扫描速度快,能够减小噪声和热漂移对信号的影响,但一般不能用于观察表面起伏大于1 nm的样品。

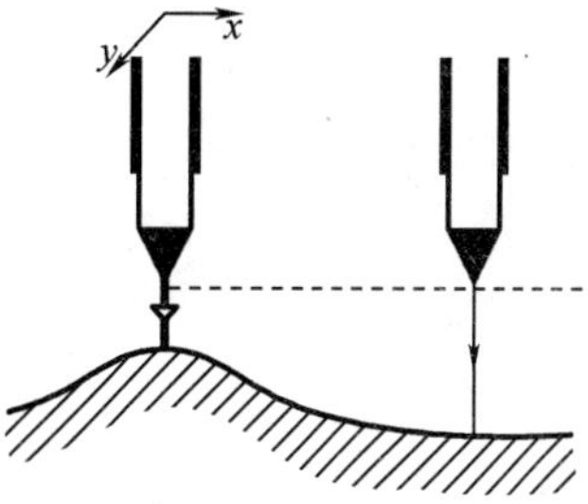

图13.40 恒高度工作模式

2. STM的仪器设备

扫描隧道显微镜由四部分组成,如图13.38所示,包括STM主体、电子反馈系统、计算机控制系统及高分辨率图像显示终端,其核心部件——STM的探针装在主体箱内。电子反馈系统主要用于产生隧道电流及维持隧道电流的恒定,并控制针尖在样品表面进行扫描;计算机控制系统则犹如一个总司令部,由它发出一切指令控制全部系统的运转,并收集和存储所获得的图像;高分辨率图像显示终端主要用于显示所获取的显微图像。STM的仪器设备对具体的设计、制作工艺及成像系统的要求都很高,制作时存在的主要技术问题如下。

(1)探针针尖的制作

由STM的工作原理可知,在STM观测样品表面的过程中,扫描探针的结构所起的作用是很重要的。为了显示样品表面的微观结构,要求探针在样品上方移动时,针尖与样品表面间距离小于1 nm,同时还要保证其稳定性,且精确度小于0.01 nm,这些都是极为严格的要求。为此,探针的驱动头必须高度精确,整个设备要全面防止外界振动的干扰,而探针针尖也应在刚性和稳定性容许的范围内,尽可能做得尖锐,尖锐到只有一个原子。当针尖端部仅为一个原子时,其分辨本领可达0.2 nm,这个原子通常来自样品本身,是在样品和探针针尖间的强电场作用下,由样品飞出并牢牢地附着到针尖上的。

(2)扫描控制与测量系统

为了得到样品表面的原子图像,必须把探针放到离样品表面只有 1 nm 或者更近的地方,而且不能与样品表面接触,只有这样才能保证探针与样品表面间产生隧道电流。这也是 STM 制作工艺中的一个关键问题。此外,还要让这样细小的探针能在样品的表面进行扫描,这就需要精细的扫描控制与测量系统。

扫描装置由压电陶瓷材料制成。探针针尖的精密定位和微小步进移动巧妙地利用了压电晶体的电致伸缩性质。它可以使针尖每一步只移动 10 nm 到 100 nm。STM 在排除外界振动的干扰方面采用弹簧支撑和涡电流阻尼的办法。目前,STM 的纵向(竖直)分辨本领为千分之几纳米(原子半径为十分之几纳米),横向(水平)分辨本领和探针与样品间的绝缘介质及针尖端部的尺寸有关。在真空中进行隧道贯穿时,横向分辨本领一般可达 0.1 ~ 1.2 nm。压电陶瓷是一种特殊的陶瓷材料,它具有这样的特性:若对它施加一定的电压,它会在某一方向上呈现出一定的机械伸缩性,伸长或缩短的尺度与外加电压成正比。常用的压电陶瓷三维扫描控制器有以下三种形式:三脚架形、圆筒形和十字架配合圆筒形,如图 13.41所示。今以三脚架形三维扫描控制器为例加以说明。长棱柱型压电陶瓷材料以相互垂直的方向结合在一起,STM 针尖放在三脚架的顶端,三脚架的三个支柱可独立地伸展与收缩,能使针尖沿 x、y 和 z 三个方向独立运动。在任何一个支柱上加上适当的电压,由于压电效应,这个支柱将伸长或缩短,从而驱使探针在这个方向上前后移动。其中,x、y 方向两个支柱的作用是使探针做平行于样品表面的扫描。此外,在 x、y 方向做平行于表面的扫描的同时,反馈系统把输出的反馈电压 U_z 加到支柱 z 上以调整探针与被测样品表面的间距,从而保持隧道电流恒定。U_z 随探针位置(x,y)的变化反映了支柱 z 的运动状态,也反映了样品表面高低起伏的信息。对于已知的压电材料,每伏电压伸缩多少纳米是已知的,所以 z 上的电压和 x、y 上的电压的函数关系就是待测样品表面图像的真实模拟。只要把 U_z 转换成显示装置上的亮度信号,U_x 和 U_y 为显示装置上光点的 x、y 位置,则通过对显示屏上的 x 轴、y 轴与亮度信号进行定标,即可获得实际样品表面的扫描隧道显微照片。

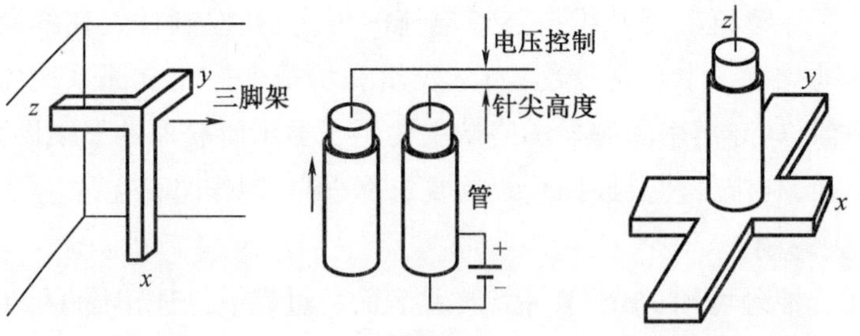

(a)三脚架形　　(b)圆筒形　　(c)十字架配合圆筒形

图 13.41　常用的压电陶瓷三维扫描控制器

(3)数字 - 图像转换系统

为了得到实际样品的扫描隧道显微照片,必须要有一套良好的数字 - 图像转换系统及高分辨率图像显示终端。一般均通过计算机内的图像处理软件对初始图像进行一系列处理，如平滑化、背景抠除、区域放大或缩小等，将处理过后的图像显示在图像终端上，然后可对在终端上显示出的图像拍照或利用图像制作幻灯片。

(4) STM工作的稳定性

STM工作的稳定性有两方面的含义：一是应尽可能消除和减少由热运动的影响带来的热漂移；二是指消除外界振动和仪器内部机械振动的影响，使探针与样品表面的间隙保持稳定。这是因为STM工作的特点为：利用针尖扫描样品表面，通过隧道电流获取图像。而测量隧道电流的关键在于控制探针与样品表面的间隙在0.1 nm的范围内变化，所以任何微小的机械振动都会使测量失败。一套良好的减震系统也是STM研发时应注意的主要技术问题之一。STM在排除外界振动的干扰方面采用弹簧支撑和涡电流阻尼的办法。第一代STM的减震系统是利用超导磁悬浮的原理。

3. STM的独特优点

(1)分辨率高。STM在样品表面的横向分辨率可达0.1 nm(晶体中原子间距为0.1～0.3 nm)，纵向分辨率可达0.01 nm，可分辨出单个原子。任何借助透镜来对光或其他辐射进行聚焦的显微镜都不可避免地会受到一条根本限制：光的衍射现象。由于光的衍射，尺寸小于光波长一半的细节在显微镜下将变得模糊。而STM则能够轻而易举地突破这种限制，因而可获得原子级的高分辨率。图13.42所示为用STM得到的神经细胞图像。

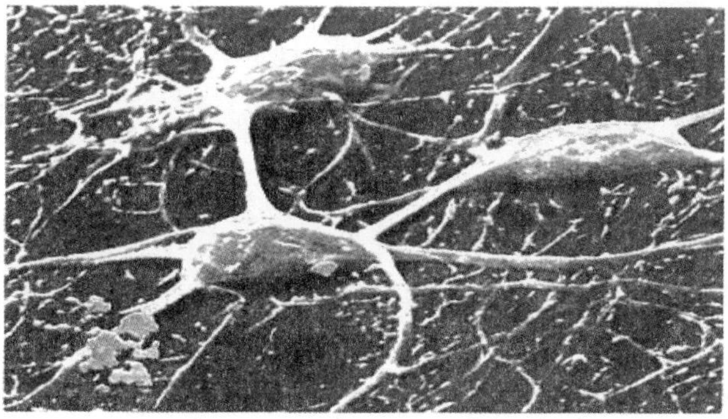

图13.42 用STM得到的神经细胞图像

(2)直接获得实空间中物质表面的三维图像。利用X射线或电子波的衍射看到的图像不直观，不是实空间图像，而是投影图像，需要通过数据处理后才能了解物质内部的结构。现在利用STM可得到原子尺度下的实空间中物质表面结构的三维图像，以供人们进行表面结构研究和表面扩散等动态过程的研究。

(3)适应性强。STM可在真空、大气、常温、低温等不同环境下工作，从而大大扩展了其应用范围。在STM问世之前，人们对这些微观世界还只能用一些烦琐的，往往是破坏性的方法来观测。而STM不需要特别的制样技术，并且探测过程对样品无损伤，避免了使样品发生变化，也无须使样品受破坏性的高能辐射的作用。特别适合于生物、化学等学科研究的需要。对于一些只能在溶液中保持活性的生物样品，采用STM就能进行最接近自然状态的观察。

(4)可进行单层局部研究。利用 STM 可以观察表面一层原子的局部表面结构，而不是像其他表面分析技术那样，是对体相或整个表面的平均性质进行观察。因此，利用 STM 可直接观察表面缺陷、表面重构、表面吸附体的形态和位置等。

(5)利用 STM 针尖可以移动和操纵单个原子与分子。

4. STM 的应用

STM 具有独特的优点，不仅在物理学领域，而且在表面科学、材料科学、生命科学及微电子技术等领域都取得了令人瞩目的成就。现如今，它已成为观察微观世界的重要工具和改造微观世界的手段。例如，生物学家们用 STM 观察和研究单个的蛋白质分子或 DNA 分子；材料学家们用 STM 考察晶体中原子尺度上的缺陷；微电子器件工程师们用 STM 设计厚度仅为几十个原子的电路图等。下面介绍几个典型的例子。

(1)观察单个的蛋白质分子或 DNA 分子，揭示生命的奥秘

目前，人们已将 STM 技术用于对生物大分子的研究。在分子世界，人们首先关注的是决定人类遗传性状的 DNA 分子。1989 年，世界上第一张 DNA 照片的问世揭开了用 STM 揭示生命奥秘的序幕。自此 STM 被广泛用于研究核酸、蛋白质、生物膜等生物样品，从而建立了纳米生物学。在 STM 发明之初，人们认为生物大分子属于有机高分子，导电性差，不一定会像金属导体那样产生大的隧道电流。为了得到扫描显微图像，人们在原子级平整的导电衬底上沉积的生物样品表面喷涂了一层极薄的金属膜，以增加生物样品的导电性。然而事与愿违，得到的照片很不理想。后来人们发现，当导电衬底表面仅有一层单分子层的生物样品时，使用不经过喷涂金属膜处理的样品得到的扫描显微图像反而清晰稳定。

拍摄出清晰的 DNA 图像表明，单个生物大分子也具有良好的隧道电流传输性质。这一事实再一次说明，必须在"电子具有波动性"这样的量子力学的概念下考察物质的导电性等物理概念。在宏观尺度下，生物体的导电性能很差；但在纳米尺度下，对于隧道电流这种量子效应来说，生物大分子是导电的。1990 年，中国科学院上海原子核研究所（现为中国科学院上海应用物理研究所）单分子检测和单分子操纵实验室利用自制的 STM，与中国科学院上海细胞生物学研究所（现已与中国科学院上海生物化学研究所合并为中国科学院生物化学与细胞生物学研究所）及苏联科学院分子生物学研究所合作，首次获得了一种新的 DNA 构型——平行双链 DNA 的 STM 图像。一切生命物质中，DNA 的复制过程每时每刻都在进行着，但过去人们从未直观见过，为此他们还和中国科学院生物化学研究所合作利用 STM 拍摄到了表征 DNA 复制过程中一瞬间的照片，这对生命科学研究有重要意义。

(2)观察固体的表面形貌及测定表面原子位置、电子态等信息

用 STM 可观察固体的表面形貌。图 13.43 是用 STM 观察到的硅表面 7×7 重构图。我们已经知道晶体结构的特点是晶格的周期性，然而在晶体的表面，晶格的周期性会发生变化，形成表面上特有的晶格结构，这种现象称为表面重构。表面重构后的基本结构与晶体内部结构相比，可用一些数字化的指标来描述，如 7×7、3×5 等，表示重构后的晶体表面平行四边形的基本组成单元与晶体内部的平行平面相比，在边长方向上增大的倍数。发明 STM 后不久，人们就成功地获得了硅表面 7×7 重构图，这解决了困扰科学家们长达 30 年的疑难问题。如今，硅表面 7×7 重构图已成为 STM 发展史上一张非常经典的图像，许多 STM 实验室都用这一

结果来鉴定仪器设备。

表面吸附是表面科学中的重要课题。原子或分子究竟吸附在物质表面的什么部位上?它们如何与基底相联结?一些传统的表面分析技术往往得到的是表面的平均性质,不能对吸附的原子和分子成像。而利用STM可以直接观察到单个原子、分子的排列图像。图13.44是吸附在铂单晶表面上的碘原子的STM图像,从图中可以清楚地分辨出碘原子的吸附位置和铂单晶表面的晶格缺陷。利用STM还可以直接观察到实空间中物质表面原子结构的三维图像,在STM显微图上,标尺刻度清晰可见。

图13.43 硅表面7×7重构图

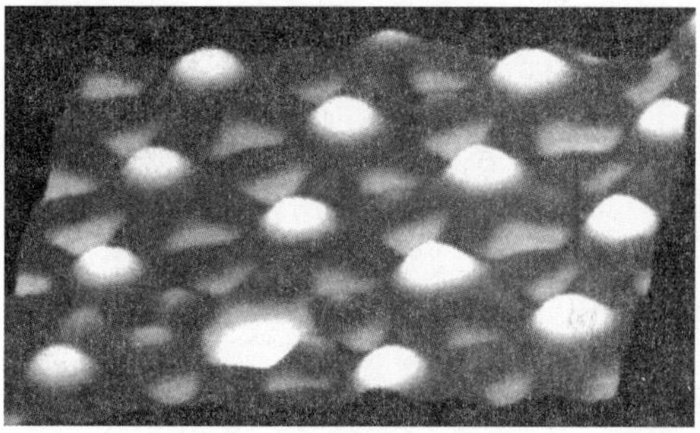

图13.44 吸附在铂单晶表面上的碘原子的STM图像

(3)操纵与搬运原子、分子

STM不仅像眼睛一样,是观察微观世界的工具,而且还能像手一样操纵单个原子、分子,成为改造微观世界的手段。1990年,美国IBM公司率先宣布用STM成功地操纵了单个原子、分子。IBM公司的科学家们在用STM观测金属镍(Ni)表面的氙(Xe)原子时发现,探针怎样移动,靠近探针的氙原子也同样移动。由此他们得到启示:如果让原子按照人们设想的方案移动,不就可以随意摆布原子的排列顺序了吗?1990年4月,科学家们在液氦的超低温和高真空条件下进行了实验,经过22 h的精心操作,把35个氙原子排列成“IBM”字样(图13.45),这成为世界上最小的IBM商标。IBM字母的高度大约为普通印刷字母的200万分之一,摆成这几个字母的氙原子的间距仅为0.13 nm。此实验首开人类有目的、有规律地移动和摆布单个原子位置的先河。两年后,IBM公司的研究人员将48个铁原子逐个排成一个圆圈并使之吸附在铜(Cu)表面上,铁原子间距最小仅为0.9 nm(图13.46),然后测量了表面电子态分布和圈内各点的隧道谱。从图13.46中还可以看到在铁原子构成的围栏中的电子驻波图样。虽然电子构成驻波早已在理论和实验上被证明过,但人们从来都未能看到实际图像。这个量子围栏是电子驻波存在的直接证明,也是世界上首次观察到的电子驻波图像。

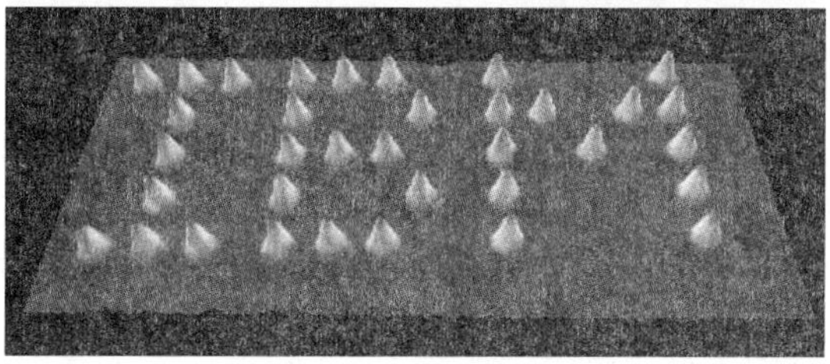

图13.45 “IBM”字样

1991年2月,IBM公司刻字科研小组又用28个一氧化碳(CO)组成了CO分子人,如图13.47所示,这个分子人从头到脚仅为5 nm,各分子间距为0.5 nm,是世界上最小的人形图像。1991 年 6 月，日本日立公司研究室实现了室温下对单原子的操纵，他们在二硫化钼晶体表面把硫原子有规律地移走而留下了空位，以原子空位的形式排成了“Peace 91”的字样，每个字母的高度仅为 1.5 nm。

这些实验的成功意义在于为制造新型计算机芯片打开了希望之门。人们有可能制成高密度的微型处理器，一张邮票大小的芯片的容量可存储 400 万张报纸，其存储密度比磁盘高 1 亿倍，必将引起信息技术的革命。

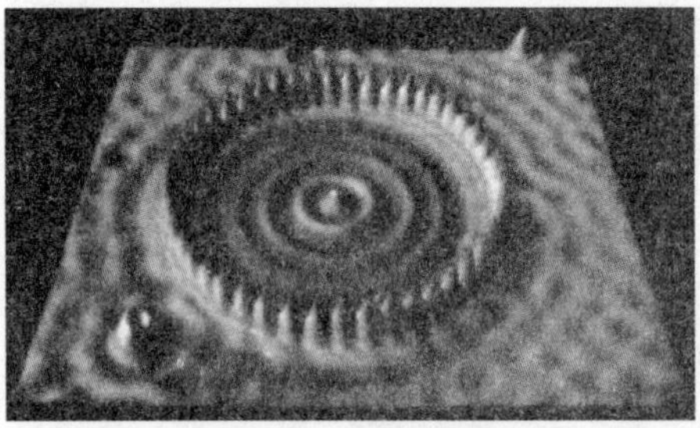

图 13.46　量子围栏

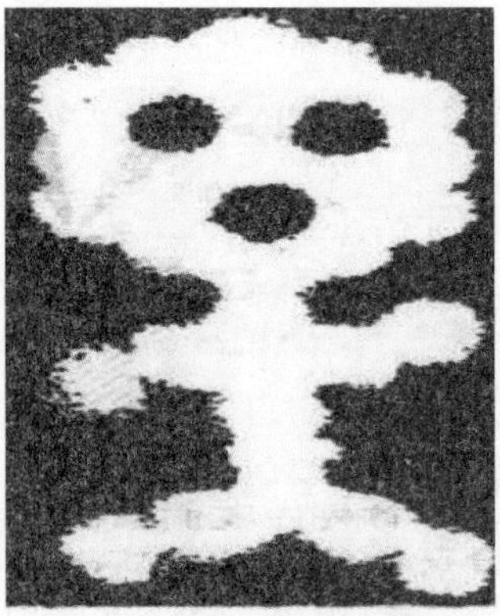

图 13.47　用 CO 分子排成的分子人

5. STM 的局限性

尽管 STM 有着电子显微镜、场离子显微镜等仪器所不能比拟的诸多优点，但由仪器本身的工作方式造成的局限性也是显而易见的，主要表现在以下几个方面。

(1) STM 工作依靠针尖与样品间的隧道电流，因此只能测导体和半导体的表面结构。STM 对于半导体的观测效果差于导体；对于绝缘体则根本无法直接观测。如果在样品表面覆盖导电层，则导电层的粒度和均匀性等问题又限制了图像对真实表面的分辨率。这是最大的局限性。人们实际感兴趣的材料往往是不导电的。

(2) 为了获取一幅高质量的 STM 图像，要选定最佳工作条件，这是很不容易的。相比之下，电子显微镜的操作就简单多了。

(3) STM 图像不能提供样品的化学成分，必须借助于其他分析手段才能获得。这就促使科学家们去思考、发明新的技术来弥补 STM 的不足。

我国在 STM 方面也开展了出色的工作，在 20 世纪 80 年代末，中国科学院化学研究所和电子显微镜实验室，以及中国科学院上海原子核研究所和北京大学等单位在当时尚无成熟商品化的 STM 的情况下，先后成功研制了 STM，其中中国科学院化学研究所的白春礼等人研制成了我国第一批扫描隧道显微镜。这无疑大大推动了我国纳米科学技术的发展。STM 在许多领域发挥了重要作用，我国有关 STM 的研究工作也进入了世界先进行列。

13.8.2　原子力显微镜

1. AFM 的基本原理

考虑到 STM 技术只能用于导体或半导体的局限性。1986 年，宾尼在斯坦福大学访问期间与奎特一起又提出了能否利用原子间的力的变化来观察样品表面的原子形貌的设想。所谓原子力,这里是指针尖原子与材料表面原子之间存在着的极微弱的且随距离变化的相互作用力。经过他们的努力,设想变成了现实,世界上第一台原子力显微镜诞生了。图13.48是AFM的原理示意图。

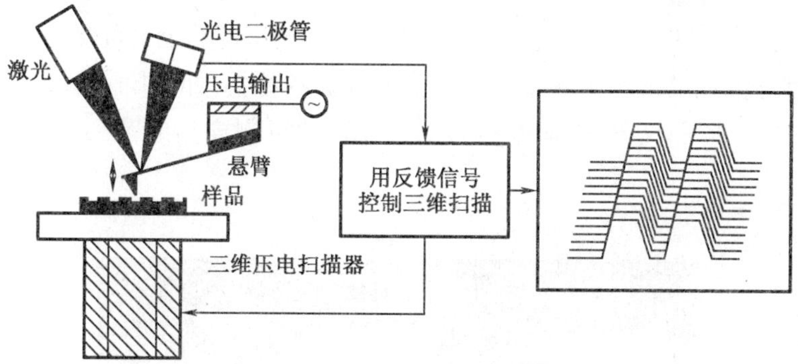

图13.48 AFM的原理示意图

首先来大致估计一下原子间的力随距离变化的数量级。已知结合在分子中的原子或晶格中的原子,其振荡频率 ω 在 10^{13} Hz 以上,原子质量 M 为 10^{-25} kg 左右,则原子间弹性系数的大小 $\omega^2 M = 10^{-8}\ \mathrm{N \cdot nm^{-1}}$,即原子移动 1 nm 的恢复力为 10^{-8} N。而一片长 4 mm、宽 1 mm 铝箔的弹性系数为 $1\ \mathrm{N \cdot m^{-1}}$ 或 $10^{-9}\ \mathrm{N \cdot nm^{-1}}$,即偏离 1 nm 时,其间作用力为 10^{-9} N,利用此铝箔作为弹性悬臂即可探测出原子偏离 0.1 nm 的偏移量。可见,探测原子间的相互作用力并不像想象的那样复杂。因此,将一个对微弱力极端敏感的微悬臂的一端固定,另一端有一微小的针尖,针尖与样品表面很靠近。这种微型弹性悬臂的弹性系数为 $0.1\ \mathrm{N \cdot m^{-1}}$,很适合于 AFM 的需要。通常在 AFM 中,悬臂与针尖可用同一种材料制成,常用的是氮化硅。在 AFM 技术中,一般采用接触模式,此时针尖与样品间的距离很小(小于 0.2 nm),针尖顶端原子和样品表面原子间的作用力是斥力。这种斥力会使悬臂向上弯曲,偏离其原来的位置。当扫描样品时,针尖在样品表面滑动,悬臂发生上下偏离,若测量出这一偏离量,即能得到原子级的样品表面形貌图。如何测量悬臂的偏离量呢?这是利用激光来实现的(图13.48)。一旦悬臂向上弯曲,则反射到光电检测器上的激光点即发生位移,从而使光电二极管的电压输出发生一定的变化,这种电压变化对应于悬臂的偏离量。

实际扫描时 AFM 的工作方式类似于 STM 的恒电流工作模式,这里是控制作用力不变,微悬臂将对应于针尖与样品表面原子间作用力的等位面,而在垂直于样品表面的方向做起伏运动,由此获得样品表面形貌的信息。利用接触模式,通常可得到稳定的高分辨率图像。

AFM 不仅可以用于研究导体和半导体表面,还能以极高分辨率研究绝缘体表面,弥补了 STM 的不足。在 STM 和 AFM 的基础上发展起来的其他一些具有特殊功能的扫描显微镜,如磁力显微镜、弹道电子发射显微镜、光子扫描隧道显微镜、扫描电容显微镜、扫描近场光学显微镜、扫描近场声显微镜、扫描近场热显微镜、扫描电化学显微镜等。这些显微技术都是利用探针与样品间不同的相互作用来探测样品表面或界面在纳米尺度上表现出的物理性质和化学性质的。

2. AFM 的应用举例

利用 AFM 可获得包括导体和绝缘体在内的许多材料的原子级分辨率图像，图 13.49 是激光唱盘表面的 AFM 图像。与 STM 一样，AFM 在材料科学与生命科学的研究中也显示出了强大的生命力。利用 AFM 技术和其他相关技术（如激光镊等）也可以对 DNA 分子进行操纵，可以将双螺旋状的 DNA 分子链拉直，也可以对 DNA 链上任意位点进行原子力切割，将 DNA 链切断。这对精细的基因图谱以及 DNA 物理测序都是至关重要的。

这些新型显微镜的发明为探索物质表面或界面的特性，如物质表面不同部位的磁场、静电场、热量散失、离子流量、表面摩擦力以及在扩大可测样品的范围方面提供了有力的工具。

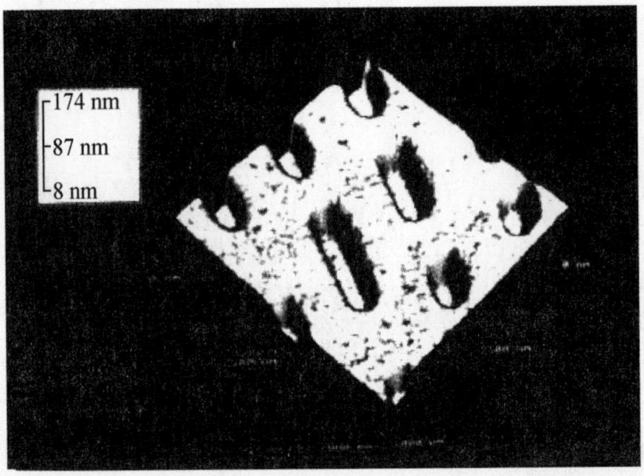

图 13.49　激光唱盘表面的 AFM 图像（凹槽代表记录位）

13.8.3　纳米材料简介

纳米材料是指几何尺寸为纳米量级的微粒或由纳米大小的微粒在一定条件下加压成型得到的固体材料。纳米材料包含纳米金属、纳米金属化合物、纳米陶瓷、纳米非晶态材料等。纳米材料由于具有奇特的物理性能，已成为 20 世纪 80 年代以来人们的一个研究热点，并成为 21 世纪材料研究和材料应用的一个重要领域。

1. 纳米微粒

纳米微粒由于尺度很小，微粒内包含的原子数仅为 $10^2 \sim 10^4$ 个，其中有 50% 左右为表面或界面原子。纳米微粒的微小尺寸和高比例的表面原子数使它具有量子尺寸效应和其他一些特殊的物理性质。

(1) 小尺寸效应

因为纳米微粒的尺寸比可见光的波长还小，所以光在纳米材料中传播时的周期性被破坏，纳米材料就会呈现出与普通材料不同的光学性质。例如，由于光的反射，金属往往会显现出各种颜色，而纳米金属微粒的光反射能力却很低，一般都呈黑色，这说明它们对光的吸收能力特别强。

由纳米微粒组成的纳米固体在较宽频谱范围内显示出对光的均匀吸收性。一般来说，一定频宽吸收峰的位置和峰的半高宽都与微粒半径的倒数有关。利用这一性质，人们可以通过控制颗粒尺寸来制造具有一定频宽的微波吸收纳米材料。

(2)表面与界面效应

纳米微粒结构的特点是表面原子比例大。由表13.3可以看出，随着纳米微粒尺寸的减小，表面原子数迅速增加。因此，纳米微粒具有很高的表面能。

表13.3 纳米微粒尺寸与表面原子数的关系

纳米微粒尺寸/nm	包含总原子数/个	表面原子所占比例/%
10	30 000	20
4	4 000	40
2	250	80
1	30	99

一些金属的纳米粒子在空气中极易氧化，甚至会燃烧，就连化学惰性的金属铂在制成纳米微粒后也变得不稳定，成为活性极好的催化剂。为什么高比例的表面原子会增加表面活性呢？可以通过下列情形加以说明。

如图13.50所示为一简立方结构晶粒的二维平面图，图中实心圆代表位于表面的原子，空心圆代表内部原子，位于表面的原子近邻配位不完全，E原子缺少一个近邻的原子，C、D原子均缺少两个近邻的原子。A原子则缺少三个近邻的原子，A原子由于受到其他原子的束缚少，因此极不稳定，很容易跑到附近的空位上，与其他原子结合形成较稳定的结构。这种表面原子的活性不但引起表面原子的输运和构型的变化，同时也会引起表面电子自旋构象和电子能级的变化。

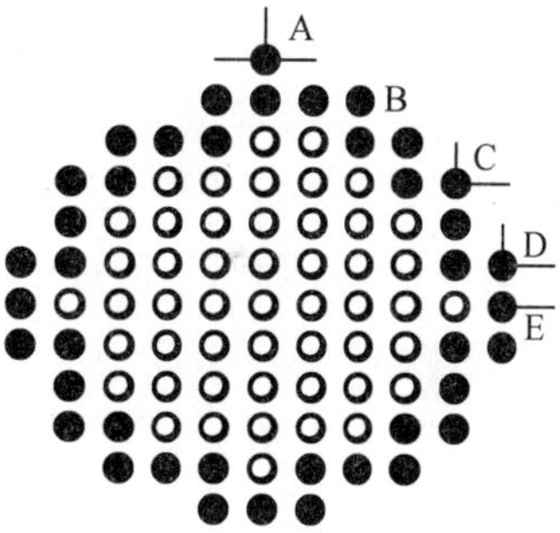

图13.50 简立方结构晶粒的二维平面图

(3)量子尺寸效应

量子尺寸效应是指粒子尺寸下降到极低值时，电子能级由准连续变为不连续离散分布的现象。我们已经知道，晶体中的电子能级为准连续的能带。理论研究指出，能级间距与晶粒的大小有关，可给出理论公式：

$$\delta=\frac{4}{3}\frac{E_F}{N} \tag{13.138}$$

式中，δ 为能级间距；E_F 为费米能级；N 为总电子数。对于纳米微粒，N 值较小，δ 有一定的大小，因此能级间距发生分裂。当能级间距大于热能、电能、磁能或超导态的凝聚能时，就会出现明显的量子效应，导致纳米微粒的磁、光、声、热、电等宏观特性有明显的不同。例如，纳米微粒对于红外吸收表现出灵敏的量子尺寸效应，其共振吸收峰比普通材料尖锐得多,热容与温度的关系也为非线性关系。此外,微粒的磁化率、电导率、介电常数等参数也具有其变化特性。例如,普通金属是良导体,而纳米金属微粒在低温下却呈现出电绝缘性;钛酸铅($PbTiO_3$)、钛酸钡($BaTiO_3$)和钛酸锶($SrTiO_3$)在通常情况下是铁电体,但它们的纳米微粒是顺电体;无极性的氮化硅陶瓷在纳米态时却会出现极性材料才有的压电效应。

2. 纳米固体

纳米固体是包含几十个到几万个纳米微粒的结构。要制备纳米固体材料,可利用激光等离子体技术进行高温气相合成得到纳米粉料,也可用化学共沉淀法等制得纳米粉料,然后将粉料压制并烧结成型。由此得到的纳米固体,从结构上看由两种组分构成,即晶粒和晶界。晶界内的原子无序,混乱的程度高于普通晶体和非晶体,所以它具有特有的性能,在实际中具有广泛的应用前景。

3. 纳米材料的制备

可采用物理、化学方法制备纳米固体材料。例如,利用激光或等离子体技术进行高温气相合成,可以得到纳米级的金属粉料或陶瓷粉料;用化学共沉淀法、水热合成法也可获得纳米尺寸的陶瓷粉料。获得粉料后,再进行烧结与成型。在超细粉末烧结和成型的过程中,遇到的主要问题是团聚。微粒间的静电力、范德瓦耳斯力、磁力都可能使它们产生团聚,可通过加入适当的添加剂来改善这种团聚现象。

目前常用的制造纳米晶体或非晶材料的方法是惰性气体沉积加上原位加压法。将初始材料在约 1 kPa 的惰性气体中蒸发,蒸发后的原子与惰性气体原子相互碰撞,并沉积在低温的冷阱上形成尺寸为几纳米的松散粉末,然后在真空环境下将其压制成纳米晶体材料。

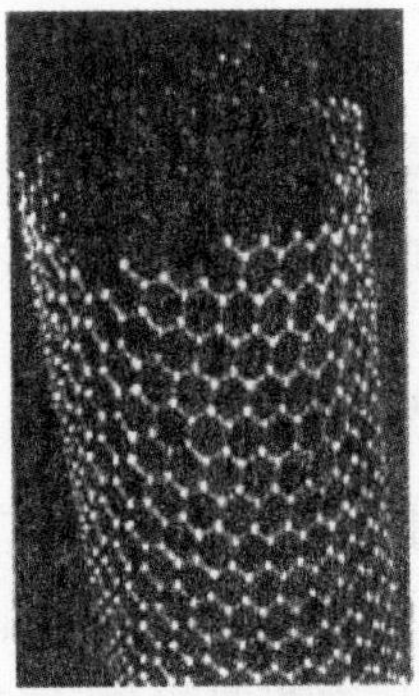

图 13.51　碳纳米管的模拟图

4. 碳纳米管

1991 年 11 月,日本科学家宣布发现了一种新的碳结构,这种结构不同于 C_{60} 的球状结构,而是一种针状的碳管,碳针的直径为 1 ~ 30 nm,长度可达 1 nm,图 13.51 所示即为碳纳米管的模拟图。它由嵌套在一起的直径不同的多个柱状碳管组成,每根碳针的碳管数目一般为 2 ~ 50 层。每层碳管可看成是由石墨片卷成圆筒状而成的。这就是说,碳纳米管管壁由碳六边形环构成,每个碳原子与周围的三个碳原子相邻。由于碳纳米管只有纳米尺寸,因此它具有一些特殊的物理性质。实验表明,由许多碳纳米管组成的碳纳米管束的霍尔系数是正值,这表明碳纳米管束的载流子主要是空穴型的。科学家们还对碳纳米管的填充表现出了很浓的兴趣,因为这种特殊结构的纳米材料在填充其他物质后,其性质和用途可以进一步变化。例如,填充其他物质后的碳纳米管可看作极细的导线,这可能为超精细电子线路的制造开辟出一条道路。对于碳纳米管及其他纳米材料的研究将对未来产生深远的影响。

5. 纳米材料的应用

纳米材料具有很多潜在的应用价值,下面进行简单介绍。

(1)在微电子器件方面的应用

当电子器件进入纳米尺寸时,量子效应十分明显,因此,将纳米材料应用在电子器件上会出现普通材料所不能达到的效果。目前,对于纳米硅材料的研究和应用正逐步深入,例如,已有人尝试用纳米硅材料制作单电子隧穿晶体管,也有人尝试制作纳米硅基超晶格。

(2)在磁记录方面的应用

纳米磁性材料的发展也十分迅速,纳米尺寸的多层膜除了在微电子器件方面的应用外,还在磁记录、磁光存储等方面具有优势,它为实现记录材料高性能化和记录高密度化创造了条件。例如,每 1 cm^2 要记录 1 000 万条以上的信息,这就要求每条信息记录在几微米甚至更小的面积内。纳米微粒能为这种高密度记录提供有利条件。磁性纳米微粒由于尺寸小,具有单磁畴结构,矫顽力很高,用它制成的磁记录材料可提高信噪比、改善图像质量。现在,日本松下电器公司已制成纳米级微粉录像带,它具有图像清晰、信噪比高、失真十分小的优点。

(3)在传感器上的应用

由于纳米微粒材料具有巨大的表面和界面,对外界环境如温度、光、湿度等十分敏感,外界环境的改变会迅速引起其表面或界面的离子价态和电子输运的变化,响应速度快,灵敏度高。20 世纪 80 年代初,日本已研制出二氧化锡(SnO_2)传感器。此外,将纳米陶瓷材料用于传感器也具有巨大潜力。例如,利用纳米铌酸锂($LiNbO_3$)、钛酸锂($LiTiO_3$)、锆钛酸铅(PZT)和钛酸锶的热电效应,可制成红外检测传感器。

(4)在催化方面的应用

直接利用铂黑、银、三氧化二铝、三氧化二铁等纳米微粒在高分子反应中作为催化剂可以大大提高反应效率,较好地控制反应速度和温度。在固体火箭燃料中掺和铝的纳米颗粒,可提高燃料的燃烧效率。

6. 纳米科学技术相关的几个主要领域

(1)纳米电子学

在电子器件中,对半导体纳米材料和磁性纳米材料的应用是一个新的领域,研究纳米尺寸的分子电子器件已成为一个专门的应用研究学科——纳米电子学。在纳米尺度上,电子的波动性十分明显,量子力学效应将占主要地位,所以纳米电子学必须采用量子力学来处理电子器件问题。这不仅会引起电子器件技术上的革命,而且会给理论和实验提出新的课题。

(2)纳米生物学

纳米生物学就是在纳米尺度上研究生命物质,目前涉及的内容大体有:

①利用 STM 在纳米尺度上了解生物大分子的精细结构以及其结构与功能的联系,这是整个现代生物学发展的基础。

②在纳米尺度上获取并分析细胞的生命信息。

③研制纳米机器人,使其能够直接进入人体中疏通脑血栓,清除血脂沉积物,甚至研制纳米“导弹”,直接杀死癌细胞或吞噬病毒。这在医学上是具有十分诱人的前景的新事物,成为 21 世纪科学研究中的一个热点。

(3)纳米工程、机械学

纳米工程技术指纳米级加工与装配,甚至操纵单个原子的技术。1987 年,美国加利福尼亚大学伯克利分校用半导体微加工技术制成了直径只有零点几毫米的齿轮,开创了微型机械研究的先河。法国生物微孔公司已在薄膜材料上打出了孔径只有几纳米的微孔。

总之,纳米科学技术是 21 世纪科技上的一个重要发展领域。这是一个充满挑战的领域,值得人们为之奋斗。

本章小结

1. 黑体辐射

(1)普朗克黑体辐射公式

单色辐出度:

$$M_\lambda(T)=\frac{\mathrm{d}M(T)}{\mathrm{d}\lambda}$$

辐出度:

$$M(T)=\int_0^\infty M_\lambda(T)\mathrm{d}\lambda$$

(2)斯特藩-玻尔兹曼定律

黑体辐出度:

$$M(T)=\sigma T^4,\sigma=5.670\ 51\times10^{-8}\ \mathrm{W\cdot m^{-2}\cdot k^{-4}}$$

(3)维恩位移定律

黑体辐射最强波长与黑体温度的关系:

$$\lambda_{\mathrm{m}}T=b,b=2.897\ 756\times10^{-3}\ \mathrm{m\cdot K}$$

2. 普朗克的量子假说

(1)每个量子能量

$$\varepsilon=h\nu,h=6.626\ 075\ 5\times10^{-34}\ \mathrm{J\cdot s}$$

(2)能量只能是量子能量的整数倍,即

$$E=nh\nu(n=0,1,2,\cdots)$$

3. 光电效应的实验规律

(1)饱和光电流与入射光强度成正比($i_{\mathrm{s}}=ne$)。

(2)光电子的最大初动能(遏止电压)随入射光频率线性增长,与入射光光强无关。

$$\frac{1}{2}mv_{\mathrm{m}}^2=|eU_{\mathrm{a}}|$$

(3)存在红限频率。对于每一种金属,只有当入射光频率 ν 大于一定的红限频率 ν_0 时,才会产生光电效应。

(4)瞬时发生。无论入射光的强度如何,只要其频率大于红限频率,无论光多么微弱,当光照射到金属表面时,几乎立即就有光电流逸出(所需时间的数量级约为 10^{-9} s)。

4. 爱因斯坦的光量子论

(1)光由光子组成,一束光即为一束以光速运动的粒子流。

每个光子的能量为

$$\varepsilon = h\nu$$

光强 $I = Nh\nu$,N 为单位时间内通过垂直于光传播方向上单位面积的光子数。

(2)爱因斯坦光效应方程

$$h\nu = \frac{1}{2}mv_{\mathrm{m}}^2 + A$$

(3)解释光电效应

光电子的最大初动能为

$$\frac{1}{2}mv_{\mathrm{m}}^2 = e\,|U_{\mathrm{a}}| = eK\nu - eU_0$$

遏止电压为

$$|U_{\mathrm{a}}| = \frac{h}{e}\nu - \frac{A}{e} = K\nu - U_0, h = eK, U_0 = \frac{A}{e}$$

红限频率和波长为

$$\nu_0 = \frac{A}{h} = \frac{U_0}{K}, \lambda_0 = \frac{hc}{A} = \frac{cK}{U_0}$$

(4)光的波粒二象性

光子的能量为

$$E = h\nu$$

光子的动量为

$$\boldsymbol{p} = \frac{E}{c}\boldsymbol{n} = \frac{h\nu}{c}\boldsymbol{n} = \frac{h}{\lambda}\boldsymbol{n}$$

光子的质量为

$$m = \frac{E}{c^2} = \frac{h\nu}{c^2} = \frac{h}{c\lambda}$$

5. 康普顿散射

光子与静止的自由电子的弹性碰撞过程中,光子与电子系统动量守恒、能量守恒。

(1)部分散射光的波长与入射光的波长相同,即 $\lambda = \lambda_0$。

(2)部分散射光的波长大于入射的波长:

$$\Delta\lambda = \lambda - \lambda_0 = \frac{h}{m_0 c}(1 - \cos\theta) = 2\lambda_{\mathrm{C}}\sin^2\frac{\theta}{2}, \lambda_{\mathrm{C}} = \frac{h}{m_0 c} = 2.43 \times 10^{-12}\ \mathrm{nm}$$

(3)不同散射物质在同一散射角下的波长的改变相同。波长的改变量只与散射角 θ 有关。

(4)波长为 λ 的散射光的强度随散射物质原子序数的增大而减小。

(5)光电相互作用的过程中,严格遵守能量守恒定律、动量守恒定律。

$$\begin{cases} h\nu_0 = E_k + h\nu \\ \dfrac{h\nu_0}{c}\boldsymbol{n}_0 = \dfrac{h\nu}{c}\boldsymbol{n} + m\boldsymbol{v} \end{cases}, \begin{cases} h\dfrac{c}{\lambda_0} = E_k + h\dfrac{c}{\lambda} \\ \dfrac{h}{\lambda_0}\boldsymbol{n}_0 = \dfrac{h}{\lambda}\boldsymbol{n} + m\boldsymbol{v} \end{cases}$$

6. 玻尔的氢原子理论

玻尔假设如下。

(1)量子化定态假设

(2)量子化跃迁条件

频率条件：$h\nu = E_n - E_m$

(3)轨道角动量量子化假设

$$L = rm_e\nu = n\hbar = n\frac{h}{2\pi}$$

电子的轨道半径为

$$r_n = n^2\left(\frac{\varepsilon_0 h^2}{\pi m_e e^2}\right) = n^2 a_0 (n = 1,2,3,\cdots)$$

氢原子能量为

$$E_n = \frac{1}{n^2}E_1, E_1 = \frac{-m_e e^4}{8\varepsilon_0^2 h^2} \approx -13.6\ \text{eV}$$

巴耳末公式为

$$\tilde{\nu} = R_\infty\left(\frac{1}{n^2} - \frac{1}{m^2}\right)(m = 1,2,3,\cdots; n = m+1, m+2, m+3,\cdots)$$

$$R_\infty = 1.097\,373\,153\,4 \times 10^7\ \text{m}^{-1}$$

7. 实物粒子的波粒二象性

(1)德布罗意波假设：包括光子在内的所有微观实物粒子在运动中既表现出粒子的行为，也表现出波动的行为，此即波粒二象性。

(2)德布罗意波关系式

$$E = mc^2 = h\nu$$

$$\boldsymbol{p} = m\boldsymbol{v} = \frac{h}{\lambda}\boldsymbol{n}$$

$$\lambda = \frac{h}{p} = \frac{h}{mv} = \frac{h}{m_0 v}\sqrt{1 - \frac{v^2}{c^2}}$$

$$\nu = \frac{E}{h} = \frac{mc^2}{h} = \frac{m_0 c^2}{h\sqrt{1 - \dfrac{v^2}{c^2}}}$$

(3)经电势差为 U 的电场加速后，电子的德布罗意波长为

$$\lambda = \frac{h}{p} = \begin{cases} \dfrac{1.225}{\sqrt{U}}\ \text{nm}(\text{忽略相对论效应}) \\ \dfrac{hc}{\sqrt{e^2U^2 + 2eUm_e c^2}}(\text{考虑相对论效应}) \end{cases}$$

8. 不确定关系

(1)海森伯坐标和动量的不确定关系

$$\Delta x \cdot \Delta p_x \geqslant \frac{\hbar}{2}(\text{或 }\hbar、\frac{h}{2}、h),\Delta y \cdot \Delta p_y \geqslant \frac{\hbar}{2}(\text{或 }\hbar、\frac{h}{2}、h),\Delta z \cdot \Delta p_z \geqslant \frac{\hbar}{2}(\text{或 }\hbar、\frac{h}{2}、h)$$

(2)能量和时间的不确定关系

$$\Delta E \cdot \Delta t \geqslant \frac{\hbar}{2}(\text{或 }\hbar、\frac{h}{2}、h)$$

9. 波函数

(1)微观粒子的状态用波函数描述,$\Psi(\boldsymbol{r},t) = \Psi_0 \mathrm{e}^{-\frac{\mathrm{i}}{\hbar}(Et-\boldsymbol{p}\cdot\boldsymbol{r})}$,与经典物理学不同,波函数没有对应的物理量,它不能测量,一般是复数。例如,一维自由粒子的波函数:

$$\Psi(x,t) = \Psi_0 \mathrm{e}^{-\frac{\mathrm{i}}{\hbar}(Et-px)}$$

(2)波函数的物理意义:波函数的模的平方表示波函数描述的粒子在 t 时刻出现在空间 $\boldsymbol{r}$ 处的概率密度。

$$\rho(\boldsymbol{r},t) = |\Psi(\boldsymbol{r},t)|^2 = \Psi^*(\boldsymbol{r},t)\Psi(\boldsymbol{r},t)$$

(3)统计诠释:波函数所代表的波是概率波。$|\Psi(\boldsymbol{r},t)|^2$ 大的地方,粒子出现得多;$|\Psi(\boldsymbol{r},t)|^2$ 小的地方,粒子出现得少。作为量子力学的第一基本原理。

(4)波函数满足单值、有限、连续和归一的标准条件。其波函数的归一化条件为

$$\iiint_V |\Psi(\boldsymbol{r},t)|^2 \mathrm{d}x\mathrm{d}y\mathrm{d}z = 1$$

(5)波函数遵从状态叠加原理:波函数(概率幅)可以相叠加,概率不能相叠加。作为量子力学的第二基本原理。

10. 薛定谔方程及几个简单问题的应用

(1)含时薛定谔方程

$$-\frac{\hbar^2}{2m} \cdot \frac{\partial^2 \Psi}{\partial x^2} + U\Psi = \mathrm{i}\hbar \frac{\partial \Psi}{\partial t}$$

(2)定态薛定谔方程

$$\left(\frac{\partial^2}{\partial x^2} + \frac{\partial^2}{\partial y^2} + \frac{\partial^2}{\partial z^2}\right)\phi(\boldsymbol{r}) + \frac{2m}{\hbar^2}(E-U)\phi(\boldsymbol{r}) = 0$$

一维定态薛定谔方程

$$\frac{\partial^2}{\partial x^2}\phi(x) + \frac{2m}{\hbar^2}(E-U)\phi(x) = 0$$

式中,ϕ 为定态波函数。处于定态的粒子的空间概率分布不随时间变化。

(3)运用定态薛定谔方程解题的步骤:先根据具体问题确定势能函数的具体形式,建立相应的薛定谔方程并求解,再根据具体问题的边界条件、波函数的归一化条件和标准条件等确定积分常量,计算密度分布、能级分布等并讨论其物理意义。

若定态薛定谔方程已解出为 $\phi(x,y,z)$,则粒子的波函数为 $\Psi(x) = \varphi(x)\mathrm{e}^{-\frac{i}{\hbar}Et}$,从而可得出:

①概率密度

$$|\Psi(\boldsymbol{r},t)|^2=|\phi(x,y,z)\mathrm{e}^{-\frac{i}{\hbar}Et}|^2=|\phi(x,y,z)|^2$$

②各种力学量的平均值

$$\bar{x}=\int_0^{\infty}x|\phi(x)|^2\mathrm{d}x$$

③各种量子化结论。

(4)一维无限深方势阱中的粒子

$$U(x)=\begin{cases}0(0<x<a)\\ \infty\ (x\leqslant 0,x\geqslant a)\end{cases}$$

定态波函数为

$$\begin{cases}\phi_n(x)=\sqrt{\dfrac{2}{a}}\sin\dfrac{n\pi}{a}x(0<x<a)\\ \phi_n(x)=0(x\leqslant 0,x\geqslant a)\end{cases}$$

式中，$n=1,2,3,\cdots$。

其波函数则为

$$\begin{cases}\Psi_n(x,t)=\sqrt{\dfrac{2}{a}}\sin\dfrac{n\pi x}{a}\cdot\mathrm{e}^{-\frac{\mathrm{i}}{\hbar}E_nt}(0<x<a)\\ \Psi_n(x)=0(x\leqslant 0,x\geqslant a)\end{cases}$$

式中，$n=1,2,3,\cdots$。

能量的量子化：

$$E_n=n^2\frac{\pi^2\hbar^2}{2ma^2}=n^2\frac{h^2}{8ma^2}=n^2E_1(n=1,2,3,\cdots)$$

动量量子化：

$$p_n=n\frac{h}{2a}(n=1,2,3,\cdots)$$

波长量子化：

$$\lambda_n=\frac{h}{p}=\frac{2a}{n}(n=1,2,3,\cdots)$$

概率密度函数为

$$|\phi_n(x)|^2=\frac{2}{a}\sin^2\frac{n\pi}{a}x(0<x<a)$$

(6)隧道效应

总能量小于势能的微观粒子，有可能穿过有限高的势垒而到达势垒的另一侧，称为隧道效应。

11. 氢原子的量子力学处理

(1)由氢原子的定态薛定谔方程解出三个量子数

①主量子数 $n=1,2,3,\cdots$，决定了原子中电子能量的主要部分。

$$E_n=\frac{1}{n^2}E_1(n=2,3,\cdots),E_1=-13.6\ \mathrm{eV}$$

②角量子数 $l=0,1,2,\cdots,n-1$,决定了电子角动量的大小。

$$L=\sqrt{l(l+1)}\hbar$$

③磁量子数 $m_l=0,\pm1,\pm2,\pm3,\cdots,\pm l$,决定了电子绕核运动的角动量在外磁场方向的分量(角动量的空间取向)。

$$L_z=m_l\hbar$$

(2)电子的运动不能用轨道描述,只能用表示概率密度分布的电子云描述。应将玻尔的氢原子理论中的轨道理解为电子出现概率最大的最概然位置。

12. 电子自旋

①电子具有的自旋的内禀属性。

②自旋量子数 $s=\dfrac{1}{2}$,决定了电子自旋角动量的大小。

$$S=\sqrt{\frac{1}{2}\left(\frac{1}{2}+1\right)}\hbar=\frac{\sqrt{3}}{2}\hbar$$

③电子自旋磁量子数 $m_s=\pm\dfrac{1}{2}$,决定了电子自旋角动量在外磁场方向(z 方向)的投影。

$$S_z=m_s\hbar$$

④施特恩-格拉赫实验证实了空间量子化以及电子自旋的存在。

13. 多电子原子中电子的排布

(1)原子中电子的运动状态由四个量子数(n,l,m_l,m_s)描述,称为电子的量子态。

(2)原子中电子在不同壳层的排布遵从泡利不相容原理和能量最低原理。

(3)原子的电子壳层模型由主量子数 n 和角量子数 l 确定,具有相同主量子数 n 的电子构成一个壳层,每个壳层最多可容纳 $2n^2$ 个电子;同一壳层中按 l 不同分为若干个支壳层,每个支壳层最多可容纳 $2(2l+1)$ 个电子。

(4)原子处于基态时,电子的排布用基态电子组态表示。

思 考 题

13.1 霓虹灯发的光是热辐射吗?熔炉中的铁水发的光是热辐射吗?

13.2 人体也向外发出热辐射,为什么在黑暗中还是看不见人呢?

13.3 为什么几乎没有黑色的花?

13.4 红外线是否适宜于用来观察康普顿效应,为什么?(红外线波长的数量级为 10^5 Å,电子静止质量 $m_e=9.11\times10^{-31}$ kg,普朗克常量 $h=6.63\times10^{-34}$ J·s)

13.5 用经典力学的物理量(如坐标、动量等)描述微观粒子的运动时,存在什么问题,原因何在?

13.6 玻尔的氢原子理论的成功和局限性分别是什么?

13.7　波函数归一化是什么意思？

13.8　请说明德布罗意波长公式的意义；德布罗意的假设是在物理学的什么发展背景下提出的，最先被什么实验证实。

13.9　为什么说用轨道来描述原子内电子的运动状态是错误的？

13.10　施特恩－格拉赫实验中，如果银原子的角动量不是量子化的，会得到什么样的银迹？为什么两条银迹不能用轨道角动量量子化来解释？

习　　题

13.1　关于光电效应的下列说法中，正确的是　（　　）

(1)任何波长的可见光照射到任何金属表面都能产生光电效应。

(2)若入射光的频率均大于一给定金属的红限频率，则该金属分别受到不同频率的光照射时，释出的光电子的最大初动能也不同。

(3)若入射光的频率均大于一给定金属的红限频率，则该金属分别受到不同频率、强度相等的光照射时，单位时间释出的光电子数一定相等。

(4)若入射光的频率均大于一给定金属的红限频率，则当入射光频率不变而强度增大一倍时，该金属的饱和光电流也增大一倍。

(A)(1)(2)(3)　　(B)(2)(3)(4)

(C)(2)(3)　　(D)(2)(4)

13.2　用频率为 ν_1 的单色光照射某一种金属时，测得光电子的最大动能为 E_n；用频率为 ν_2 的单色光照射另一种金属时，测得光电子的最大动能为 E_e。如果 $E_n > E_e$，那么　（　　）

(A) ν_1 一定大于 ν_2　　(B) ν_1 一定小于 ν_2

(C) ν_1 一定等于 ν_2　　(D) ν_1 可能大于也可能小于 ν_2

13.3　在康普顿效应实验中，若散射光波长是入射光波长的 1.2 倍，则散射光光子能量 ε 与反冲电子动能 E_k 之比 ε/E_k 为　（　　）

(A)2　　(B)3

(C)4　　(D)5

13.4　所谓的“黑体”是指　（　　）

(A)不能反射任何可见光的物体

(B)不能发射任何电磁辐射的物体

(C)能够全部吸收外来的任何电磁辐射的物体

(D)完全不透明的物体

13.5　静止质量不为零的微观粒子做高速运动，这时粒子物质波的波长 λ 与速度 v 有如下关系　（　　）

(A) $\lambda \propto v$　　(B) $\lambda \propto \dfrac{1}{v}$

(C)$\lambda \propto \sqrt{\frac{1}{v^2}-\frac{1}{c^2}}$　　　　(D)$\lambda \propto \sqrt{c^2-v^2}$

13.6 如图所示，一束动量为 p 的电子，通过缝宽为 a 的狭缝。在距离狭缝 R 处放置一荧光屏，屏上衍射图样中央最大的宽度 d 等于 (　　)

(A)$2a^2/R$

(B)$2ha/p$

(C)$2ha/(Rp)$

(D)$2Rh/(ap)$

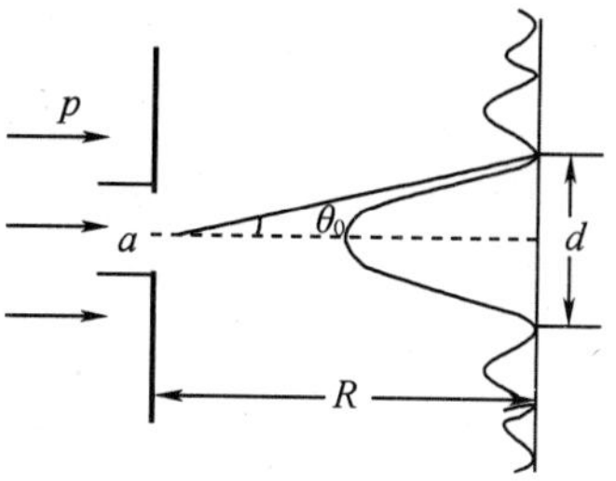

习题 13.6 图

13.7 普朗克的量子假说是为解释 (　　)

(A)光电效应实验规律而提出来的

(B)X 射线散射的实验规律而提出来的

(C)黑体辐射的实验规律而提出来的

(D)原子光谱的规律性而提出来的

13.8 设粒子运动的波函数图线分别如图(A)(B)(C)(D)所示，那么其中确定粒子动量的精确度最高的波函数的图是 (　　)

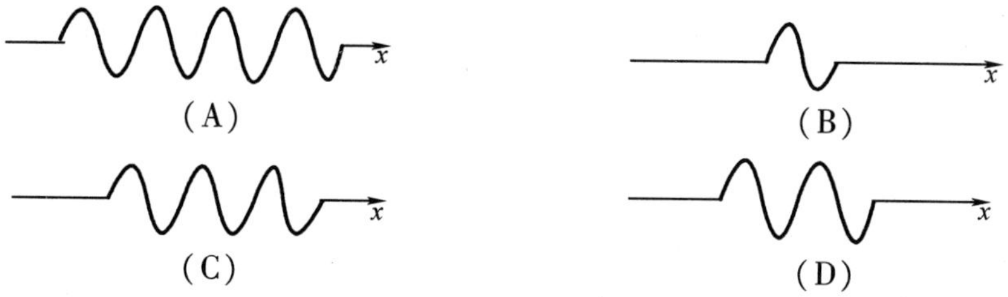

13.9 下列各组量子数中，哪一组可以描述原子中电子的状态? (　　)

(A)$n=2, l=2, m_l=0, m_s=\frac{1}{2}$

(B)$n=3, l=1, m_l=-1, m_s=-\frac{1}{2}$

(C)$n=1, l=2, m_l=1, m_s=\frac{1}{2}$

(D)$n=1, l=0, m_l=1, m_s=-\frac{1}{2}$

13.10 氢原子中处于3d 量子态的电子，描述其量子态的四个量子数(n, l, m_l, m_s)可能取的值为 (　　)

(A)$\left(3,0,1,-\frac{1}{2}\right)$　　　　(B)$\left(1,1,1,-\frac{1}{2}\right)$

(C)$\left(2,1,2,\frac{1}{2}\right)$　　　　(D)$\left(3,2,0,\frac{1}{2}\right)$

13.11 光子波长为 λ，其能量 = ________；动量的大小 = ________；质量 = ________。

13.12 康普顿散射中，当散射光子与入射光子方向的夹角 φ ________时，散射光子的频率小得最多；当 φ ________ 时，散射光子的频率与入射光子相同。

13.13 测量星球表面温度的方法之一，是把星球看作绝对黑体而测定其最大单色辐

出度的波长 λ_m，现测得太阳的 $\lambda_{m1}=0.55\ \mu m$，北极星的 $\lambda_{m2}=0.35\ \mu m$，则太阳表面温度 T_1 与北极星表面温度 T_2 之比 $T_1:T_2=$________。

13.14　普朗克的量子假说是为了解释________的实验规律而提出来的。它的基本思想是________。

13.15　在电子单缝衍射实验中，若缝宽为 $a=0.1\ nm(1\ nm=10^{-9}\ m)$，电子束垂直射在单缝面上，则衍射的电子横向动量的最小不确定量 $p_y=$________ N·s。（普朗克常量 $h=6.63\times10^{-34}\ J\cdot s$）

13.16　原子内电子的量子态由 n、l、m_l、m_s 四个量子数表征。当 n、l、m_l 一定时，不同的量子态数目为________；当 n、l 一定时，不同的量子态数目为________；当 n 一定时，不同的量子态数目为________。

13.17　1921 年，施特恩和格拉赫在实验中发现：一束处于 s 态的原子射线在非均匀磁场中分裂为两束。对于这种分裂用电子轨道运动的角动量空间取向量子化难以解释，只能用________来解释。

13.18　玻尔氢原子理论中，电子轨道角动量最小值为________；而量子力学理论中，电子轨道角动量最小值为________。实验证明________理论的结果是正确的。

13.19　粒子在一维无限深方势阱中运动（势阱宽度为 a），其波函数为

$$\psi(x)=\sqrt{\frac{2}{a}}\sin\frac{3\pi x}{a}(0<x<a)$$

粒子出现的概率最大的各个位置是 $x=$________。

13.20　量子力学中的隧道效应是指________________________________。这种效应是微观粒子________的表现。

13.21　波长为 λ 的单色光照射某金属 M 表面发生光电效应，发射的光电子（电荷绝对值为 e，质量为 m）经狭缝 S 后垂直进入磁感应强度为 $\boldsymbol{B}$ 的均匀磁场（如图所示），今已测出电子在该磁场中做圆周运动的最大半径为 R。求：

(1) 金属材料的逸出功 A。

(2) 遏止电势差 U_a。

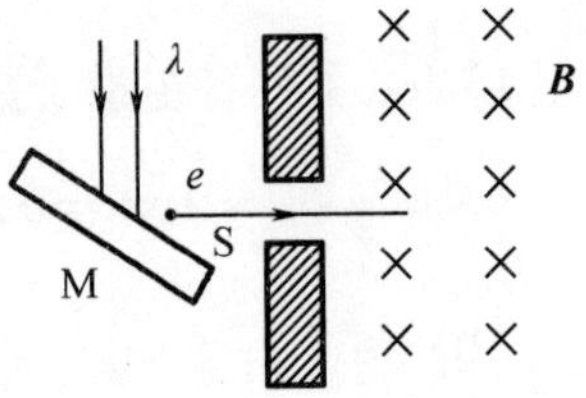

习题 13.21 图

13.22　已知 X 射线光子的能量为 0.60 MeV，若在康普顿散射中，散射光子的波长为入射光子的 1.2 倍，试求反冲电子的动能。

13.23　已知垂直射到地球表面的单位面积上的日光功率（称为太阳常数）等于 $1.37\times10^3\ W\cdot m^{-2}$。求：

(1) 太阳辐射的总功率。

(2) 把太阳看作黑体时，太阳表面的温度。

（地球与太阳的平均距离为 1.5×10^{-8} km，太阳的半径为 6.76×10^5 km，$\sigma=5.67\times10^{-8}\ W\cdot m^{-2}\cdot K^{-4}$）

13.24　质量为 m_e 的电子被电势差 $U_{12}=100$ kV 的电场加速，如果考虑相对论效应，试计算其德布罗意波的波长。若不用相对论计算，则相对误差是多少？（电子静止质量 $m_e=9.11\times10^{-31}$ kg，普朗克常量 $h=6.63\times10^{-34}\ J\cdot s$，基本电荷 $e=1.60\times10^{-19}$ C）

13.25　已知粒子在无限深势阱中运动，其波函数为

$$\psi(x)=\sqrt{\frac{2}{a}}\sin\frac{\pi x}{a}(0\leqslant x\leqslant a)$$

求发现粒子的概率为最大的位置。

13.26 试求出一维无限深方势阱中粒子运动的波函数

$$\psi_n(x)=A\sin\frac{n\pi}{a}x(n=1,2,3,\cdots)$$

的归一化形式。式中,a 为势阱宽度。

13.27 一粒子被限制在相距为 l 的两个不可穿透的壁之间,如图所示,描写粒子状态的波函数为 $\psi=cx(l-x)$,其中 c 为待定常量。求在 $0\sim\frac{1}{3}l$ 内发现该粒子的概率。

13.28 一束具有动量 $\boldsymbol{p}$ 的电子垂直地射入宽度为 a 的狭缝,若在狭缝后远处与狭缝相距为 R 的地方放置一块荧光屏,试证明屏幕上衍射图样中央最大强度的宽度 $d=2Rh/(ap)$,式中,h 为普朗克常量。

13.29 粒子(a)和(b)的波函数分别如图所示,若用位置和动量描述它们的运动状态,两者中哪一粒子的位置的不确定量较大,哪一粒子的动量的不确定量较大,为什么?

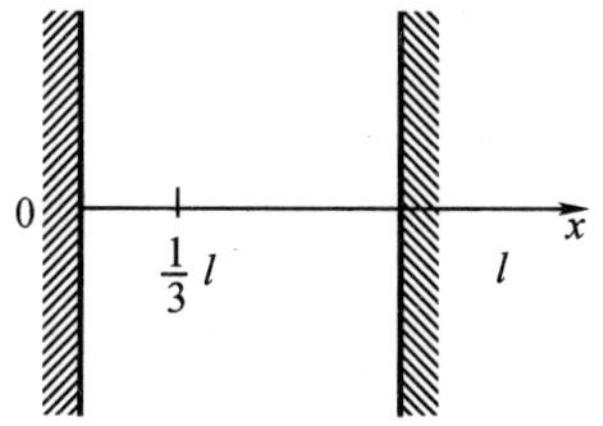

习题 13.27 图

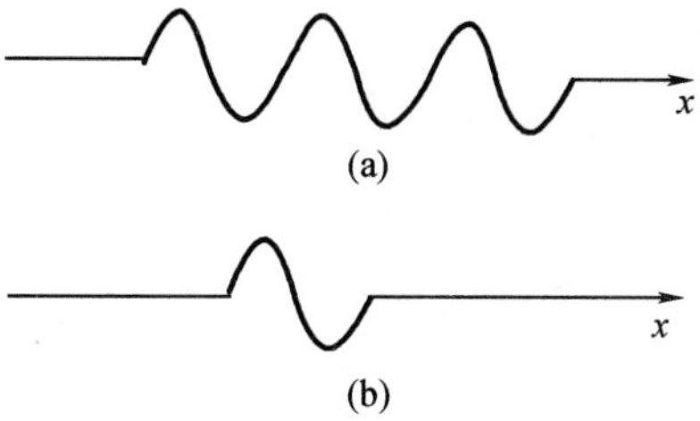

习题 13.29 图

13.30 根据量子力学理论,氢原子中电子的运动状态可用 n、l、m_l、m_s 四个量子数来描述。试说明它们各自确定了什么物理量。

参考文献

[1] 杨学栋. 大学物理学[M]. 哈尔滨:哈尔滨工业大学出版社,2002.

[2] 唐南,王佳眉. 大学物理学[M]. 北京:高等教育出版社,2004.

[3] 卢德馨. 大学物理学[M]. 北京:高等教育出版社,2004.

[4] 张三慧. 大学物理学:第 3 册:电磁学[M]. 2 版. 北京:清华大学出版社,1999.

[5] 张三慧. 大学物理学:第 5 册:量子物理[M]. 2 版. 北京:清华大学出版社,2000.

[6] 东南大学等七所工科院校. 物理学:上册[M]. 5 版. 北京:高等教育出版社,2006.

[7] 东南大学等七所工科院校. 物理学:下册[M]. 5 版. 北京:高等教育出版社,2006.

[8] 吴百诗. 大学物理:修订本:上册[M]. 西安:西安交通大学出版社,1994.

[9] 吴百诗. 大学物理:修订本:下册[M]. 西安:西安交通大学出版社,1994.

[10] 程守洙,江之永. 普通物理学:第二册[M]. 5 版. 北京:高等教育出版社,1998.

[11] 程守洙,江之永. 普通物理学:第三册[M]. 5 版. 北京:高等教育出版社,1998.

[12] 姚启钧. 光学教程[M]. 4 版. 北京:高等教育出版社,2008.

[13] 严燕来,叶庆好. 大学物理拓展与应用[M]. 北京:高等教育出版社,2002.

[14] 倪光炯,王炎森,钱景华,等. 改变世界的物理学[M]. 3 版. 上海:复旦大学出版社,2007.

[15] 倪光炯. 朝花夕赏:狭义相对论是经典理论吗? [J]. 科学,1998,50(1):29 -33,2.

[16] 倪光炯. 我们又看到了“乌云”了吗?:谈现代物理学的几个疑难问题[J]. 物理通报,1997(5):39 -42.

[17] 倪光炯. 反物质在哪里? [J]. 物理,1999,28(7):437 -438.

[18] 韦斯科夫. 二十世纪物理学[M]. 杨福家,汤家镛,施士元,等译. 北京:科学出版社,1979.

[19] 刘炳胜,李海宝,郭铁梁. 大学物理基础:中册[M]. 北京:化学工业出版社,2011.

[20] 任敦亮,李海宝,姜洪喜. 大学物理学[M]. 2 版. 北京:机械工业出版社,2011.

[21] 金永君,姜洪喜,刘辉. 大学物理基础:上册[M]. 北京:化学工业出版社,2011.

[22] 魏英智,徐宝玉,张琳. 大学物理基础:下册[M]. 北京:化学工业出版社,2011.

[23] 赵近芳,王登龙. 大学物理学:上[M]. 5 版. 北京:北京邮电大学出版社,2017.

[24] 赵近芳,王登龙. 大学物理学:下[M]. 5 版. 北京:北京邮电大学出版社,2017.

[25] 罗益民,余燕. 大学物理:上[M]. 3 版. 北京:北京邮电大学出版社,2015.

附录 A　物理量的名称、符号，单位名称、符号及量纲(SI)

表 A.1　物理量的名称、符号，单位名称、符号及量纲(SI)

物理量的名称	物理量的符号	单位名称	单位符号	量纲
长度	l,L	米	m	L
面积	S,A	平方米	m^2	L^2
体积，容积	V	立方米	m^3	L^3
时间	t	秒	s	T
[平面]角	$\alpha,\beta,\gamma,\theta,\varphi$ 等	弧度	rad	1
立体角	Ω	球面度	sr	1
速度	v,u,c	米每秒	$m\cdot s^{-1}$	LT^{-1}
加速度	a	米每二次方秒	$m\cdot s^{-2}$	LT^{-2}
角位移	θ	弧度	rad	1
角速度	ω	弧度每秒	$rad\cdot s^{-1}$	T^{-1}
角加速度	α	弧度每二次方秒	$rad\cdot s^{-2}$	T^{-2}
周期	T	秒	s	T
旋转频率(转速)	n	每秒	s^{-1}	T^{-1}
质量	m	千克	kg	M
力	F	牛[顿]	N	LMT^{-2}
功	A,W	焦[耳]	J	L^2MT^{-2}
能[量]	E	焦[耳]	J	L^2MT^{-2}
动能	E_k	焦[耳]	J	L^2MT^{-2}
势能	E_p	焦[耳]	J	L^2MT^{-2}
功率	P	瓦[特]	W	L^2MT^{-3}
冲量	I	牛[顿]秒	$N\cdot s$	LMT^{-1}
动量	p	千克米每秒	$kg\cdot m\cdot s^{-1}$	LMT^{-1}
力矩	M	牛[顿]米	$N\cdot m$	L^2MT^{-2}
转动惯量	I,J	千克二次方米	$kg\cdot m^2$	L^2M
[质量]密度	ρ	千克每立方米	$kg\cdot m^{-3}$	$L^{-3}M$
面密度	ρ_S	千克每平方米	$kg\cdot m^{-2}$	$L^{-2}M$
线密度	ρ_l	千克每米	$kg\cdot m^{-1}$	$L^{-1}M$
角动量，动量矩	L	千克二次方米每秒	$kg\cdot m^2\cdot s^{-1}$	L^2MT^{-1}
电荷[量]	Q,q	库[仑]	C	TI
电流	I,i	安[培]	A	I

表 A.1(续1)

电荷线密度(线电荷密度)	λ	库[仑]每米	$C\cdot m^{-1}$	$L^{-1}TI$
电荷面密度(面电荷密度)	σ	库[仑]每平方米	$C\cdot m^{-2}$	$L^{-2}TI$
电荷[体]密度(体电荷密度)	ρ	库[仑]每立方米	$C\cdot m^{-3}$	$L^{-3}TI$
电场强度	E	伏[特]每米	$V\cdot m^{-1}$或$N\cdot C^{-1}$	$LMT^{-3}I^{-1}$
电场强度通量	Φ_e	伏[特]米	$V\cdot m$	$L^3MT^{-3}I^{-1}$
电势,电位	V	伏[特]	V	$L^2MT^{-3}I^{-1}$
电势差,电压	U,V	伏[特]	V	$L^2MT^{-3}I^{-1}$
电动势	E	伏[特]	V	$L^2MT^{-3}I^{-1}$
介电常数,电容率	ε	法[拉]每米	$F\cdot m^{-1}$	$L^{-3}M^{-1}T^4I^2$
相对介电常数,相对电容率	ε_r	—	—	—
电偶极矩	p,p_e	库[仑]米	$C\cdot m$	LTI
电极化强度	P	库[仑]每平方米	$C\cdot m^{-2}$	$L^{-2}TI$
电极化率	χ_e	—	—	—
电位移	D	库[仑]每平方米	$C\cdot m^{-2}$	$L^{-2}TI$
电通[量](电位移通量)	ψ	库[仑]	C	TI
电容	C	法[拉]	F	$L^{-2}M^{-1}T^4I^2$
电流密度	J	安[培]每平方米	$A\cdot m^{-2}$	$L^{-2}I$
电阻	R	欧[姆]	Ω	$L^2MT^{-3}I^{-2}$
电阻率	ρ	欧[姆]米	$\Omega\cdot m$	$L^3MT^{-3}I^{-2}$
电导率	γ	西[门子]每米	$S\cdot m^{-1}$	$L^{-3}M^{-1}T^3I^2$
磁感应强度	B	特[斯拉]	T	$MT^{-2}I^{-1}$
磁导率	μ	亨[利]每米	$H\cdot m^{-1}$	$LMT^{-2}I^{-2}$
相对磁导率	μ_r	—	—	—
磁通[量]	Φ	韦[伯]	Wb	$L^2MT^{-2}I^{-1}$
磁化强度	M	安[培]每米	$A\cdot m^{-1}$	$L^{-1}I$
磁化率	χ_m	—	—	—
磁场强度	H	安[培]每米	$A\cdot m^{-1}$	$L^{-1}I$
[面]磁矩	m,p_m	安[培]平方米	$A\cdot m^2$	L^2I
自感	L	亨[利]	H	$L^2MT^{-2}I^{-2}$
互感	M	亨[利]	H	$L^2MT^{-2}I^{-2}$
频率	ν,f	赫[兹]	Hz	T^{-1}
角频率	ω	弧度每秒	$rad\cdot s^{-1}$	T^{-1}
波长	λ	米	m	L
振幅	A	米	m	L
波数	$\sigma,\bar{\nu}$	每米	m^{-1}	L^{-1}

表 A.1(续2)

波的强度	I	瓦[特]每平方米	$W \cdot m^{-2}$	MT^{-3}
坡印廷矢量	S	瓦[特]每平方米	$W \cdot m^{-2}$	MT^{-3}
声强级	L_I	贝[尔]	B	—
折射率	n	—	—	—
发光强度	I	坎[德拉]	cd	J
压强	p	帕[斯卡]	Pa	$L^{-1}MT^{-2}$
热力学温度	T	开[尔文]	K	Θ
摄氏温度	t	摄氏度	℃	Θ
摩尔质量	M	千克每摩[尔]	$kg \cdot mol^{-1}$	MN^{-1}
热量	Q	焦[耳]	J	L^2MT^{-2}
比热容	c	焦[耳]每千克开[尔文]	$J \cdot kg^{-1} \cdot K^{-1}$	$L^2T^{-2}\Theta^{-1}$
摩尔定容热容	$C_{V,m}$	焦[耳]每摩[尔]开[尔文]	$J \cdot mol^{-1} \cdot K^{-1}$	$L^2MT^{-2}\Theta^{-1}N^{-1}$
摩尔定压热容	$C_{p,m}$	焦[耳]每摩[尔]开[尔文]	$J \cdot mol^{-1} \cdot K^{-1}$	$L^2MT^{-2}\Theta^{-1}N^{-1}$
平均自由程	λ	米	m	L
扩散系数	D	二次方米每秒	$m^2 \cdot s^{-1}$	L^2T^{-1}
熵	S	焦[耳]每开[尔文]	$J \cdot K^{-1}$	$L^2MT^{-2}\Theta^{-1}$
辐[射]出[射]度	M, M_e	瓦[特]每平方米	$W \cdot m^{-2}$	MT^{-3}
光谱辐[射]出[射]度(单色辐出度)	$M_{e\lambda}$、M_λ	瓦[特]每立方米	$W \cdot m^{-3}$	$L^{-1}MT^{-3}$
半衰期	$T_{1/2}$	秒	s	T

附录 B　计算常用物理常量

1. 物理常数

(1)引力常量	$G = 6.67 \times 10^{-11}\ \mathrm{N \cdot m^2 \cdot kg^{-2}}$
(2)标准重力加速度(标准自由落体加速度)	$g_n = 9.806\ 650\ \mathrm{m \cdot s^{-2}}$
(3)摩尔气体常数	$R = 8.31\ \mathrm{J \cdot mol \cdot K^{-1}}$
(4)阿伏加德罗常量	$N_A = 6.02 \times 10^{23}\ \mathrm{mol^{-1}}$
(5)玻尔兹曼常量	$k = 1.38 \times 10^{-23}\ \mathrm{J \cdot K^{-1}}$
(6)空气的平均摩尔质量	$\mu = 28.9 \times 10^{-3}\ \mathrm{kg \cdot mol^{-1}}$
(7)电子[静]质量	$m_e = 9.11 \times 10^{-31}\ \mathrm{kg}$
(8)质子[静]质量	$m_p = 1.67 \times 10^{-27}\ \mathrm{kg}$
(9)中子[静]质量	$m_n = 1.67 \times 10^{-27}\ \mathrm{kg}$
(10)元电荷	$e = 1.60 \times 10^{-19}\ \mathrm{C}$
(11)真空介电常数	$\varepsilon_0 = 8.85 \times 10^{-12}\ \mathrm{F \cdot m^{-1}}$
(12)真空磁导率	$\mu_0 = 4\pi \times 10^{-7}\ \mathrm{H \cdot m^{-1}}$
(13)真空中光速	$c = 3.00 \times 10^{8}\ \mathrm{m \cdot s^{-1}}$
(14)普朗克常量	$h = 6.63 \times 10^{-34}\ \mathrm{J \cdot s}$
(15)斯特藩-玻尔兹曼常量	$\sigma = 5.67 \times 10^{-8}\ \mathrm{W \cdot m^{-2} \cdot K^{-4}}$
(16)维恩常量	$b = 2.897\ 756 \times 10^{-3}\ \mathrm{m \cdot K}$
(17)里德伯常量	$R_\infty = 1.097\ 373\ 153\ 4 \times 10^{7}\ \mathrm{m^{-1}}$
(18)玻尔半径	$a_0 = 5.29 \times 10^{-11}\ \mathrm{m}$
(19)电子康普顿波长	$\lambda_{C,e} = 2.426\ 310 \times 10^{-12}\ \mathrm{m}$

2. 天文物理量

(1)地球的平均半径	6 370 km
(2)地球的质量	5.97×10^{24} kg
(3)太阳的直径	1.39×10^{9} m
(4)太阳的质量	1.99×10^{30} kg
(5)月球的质量	7.34×10^{22} kg
(6)由太阳至地球的平均距离	1.49×10^{11} m
(7)月球半径与地球半径之比	1:4
(8)地球到月球的平均距离与地球的平均半径之比	60:1